普通高等教育"十三五"规划教材

沉积岩与沉积相简明教程

辛仁臣　白辰阳　编著
刘　豪　审

内容提要

本书主要探讨了沉积岩与沉积相的相关概念、原理、特征、成因，以及沉积岩与沉积相的研究方法和研究意义。系统介绍了沉积岩的物质来源、搬运与沉积作用、成岩作用过程；沉积岩的结构、构造、颜色特征及成因；沉积岩的分类、各类沉积岩的特征；冲积扇、河流、湖泊、沙漠、冰川、三角洲、海滩、潮坪、障壁岛－潟湖、浅海、海（湖）底扇、等深流、半远洋－远洋等沉积相特征。

本书既可作为地质相关专业本科生和研究生“沉积学”“沉积岩石学”“沉积相”“沉积岩与沉积相”“沉积学原理”等课程的教材，也可作为广大地学研究者、地质矿产资源普查勘探者，以及地学类院校教师、学生的参考书。

图书在版编目（CIP）数据

沉积岩与沉积相简明教程/辛仁臣，白辰阳编著．—北京：中国石化出版社，2020.12

ISBN 978－7－5114－6026－4

Ⅰ.①沉… Ⅱ.①辛…②白… Ⅲ.①沉积岩－高等学校－教材 Ⅳ.①P588.2

中国版本图书馆 CIP 数据核字（2020）第 224812 号

中国石化出版社出版发行

地址：北京市东城区安定门外大街 58 号

邮编：100011　电话：(010)57512500

发行部电话：(010)57512575

http://www.sinopec-press.com

E-mail：press@sinopec.com

北京科信印刷有限公司印刷

全国各地新华书店经销

*

787×1092 毫米 16 开本 15.75 印张 388 千字

2020 年 12 月第 1 版　2020 年 12 月第 1 次印刷

定价：56.00 元

前　言

沉积岩与人类生存、发展关系密切，其中蕴藏着丰富的矿产资源。沉积岩的研究有助于相关矿产资源的发现、开发，也有助于相关工程设施的建设和保护。沉积岩也是记录地球历史、过程、作用机理、古气候、古生物、古环境等的信息库，沉积岩研究是揭示地球历史、演化过程、地质作用过程的重要手段。因此，沉积岩的研究具有重要的经济意义和科学意义。

20 世纪 50 年代以来，沉积岩及沉积相一直是地质学研究的热点领域，从造山带到深海、从定性到定量、从宏观到微观、从物理模拟到数值模拟取得了丰硕的研究成果，对沉积岩及沉积相的认识不断深入。本书力图吸收最新成果，简明扼要阐述沉积岩及沉积相的基础知识体系。全书共分八章。第一章介绍了沉积岩的相关概念、分布、研究意义、研究历史和现状；第二章阐述了沉积岩的形成过程，包括原始物质的形成、搬运与沉积、成岩；第三章阐述了沉积岩的结构、构造、颜色特征及成因；第四章介绍了沉积岩的分类、各类沉积岩特征及成因；第五章论述了沉积相的相关概念、原理，沉积相的分类，相标志和沉积相的研究方法；第六章重点阐述了冲积扇相、河流相、湖泊相沉积模式，简要介绍了沙漠相和冰川相特征；第七章阐述了三角洲相、陆源碎屑海滩相、陆源碎屑潮坪相、障壁岛－潟湖相、陆源碎屑浅海相、内源滨－浅海相沉积模式；第八章重点阐述了海（湖）底扇相、等深流相沉积模式，简要介绍了半远洋－远洋沉积特征。第一、二、五、六、七、八章由辛仁臣执笔，第三、四章由白辰阳执笔，全书最终由辛仁臣统稿。刘豪教授对全书进行了审阅。研究生王营、吴昊完成了本书部分辅助性工作。

编写本书参阅了大量文献，在此对所有文献的作者致以崇高的敬意和衷心感谢！编写过程中得到中国地质大学（北京）海洋学院林畅松、刘豪、丁旋、苏新、方念乔、李琦、由雪莲等人的大力支持和帮助，在此一并致谢！

由于作者水平所限，书中的不当或遗漏乃至错误之处在所难免，恳请批评指正。

目　录

第一章　绪　论

第一节　沉积岩和沉积岩石学

一、沉积岩的概念和内涵

沉积岩是在地壳表层条件下，由母岩风化产物、生物来源物质、火山物质、宇宙物质，经过搬运作用、沉积作用和沉积后成岩作用而形成的岩石。

沉积岩的概念包含三方面内涵：①形成条件；②物质来源；③形成过程。

1. 形成条件——地壳表层条件

沉积岩是在地壳表层的条件下形成的。所谓地壳表层指的是大气圈的下部、岩石圈的上部、水圈和生物圈的全部。沉积岩形成发育的这一层圈也称为沉积圈，主要特点是：①温度和压力低；②大气和水的作用；③生物作用；④重力作用。

(1)温度和压力

同岩浆岩、变质岩形成条件相比，沉积岩形成的温度和压力低。

根据地理学的资料，地表的年最高温度在非洲中部可达85℃，最低温度在北极圈维尔霍扬斯克附近为－70℃。所以就整个地球而言，每年最大温度差为50～160℃，一般在40～50℃。沉积物形成于上述的温度范围。地表高山地区压力不到1.01×10^5Pa，海平面是1.01×10^5Pa。由海平面向下压力逐渐增加，按海深每增加10m，压力增加1.01×10^5Pa计算，最深的洋底压力可达1.11×10^8Pa。沉积物形成带的压力多在$1.01\times10^5\sim2.02\times10^6$Pa之间。

沉积物转变为沉积岩的过程中，随着埋藏深度加大，温度和压力升高。但温度一般以200℃为上限，大于200℃沉积岩变质为变质岩；地温200℃相应的地层压力为沉积岩的上限压力。沉积岩的上限压力值与地温梯度密切相关，数值变化较大，但压力值偏低。这种低温、低压的形成条件决定了沉积岩独特的矿物组成、结构、构造等特征。

(2)水和大气的作用

沉积作用是在水和大气中发生的，沉积物也是在水和大气中形成的，水和大气是母岩风化的主要地质营力，也是风化产物、火山物质、宇宙物质等搬运和沉积的主要介质。因此，水和大气的作用会在沉积岩中留下特征记录，如层理。

(3)生物作用

生物作用包括生物物质堆积作用、生物物理作用和生物化学作用。生物物质堆积作用是生物的硬体、软体、排泄物、分泌物等以分散或集中的形式的沉积作用。沉积物或沉积岩普遍含有生物物质，石油和天然气的形成与沉积岩中所含的生物物质密切相关。有的沉积物或沉积岩本身就是主要由生物遗体形成的，如煤和生物礁灰岩等。生物物理作用是指生物生命活动过程中在沉积物或沉积岩中留下的物理记录，如生物扰动。生物化学作用是指生物在生命活动过程中或死亡后在沉积物或沉积岩中留下的化学记录，如生物白云岩的形成。自地球上生命发生以来，时代越新，生物作用在沉积物或沉积岩中的记录越丰富。

(4)重力作用

由于地表存在重力作用，在沉积物或沉积岩中会保留重力作用的痕迹，如重力或重力流特征结构、构造。

2. 物质来源——四种来源

沉积物或沉积岩的原始沉积组分有母岩风化产物、生物来源物质、火山物质、宇宙物质四种来源。

母岩风化产物是沉积物或沉积岩的主要物质来源，所形成的沉积物或沉积岩分布最为广泛。

生物来源物质在沉积物或沉积岩中极为常见，或多或少，多者可形成生物岩，少者含量不足1%。

火山物质形成的沉积物或沉积岩时空分布局限，受火山口位置和火山喷发时段控制。火山口附近，火山喷发时期形成的沉积物或沉积岩以火山物质为主。

宇宙物质也称陨石，来自地外天体，在沉积物或沉积岩中罕见。

3. 形成过程——搬运、沉积、成岩

沉积物是原始物质经过搬运、沉积形成的，沉积岩是原始物质经过搬运、沉积及沉积后成岩作用形成的。搬运、沉积、成岩作用都会在沉积岩中留下特有痕迹。

二、沉积岩石学

1. 沉积岩石学的概念

沉积岩石学是研究沉积岩(包括沉积矿产)的特征、分类、形成及其在空间和时间上分布规律的一门地质科学。

沉积岩石学发展到现今，不仅研究古代沉积岩及沉积矿产，还大量研究现代沉积；除了研究沉积岩(物)的特点外，还进行模拟实验，深入地探讨沉积作用的机理，全面、系统地进行环境分析，研究其时空演化和分布规律，以及与大地构造之间的关系。有的学者用“沉积学”这一术语来代替“沉积岩石学”，或者将两者混用。

2. 沉积岩石学任务

沉积岩石学的主要任务概括为以下四个方面。

(1)全面地研究沉积岩(物)的物质组分、结构、构造、分类命名、岩体产状和岩层之间的接触关系，为阐明其成因与分布规律提供依据。

(2)探讨沉积岩的形成及演化机理，包括风化作用、搬运作用、沉积作用以及沉积期后(沉积物埋藏以后)变化的机理。特别是要研究沉积作用及沉积期后的变化所形成的物质组分和结构、构造的特点，搞清楚沉积物(岩)的成因和某些矿床的成岩、成矿机理。

(3)进行沉积环境、沉积相分析，根据沉积岩的原生特点，以及时空分布和变化特点，来恢复沉积岩形成时的古气候条件、古地理环境以及大地构造环境。

(4)全面地研究沉积岩的特点，为划分、对比地层提供重要依据；分析沉积岩中有关矿产的赋存条件与分布规律，为区域地质调查和矿产普查与勘探工作服务。

3. *沉积岩石学性质*

沉积岩是地壳表层分布最广的岩石，且其地质历史时期延续极长，是研究地球发展和演化史的重要依据，因此，沉积岩石学是一门基础地质学科。同时，又因为沉积岩层中蕴藏着丰富的矿产和能源资源，对沉积岩深入研究是查明有用矿产赋存规律的必要手段，因此又具有应用科学的属性。

第二节 沉积岩的分布及研究意义

一、沉积岩的分布

尽管沉积物和沉积岩仅占岩石圈总体积的5%(岩浆岩和变质岩占95%)，但在地球表层分布很广，陆地约3/4的面积被沉积物和沉积岩覆盖，平均厚1.8km，海底几乎全部被沉积物和沉积岩覆盖，平均厚1km。然而，沉积物和沉积岩在地球表层不是均匀分布的，各处厚度变化大。在构造沉降强烈地区厚度大，沉积物和沉积岩的最大厚度可达10km以上，而在构造沉降缓慢地区则较薄，在构造抬升的岩浆岩、变质岩出露的地区则没有沉积岩分布。

二、沉积岩在国民经济中的地位

由于地球表面绝大部分为沉积岩所覆盖，生活在地球表面人类的活动与沉积岩密切相关。

据国际地质学会的统计，世界资源总储量的75%~85%是沉积和沉积变质成因的。石油、天然气、煤、油页岩等可燃有机矿产以及盐类矿产，几乎全是沉积成因的。铁矿的90%、铅锌矿的40%~50%、铜矿的25%~30%、锰矿和铝土矿的绝大部分以及其他许多金属非金属矿产，也都是沉积或沉积变质成因的。我国铁矿的74.17%、铜矿的71.25%、铅矿的76.12%、锌矿的93.70%、汞矿的83.44%、锑矿的88.69%、锡矿的90.02%，都是沉积成因或与沉积岩有成因关系的。近些年来，有许多重要的金属或非金属矿产，过去认为是内生或热液成因的，现在也认为是沉积成因或与沉积岩有成因关系的。

除了上述沉积矿床外，有些沉积岩本身就是多种工业的主要原料或辅助原料。如石灰岩和白云岩为冶金工业中常用的熔剂；石灰岩又是制造水泥和人造纤维的主要原料；白云岩则可作为镁质耐火材料。纯净的黏土岩按性质不同可作为耐火材料、陶瓷原料、钻井泥浆原料、吸收剂、填充剂和净化剂；石英砂岩及石英砂可作为玻璃原料。

另外，从军用到民用、从陆地到海上的各种地表、地下工程设施建设多与沉积物或沉积岩有密切联系。

三、沉积岩的研究意义

沉积岩中蕴藏着丰富的，与人类生存、发展关系密切的矿产资源。可燃性矿产(石油、天然气、煤和油页岩)、铝土矿、锰矿、盐矿以及钾盐矿等几乎全为沉积类型；大部分铁矿、磷矿亦都属于沉积或沉积变质类型；放射性元素、有色金属(铜、铅、锌)、稀有和分散元素、非金属(重晶石、萤石)等矿产中，沉积类型也占很大的比重；许多金、铂、钨、锡、金刚石等矿产也来源于沉积的砂矿。沉积岩的研究有助于相关矿产资源的发现、开发，也有助于相关工程设施的建设和保护。沉积岩的研究具有重要的经济意义。

沉积物和沉积岩是记录地球历史、过程、作用机理、古气候、古生物、古环境等的信息库，沉积岩研究是揭示地球历史、演化过程、地质作用过程(特别是外营力作用过程)、古气候、古生物、古环境的重要手段。沉积岩的研究具有重要的科学意义。

第三节　沉积岩石学的发展历史及现状

一、沉积岩石学的形成及起因

由于沉积岩是地壳表层分布最广的岩石，人们很早以前就对沉积岩有所认识。

人们对沉积岩的认识和利用可以追溯到旧石器时代。我国劳动人民在其长期生产和生活的历史过程中，积累了极其丰富的有关沉积岩及沉积矿产方面的知识。远在3000多年前的商代，勤劳智慧的中国劳动人民就已经采用陶土烧成各种彩陶；汉代以后更广泛地开始运用煤、石油、石盐和石膏，例如石油在东汉时就已被知晓，当时被叫作“古漆”，说它是“燃之极明不可食”。由于对沉积矿产的应用以及实地的观察，我国在沉积岩方面的科学知识早已萌芽，有大量的古籍对沉积岩有精辟的论述，如在《山海经》《史记·河渠书》《汉书·地理志》《后汉书·地理志》《后汉书·郡国志》、宋沈括的《梦溪笔谈》、明末宋应星的《天工开物》、明末清初徐霞客的《徐霞客游记》、唐朝颜真卿的《抚州南城县麻姑仙坛记》等著作中，都记载了许多珍贵的沉积岩资料。这是我国对人类文化的巨大贡献。《抚州南城县麻姑仙坛记》中“高山石中犹有螺蚌壳，或以为桑田所变”论述，不但识别了沉积岩中的化石，而且也说明了沉积岩的成因，比之欧洲认识并记载化石的第一人达·芬奇(1517年)要早七八百年。

在19世纪下半叶到20世纪上半叶，沉积岩石学才逐渐成为一门独立的地质学科，它最初附属于地层学。19世纪下半叶，英国地质学家索比(Sorby，1826—1908)先后对“石灰岩的构造和成因”“非钙质成层岩石的构造和成因”“利用原生沉积构造重塑古地理环境”等作了精辟的论述，为沉积岩石学学科的形成奠定基础。20 世纪上半叶，欧美学者、苏联学者先后出版了多部沉积岩石学专著，如美国学者哈奇和拉斯泰尔(Hatch & Rastall，1913；1923；1938)的《沉积岩石学》、英国学者米尔纳(Milner，1922；1927)的《沉积岩石学》、美国学者童豪富(Twenhofel，1939；1950)的《沉积学原理》、普斯托瓦洛夫(Пустовалов，1940)的《沉积岩石学》、什维佐夫(ШвеЦов，1948)的《沉积岩石学》等，这些专著的问世和 1946 年国际沉积学家协会 IAS(International Association of Sedimentologists)在欧洲成立，表明沉积岩石学日趋成熟，成为一门独立的学科。苏联学者的著作对我国沉积岩石学的早期发展影响较大。

二、沉积岩石学的发展阶段及推动因素

20 世纪 50 年代以后，随着第二次世界大战结束，由于发展国民经济对矿产资源的需求，沉积岩石学发展迅速，出版了大量有关沉积岩石学专著，创办了许多与沉积岩石学相关学术期刊。

影响较大的专著有：奎宁和米格利奥里尼(Kuenen & Migliorini，1950)的《浊流与形成递变层理的原因》、鲁欣(Рухин，1953)的《沉积岩石学原理》、斯塔拉霍夫(Страхов，1957)主编的《沉积岩研究法》、鲁欣(Рухин，1958)主编的《沉积岩石学手册》、斯塔拉霍夫(Страхов，1960)的《沉积岩石学原理》、布拉特等(Blatt et al，1972)的《沉积岩成因》、赖内克与辛格(Reineck & Singh，1973)的《陆源碎屑沉积环境》、迪金森(Dickinson，1974)的《板块构造与沉积作用》、佩蒂庄(1975)的《沉积岩(第三版)》、威尔逊(Wilson，1975)的《地质历史中的碳酸盐相》、里丁(Reading，1978)主编的《沉积相与沉积环境》、弗里德曼与桑德斯(Freidman & Sanders，1978)合著的《沉积学原理》。

国外，沉积岩石学相关学术期刊主要有：1931 年美国创办的《Journal of Sedimentary Petrology》(《沉积岩石学杂志》)、1963 年苏联创办的《沉积岩石学和沉积矿产》、1962 年荷兰创办的《Sedimentary Geology》(《沉积地质学》)、1963 年美国创办的《Sedimentology》(《沉积学》)等。

我国的沉积岩石学是在新中国建立以后才成为独立的学科，1961 年北京石油学院编写出版了首部《沉积岩石学》教科书；改革开放(1978 年)以来，沉积岩石学作为一门独立学科快速发展，出版了大量专著，如刘宝珺(1980)主编的《沉积岩石学》、华东石油学院(1982)主编的《沉积岩石学》、曾允孚及夏文杰(1986)主编的《沉积岩石学》、何镜宇及孟祥化(1987)主编的《沉积岩和沉积相模式及建造》、方邺森及任磊夫(1987)主编的《沉积岩石学教程》和冯增昭(1993)主编的《沉积岩石学》等。创办的专门学术期刊有《沉积学报》(1983 年创刊)和《古地理学报》(2000 年创刊)等。

三、沉积岩石学研究现状

沉积岩石学各个领域的研究现状可做如下概括。

(1)对各类沉积岩特征和成因的认识更为深入。尤以碳酸盐岩最为突出，提出了结构成因分类和白云岩形成机理；认识到机械作用、生物作用在其形成过程中起着极其重要的

作用，打破了单一化学成因的观点。成岩作用的研究不再停留在阶段分析上，而已深入到成岩序列和成岩环境的分析上。对碳酸盐岩的新认识，也促进了其他内源岩认识的深化。如碎屑岩中轻矿物指示物源意义、自生矿物的成因、成岩作用与孔隙度－渗透率之间的关系、黏土矿物类型以及碎屑黏土矿物和自生黏土矿物的鉴别和成岩变化、火山碎屑岩的类型划分和形成机理等方面都有不少新认识和新进展。

(2)沉积作用机理的研究有很大进展。20 世纪 50 年代初浊流沉积的发现，60 年代中期等深流(contour current)沉积和 80 年代以来风暴岩(tempestite)沉积的提出，不仅丰富了海洋沉积的知识，而且改变和充实了对沉积作用机理的认识，表明自然界存在牵引流和重力流两大类沉积物流体。大量水槽试验的资料和流体力学基本原理的引进，使得人们对沉积物流体的力学性质和机械沉积作用机理获得了很好的运动学和动力学的解释，从而对各类沉积物构造得到了很好的成因解释。

大量卤水和稀释溶液的实验研究，以及热力学和化学动力学新成果的引进，对化学和生物化学沉积作用机理的了解日益加深。尤其低温、低压下的沉积矿物与沉积水体之间的热力学平衡的研究，成岩过程中矿物的转化和自生矿物的形成条件及形成机理的研究，孔隙溶液迁移机理及其对孔隙度－渗透率的控制作用的研究，都有不少可喜的进展。

(3)提出、完善了一系列沉积模式，这表明对沉积岩体加强了时间、空间分布和变化规律的研究(国外称之三维或四维分析)。此外，对环境分析标志的研究方面，不仅传统方法日趋完善(如粒度分析)，而且新方法不断出现(如地球化学方法)。更值得注意的是地球物理资料(如各种测井资料、地震资料)用来解释沉积环境是很有前景的研究领域，如新兴的层序地层学。

(4)对整个沉积盆地或更大区域(如古代的大陆边缘，整个古代褶皱带)进行了综合性沉积学研究。如大地构造及海平面(基准面)变化，气候变化对沉积盆地及沉积作用控制的研究，建立了完善的沉积盆地分类。

(5)新型沉积矿床的发现和成矿理论研究的不断深入。在一系列新的事实面前，如各种火山沉积型矿床、红海的热卤水、现代含铜沼泽、浊积岩中的石油、黑页岩中的多金属矿床等，经典的岩浆期后热液成矿理论暴露出很大的缺陷，因而出现了很多新的成矿学说，如矿源层论、固结水成矿说、侧分泌说及卤水成矿说等。

(6)大数据数学分析和计算机技术在沉积岩石学中广泛应用。从 20 世纪 60 年代开始，电子计算机和控制论方法在地质学中得到广泛应用，这才有效地利用数学分析方法来解决沉积学中的各种复杂问题。如今各种数学分析方法已在沉积学中广泛应用，数据的电子计算机处理(EDP)的普遍化则将是现代沉积学的重要标志。

总之，当前进展是从宏观到微观，从定性到定量，从资料累积到理论分析的高级阶段。

第二章　沉积岩的形成

沉积岩的形成可分为以下三个阶段：①沉积岩原始物质形成阶段；②沉积岩原始物质的搬运和沉积阶段(沉积物的形成阶段)；③沉积后作用阶段(成岩演化阶段)。

第一节　沉积岩原始物质的形成

沉积岩的原始沉积物质主要有：①陆源物质——母岩风化产物；②生物源物质——生物残骸和有机质；③深源物质——火山喷发碎屑物质和深部卤水；④宇宙源物质——陨石。

母岩风化产物是沉积物最主要的来源。供应这类沉积物地区，即母岩存在的地区，称作物源区(也称供给区或陆源区)。此外，由生物的生命活动所产生的沉积物，以及来自地壳深部物质组成的沉积物(尤其是火山碎屑沉积物)也占有一定的比例，而宇宙来源的沉积物数量甚微。

一、母岩风化产物

1. 母岩风化的相关概念

(1)母岩

母岩是地表先存的岩浆岩、变质岩、沉积岩，其风化产物为沉积岩的形成提供原始物质。

(2)风化作用

风化作用就是指地壳表层的岩石在温度变化、大气、水、生物等因素作用下，在原地发生物理和化学变化的一种作用。根据作用的性质和因素不同，分为三大类型：物理风化作用、化学风化作用及生物风化作用。

①物理风化作用

温度的变化以及岩石孔隙中水和盐分的物态转化，使岩石和矿物发生机械破碎而不改变其化学成分的过程叫物理风化作用。温度变化引起矿物与岩石体积的膨胀与收缩，岩石孔隙中水的冻结与融化，以及岩石孔隙中盐的结晶与潮解，这些变化使矿物和岩石破碎。物理风化的总趋势使母岩崩解，产生碎屑物质，包括岩石碎屑(岩屑)和矿物碎屑(矿屑)。

②化学风化作用

化学风化作用是指氧、水和溶于水中的各种酸对组成岩石的矿物所起的一种化学作用，造成元素的迁移、流失，形成新生矿物。它既使岩石或矿物发生分解，也使岩石或矿物的化学成分发生改变。氧、水和酸是引起母岩化学风化作用的主要因素。

③生物风化作用

生物的生命活动及其分解或分泌的物质对岩石所引起的破坏作用，叫生物风化作用。在岩石圈的上部、大气圈的下部和水圈的全部，几乎都有生物存在。故生物，特别是微生物在风化作用中起到巨大的作用。生物对岩石的破坏方式既有直接的机械作用，又有间接的化学作用和生物化学作用。

风化作用的结果是破坏岩石。在地球表面，不同风化作用可以同时进行，相互促进，但有主次之分。风化作用的类型和产物与岩石的性质和外界条件有关。岩石在遭受风化过程中，岩石本身的性质是内因，它决定风化产物的性质；条件是外因，它只决定风化作用的方式和强弱程度，是通过内因起作用的。另外，由于机械破碎使得母岩产生许多裂隙或破碎成小块，这就增大了岩石与周围介质的接触面，大大促进了化学分解；反过来，化学分解可降低母岩的硬度和强度，又给机械破碎创造了有利条件。

2. *母岩风化过程中元素的迁移顺序*

波雷诺夫(1934，1952)在对比岩浆岩的平均化学成分和流经该岩石分布地区的河流流水溶解物质的平均化学成分以后，得出元素及化合物的迁移能力数据(表 2 - 1)。

表 2 - 1 中两列平均成分是实测数据，元素及化合物的相对转移性数据是根据前两行数字按下列方法计算出来的。

假定 Cl^- 的转移能力最高，为 100。如果 SO_4^{2-} 的转移能力也和 Cl^- 一样高，则河水溶解物质中 SO_4^{2-} 的含量应为 Cl^- 的 3 倍，因为母岩中 SO_2^{4-} 的含量为 Cl^- 的 3 倍，即 3 × 6.75% = 20.25%；但实际情况并非如此，在河水溶解物质中，SO_4^{2-} 仅为 11.60%，即只有该数值的 57%，此 57% 就是 SO_4^{2-} 的相对转移能力或相对转移性。

表 2 - 1 岩浆岩平均化学成分与流经该地区的河流流水溶解物质平均化学成分的对比(据曾允孚等，1986)

元素或化合物	岩浆岩 平均化学成分/%	流经岩浆岩地区的河流流水溶解物质的平均成分/%	元素及化合物的相对转移性
SiO_2	59.09	12.80	0.20
Al_2O_3	15.35	0.90	0.02
Fe_2O_3	7.29	0.40	0.04
Ca	3.00	14.79	3.00
Mg	2.11	4.90	1.30
Na	2.97	9.50	2.40
K	2.57	4.40	1.25
Cl^-	0.05	6.75	100.00
SO_4^{2-}	0.15	11.60	57.00
CO_3^{2-}	—	38.50	—

由此可见，在风化作用过程中，母岩不同化学成分的迁移性差别很大。根据母岩中不

同化学成分的迁移难易程度，把母岩中不同化学成分分为极易迁移元素、易迁移元素、可迁移元素、难迁移元素、极难迁移元素，见表2－2。

表2－2 主要造岩元素在风化过程中的迁移顺序及数量级别(据朱筱敏等，2008)

转移顺序	元素或化合物	数量级别
极易迁移元素	Cl，Br，I，S	$n\cdot 10$
易迁移元素	K，Na，Mg，Ca	n
可迁移元素	SiO_2(硅酸盐)，P，Mn	$n\cdot 10^{-1}$
难迁移元素	Fe，Al，Ti	$n\cdot 10^{-2}$
极难迁移元素	SiO_2(石英)	$n\cdot 10^{-100}$

当然，表2－2中主要造岩元素的迁移顺序及其数量级别只是一般的概括，在不同的母岩地区和不同的风化作用条件下，情况将会有所变化，但这一基本规律是正确的。

3. 不同造岩矿物风化稳定性

(1)主要造岩矿物风化稳定性及其产物

主要造岩矿物有石英、长石、云母、铁镁硅酸盐、黏土矿物、碳酸盐、硫酸盐、卤化物，以及岩浆岩和变质岩中的重矿物。不同造岩矿物在风化条件下的稳定性明显不同。把造岩矿物在风化条件下的稳定性分为如下四个级别：

①极易风化的矿物：卤化物、硫酸盐、硫化物。

②易风化矿物：碳酸盐、铁镁硅酸盐。

③可风化矿物：长石、白云母。

④难风化矿物：石英。

硫酸盐矿物(如石膏、硬石膏)、硫化物矿物(如黄铁矿)、卤化物矿物(如石盐)等，它们的风化稳定性最低，极易溶于水，呈溶液状流失。

碳酸盐矿物如方解石、白云石等，风化稳定性较低，易溶于水并顺水迁移，因此在陆源碎屑沉积岩中很难见到碳酸盐矿物；只有在干旱的气候条件下，在距母岩很近的快速搬运和堆积的沉积物(或沉积岩)中，才可能看到碳酸盐矿物或碳酸盐岩岩屑。

橄榄石、辉石、角闪石等铁镁硅酸盐矿物，它们的抗风化能力很低，其中以橄榄石最易风化，辉石次之，角闪石又次之。铁镁硅酸盐矿物在风化产物中保留较少，故在沉积岩中较少见。这些矿物在遭受风化时，钾、钠、镁、钙等易迁移元素析出，呈溶液状态流失，铁、硅等难迁移、极难迁移元素在风化带中形成褐铁矿、蛋白石等。

长石的风化稳定性次于石英。在长石中，钾长石的稳定性较高，多钠的酸性斜长石次之，中性斜长石又次之，多钙的基性斜长石最低。因此，在沉积岩中钾长石多于斜长石。

在钾长石的风化过程中，最先析出钾，其次是硅，最后是铝。随着钾、硅、铝的逐渐析出和水的加入，原来的钾长石逐步转变为水白云母、高岭石、蛋白石和铝土矿。钾长石是富钾的无水铝硅酸盐矿物，架状构造，铝位于硅酸根的结晶格架中。水白云母中的钾已比钾长石中的钾少，硅也有所减少，部分的铝已从硅酸根的晶格中释放出来变为阳离子，其结晶构造由架状转变为层状，是层状铝硅酸盐。高岭石与水白云母相比，钾已完全迁移，铝完全从硅酸根中释放，变为阳离子，但高岭石仍然是层状硅酸盐矿物。

蛋白石和铝土矿不是硅酸盐矿物，而是含水的氧化物矿物。由此可知，由原来的钾长石，到水白云母、高岭石，以至最后的蛋白石和铝土矿，是一个逐步的、有阶段性的风化过程。铝土矿是风化带中很稳定的矿物，是钾长石风化的终极产物。只有在十分有利风化的条件下，钾长石才能完全风化成铝土矿；在一般情况下，钾长石大多风化为水白云母和高岭石。

斜长石的风化与钾长石类似。斜长石风化时，易迁移、可迁移元素(如钙、钠、硅等)迁移流失，并形成一些新矿物，如各种沸石、绿帘石、黝帘石、蒙脱石、蛋白石、方解石等，这些新矿物在风化带中也不是十分稳定，也还会继续发生变化。基性斜长石的风化稳定性比酸性斜长石低，因此，在沉积岩中很少见到基性斜长石。

在云母类中，白云母的抗风化能力较强，所以它在沉积岩中相当常见。白云母在风化过程中，主要是析出钾和加入水，先变为水白云母，最后可变为高岭石。

黑云母的抗风化能力比白云母差得多。黑云母遭受风化后，钾、镁等成分首先析出，同时加入水，常转变为蛭石、绿泥石、褐铁矿等。

石英是岩石的主要造岩矿物。石英在风化作用中稳定性极高，它几乎不发生化学溶解作用，一般只发生机械破碎作用。在长期的风化作用以及搬运和沉积作用的过程，风化稳定性较低的一些矿物就逐渐破坏从而相对减少，风化稳定性高的石英逐渐地相对富集。因此，石英就成了陆源碎屑岩的最主要的造岩矿物。

黏土矿物如高岭石、蒙脱石、水云母等，本来就是在风化条件下或者沉积环境中生成的，在风化带中相当稳定；但是，在一定的条件下，它们也还要发生变化，转变为更加稳定的矿物，如铝土矿、蛋白石等。

在岩浆岩及变质岩中常见的一些次要矿物或副矿物，其风化稳定性的差别是很大的。风化稳定性较大的矿物，如石榴石、锆石、刚玉、电气石、锡石、金红石、磁铁矿、榍石、十字石、蓝晶石、独居石、红柱石等，在沉积岩中为常见重矿物。

(2)造岩矿物风化稳定性差异的原因

造岩矿物风化稳定性与矿物结晶温度、组成矿物元素的迁移能力、矿物晶体结构和键能有关。

岩浆岩、变质岩中的矿物结晶温度越高，在地表风化条件下稳定性越差。橄榄石、辉石、角闪石等铁镁硅酸盐矿物的结晶温度都较高，它们的抗风化能力都很低，其中以橄榄石结晶温度最高，在风化环境中最不稳定，最易风化。

组成矿物元素的迁移能力越强，矿物在地表风化条件下稳定性越差。如硫酸盐矿物、硫化物矿物、卤化物矿物、碳酸盐矿物等，由极易迁移元素、易迁移元素组成，尽管结晶温度很低，但它们的风化稳定性极差，极易溶于水。

矿物晶体结构和键能是决定造岩矿物风化稳定性的重要因素。鲍文反应系列中的不同矿物的阴离子和阳离子之间的键强度不同，鲍文反应系列下端的矿物，键强度较大，其风化稳定性较高，见图2－1。白云母的键强度总数与序列中的顺序不符，可能是由于氢氧根的存在，氢氧根的能量效应还是未知的。

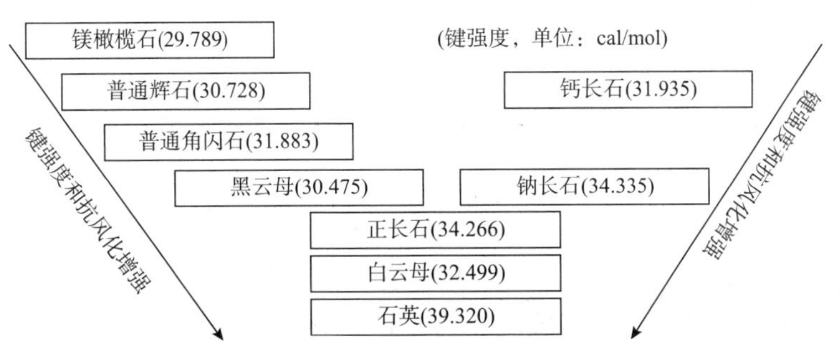

图 2－1　鲍文反应系列及矿物风化稳定性(据冯增昭，1993 修改)

4. 母岩风化的阶段性及其特征

由于不同元素在风化作用中的迁移能力、不同矿物风化稳定性的差异，导致母岩风化作用过程，随着风化程度的加深，表现出明显的阶段性。由弱到强，母岩风化一般分为机械破碎阶段、碱性硅铝阶段、酸性硅铝阶段和铝铁土阶段。

(1)机械破碎阶段

机械破碎阶段也称碎屑阶段，以物理风化为主，风化产物主要为岩屑或矿物碎屑。组成母岩的元素或化合物成分迁移甚微。

(2)碱性硅铝阶段

碱性硅铝阶段也称饱和硅铝阶段，岩石中的卤化物和硫酸盐将全部被溶解，极易迁移元素 Cl^-、Br^-、I^- 和 SO_2^{4-} 全部或绝大部分流失。在 O、CO_2 和 H_2O 的共同作用下，铝硅酸盐和硅酸盐矿物开始分解，游离出易迁移元素离子 K^+、Na^+、Ca^{2+}、Mg^{2+}，使得风化水介质呈碱性，并有少量 SiO_2 形成。这个阶段形成的黏土矿物有蒙脱石、水云母、拜来石、绿脱石以及绿泥石等。同时，形成碱性条件下难溶的碳酸钙。

(3)酸性硅铝阶段

酸性硅铝阶段，易迁移的碱金属和碱土金属元素离子 K^+、Na^+、Ca^{2+}、Mg^{2+} 等绝大部分迁移流失，SiO_2 进一步游离出来。风化介质中有大量有机酸、SiO_4^{2-} 和 CO_3^{2-}，使得介质转为酸性。前一阶段新生矿物(蒙脱石、水云母等)转变为酸性条件下稳定的不含碱金属和碱土金属的黏土矿物高岭石、变埃洛石等。达到这一阶段的风化作用通常称为黏土型风化作用。

(4)铝铁土阶段

铝铁土阶段是风化的最彻底阶段。达到这一阶段，铝硅酸盐矿物被彻底分解，极易迁移元素、易迁移元素全部迁移流失，可迁移元素 SiO_2(硅酸盐)、P、Mn 大部分迁移，主要剩下铁和铝的氧化物及部分二氧化硅，在原地形成水铝石、褐铁矿、针铁矿、赤铁矿及蛋白石等矿物为主的风化残积物。风化残积物是一种红色疏松的铁质或铝质土壤，所以也称红土。达到这一风化阶段的风化作用通常称为红土型风化作用。

母岩风化所能达到的阶段，取决于当时、当地的气候、地形、地壳运动强度、母岩性质和风化时间长短等因素。其中特别是气候因素，如在干旱沙漠地区，母岩风化可长期停留在碎屑阶段；植被发育的温暖潮湿的亚热带则可达到并长期停留在酸性硅铝阶段；而在潮湿炎热热带地区则可达到铝铁土阶段。

5. 母岩风化产物类型

母岩的风化产物可归纳为继承性碎屑物质、新生矿物、溶解物质三种性质的不同物质。

(1)继承性碎屑物质

继承性碎屑物质也称碎屑物质，主要指母岩风化产生的岩石碎屑和矿物碎屑，从母岩继承而来，带有母岩信息。在机械破碎阶段产生的碎屑物质最多；铝铁土阶段，产生的碎屑物质很少，只有风化稳定性最高、极难风化的石英。碎屑物质初始形成并残留在母岩区，后来将可能被各种地表营力搬运走，并可能进一步破碎。

(2)新生矿物

新生矿物是在母岩化学风化过程中新生成的黏土矿物及氧化物或氢氧化物，如水白云母、高岭石、蒙脱石、蛋白石、铝土矿、褐铁矿等。这些新生矿物，有的后来被各种营力搬运走，有的长期残留在母岩区。

(3)溶解物质

溶解物质主要指母岩在化学风化过程中被溶解、流失的成分，如 Cl、S、Ca、Na、Mg、K、Si、Fe、Al、P 等。这些物质大都呈真溶液或胶体溶液状态被流水搬运至远离母岩区的湖泊或海洋中。

风化产物的类型及数量取决于母岩的性质、风化作用类型及母岩的风化程度。如石英岩风化后主要形成碎屑物质；石膏岩、盐岩风化主要形成溶解物质。物理风化只能形成碎屑物质；化学风化才能形成新生成矿物和溶解物质。母岩风化程度不同，风化产物也不同，如长石初期风化产物为水云母，进一步风化成高岭石或蒙脱石，彻底风化则出现氧化铝。

6. 风化壳

地壳表层母岩风化的产物大部分流失，但仍有碎屑物质和新生成矿物残留在母岩的表层。这个由风化物质组成的母岩表层部分，就是风化壳，也称为风化带，或原地残留风化壳。

风化壳中岩石的风化程度是随深度变化的。表层岩石风化程度较深，向深处风化程度变浅，以致逐渐过渡到未风化的母岩。因此，发育良好的风化壳往往表现出明显的垂直分带性。

风化壳的厚度决定于气候、地形、构造等多种因素。一般说来，在气候湿热、地形平坦、构造活动比较稳定的地区，风化作用较强，剥蚀作用较弱，风化残余物质易于保存，故风化壳厚度较大；在相反的条件下，风化壳的厚度较小。

古风化壳有很大的地质意义和经济意义，因为风化壳的存在代表一个长期的地壳上升和沉积间断，是地层不整合的主要标志之一；同时，风化壳的发育状况，也可帮助我们恢复当时的古地理、古气候环境；更重要的是它与一些矿产的成矿作用有密切的关系，常蕴藏着一些重要的金属和非金属矿床，如高岭土矿、膨润土矿、铝土矿和镍矿等，此外，金红石、独居石、锡石砂矿也常与风化壳有关；古风化壳还可以形成油气藏，或者是油气运移的通道。

二、其他来源的沉积物

1. 生物来源物质

生物来源的物质，也称有机物，包括生物遗体、生物排泄物、生物分泌物。生物死亡后，其遗体可在原地堆积埋藏，亦可搬运到异地堆积，成为沉积物的一部分。生物遗体包括两部分：一是生物的硬体，形态可完整，也可以是不同破碎程度的碎片；二是生物的软体。生物硬体和生物排泄物的成分大部分是碳酸盐质的，少部分是磷酸盐质和硅质的。生物软体和分泌物主要是由碳、氢、氧、氮、硫、磷等元素所组成的化合物。

生物来源物质除了集中堆积形成特殊沉积岩(生物礁灰岩、生物碎屑灰岩、煤等)外，大量生物来源物质分散在沉积岩中。分散在沉积岩中的生物来源物质是形成天然气、石油、油页岩、天然沥青的重要物质基础。

2. 火山物质

火山物质也称深部来源物质，是指由火山喷发作用带到地表的火山碎屑物及其伴生的热液和沿深断裂流出地表的热卤水。

火山爆发时，喷发作用使火山碎屑物质喷到空中再降落地表或水下，集中堆积可以形成火山碎屑岩，也可分散掺杂于其他沉积物中。

火山碎屑物质喷发的同时，往往伴随有气及热液喷发，它们可成为某些内源沉积岩和沉积矿床(如硅、铁、有色金属)的重要物质来源。

喷出地表的岩浆冷却形成的火山熔岩通常归入岩浆岩的范畴。

3. 宇宙物质

宇宙物质也称陨石，是来自宇宙空间的固体物质。陨石大小极为悬殊，如1976年我国吉林陨石雨中的最大陨石重达1770kg，最小的仅十几毫克；世界上还有重达数十吨的陨石，如西南非洲纳米比亚的霍巴(Hoba)铁陨石。极为细小的微粒通常被称为宇宙尘埃(或称微陨石)，宇宙物质可能大部分成为尘埃状落到地球上。

据统计，每年落到地球上的陨石有几千颗，然而进入大气层的陨石要比穿过大气层而到达地表的陨石多得多，到达地表的陨石也多数落入海洋，很少落入陆地上，仅有极少陨石被人们所发现。与其他来源物质相比，宇宙来源物质非常罕见。

第二节　沉积物的搬运与沉积作用

风化产物以及其他来源的沉积物除少部分残留在原地外，大部分被流体搬运到沉积盆地中沉积。风化、搬运和沉积是相继发生、而非独立的三个阶段，即风化在先，经过搬运，最后沉积；但在搬运乃至沉积过程也有风化作用继续；搬运和沉积作用是相对的，由于搬运沉积物流体能量往往不稳定，能量减小沉积下来的沉积物会因能量增大再次搬运。

自然界中搬运沉积物的流体有两种基本类型，即牵引流与沉积物重力流。过去强调牵引流的搬运和沉积作用，自20世纪50年代以来才逐步认识到沉积物重力流的重要性。区分并识别牵引流和重力流所形成的沉积物，不仅具有理论意义，也有重要的实际意义。

一、有关流体的基本概念

牵引流和沉积物重力流在流体力学性质、沉积物的搬运方式和驱动力、流体与沉积颗粒之间的力学关系等方面都有显著差异，其搬运和沉积机理不同，形成的沉积物的特征有明显区别。

1. 牵引流

牵引流(tractive current)是在流体流动的推力作用下，沿底床搬运分散沉积物的流体。在自然界牵引流十分常见，例如，含有少量沉积物的流水(包括河流、海流、波浪流、潮汐流、等深流等)和大气流。牵引流以沉积物分散状态搬运沉积物，流体与沉积物颗粒之间、不同沉积物颗粒之间存在相对运动。牵引流的沉积物搬运和沉积作用是长期的、缓慢的、有序的。牵引流既可搬运不同来源的碎屑物质(包括新生矿物)，也可搬运溶解物质。

2. 重力流

重力流(gravity current)也称沉积物重力流，是在斜坡背景下、在沉积物流体自身重力作用下整体流动的高密度流体。自然界中，人们最熟悉的重力流有滑坡、泥石流。重力流可以是没有水掺入的纯沉积物，也可以是有水掺入的沉积物和水的混合物，但都是整体在自身重力作用下搬运、沉积，水和沉积物颗粒之间、不同沉积物颗粒之间不存在相对运动。重力流的沉积物搬运和沉积作用具有突发、短暂、快速、无序的特征。重力流主要搬运不同来源的碎屑物质(包括新生矿物)。

3. 层流、紊流与雷诺数

牵引流可分为层流与紊流两种流动形态。

层流(laminar flow)是一种缓慢流动的流体，流体质点作有条不紊的平行线状运动，彼此不相掺混[图2-2(a)]。

紊流(turbulent flow)是一种充满了漩涡、急湍流动的流体，流体质点的运动轨迹极不规则，其流速大小和流动方向随时间而变化，彼此互相掺混[图2-2(b)]。

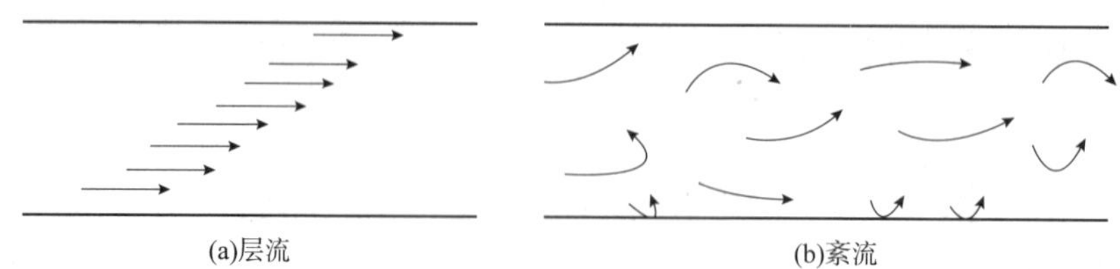

图2-2　层流和紊流的流动特点(据曾允孚等，1986)

层流与紊流的判别准则是雷诺数(Reynolds number)，雷诺数(Re)为无量纲数。

公式为：

$$Re=\rho vd/\eta$$

式中，v、ρ、η分别为流体的流速、密度与动力黏性系数；d为一特征长度，例如流体流过圆形管道，则 d 为管道直径。

雷诺数小，意味着流体流动时各质点间的黏性力占主要地位，流体各质点平行于管路内壁有规则地流动，呈层流流动状态。雷诺数大，意味着惯性力占主要地位，流体呈紊流流动状态。一般管道流临界雷诺数(Re)为 2000，$Re \leqslant 2000$ 为层流状态，$Re > 2000$ 为紊流状态。对明渠流来说，则应该用水力半径(r)代替管道直径(d)来计算临界雷诺数，因 $r = 1/4d$，所以明渠流的临界雷诺数应为 500。

层流和紊流的水力学性质及对沉积物的搬运和沉积特点是不一样的，以流水为例予以说明。

层流与紊流具有不同的力学特点。紊流不仅具有黏滞切应力，而且还有流体质点的紊乱流动而引起的附加切应力(或称惯性切应力)。而层流只有黏滞切应力。因此紊流的搬运能力要强于层流。并且紊流还有漩涡的扬举作用，这是可使沉积物呈悬浮搬运的主要因素。

从沉积物沉积时遭受的阻力来说，紊流兼有黏滞阻力和惯性阻力，层流则只有黏滞阻力，因此沉积物不易从紊流中沉积下来，而在层流中则如同在静水中一样很容易沉积下来。

自然界中绝大多数水体是紊流运动。不过水深较大的紊流水体在与固体边界接触处(如河道底和两壁)，由于固体边界效应，在紧靠固体边界处的流动仍是黏滞力起主导作用下的流动，即流体运动型态仍属层流，所以称此层为层流底层(或叫黏性底层，图 2－3)。层流底层的厚度是随雷诺数的增加而减小的。层流底层的存在对沉积物的搬运和沉积起着重要作用，使得沉积物与流体之间界面上不断发生的沉积和搬运的交替作用非常活跃。

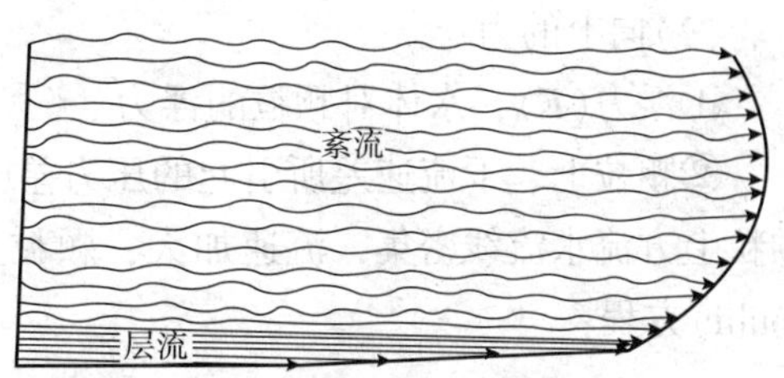

图 2－3　平行流向的河流垂直剖面表示紊流及层流底层，流线长度代表流速大小(据曾允孚等，1986)

4. 急流、缓流与弗劳德数

明渠水流的特点是存在有与大气相接触的自由表面，因而明渠水流是一种无压流。明渠水流流动可区分为缓流与急流，其判别标准是弗劳德数(Fr)：

$$Fr = v/\sqrt{h \cdot g}$$

式中，v 是平均流速；h 是水深；g 为重力加速度。

弗劳德数为一无量纲数，与流速成正比，流速越大，弗劳德数越大；与水深成反比，水深越大，弗劳德数越小。

$Fr < 1$ 时水流为缓流，也称临界下的流动状态或低流态，代表水深流缓的流动特点；$Fr = 1$ 时水流为临界流；$Fr > 1$ 时水流为急流，也称超临界的流动状态或高流态，代表水浅流急的流动特点。

二、水流对碎屑物质的搬运与沉积作用

1. 碎屑颗粒在水中的受力分析

碎屑颗粒在流水中能否搬运，以何种方式搬运与碎屑颗粒在流水中的受力状态有关。流水作用于碎屑颗粒上的力状态如图 2-4 所示。

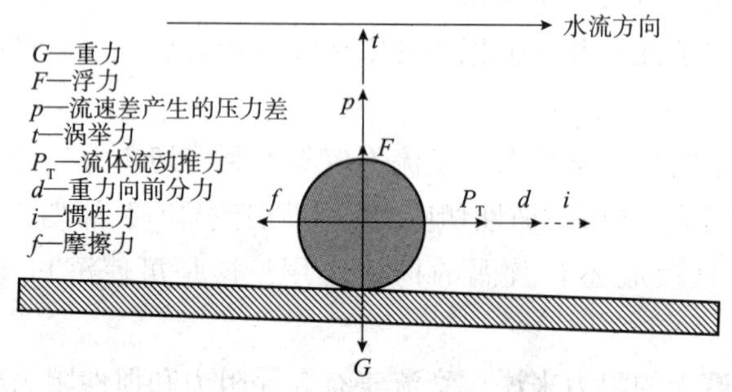

图 2-4 碎屑颗粒的受力情况

(1)向下的力：重力(G)，颗粒受到重力。

(2)向上的力：

①浮力(F)，水体对颗粒的浮力。

②颗粒上、下流速差所引起的压力差(p)，水流遇到颗粒发生绕流运动(图 2-5)，在颗粒上方流水流线密集，流速加大，颗粒上方的流速要明显大于下方，根据伯努利(Bernoulli)方程：

$$\frac{P}{\rho} + gy + \frac{v^2}{2} = \text{常数}$$

式中，P 为压力；y 为距某基准面高度；v 为流速；ρ 为流体密度。由上式可看出流速低则压力高，反之则压力低。由此可见，水流作用于颗粒时，在其上、下方存在有一个压力差，其方向是朝上的。

③紊流涡举力(t)，在紊流中有涡流的扬举作用产生的上升涡举力。

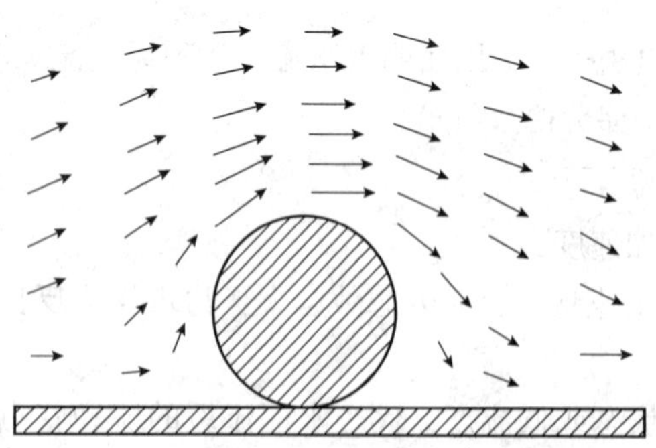

图 2-5 水流遇颗粒绕流运动，流线密集处流速较大(据曾允孚等，1986)

(3)向前的力：

①流水推力(P_T)，水流作用于颗粒上的顺水流方向的力。

②重力向前分力(d)，水流是沿斜坡流动的，处于斜坡上的碎屑颗粒存在沿斜坡倾向的重力分力。

③惯性力(i)，处于运动状态的碎屑颗粒有向前的惯性力，静止的颗粒没有向前的惯性力。

(4)向后的力：摩擦力(f)，碎屑颗粒静摩擦力大于动摩擦力。

上述几种作用不同方向力相对大小决定了碎屑颗粒在流水中的搬运方式。

2. 碎屑颗粒的搬运方式

碎屑颗粒在流水中的搬运方式有滚动、跳跃、悬浮三种方式。以滚动和跳跃方式搬运的沉积物也称推移载荷，或底载荷，多为颗粒粒径较大的砾石、砂；以悬浮方式搬运的沉积物也称悬移载荷，多为颗粒粒径较小的粉砂、泥。

(1)滚动搬运

较粗的碎屑(砾、较粗砂)沿水体底床主要以滑动或滚动方式搬运。滑动或滚动方式搬运的碎屑颗粒在流水中的受力状态是颗粒所受的向上的力始终小于颗粒的重力($F+p+t<G$)，向前的力大于向后的力($P_T+d+i>f$)。

(2)跳跃搬运

跳跃搬运的碎屑颗粒比滚动搬运的碎屑颗粒细。跳跃方式搬运的碎屑颗粒在流水中的受力状态的关键是流速差产生的压力差(p)。当碎屑颗粒接触水流底床时，颗粒上、下存在流速差产生的压力差(p)，颗粒所受的向上的力大于颗粒的重力($F+p+t>G$)，颗粒就会离开底床，悬浮在水流中；当颗粒悬浮在水流中，颗粒上、下的绕流流线呈对称状，颗粒上、下流速相近，流速差产生的压力差(p)消失，颗粒所受的向上的力小于颗粒的重力($F+t<G$)，颗粒就会落回底床。加上向前的力大于向后的力($P_T+d+i>f$)，碎屑颗粒在这种受力状态下，在向前搬运的同时，间歇性悬浮于流水中，就造成了碎屑颗粒跳跃搬运。以跳跃方式搬运的碎屑颗粒多为中砂、细砂级颗粒。

(3)悬浮搬运

在流水中的细小碎屑颗粒，由于颗粒所受的向上的浮力加涡举力始终大于颗粒的重力($F+t>G$)，不能沉到底部，就以悬浮方式搬运。

悬浮搬运主要是发生在紊流中，因为紊流中存在有紊涡产生的水流的涡举力。涡举力越大，悬浮搬运的碎屑颗粒粒径越大。以悬浮方式搬运的颗粒一般为粉砂、泥级颗粒。

碎屑颗粒搬运方式主要与颗粒受力状况和水流强度有关，也与颗粒和流体的比重、颗粒大小、形状等因素有关。颗粒的搬运方式不是固定不变的，可随流体流动强度变化而相互转化。随着流速增大，滑动或滚动颗粒可变为跳动，跳动的变为悬浮；流速降低时则发生相反的转化。

3. 碎屑物质在流水中的搬运、沉积与水流流速、粒径的关系

流水把处于静止状态的碎屑物质开始搬运走所需要的流速称为开始搬运流速或启动流速，流水流速等于或大于这一流速，碎屑物质就处于搬运状态。维持业已处于搬运状态的碎屑物质继续搬运所需的最低水流流速称为继续搬运流速或沉积临界流速，流水流速小于这一流速，碎屑物质就会沉积。

尽管多种因素影响碎屑颗粒的搬运和沉积，但主要影响因素是颗粒大小和水流流速两个参数。尤尔斯特隆(Hjulstrom，1936)用图解(图 2－6)定量揭示了颗粒大小、流速与侵蚀、搬运和沉积之间的关系。

图中表明：

(1)颗粒开始搬运流速要大于继续搬运流速，这是由于要使处于静止状态的颗粒搬运

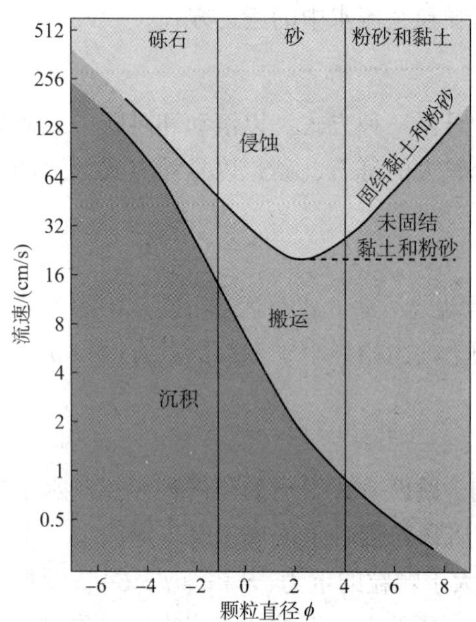

图 2－6　尤尔斯特隆(Hjulstrom)图解
(据曾允孚等，1986 略改)

不仅要克服颗粒的重力，而且要克服颗粒间相互的吸附力。

(2)粒径大于 2mm($\phi < -1$)的砾级颗粒的开始搬运流速与继续搬运流速相差很小，但这两个流速值本身都很大，并随着颗粒粒径的增大而增大。流水不易达到开始搬运流速，达到开始搬运流速也容易下降到继续搬运流速之下，由搬运转为沉积。所以砾级颗粒在流水中难搬运，易沉积。

(3)粒径为 0.05～2mm 的砂级颗粒所需要的起动流速最小，而且起动流速与沉积临界流速间的差值也不大。因此，砂级颗粒在流水搬运中最为活跃，既易于搬运，又容易沉积。

(4)粒径小于 0.05mm 粉砂和泥级颗粒，起动流速与沉积临界流速之间的差值很大，并随着颗粒粒径的变小而增大，所以粉砂以下，尤其是泥级颗粒一经流水搬运后，流速即使有较大的降低也难于沉积。这一粒级的颗粒，特别是泥级颗粒粒径越细，起动流速越大，是因为其矿物组成主要为黏土矿物，有较强的黏结力，侵蚀、搬运最初是泥砾状态。泥砾在流水搬运过程中，逐渐破碎，当破碎为泥级颗粒后，其沉积临界流速很小。自然界中流水的流速多大于泥级颗粒的沉积临界流速，因此，粉砂和泥级颗粒易搬运，难沉积。

4. *碎屑物质在流水搬运中的变化和机械分异作用*

在流水搬运过程中，随搬运距离和时间的增长，碎屑物质的矿物成分、粒度和形状等都会发生有规律变化(图 2－7)。

(1)矿物成分变化

由于搬运过程中的化学分解、破碎和磨蚀作用，随着搬运距离增长，不稳定组分如长石、铁镁矿物等就会逐渐减少，甚至消失，而稳定组分如石英、燧石等含量就会相对增加。

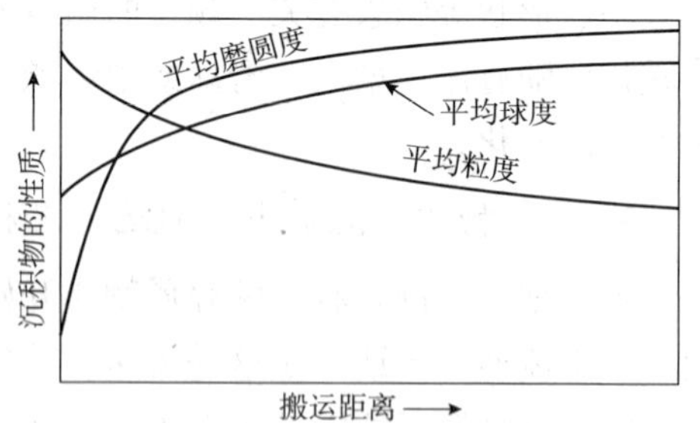

图 2－7　流水搬运距离与碎屑颗粒特征变化(据姜在兴，2010)

(2)粒度(颗粒大小)变化

随着搬运距离的增长，碎屑颗粒愈来愈细。现代河流沉积物研究成果表明，河流上游流速大，大小颗粒一起被搬运，随着流速减缓，被搬运颗粒就从大到小依次沉积下来，这就是水力分选作用。其次，磨蚀和破碎作用不断使颗粒变小，随着搬运距离的加大，也就使得细小颗粒比例不断地增加。

(3)颗粒形状(圆度和球度)变化

随着搬运距离的增长，由于磨蚀作用，碎屑颗粒的磨圆程度(圆度)与接近于球形的程度(球度)一般愈来愈高，特别是在搬运初期，圆化较为迅速(图2－7)，但搬运过程中的破碎作用则可使已磨圆的碎屑颗粒形成新的棱角。

碎屑颗粒的球度变化受矿物结晶习性影响较大，片状矿物即使搬运很远，也很难达到较高球度，而等轴粒状矿物则易于达到高球度。

(4)机械沉积分异作用

碎屑物质在搬运过程中，当水流速度在一定的方向上做有规律的变化时，碎屑颗粒按比重由大到小、不稳定矿物成分由多到少、粒径由大到小、圆度和球度由低到高的总体次序依次沉积，这种规律性沉积作用称机械沉积分异作用。

机械分异作用主要受物理原理所支配。首先，沉积物按照颗粒大小和密度发生分异(图2－8、图2－9)，这就有可能使比重大而体积小的矿物与比重小、体积大的矿物堆积在一起，如含金砾岩。

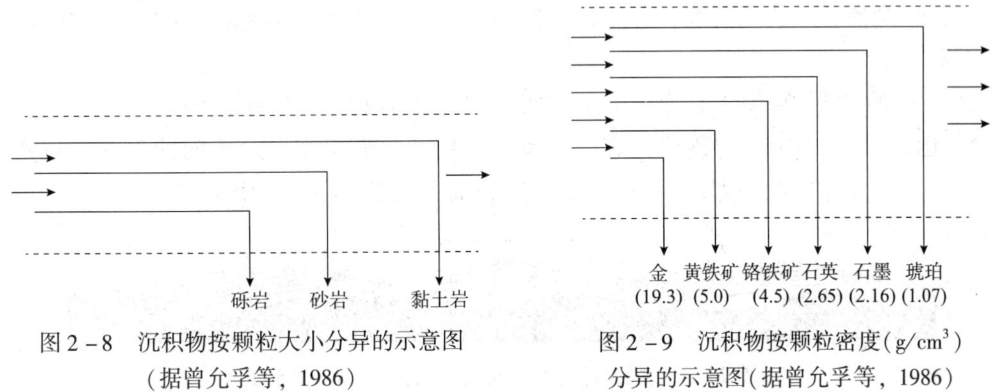

图2－8　沉积物按颗粒大小分异的示意图(据曾允孚等，1986)

图2－9　沉积物按颗粒密度(g/cm^3)分异的示意图(据曾允孚等，1986)

颗粒形状也会影响着物质分异：片状矿物易悬浮而搬运得远些；等轴粒状者则搬运距离短；圆度和球度高者易滚动而有利于被搬运。

颗粒的比重和形状与矿物成分密切有关，颗粒大小与矿物的物性有一定关系，如解理、脆性、硬度等均影响颗粒被磨蚀和破碎的难易程度。因此，机械沉积分异在一定程度上是依据矿物的成分分异，所以，随着搬运距离的增长，碎屑物质的矿物成分也趋向简单，稳定组分增多，重矿物含量减少。

三、空气流对碎屑物质的搬运与沉积作用

空气流是仅次于水流的一种很重要的搬运营力和沉积介质。它不仅在大陆沙漠中搬运大量的砂，也可将海滩砂搬运至内陆，或将粉砂和黏土以尘暴形式从陆地经长距离搬运到远洋。

空气流与水流在搬运和沉积机理上有相同之处，也有一些重要的差别。首先，空气流主要搬运碎屑物质，通常不能搬运溶解物质；其次，空气流的作用空间大，不受固体边界限制，也不像水流那样明显受重力控制，所以也可将沉积物由地势低处搬运到高处沉积。

1. 空气流碎屑颗粒的搬运作用

空气流(风)一般主要搬运细小的碎屑物质，主要是砂及更细物质，只有狂风时才能搬运砾石。沙漠砂的粒径多在0.15～0.30mm，小于0.08mm的颗粒作为尘埃被吹走。

由于风速受地形、地物影响大而有突然变化，加以密度小，因此能搬运的粒径范围较窄，风速一旦减小，则有粒径比较一致的碎屑沉积下来，所以风成沉积物的分选性一般较好。风中搬运的颗粒磨蚀作用强，风成沙的磨圆度较好。

空气的搬运能力还受碎屑湿度的影响，例如，要搬运0.5～1mm大小的颗粒，如含3%的水，则风速要比搬运干的增加1倍。若颗粒愈细则这种影响也愈大。

碎屑在空气流中的搬运方式主要是跳跃，其次是悬浮和滚动(在风搬运中常称为蠕动)。由于空气密度低，黏滞性低，搬运的碎屑惯性作用增强，颗粒的跳跃运动非常活跃。跳跃的颗粒冲击地面碰到基岩或大石块时，容易反弹，很少失去动能，几乎像弹性体；跳跃颗粒冲击在干燥松散的砂质物上时则形成一个小凹坑，消耗了能量，并将附近较细的砂粒冲击跳起，出现溅泼作用现象；跳跃颗粒冲击较粗粒砂，会使较粗粒砂蠕动；跳跃颗粒冲击粉砂，会使粉砂扰动扬起，称为扬尘作用。溅泼和扬尘作用会显著增加空气搬运碎屑的数量。

风搬运的碎屑多呈弓形弹道轨迹跳跃前进，多以均一角度(10°～16°)冲击地面(图2－10)。风速愈大，弹跳得愈高，受风力作用的机会也多，对地面冲击速度就愈大，因而溅泼和扬尘作用愈强烈。一般弹跳高度在50cm以下，在暴风中可高达1m。

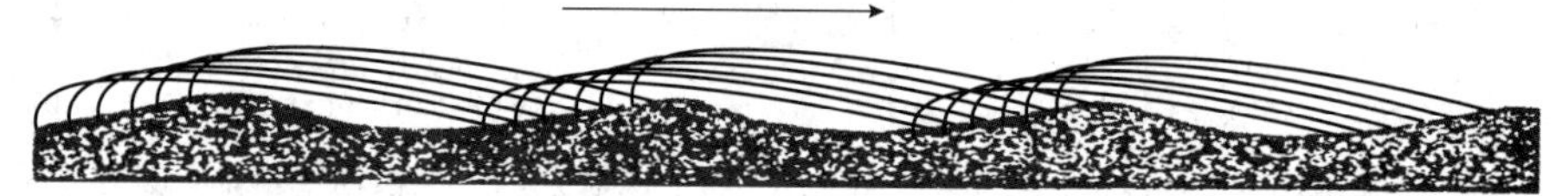

图2－10　风成沙的跳跃轨迹(据曾允孚等，1986)

在正常地面风条件下，碎屑颗粒的搬运方式以跳跃为主(约占70%～80%)，其次为蠕动(＜20%)，而悬浮者很少(＜10%)。随着风速的变化，三种搬运方式可相互转化。通常情况下，跳跃颗粒粒径一般小于0.5mm，以细砂(0.1～0.3mm)为主，蠕动颗粒多在0.5～3mm之间，更大的颗粒一般留在原地不动；小于0.1mm的颗粒可呈悬浮搬运，尤其是粒径小于0.05mm的粉砂与黏土，易弥散在空气中，作长距离搬运，当发生风暴时，这种搬运作用就更为强烈，形成沙尘暴。

2. 碎屑颗粒在空气中的沉积作用

碎屑颗粒在空气中沉积的直接原因是风速降低。风速降低导致推移力降低，有效重力超过上举力，碎屑颗粒不蠕动、跳跳、悬浮而沉积。空气中的推移载荷(蠕动、跳跳的碎屑颗粒)则多在来源地(沙漠或海滩)附近堆积下来，形成沙丘。空气中的悬移载荷(尘埃)既可在来源地附近沉积，也可作长距离搬运，在远离来源地的陆上或海洋中沉积。当尘埃物质只被短距离搬运沉积在沙漠中时，多被下次风暴再搬运，很难保存；如被带到沙漠以外的地区沉积下来，就有可能保存，如我国北方广布的黄土。尘埃物质可搬运到海洋中，与远洋物质混合沉积在深海盆地。

气候变化、障碍物、不同方向风相遇等是导致风速降低的主要原因。气候变化可造成大范围风速降低，使风搬运的碎屑颗粒大量沉积。当风遇到障碍物(陡崖、陡坎、植被、砾石等)，风速骤减，使碎屑物质沉积下来，称为障碍堆积。

世界上多数大沙漠沙丘的形成与明显障碍物无关。这种沙丘的形成可能与风的超载有关，超载的碎屑首先聚集成彼此依靠的小沙堆；小沙堆形成后就起障碍作用，使风携沙逐步堆积发展成沙丘。当碎屑很充足时，迎风坡和背风坡均有沉积；如果碎屑不充足，迎风坡被侵蚀，只在背风坡沉积，沙丘不断向前移动。

不同方向风相遇，因相互干扰而降低风速，促使碎屑颗粒沉积。

另外，当风在运行中遇到湿润或较冷的气流时，空气会被迫上升，这时部分砂粒不能随气流上升而沉积下来。

四、重力流对碎屑物质的搬运与沉积作用

重力流是在斜坡背景下、在沉积物流体自身重力作用下整体流动的高密度流体。当斜坡坡度减缓，或地势变得平坦，重力产生的沿斜坡向下分力减小或消失，重力流搬运的碎屑物质就会沉积。

重力流既可以形成于水下，也可以形成于水上的大气中。重力流是整体流动的高密度流体，根据使重力流成为整体的碎屑颗粒的支撑机理，将重力流分为碎屑流(debris flow)、颗粒流(grain flow)、液化沉积物流(fluidized sediment flow)和浊流(turbidity currents)四类(图2-11)。

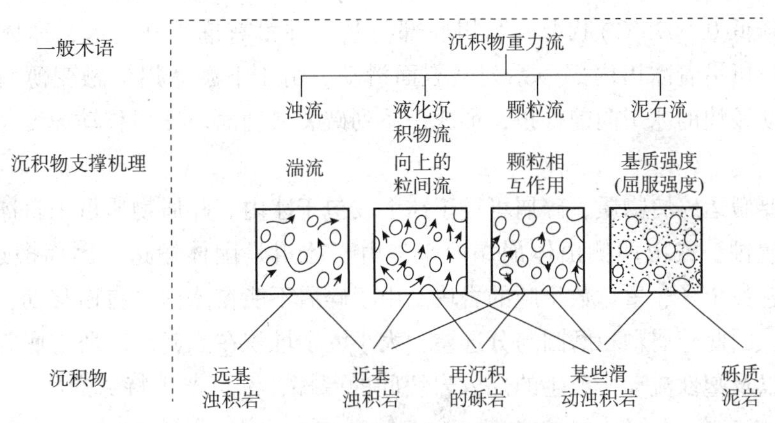

图2-11 沉积物重力流的类型(据曾允孚等，1986)

碎屑流是一种砾、砂、泥和水相混合的高密度流体，泥和水混合组成的杂基支撑着砂、砾使之呈悬浮状态被搬运。基质具有一定的屈服强度，碎屑流的流动能力是基质强度和密度的函数：密度愈大，能搬运的颗粒愈粗。按砾石大小可分为泥石流和泥流两类，泥流不含大于4mm的砾石。

颗粒流是一种由无凝聚力颗粒(主要是砂、砾)所组成的重力流。由于颗粒的相互碰撞所产生的向上支撑应力，阻止了颗粒从流动中沉积下来。这种应力足以大到支撑砾石，在组构上呈现砾石分散地"漂浮"在砂粒中。岩崩以及沙丘崩落面的崩落作用就属于颗粒流。

液化沉积物流的支撑力是超孔隙流体压力。当沉积作用很缓慢时，孔隙水及时排出，沉积物重量全由固态颗粒支撑，这时孔隙压力等于流体静压力，颗粒不受流体支撑；当快速堆积时，孔隙水不能及时排出，碎屑重量可传递给孔隙间流体，使孔隙间流体压力超过流体静压力，即产生超孔隙流体压力，超孔隙流体压力能支撑颗粒呈悬浮状态，沉积物强度显著减弱，即沉积物发生“液化”，在一定机制的促发下，发生流动就形成液化沉积物流。此外，突然的震动导致沉积物原来组构的破坏，也可引起超孔隙流体压力。

浊流是靠水流的湍流涡举力支撑碎屑颗粒，使之呈悬状态，在重力及诱发因素作用下沿斜坡发生流动的重力流。浊流的碎屑物质浓度相对最小，含水量最多。碎屑流、颗粒流、液化沉积物流在水下流动过程中，随着水的掺入，可演化为浊流。

另外，滑动、滑塌也是重力流。滑动是斜坡高部位的沉积物在自身重力作用下，沿斜坡发生小规模块体位移，位移的沉积物仍较好地保留原有的结构、构造。滑塌是斜坡高部位的沉积物在自身重力作用下，沿斜坡发生大规模块体位移，位移的沉积物原有的结构、构造发生严重变形、破坏。滑塌是较为常见的重力流，如滑坡体。

五、冰的搬运和沉积作用

冰川和浮冰是能力巨大的搬运介质。冰川是固体，它的搬运机理包括两个方面：一是塑性流动，由于冰川自身重力使其下部处于塑性状态，称可塑带，上部则为脆性带，可塑带托着脆性带在重力作用下向前运动，由于底部有摩擦阻力的缘故，运动速度有向下变缓的趋势；二是滑动，由于冰融水的活动或冰川底部常处于压力融解(冰的熔点每增加一个大气压力就降低 0.0075℃)状况，冰川底部与基岩并没有冻结在一起，冰体可沿冰床滑动，此外，还可沿着冰川内部一系列破裂面滑动。由于下游冰川消融变薄而移动速度降低，上游移动较快的冰川向前推挤，形成一系列破裂滑动面。冰川移动速度每年可达数十米到数百米。

冰川主要搬运碎屑物质，碎屑可浮于冰上或包于冰内。碎屑物质可来自冰川对底部和两壁基岩的侵蚀，或由两侧山体崩塌而来。由于冰川是固体搬运，因而搬运能力很大，可搬运直径达数十米、重达数千吨的岩块。由于碎屑不能在冰体中自由移动，彼此间极少撞击和摩擦，因此碎屑颗粒磨圆与分选差，大小混杂堆积在一起。碎屑与底壁基岩间的磨蚀和刻画，以及塑性流动所产生的部分岩块间的摩擦，都可产生特殊的冰川擦痕(钉子头擦痕)。

冰川流动到雪线以下就要逐渐消融，所搬运的碎屑大量沉积。沉积作用主要发生在冰川后退或暂时停顿期，随着冰川的消融就有冰水产生，冰碛物遭到流水的改造即成为冰水沉积物。

冰川入海破裂为冰山后可到处漂浮流动，浮冰融化后，冰体所含碎屑就会沉积，形成冰川 – 海洋沉积。现代南极四周、阿拉斯加北部陆棚上部均广泛分布有这种沉积。

六、溶解物质的搬运、沉积与化学分异作用

溶解物质可以呈胶体溶液或真溶液被搬运，这与物质的溶解度有关。Al、Fe、Mn、Si

的氧化物难溶于水，常呈胶体溶液搬运；而Ca、Na、Mg、K的盐类则常呈真溶液搬运（图2－12）。

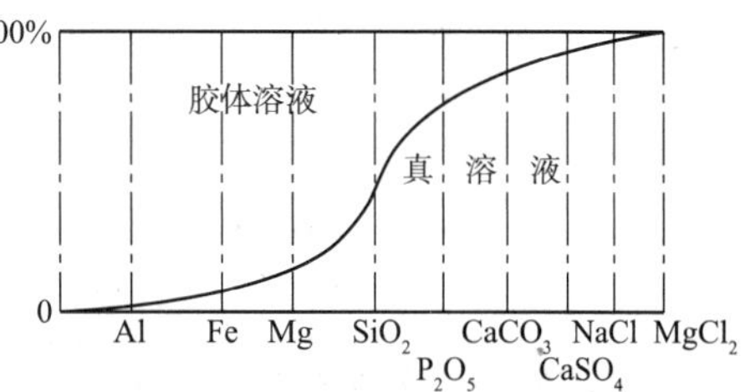

图2－12　自然界中胶体溶液与真溶液的分布情况（据姜在兴，2010）

1. 胶体溶液的搬运与沉积

低溶解度的金属氧化物、氢氧化物和硫化物常呈胶体溶液被搬运。胶体溶液的性质介于粒子分散系（悬浮液）和离子分散系（真溶液）之间，胶体粒子直径1～100nm，在普通显微镜下不能识别。自然界常见的胶体化合物见表2－3。

胶体溶液与悬浮液或真溶液比较有如下一些特点：①胶体粒子细小，受重力影响极微弱；②扩散能力很弱；③表面带有电荷，可分为正胶体和负胶体（表2－3）；④天然胶体普遍具有吸附现象，对某些有用元素的富集很有意义，如黏土质负胶体可吸附K、Rb、Cs、Pt、Au、Ag、V等，二氧化硅负胶体能吸附放射性元素，氧化锰负胶体可吸附Co、Ni、Cu、Zn、Hg、Li、Ti等，氢氧化铁正胶体可吸附PO_4^{3-}、VO_4^{3-}、AsO_4^{3-}、SO_4^{2-}等，腐殖质胶体的吸附现象则更广泛。吸附作用使得溶液中浓度不高的元素以及某些不易富集的极为稀散的元素得以沉淀，甚至富集达到工业品位。

能使呈胶体溶液稳定的因素有：①布朗运动的存在可抗衡重力作用，不使胶粒下沉；②具有相同符号的电荷，因排斥力而避免胶粒相碰聚集成较大的粒子；③由于扩散层和双电层中反离子和溶剂的亲和作用，形成一层溶剂化膜，可缓冲和阻碍粒子的碰撞。

当胶体溶液失去稳定性，胶体粒子就会凝聚成絮状物，在重力作用而下沉，称作凝聚（胶凝）作用或聚沉作用。

表2－3　自然界常见的正、负胶体（据曾允孚等，1986）

正胶体		负胶体	
$Al(OH)_3$	$Fe(OH)_3$	PbS、CuS、CdS、As_2S_3、Sb_2S等硫化物	
$Cr(OH)_3$	$Ti(OH)_4$	S、Au、Ag、Pt	
$Ce(OH)_4$	$Cd(OH)_2$	黏土质胶体、腐殖质胶体	
$CuCO_3$	$MgCO_3$	SiO_2	SnO_2
CaF_2		MnO_2	V_2O_5

使胶体溶液失去稳定性而发生凝聚、沉积的因素主要有以下几个方面。

（1）带有相反电荷的两种胶体相遇，因电荷中和而发生凝聚，物理化学中称“相互聚沉”。例如，带正电荷的氢氧化铁胶体与带负电荷的二氧化硅胶体中和形成含二氧化硅的褐铁矿；三氧化二铝胶体与二氧化硅胶体中和凝聚形成高岭石，其反应式如下：

$$2Al_2O_3 \cdot nH_2O + 4SiO_2 \cdot nH_2O \longrightarrow Al_4(Si_4O_{10})(OH)_8 + nH_2O$$

自然界中负胶体多于正胶体，故正胶体易于在搬运早期就中和沉淀，而负胶体常可搬运得更远些，但某些正胶体在腐殖酸保护下也可迁移较远。

（2）电解质加入。加入电解质后可使胶体溶液粒子表面吸附的带相反电荷的离子中和，从而使扩散层的厚度变薄，亦降低了胶粒的电动电势，使得胶体失去稳定性而凝聚。海水中含有大量电解质，因此当河流携带的胶体与海水相遇时，就可形成凝胶沉淀，导致三角洲和海岸沉积中常可见到大量黏土和氧化铁等胶体沉积物，有时可聚集成铁、铝、锰等巨大沉积矿床。

(3)蒸发作用促使胶体溶液浓度增大而引起胶体凝聚。其原因一方面是因浓度增大造成胶粒碰撞机会增多，另一方面也增大了原先存在于胶体溶液中的电解质浓度。

(4)穿透能力较强的带电射线可使某些胶体凝聚，如带负电荷的β射线可使正胶体凝聚。其他如剧烈的振荡、大气放电、毛细管作用等也可促使胶体凝聚。

除上述促使胶体凝聚的主要因素外，还有其他影响因素。如溶液的pH值，高岭石在酸性介质中($pH=6.6\sim6.8$)发生凝聚，蒙脱石则在碱性介质($pH>7.8$)中才能凝聚。

pH值的变化对两性胶体影响尤为显著，例如$Al(OH)_3$在酸的作用下有如下反应：

$$Al(OH)_3+HCl \longrightarrow Al(OH)_2Cl+H_2O$$

$$Al(OH)_2Cl \longrightarrow Al(OH)_2^{+}+Cl^{-}$$

阳离子$Al(OH)_2^{+}$为$Al(OH)_3$胶核所吸附，形成具阳离子扩散层的胶团。在碱的作用下则反应为：

$$Al(OH)_3+KOH \longrightarrow KAlO_2+2H_2O$$

$$KAlO_2 \longrightarrow K^{+}+AlO_2^{-}$$

阴离子AlO_2^{-}为$Al(OH)_3$胶核所吸附，形成具阴离子扩散层的胶团。

可见，两性胶体所带电荷的性质是随溶液的pH值而异，pH值大时带负电荷，pH值小时带正电荷。改变溶液的pH值即可改变溶液中$Al(OH)_2^{+}$或AlO_2^{-}的离子浓度，从而改变胶粒所带电荷性质、数量和扩散层厚度，直接影响胶体的电动电势。当pH值与两性胶体的等电pH值(使两性体呈现中性不带电荷的pH值)相差愈大，其电动电势就愈大，扩散层就愈厚，胶体稳定性就愈高，不易凝聚；反之，则胶体不稳定，易于发生凝聚下沉。

$Al(OH)_3$两性体的等电pH值为8.1，$Fe(OH)_3$两性体的等电pH值为7.1。因天然水的pH值近于7.0，所以自然界存在大量上述两性胶体。

腐殖酸能起到保护胶体作用。因为它本身是一种稳定胶体。腐殖酸分子中含有羧基(—COOH)和羟基(—OH)，可电离出H^{+}，形成带负电荷的胶粒。由于腐殖酸胶粒的水化性很强，在水溶液中可形成很厚的溶剂化膜，本身很稳定。其他胶粒被腐殖酸包围时，胶粒的溶剂化膜厚度增加，稳定性增强。此外，腐殖酸可以与金属氢氧化物胶体中的某些金属离子以配位键结合成十分稳定的螯合物，这就相当于在氢氧化物胶体周围形成一层保护膜，从而提高了氢氧化物胶体的稳定性和迁移能力。因此，在腐殖酸保护下，铁、铝、锰等氢氧化物胶体在地表水中可作长距离搬运。

此外，其他条件相同时，胶体凝聚强度随温度的增高而增大。这是由于温度升高会使布朗运动加剧，增加了相互碰撞聚沉的机会。

由胶体凝聚生成的沉积物和岩石具有如下特点：①未脱水硬化的凝胶呈胶状、糊状或冻状，固结成岩后常具贝壳状断口；②胶体沉积颗粒细小，孔隙度较大，因而有较强的吸收性；③由于胶体陈化脱水而常出现收缩裂隙，易破裂成尖棱状碎块；④一般有微晶、放射状、鲕状、球粒状、扇状集合晶等结构；⑤胶体沉积可以呈巨厚产出，也可成透镜体，结核产出；⑥由于胶体有较强的离子交换和吸附能力，常吸附有不定量的水分、有机质以及各种金属元素，其化学成分常不固定。

2. 真溶液的搬运和沉积

溶解物质中的氯、硫、钙、钠、钾、镁等成分都呈离子状态存在于水中，呈真溶液搬运；有时铁、锰、铝、硅也可呈真溶液搬运。

真溶液对溶解物质的搬运和沉积作用取决于可溶物质浓度和溶解度。当可溶物质浓度小于溶解度，溶解物质呈搬运状态；当可溶物质浓度大于溶解度，达到过饱和，溶解物质就会发生沉淀。

真溶液的搬运和沉淀除了受溶解度(溶度积)控制外，还受介质 pH 值、Eh 值、温度、压力、CO_2含量等因素的影响。

(1)介质的酸碱度(pH)：pH 值对大部分溶解物质的沉淀有显著影响。

pH 值的影响因溶解物质而异。有些物质的溶解度随 pH 值增大而增加，如 SiO_2：在 pH =5 时，溶解度为 109mg/L；pH =6 时，为 218mg/L；pH =11 时则增到 378mg/L。有些物质则相反，如 $CaCO_3$在 pH >8 时溶解度最小。因此在酸性介质中，SiO_2沉淀而 $CaCO_3$溶解，而碱性介质中则相反。

铁、铝的沉淀方式与 pH 值关系比较复杂。铁在 pH =2 ~3 时，呈 $Fe(OH)_3$的形式沉淀；pH 为 5 时，呈 $Fe(OH)_2$的形式沉淀；当 pH =6 ~7 时，如溶液中含有 CO_2，呈 $FeCO_3$形式沉淀。而铝在 pH =4 ~10 时最为稳定，以 $Al(OH)_3$形式沉淀；而在 pH <4 或 >10 的强酸或强碱条件下则易溶解。磷与铝的情况类似。

大部分溶解物质从真溶液中沉淀出来都需要一定 pH 值，表 2 -4 所列是常见金属氢氧化物沉淀时所需的最小 pH 值。

表 2 -4　常见金属氢氧化物沉淀时所需最小 pH 值(据曾允孚等，1986)

金属氢氧化物	Fe^{3+}	Al	Cu	Fe^{2+}	Pb	Ni	Mn^{2+}	Mg
pH	2	4 ~10	5.3	5.5	6.0	6.7	8.7	10.5

表 2 -5 所列部分矿物沉淀时需要的 pH 值，系根据矿物悬浮液测得，只能大致表示它们沉淀时所需的 pH 值。

此外，某些溶解物质沉淀时所需的 pH 值会受其他离子的影响。例如，氢氧化铝沉淀所需的 pH 值 >4，但若介质中存在有 PO_4^{3-}时，则所需的 pH 值为 3.8 ~4；如有 SO_4^{2-}，则 pH 值为4.7 ~4.8；如有 Cl^-存在，则 pH 值为5.8；当有 NO_3^-存在时，则所需 pH 值为5.8 ~6。

表 2 -5　各种矿物悬浮液的 pH 值(据曾允孚等，1986)

矿　物	pH	矿　物	pH
方解石	7.8 ~9.5	高岭石	6.6 ~6.8
白云石	7.8	水铝英石	6.6 ~6.8

续表

矿　物	pH	矿　物	pH
菱镁矿	7.8	埃洛石	6.3～6.8
菱锰矿	6.6～7.4	钾盐	6.6～6.8
菱铁矿	6.6～7.4	石盐	6.6～6.8
磷灰石	7.6～8.5	萤石	6.0～6.4
蒙脱石	7.9～9.4	硬石膏	6.7～7.0
绿脱石	7.8	石膏	6.4～6.6
拜来石	6.6～6.8	重石	6.2～6.6
镁钙埃洛石	7.8	铝矾	4.6～4.8
钒钙铀矿	7.2	明矾石	4.4～4.8
钾钒铀矿	7.8	矾石	4.4～4.6
铜铝磷矿	6.6～7.0	黄钾铁矾	4.4～4.8

(2)介质的氧化－还原电位(E_h)：E_h 值对铁、锰等变价元素的溶解和沉淀影响很大，而对有些元素，如铝、硅等几乎毫无影响。铁、锰等元素在氧化条件下都呈高价的赤铁矿、软锰矿沉淀；在弱氧化－弱还原条件下，则形成海绿石、鲕绿泥石；在还原条件下都呈低价的菱铁矿、菱锰矿沉淀；在强还原条件下则生成黄铁矿、硫锰矿。而且，低价的铁、锰矿物的溶解度比高价的要大数百倍甚至数千倍，所以不易沉淀而有利于搬运；高价的铁、锰矿物就易于沉淀而难以呈溶液搬运。

(3)温度：物质的溶解度是随温度的增高而加大的。温度对钙、镁的硫酸盐，钾、钠的碳酸盐，硫酸盐和氯化物等易溶物质影响较大。温度还可改变反应方向，降低温度有利于化学平衡向放热方向移动，反之则相反。

(4)压力：压力增大时，化学平衡向着体积减小(或气体摩尔总数减少)的方向移动，反之则相反。压力对溶解物质的溶解度的影响不大，但对溶液中 CO_2 含量的影响很大。溶液中 CO_2 含量对碳酸盐的沉淀和溶解有着很大影响，其反应式如下：

$$CaCO_3 + CO_2 + H_2O \longrightarrow Ca(HCO_3)_2$$

当压力增大时，水中 CO_2 浓度增高，平衡向右移动，生成比 $CaCO_3$ 溶解度大得多的 $Ca(HCO_3)_2$；反之，水中 CO_2 浓度减小，$CaCO_3$ 就沉淀。

水中的 CO_2 含量与温度、压力有关。随着温度升高，CO_2 含量减少，所以在热带及亚热带海水中可见到较多的 $CaCO_3$ 沉淀。随着压力增大，CO_2 含量也增加，因此地下水中 CO_2 含量比地面水的多，因而在石灰岩溶洞中及温泉出口处可见到较多的石钟乳、石灰华的沉淀。

3. 化学沉积分异作用

母岩风化的溶解物质，在沉积的过程中，由于各种元素和化合物在化学性质上的差异，它们会发生分异，而这种分异作用是受化学原理支配的，称为化学沉积分异作用。普斯托瓦洛夫提出的化学沉积分异顺序如图 2－13 所示，首先沉淀氧化物→磷酸盐→硅酸盐→碳酸盐→硫酸盐→卤化物。图中各分异阶段不是截然分开的，而是逐渐过渡，彼此重叠的。

影响化学沉积分异作用的主要因素是物质(化合物)的溶解度。即按溶解度从小到大，依次沉积。化学沉积分异作用还要受到介质的 pH 值和 Eh 值变化的影响。实际上，影响化学沉积分异作用的因素还很多，所以图 2－13 分异顺序是一般规律，自然界实际顺序比它要复杂得多。

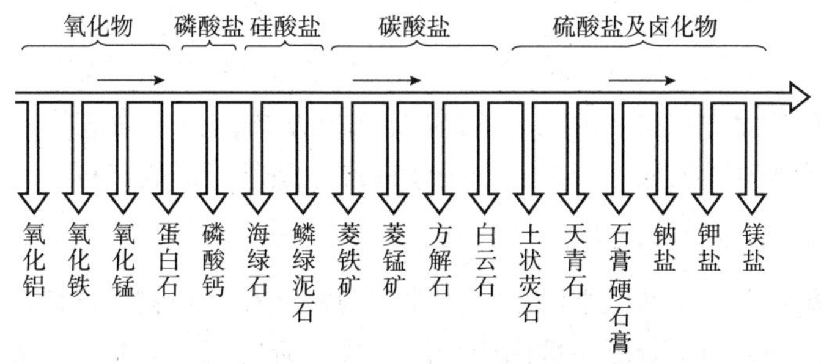

图 2－13　溶解物质的化学沉积分异示意图(据曾允孚等，1986)

七、生物搬运与沉积作用

生物搬运作用较小，但生物不仅可使溶解物质大量沉淀，还可使部分黏土物质和内源粒屑物质，以及大量迁移元素沉积下来。自从地球上出现生命以来，生物就参与沉积作用，并且随着地质历史的进展，生物在沉积岩和沉积矿产形成过程中的作用愈来愈大。在各类生物中以藻类和细菌等微生物的沉积作用尤为显著，这些生物繁殖快、分布广、数量多、适应性强，而且在地质历史中出现早，是最早的生物种类。在南非发现了 31 亿年前的蓝绿藻类；前寒武纪地层中广泛分布的叠层石与藻类有关，25 亿年前就出现了叠层石。在地质历史早期，其他生命还没大量出现之前，藻类就参与了沉积作用。

1. 生物直接堆积

生物的沉积作用可表现为生物遗体直接堆积形成岩石或沉积矿床。生物通过生命活动形成生物体是一种相当复杂的生理作用，不仅可以通过光合作用或吸取养料形成有机体，还可吸取介质中钙、磷、硅等无机盐，通过生物分泌作用形成外壳和骨骼。

2. 生物间接沉积

生物的沉积作用还表现为间接的方式。在生物的生命活动过程中或生物遗体分解过程中引起介质的物理化学条件的变化，从而促使某些溶解物质沉淀；或由于有机质的吸附作用而使得某些元素沉积，称为生物化学沉积作用。还可以在生物生命活动过程中通过捕获、黏结或障积等作用使沉积物发生沉积，即生物物理沉积作用。

第三节　沉积物的沉积后成岩作用

沉积物沉积以后，在温度、压力、地层水等作用下，疏松的沉积物会变成坚硬的岩石。当埋深达到一定深度会演化为变质岩；也可以由于构造抬升或基准面下降暴露于大气中发生风化作用。把沉积物形成后到变质作用或风化作用之前所发生的作用称为沉积后成岩作用，也称沉积后作用(postdeposition)，或成岩作用(diagenesis)。

一、沉积后成岩阶段划分

常见的沉积后成岩阶段划分流行两种方案。一是由苏联学者基于孔隙水的特征和沉积物的固结程度提出的沉积后成岩阶段划分方案，称之为沉积后阶段划分方案；二是最早由欧美学者基于成岩指标提出的沉积后成岩阶段划分方案，称之为成岩阶段划分方案。目前，我国沉积岩成岩阶段划分方案的石油行业标准也是基于成岩指标。

1. 沉积后阶段划分方案及各阶段特征

沉积后阶段划分方案是苏联学者基于孔隙水的特征和沉积物的固结程度提出的，把沉积物沉积后阶段划分为同生阶段、准同生阶段、成岩阶段、后生阶段、表生阶段。

(1)同生阶段

同生阶段也称同生作用阶段(syngenesis)，其特征是沉积物呈松散状态，沉积物孔隙水与沉积环境水介质充分沟通、交换，沉积物孔隙水与沉积环境水的性质基本相同。

同生阶段，沉积物表层与底层水之间、沉积物碎屑颗粒与孔隙水之间所发生的一系列作用和反应，称之为同生作用。同生作用的产物能够反映沉积环境的特征。同生作用带的深度与水体深度、有机质丰度、堆积速度等有关，一般从沉积物表面向下深度不超过几十厘米。海洋沉积物的同生作用称海解作用，大陆淡水沉积物的同生作用，则称陆解作用。加拿大学者(Hesse，1984；Schmidt，1979)把同生作用称为始成岩作用(eodiagenesis)。

海解作用的代表性新生矿物是海绿石，钙十字沸石和沸石，以及结核型的铁、锰质矿物。新生物质常沿层理分布，并保持其原生沉积构造性质。

(2)准同生阶段

准同生阶段(penecontemporaneous)的特征是沉积物呈松散状态，沉积物孔隙水与沉积环境水不能充分沟通、交换，沉积物与上覆水体已基本脱离，沉积物孔隙水与上覆沉积环境水的性质由基本相同逐渐变化为完全不同。准同生阶段，沉积物碎屑颗粒与孔隙水之间所发生的一系列作用和反应，称之为准同生作用。潮上带毛细管浓缩白云岩化是典型的准同生作用。

(3)成岩阶段

成岩阶段(diagenesis)是狭义的，是指准同生阶段后，沉积物由松散状态演变为固结的岩石的阶段。成岩作用阶段的沉积物被埋藏，使之与底层水隔绝，沉积物的质点与孔隙水发生作用。最重要作用因素是厌氧细菌作用，细菌分解有机质及孔隙水中的SO_4^{2-}(被囚捕的海水)，释放出H_2S，使Eh降至-0.4或-0.6，成为还原条件；而pH急剧加大，常可达9以上。在此种介质条件下，沉积物中早先的高价铁(Fe^{3+})、锰(Mn^{4+})氧化物可被还原而产生低价铁、锰的硫化物(如莓状黄铁矿、硫锰矿)并形成菱铁矿、方解石、鳞绿泥石等，成为成岩阶段的突出特点。碳酸盐、硅质、硫化物及其他成分形成结核，沉积物逐渐被固结石化。新生矿物结核切穿部分层理纹层，部分层理纹层随新生矿物结核变形。

成岩阶段所持续的时间和分布的深度，取决于物质的成分、结构、有机组分、堆积速度、充氧程度和水体深度等因素，其下界相当于细菌作用消失的深度，该带深度一般为 1 ~ 100m，根据海洋深钻资料，最大深度可达 1000m。延续的时间多在一万年至一百万年之间。

成岩阶段，有机质经过细菌发酵等作用产生甲烷或低熟油，沼泽植物可形成泥炭。我国柴达木盆地第四系天然气和东南沿海浅层甲烷气及各油田发现的浅层低熟油藏主要形成于该阶段。

(4)后生阶段

后生阶段(anadiagenesis)是成岩作用阶段之后，沉积物固结为沉积岩之后到转变为变质岩之前的阶段。

后生阶段，在较高温度、压力条件下，沉积岩固体组分与孔隙流体发生相互作用，同时，不同沉积岩层之间也发生物质交换作用。后生阶段发生这些作用统称为后生作用。后生作用的强度在很大程度上取决于大地构造条件。在地壳强烈的下沉地区，由于上覆巨厚沉积的负荷，以及强烈的构造力叠加，岩石发生剧烈的后生作用，甚至变质作用。在构造变动较弱、埋藏不深的地区，后生作用一般较弱。

由于压力(静水压力、负荷压力及构造力)的作用，可出现大量裂隙，助于孔隙流体流动，促进后生作用。后生阶段的介质主要为碱性至弱碱性，或近于中性的弱还原至还原条件，有机质丰度高的沉积岩在有机质演化过程中有机酸大量排出阶段，介质呈弱酸性 ~ 酸性。后生阶段的最高温度一般为 200℃，深度最深可达 1×10^4m，压力达 250MPa。

后生阶段因温度、压力高，作用时间长，可形成较粗大的自生矿物晶体或结核。由于不同沉积岩层之间物质交换作用，自生矿物的性质可与本层物质迥然不同，结核分布也不受原生的层理控制，既可穿过层理也可穿过层面。最常见的现象是交代、重结晶、次生加大等。有机质在该阶段由未成熟变为成熟至过成熟，排出有机酸、烃类，形成石油或进一步裂解成天然气。

关于后生阶段与变质阶段的界线矿物标志目前尚待解决。赵宗溥(1983)提出以叶蜡石、绿纤石、黑硬绿石作为后生阶段进入变质阶段特征矿物。

(5)表生阶段

表生阶段(epigenesis)是指沉积岩抬升到近地表，在地下水、地表水、大气、生物等作用下发生变化的阶段。潜水面以下常温、常压或低温、低压，厌氧细菌存在条件下，主要通过大气水渗透到地下深处所发生的作用，称为潜在表生作用或隐伏表生作用；在潜水面以下，以喜氧细菌为主条件下，地下水对沉积岩发生的作用称为浅部表生作用或狭义的表生作用。

表生作用与风化作用不同。风化作用主要是潜水面以上发生的岩石分解和成壤作用。表生作用是在潜水面以下的地下水对沉积岩发生的作用，主要表现为溶蚀、充填、交代以及某些物质的次生富集以至成矿的作用。表生作用可向风化作用过渡。表生作用在碳酸盐岩中表现明显，产生溶孔、溶洞等。

2. 成岩阶段划分方案及各阶段主要标志

沉积物沉积后成岩过程的各个时期，成岩环境、成岩事件及其所形成的成岩现象等各具特色，据此可以把成岩作用划分为不同的阶段。对于不同岩石类型的成岩阶段的划分，不同的学者在具体的阶段划分、命名、划分依据等也各不相同。限于篇幅，只介绍石油天然气行业标准 SY/T 5477—2003《碎屑岩成岩阶段划分》(图 2－14)。

成岩阶段		古温度/℃	有机质					泥岩		砂岩固结程度	砂岩中自生矿物																	溶解作用			颗粒接触类型	孔隙类型
阶段	期		R_o/℃	T_{max}/℃	孢粉颜色TAI	成熟阶段	烃类演化	I/S中的S%	I/S混层分带		蒙皂石	I/S混层	C/S混层	高岭石	伊利石	绿泥石	石英加大级别	方解石	铁白云石	长石加大	钠长石化	方沸石	片沸石	浊沸石	榍石	石膏	硬石膏	长石及岩屑	碳酸盐类	沸石类		
同生成岩阶段		古常温	①海绿石、鲕绿泥石的形成；②同生结核的形成；③平行层里面分布的菱铁矿微晶及斑块状泥晶；④分布于粒间和颗粒表面的泥晶碳酸盐；⑤烃类未成熟																													
早成岩阶段	A	古常温～65	<0.35	<4.30	淡黄<2.0	未成熟	生物气	>70	蒙皂石带	弱固结–半固结						粒表		泥晶													点状	原生孔隙为主
	B	>65～85	0.35～0.5	430～435	深黄2.0～2.5	半成熟		70～50	无须混层带	半固结–固结							Ⅰ	亮晶	泥晶													原生孔隙及少量次生孔隙
中成岩阶段	A	>85～140	>0.5～1.3	>435～460	桔黄–棕2.5～3.7	低成熟—成熟	原油为主	<50～15	有须混层带	固结				呈书页状或蠕虫状	呈针状、丝发状	呈绒球状、叶片状	Ⅱ	含铁	亮晶		或呈钠长石小晶体										点—线状	可保留原生孔隙次生隙发育
	B	>140～175	>1.3～2.0	>460～490	棕黑>3.7～4.0	高成熟	凝析油–湿气	<15	超点阵有序混层带								Ⅲ														线—缝合状	孔隙减少，并出现裂缝
晚成岩阶段		>175～200	>2.0～4.0	>490	黑>4.0	过成熟	干气	消失	伊利石带						片状		Ⅳ															裂缝发育
表生成岩阶段		古常温或常温	①含低价铁的矿物（如黄铁矿、菱铁矿、铁白云石、铁方解石、云母、绿泥石、海绿石等）的褐铁矿化；②褐铁矿的浸染现象；③碎屑颗粒表面的高价铁的氧化膜；④新月形碳酸盐胶结物及重力胶结 ⑤渗流充填物；⑥表生钙质结核；⑦硬石膏的石膏化；⑧表生高岭石；⑨溶解孔、洞；⑩烃类氧化降解																													

注1：因地壳构造运动，在地质历史过程中有可能在早成岩阶段、中成岩阶段或晚成岩阶段的任何时期出现表生成岩阶段，也可能不出现表生成岩阶段，各地区视具体情况而定。
注2："-----"表示少量或可能出现的成岩标志。

图 2－14 淡水－半咸水水介质碎屑岩成岩阶段划分标志

(1)碎屑岩成岩阶段划分依据

碎屑岩成岩阶段划分依据主要有：①自生矿物组合、分布、演变及其形成顺序；②有机质热成熟度指标(孢粉颜色、最高热解温度、镜质体反射率、油田水及干酪根中低碳有机酸类型与含量；③黏土矿物及其混层黏土矿物的转化；④岩石的结构、构造特点及孔隙类型；⑤古温度、流体包裹体均一温度及自生矿物形成温度。在实际划分成岩阶段时，可根据不同盆地的地质特征选择使用，有所侧重。

(2)碎屑岩成岩阶段的划分和命名

碎屑岩成岩阶段划分为：①同生期；②早成岩期，进一步划分出 A 亚期和 B 亚期；③中成岩期，进一步划分出 A 亚期和 B 亚期；④晚成岩期；⑤表生成岩期。

(3)各成岩阶段的主要标志

①同生期

同生期指沉积物沉积后，与其上覆水体尚未脱离接触，即在表层所发生的变化。也就是沉积物沉积后至埋藏前所发生的变化与作用的时期，也称为同生成岩阶段。

同生期的标志有：a. 海绿石、鲕绿泥石的形成；b. 同生结核的形成；c. 沿层理面分布的菱铁矿微晶及斑块状泥晶；d. 颗粒间的泥晶碳酸盐，或纤维状及微粒状方解石；e. 新月形胶结物及重力填隙物。

②早成岩期

早成岩期指沉积物由弱固结到固结成岩阶段，又可分为 A、B 两个亚期。

早成岩 A 亚期的主要标志有：a. 地层的古地温范围为常温至(65±5)℃；b. 有机质未成熟，镜质体反射率(R_o)<0.35%，孢粉颜色为淡黄色，热变指数(*TAI*)<2；c. 岩石疏松，弱固结－半固结，原生粒间孔发育，一般未见石英加大，长石溶解也较少，可见早期碳酸盐胶结物(呈纤维状、栉壳状)。

早成岩 B 亚期的标志有：a. 地层温度为(65±5)~(85±5)℃；b. 有机质处于半成熟阶段，镜质体反射率 R_o 为 0.35%~0.50%，孢粉颜色为黄色，热变指数(*TAI*)<2.5；c. 由于压实及碳酸盐和硫酸盐类的胶结，岩石半固结－固结，原生孔隙为主，可见少量次生孔隙；d. 蒙脱石开始明显向 I/S 混层转化，蒙脱石在 I/S 混层中占 50%~70%，属无序混层(有序度 $R=0$)；e. 砂岩中可见蒙脱石，书页状自生高岭石较普遍，伊利石以它生为主；f. 见石英次生加大，属Ⅰ级加大，加大边窄或有自形晶面，扫描电镜下可见有小雏晶，呈零星或相连成不完整晶面；g. 砂岩填隙物中见云雾状燧石。

③中成岩期

中成岩期指岩石固结后，埋深进一步增加，地层中的有机质达到成熟阶段，又可分为 A、B 二个亚期。

中成岩 A 亚期的标志是：a. 地层古温度的范围为(85±5)~(140±10)℃；b. 有机质成熟，镜质体反射率(R_o)0.5%~1.3%，孢粉颜色为橘黄－棕色，热变指数(*TAI*)为 2.5~3.7；c. 可见含铁碳酸盐类胶结物，特别是铁白云石，常呈粉晶－细晶，以交代、加大或胶结形式出现；d. 长石等碎屑颗粒及碳酸盐类胶结物常被溶解，次生孔隙发育；e. 石英次生加大属Ⅱ级，大部分石英和部分长石具次生加大，见自形晶面，有的见石英小晶体，在扫描电镜下，多数颗粒表面被较完整的自形晶面包裹，可见自生晶体向孔隙空间生长，堵塞孔隙；f. 可见自生高岭石、I/S 混层黏土矿物、晶须状自生伊利石、叶片状及绒球状自生绿泥石，可见钠长石、浊沸石、绿泥石/蒙脱石（C/S）混层黏土矿物等；g. I/S 混层黏土矿物中蒙脱石层占 50% ~15%。其中 35% ~50% 属部分有序混层（$R=0/R=1$），35% ~15% 属有序混层（$R=1$）。富火山物质的沉积岩以及富钾的水介质条件下，蒙脱石和 I/S 混层黏土矿物的转化和分布，有时出现异常现象，应综合其他指标进行成岩阶段划分。

中成岩 B 亚期的标志有：a. 古地温范围为（140 ±10）~170℃；b. 有机质处于高成熟阶段，镜质体反射率（R_o）在 1.3% ~2%，孢粉颜色为棕黑色，热变指数（*TAI*）为 3.7 ~4；c. 石英次生加大为Ⅲ级，几乎所有石英和长石具加大且边宽，扫描电镜下，颗粒间石英自生晶体多数相互连接，岩石较致密，有裂缝发育；d. 含有铁碳酸盐矿物，高岭石明显减少或缺失，可见浊沸石和长石钠长石化；e. 伊利石大量出现，I/S 混层黏土矿物中蒙脱石含量≤15%（属超点阵有序混层，$R \geq 3$）。

④晚成岩期

晚成岩期指中成岩期后，埋深进一步增加，直到变质之前，地层中的有机质进入过成熟阶段。

晚成岩期的标志是：a. 古地温 170 ~200℃；b. 有机质处于过成熟阶段，镜质体反射率（R_o）2.0% ~4.0%，孢粉颜色为黑色；c. 岩石已极致密，孔隙极少而有裂缝发育，砂岩中可见晚期碳酸盐类矿物以及钠长石、榍石等自生矿物；d. 石英加大属Ⅳ级，颗粒间呈缝合状接触，自形晶面消失；e. 黏土矿物为伊利石和绿泥石，并有绢云母、黑云母，混层已消失，可称为伊利石 – 绿泥石带。

⑤表生成岩期

表生成岩期指弱固结或固结的碎屑岩，因构造抬升而接近地表，受到大气淡水的淋滤、溶蚀作用的时期。主要标志有：a. 含低价铁的矿物（如黄铁矿、菱铁矿等）被褐铁矿化或呈褐铁矿的浸染现象；b. 碎屑颗粒表面的氧化膜；c. 新月形碳酸盐胶结及重力胶结；d. 渗流鲕、渗流豆及渗流沙；e. 表生钙质结核；f. 硬石膏的石膏化；g. 表生高岭石；h. 淋滤溶蚀现象。

二、沉积后的主要成岩作用类型及特征

沉积物沉积后，经历的主要作用有压实和压溶作用、胶结作用、交代作用、重结晶作用、溶蚀作用、黏土矿物转化等，它们之间互相联系和互相影响。

1. 压实和压溶作用

（1）压实作用

压实作用（compaction）是指沉积物在上覆水体和沉积物负荷压力下，或在构造形变应力的作用下，发生水分排出、孔隙度降低、体积缩小的作用。在沉积物内部发生颗粒的滑动、转动、位移、变形、破裂（图 2 –15），进而导致颗粒的重新排列和某些结构构造的改变。压实作用在沉积物埋藏成岩的早期阶段表现得比较明显。

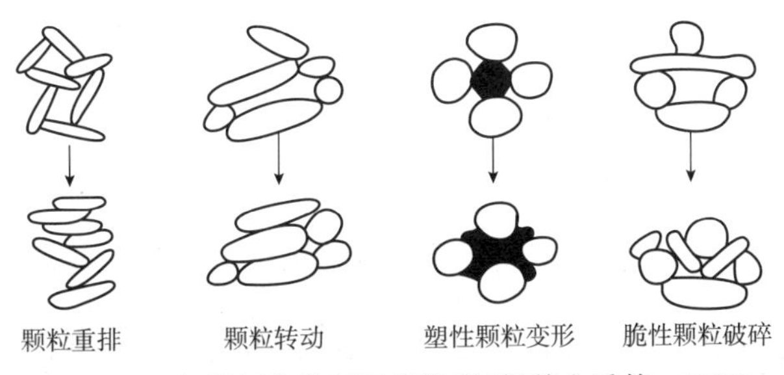

图 2－15　机械压实作用机理类型(据曾允孚等，1986)

当沉积物处在沉积过程中或尚未固结之前，沉积盆地可能发生褶皱或断裂而产生同生动力压实力，它从各个方向作用于沉积物，但常导致水平方向上产生很大的应力，有时能相当于上覆地层的压力的 2～3 倍，使孔隙流体发生迁移或使沉积物发生脱水、形变。

压实作用结果是沉积物孔隙体积缩小和孔隙水排出。砂质沉积物的初始孔隙度一般为 40% 左右，泥质沉积物的初始孔隙度一般为 70%～90%。随着埋深增加，孔隙度呈指数降低。当埋深达 3000m，孔隙度降至 10% 左右。孔隙体积减小所排出的水是后续成岩作用孔隙流体的主要来源。

(2)压溶作用

压溶作用(pressure solution)是指沉积物埋藏深度加大，上覆地层压力超过孔隙水所能承受的静压力，或者受较强的构造应力作用时在颗粒接触处常发生溶解作用，包括物理和化学两个方面作用。压溶作用引起颗粒接触处的晶格形变和溶解，碎屑岩及碳酸盐岩中的颗粒或粒屑呈线接触、凹凸接触，甚至呈缝合状接触(图 2－16，图 2－17)。压实和压溶作用是降低原生孔隙的主要原因。

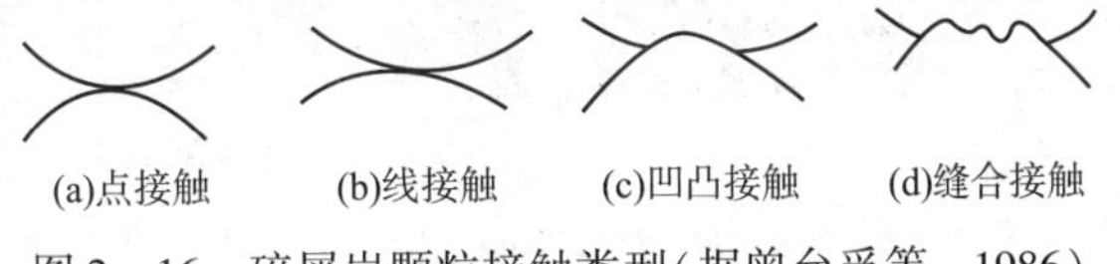

图 2－16　碎屑岩颗粒接触类型(据曾允孚等，1986)

压溶作用既可发生在相同矿物成分的颗粒间，如石英颗粒间的压溶；也可发生在不同矿物成分的颗粒间，如石英颗粒和长石颗粒间的压溶(图 2－17)。

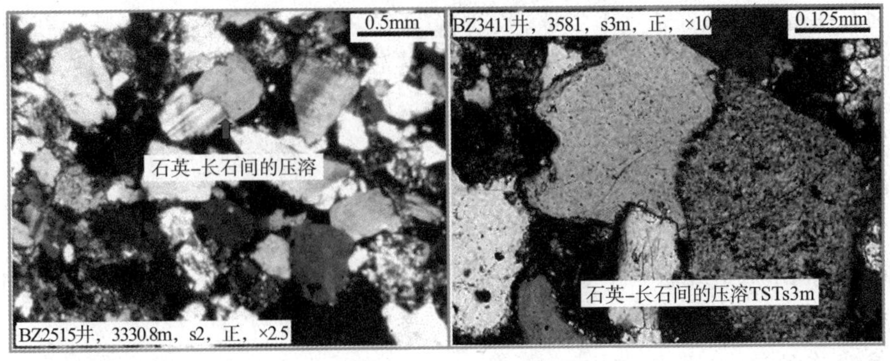

图 2－17　石英与长石颗粒间的压溶缝合现象

随着压实及压溶作用程度的增加，碎屑颗粒逐渐趋于紧密接触，颗粒间的接触类型（图2－16）也依次由(a)点接触变为(b)线接触、(c)凹凸接触及(d)缝合接触。而对于不同压实强度的岩石来说，不同接触类型所出现的频率不同，据此可以求得砂岩的接触强度。公式如下：

$$接触强度 = \frac{1a + 2b + 3c + 4d}{a + b + c + d}$$

式中，a、b、c、d 分别表示点接触、线接触、凹凸接触及缝合接触的个数。碎屑岩中颗粒接触强度和压实程度成正比关系。

2. 胶结作用

胶结作用(cementation)是指从沉积物孔隙溶液中以化学方式沉淀出的矿物质(胶结物)，将松散沉积物固结起来的作用。胶结作用是沉积物转变成沉积岩的重要作用，也是使沉积层中孔隙度和渗透率降低的主要原因之一。

常见的胶结物主要为黏土矿物、自生石英和方解石(图2－18～图2－20)，也有白云石、赤铁矿、玉髓、蛋白石、自生长石、沸石、硬石膏等。

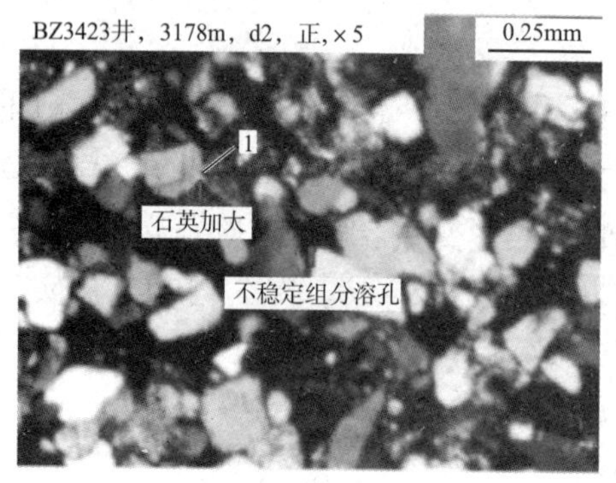

(a)黏土外移衬边

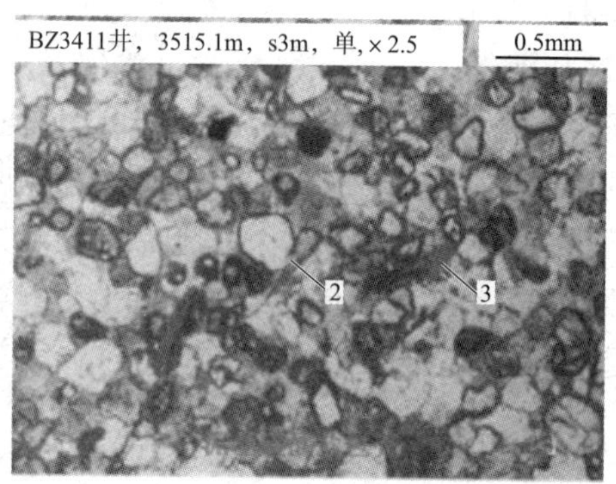

(b)泥晶碳酸盐包壳和次生孔隙

图2－18　黏土矿物衬边与泥晶碳酸盐包壳和次生孔隙

1—石英加大；2—泥晶碳酸盐包壳；3—次生孔隙

胶结作用所形成的胶结物成分主要取决于孔隙流体介质的性质和溶解物质的浓度。不同矿物成分胶结物的形成都是孔隙流体中相应矿物过饱和的产物。黏土矿物胶结物中，伊利石在富钾的碱性条件下形成，蒙脱石在富钙的条件下形成，高岭石在酸性条件下形成。蛋白石、玉髓、自生石英等是在富硅的酸性条件下形成的，结晶度越高，结晶速度越缓慢。碳酸盐胶结物是在碱性条件下形成的，碳酸盐的类型取决于介质中不同金属离子的富集程度。富钙条件下形成方解石，富镁条件下形成白云石，富铁条件下可形成菱铁矿。

胶结物晶体形态和大小与结晶速度相关，结晶速度越慢所形成的晶体越大。

不同胶结物形成的先后顺序称为胶结世代。由颗粒边缘到孔隙中央，胶结物的形成顺序是由早到晚的。

3. 交代作用

交代作用(replacement)是指在沉积物沉积后，沉积物(岩)中的某种矿物被化学成分不同的另一种矿物所取代的现象。常见的交代作用有：黏土矿物对碎屑颗粒的交代；方解石交代碎屑石英和长石[图2－20(a)]；亮晶或泥晶方解石被白云石交代；石灰岩的方解石被白云石交代也称白云化作用，形成白云岩或白云质灰岩。石灰岩也可以被 SiO_2 交代，即硅化作用，形成燧石结核或燧石层；颗粒状灰岩可被硅化，形成次生“石英岩”。交代作用可与胶结作用同时发生。

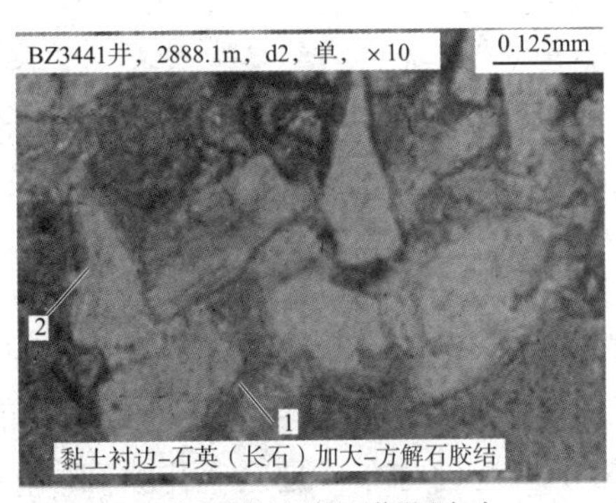

(a)黏土矿物衬边及石英增生加大

(b)长石增生加大及粒间溶孔

图2－19 黏土矿物衬边及石英增生加大与长石增生加大及粒间溶孔

1—黏土矿物衬边；2—石英增生加大；3—长石增生加大；4—粒间溶孔

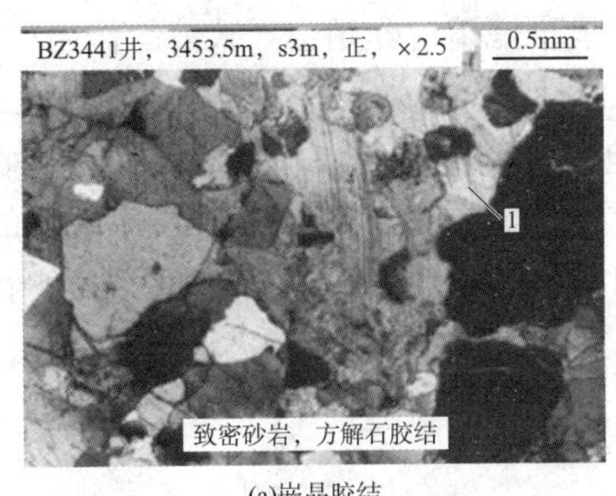

(a)嵌晶胶结

(b)孔隙式胶结

图2－20 亮晶方解石胶结物

1—嵌晶方解石胶结物；2—孔隙式方解石胶结物

4. 重结晶作用

重结晶作用(recrystallization)指矿物组分以溶解－再沉淀或固体扩散等方式，使得细小晶粒集结成粗大晶粒的过程。主要特征是小晶体重新组合和结晶成大晶体。常见的重结晶作用有：燧石中微晶石英重结晶成粗粒石英；石灰岩的泥晶方解石重结晶为粗晶方解石；黏土矿物的重结晶作用；胶体脱水并转变为结晶物质的现象，称为胶体陈化，也是一种重结晶作用。

5. 溶解作用

沉积物(岩)某些组分在一定的成岩环境中，在 H_2O 和酸(主要是有机酸、碳酸)的作用下，可以发生不同程度的溶解作用(dissolution)。溶解作用的结果是形成次生孔隙(图2－21)。

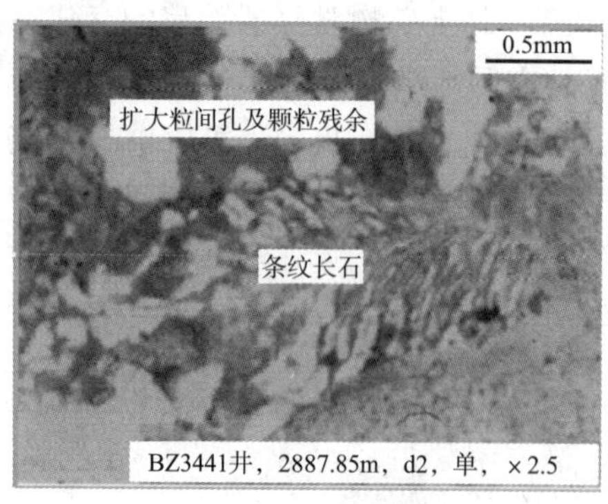

图2-21　由溶解作用产生的次生孔隙

碎屑颗粒、胶结物、交代物等都是可被溶解的组分。溶解作用发生在相对封闭的系统，一处次生孔隙的出现必然对应另一处次生孔隙或者原生孔隙的减少，甚至是消失(劳克斯、吉夫烈，1986)。另外，次生孔隙在砂岩中不均匀分布，是次生孔隙和原生孔隙在分布上的显著区别。溶解作用的成因主要有以下几个方面。

(1)大气水的注入

碎屑岩经受地表大气水的淋滤作用主要发生在构造抬升或海平面下降造成的不整合面之下及大气水沿构造断裂带注入的区域。因遭受淋滤溶解作用会导致溶解作用广泛发育。①大气水驱动的地下水垂向或侧向大范围侵入流动，这种侵入的深度可达到地下2km，地下水的大范围(指整个盆地范围)迁移是形成地下流体整体运动和热运动的重要机制；②大气水具有高的流速和相对低的温度，这种大气水的高速注入以及低温条件下缓慢的反应速度促进了开放系统的成岩作用，包括溶解作用；③碎屑岩中具有较高的可溶类矿物，如长石矿物易被溶蚀，可产生大量的次生孔隙；④被溶蚀的物质可以随大范围的流体迁移带离溶蚀作用发生区，使得溶蚀空间得以保存。

(2)碳酸水的溶解作用

有机质的热成熟过程中会产生CO_2，并由此形成碳酸，它是参与地下沉积物孔隙形成的另一种重要介质。在约100℃的条件下，有机质分解产生CO_2形成碳酸，降低流体的pH值，导致碳酸盐矿物和铝硅酸盐矿物的溶解。

(3)有机酸的溶解作用

在深埋藏地层中，孔隙形成的另一重要机制是有机酸(羧酸)的溶解作用。①沉积盆地中有机质热演化过程中，因其脱羧基作用而产生大量有机酸，其生成时间主要在液态烃形成前；②与碳酸相比，有机酸对各种矿物都有着更强的溶解能力；③有机酸阴离子可以络合并迁移铝硅酸盐中的阳离子，在地下，Al的溶解度通常极低，有机酸阴离子的络合作用可以促进Al的迁移，导致铝硅酸盐的溶解度增加。大量碳酸盐和铝硅酸盐矿物溶解的理想温度是80~120℃，这一温度范围与有机质热演化过程中大量有机酸生成的温度范围一致。

6. 黏土矿物的转化作用

黏土矿物的转化是黏土岩中重要的成岩作用类型，它是黏土矿物本身的性质和成岩环境共同作用的结果。

(1)高岭石

高岭石多数是在表生和风化作用阶段，在酸性水的作用下由长石以及其他铝硅酸盐矿物分解而形成的。酸性孔隙水是高岭石稳定存在的必要条件。

在成岩作用过程中，如果孔隙水始终保持其酸性特征，则随埋深的增加和地层压力的加大，高岭石将向结构有序度较高的同族矿物——地开石转化，或转化为珍珠陶土。在碱性埋藏成岩环境：若孔隙水富 K^+，则向伊利石转化，若孔隙水富 Ca^{2+}、Na^+ 或 Mg^{2+}，则可以转化成蒙脱石或绿泥石。

(2)蒙脱石

蒙脱石是在碱性介质中形成的，主要由火山灰及凝灰岩分解而成。在晶体结构上，蒙脱石是一种典型的以水合阳离子以及水分子作为层间物的 2∶1 型黏土矿物。在被埋藏后，随温度和压力的增加，层间水逐渐释放出来，造成层间塌陷，形成伊利石－蒙脱石混层，进而逐渐向伊利石转化。温度在蒙脱石的转化过程中起着重要作用，当温度在 80～110℃时，蒙脱石转变为伊利石－蒙脱石混层矿物，当温度升高至 130～180℃时，转变为伊利石。除温度外，层间溶液的化学成分也起着至关重要的作用，如果溶液富 K^+，就可以在一定程度上降低转化的温度；如果溶液富 Fe^{2+}、Mg^{2+}，蒙脱石则转化为蒙脱石－绿泥石混层矿物，最终转变为绿泥石。

(3)混层黏土矿物

碎屑沉积岩中常见的混层黏土矿物有伊利石－蒙脱石混层(伊/蒙混层)和绿泥石－蒙脱石混层(绿/蒙混层)等。混层黏土矿物是一种黏土矿物向另一种黏土矿物转化的中间产物。混层黏土矿物主要受与成岩阶段相关的温度、压力以及地层流体等因素的影响。在埋藏成岩作用的早期，伊/蒙混层和绿/蒙混层黏土中的伊利石层或绿泥石层的含量很少，在蒙脱石层之间无规律分布；随成岩作用程度的增强，伊利石层以及绿泥石层在混层黏土矿物中的相对含量逐渐升高，分布也逐渐变得有规律，即由无序混层逐渐过渡为有序混层；最终，蒙脱石层消失，混层黏土矿物转化为伊利石或绿泥石。混层黏土矿物中蒙脱石层的含量随成岩作用增强度有规律地降低(图 2－22)，是成岩阶段划分的重要依据。

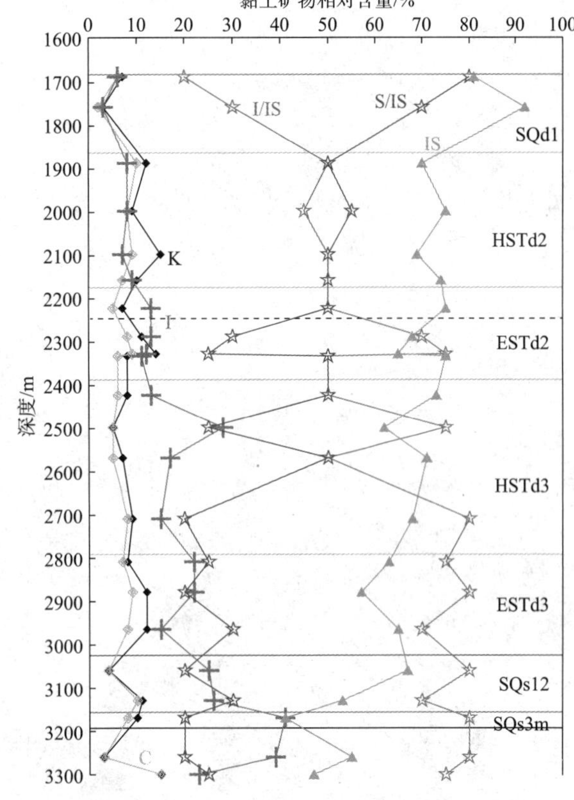

图 2－22　JZ16－2－1 井黏土矿物随深度分布

C—绿泥石；K—高岭石；I—伊利石；IS—伊/蒙混层；I/IS—伊/蒙混层中的伊利石；S/IS—伊/蒙混层中的蒙脱石

(4)伊利石和绿泥石

伊利石是在碱性介质中由长石等铝硅酸盐矿物以及云母等风化而成；绿泥石则是在碱性介质中由角闪石、黑云母等矿物蚀变而成；也可以由高岭石、蒙脱石转化而成。在成岩作用过程中，如果介质保持碱性，伊利石和绿泥石都可以稳定存在，但结晶度增加；如果水介质变为酸性，二者均将变得不稳定，转化成高岭石。

(5)黏土矿物的脱水作用

黏土沉积物沉积后，水占沉积物总体积的70%～90%。水通常以四种方式存在：①孔隙水，存在于黏土矿物微粒间的孔隙中，可以自由流动，又称粒间水或自由水；②吸附水，吸附于黏土颗粒表面；③层间水，为以水分子的形式存在于黏土矿物结构层之间的水；④结构水，是以 OH^- 的形式存在于黏土矿物晶体结构内部的水，也称为化合水。

黏土沉积物被埋藏之后，在上覆地层压力的作用下，首先排出孔隙水；随着埋深的加大，孔隙水继续被排出，吸附水、层间水、结构水依次释出。在层间水和结构水的排出过程中，晶体结构发生变化，黏土矿物发生转化。

黏土沉积物的脱水过程除受埋深的影响外，还受温度以及孔隙水化学成分等因素的影响，但埋深和温度的作用是主要的。在不同的埋深和地层温度的作用下，黏土沉积物(岩)的脱水过程有差别。

第三章　碎屑岩的结构、构造和颜色

第一节　碎屑岩的结构

碎屑岩的结构是指碎屑岩不同结构组分的自身特征及其间的相互关系。碎屑岩的结构组分是指碎屑岩的不同组成部分，包括碎屑颗粒、填隙物和孔隙，填隙物又分为杂基和胶结物。碎屑岩的结构与其成因密切相关。

一、碎屑颗粒的结构

碎屑颗粒的结构特征，一般包括粒度、分选性、圆度、球度、形状、颗粒的表面特征及颗粒间的相互关系。

1. 粒度

(1)粒度的概念与粒级划分

碎屑颗粒的粒度(grain size)是指碎屑颗粒大小，一般用碎屑颗粒最大直径表示，与搬运、沉积机理关系密切，粒度越大，搬运、沉积的能量越强。

碎屑颗粒的粒度分级，目前有不同的划分方案。国际上多采用2的几何级数制，或换算成ϕ值进行分级。我国多混合采用十进制、2的几何级数制，本书采用的碎屑颗粒粒度分级见表3－1。

表3－1　碎屑颗粒粒度分级表

粒级		十进制(颗粒直径 d/mm)	2的几何级数制(颗粒直径 d/mm)	$\phi = -\log_2 d$(颗粒直径 d/mm)
砾	巨砾	>1000	>1024	<－10
	粗砾	1000～100	1024～128	－10～－7
	中砾	100～10	128～16	－7～－4
	细砾	10～2	16～2	－4～－1
砂	极粗砂	2～1	2～1	－1～0
	粗砂	1～0.5	1～0.5	0～1
	中砂	0.5～0.25	0.5～0.25	1～2
	细砂	0.25～0.1	0.25～0.125	2～3
	极细砂	0.1～0.05	0.125～0.0625	3～4
粉砂		0.05～0.005	0.0625～0.0039	4～8
泥		<0.005	<0.0039	>8

粒度分级依据主要碎屑颗粒的水力学性质和碎屑颗粒的成分。①粒径大于2mm 的砾：在流水中一般呈滚动搬运，难搬运、易沉积；其矿物成分多为多矿物组成的岩屑。②粒径在2～0.05mm 的砂级颗粒：在流水中多呈跳跃搬运，易搬运、易沉积；其矿物成分石英和长石含量高。③粒径在0.05～0.005mm 的粉砂级颗粒：在流水中多呈悬浮搬运，易搬运、难沉积；其矿物成分既有石英和长石，也有黏土矿物、云母碎屑。④粒径小于0.005mm 的泥级颗粒：在流水中呈悬浮搬运，很难沉积；其矿物成分主要是黏土矿物。

2 的几何级数制划分不同粒级界线的数值与十进制是相近的，所划分的各粒级间构成了2 的几何级数的等间距，换算成 ϕ 值，将用毫米表示的数量级差别极大的颗粒直径数值变成了数量级相同或相近整数(表3－1)，以便室内分析中详细粒级划分、数理统计分析、作图和参数计算。

将2 的几何级数制粒径值换算为 ϕ 值粒径值的公式为：

$$\phi = -\log_2 d$$

式中，d 为颗粒的直径，mm。

现场判别碎屑颗粒粒级可采用如下方法：①砾、粗砂级颗粒是肉眼可以直接测量；②肉眼能分辨颗粒轮廓、直径不足0.5mm 的颗粒绝大多数为中砂级颗粒。一般人的肉眼分辨率为0.2mm，即2 个点的距离≥0.2mm 时肉眼能够看出是2 个点，2 个点的距离＜0.2mm 时肉眼看到的是1 个点；③一般人的指纹深度约0.02mm，将松散碎屑置指间揉搓，有明显颗粒感，表明颗粒粒径≥0.04mm(2 倍指纹深度)，肉眼又难于分辨颗粒轮廓，这类颗粒绝大多数为细砂级颗粒；④将松散碎屑置手指间揉搓，无颗粒感，将松散碎屑置牙齿间咬嚼，牙碜的颗粒为粉砂级，不牙碜的颗粒为泥级。

(2)分选性

分选性(sorting property)是指碎屑颗粒大小的均匀程度，一般用某一粒级颗粒的百分含量作为定量指标。分选性与搬运、沉积的介质密切相关，重力流沉积物分选性普遍差，河流沉积物分选性多为中等，滨岸波浪淘洗形成的沉积物分选性普遍较好。

室内分析中一般碎屑颗粒分选性分为5 级(图3－1)：①当任何一个粒级颗粒含量均不超过25%，为分选性极差；②当某一个粒级颗粒含量超过25%，但不足50%，为分选性差；③当某一个粒级颗粒含量超过50%，但不足75%，为分选性中等；④当某一个粒级颗粒含量超过75%，但不足90%，为分选性好；⑤当某一个粒级颗粒含量超过90%，为分选性极好。现场碎屑分选性判别一般分为3 级：①当任何一个粒级颗粒含量均不超过50%，为分选性差；②当某一个粒级颗粒含量超过50%，但不足75%，为分选性中等；③当某一个粒级颗粒含量超过75%，为分选性好。

某一个粒级颗粒的百分含量是判别分选性的客观指标，而不是肉眼直观的颗粒均匀程度。颗粒的百分含量可以是重量百分含量、体积百分含量、面积百分含量，不能是个数百分含量。图3－2 肉眼直观的颗粒大小差别显著，貌似分选性差，但颗粒均为中砾，实际分选性极好。

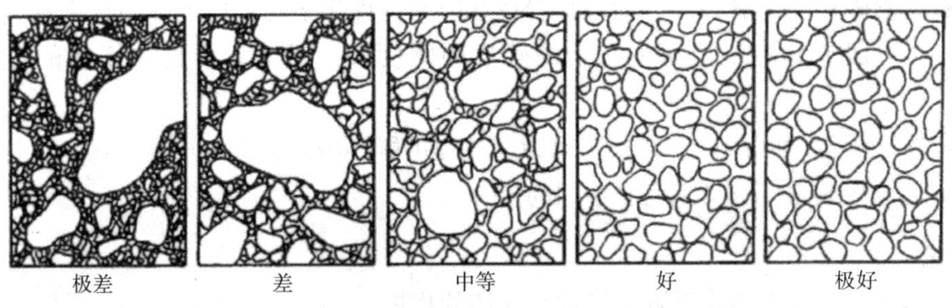

图 3－1 碎屑颗粒分选性示意图(据朱筱敏等，2008)

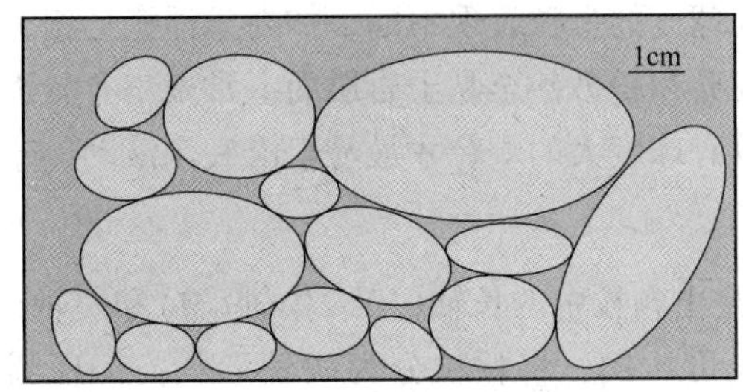

图 3－2 分选极好的中砾沉积物示意图

2. 圆度

圆度(roundness)是指碎屑颗粒的原始棱角被磨圆的程度，与颗粒的形状关系较小，与棱的尖锐程度关系密切。

通常把碎屑颗粒的圆度划分为棱角状、次棱角状、次圆状、圆状四个级别(图 3－3)。

棱角状：碎屑的原始棱角无磨蚀痕迹或只受到轻微的磨蚀，其原始形状无变化或变化不大，颗粒棱角分明、尖锐；反映磨蚀历史短，堆积埋藏速度快。

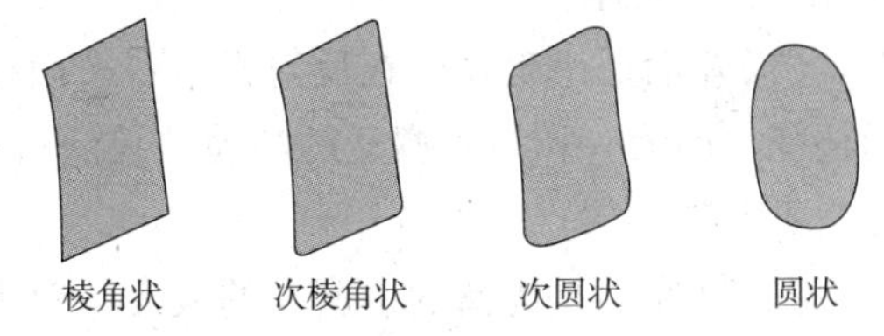

图 3－3 碎屑颗粒圆度示意图

次棱角状：碎屑的原始棱角已普遍受到磨蚀，但磨蚀程度不大，颗粒原始棱角位置明显可见。

次圆状：碎屑的原始棱角已受到较大的磨蚀，其原始棱角被圆化，但原始棱角位置可以推断。

圆状：碎屑的棱角完全磨蚀，碎屑颗粒大都呈球状、椭球状，其原始棱角位置难以推断。

碎屑的圆度一方面取决于碎屑颗粒在搬运过程中所受磨蚀作用的强度，另一方面取决于碎屑颗粒本身的物理、化学稳定性，以及它的原始形状、粒度等。

碎屑的圆度变化的总趋势是随着其搬运距离和搬运时间的增长而提高。碎屑在搬运过程中受到的磨蚀作用愈强其原始棱角被磨蚀的愈显著，圆度也就愈高。这对于粗碎屑，特别是滚动搬运的砾石表现得更为明显。

在同样的磨蚀条件下，不同性质的碎屑颗粒磨圆程度不同。例如，石灰岩的碎屑比同粒级的石英岩碎屑易于磨圆，因为石灰岩在水中的物理化学稳定性远不如石英岩。

另外，一般滨海沉积比河流沉积的碎屑磨圆度好，风搬运又比水搬运的碎屑磨圆度好。

粒径较大颗粒(如砾石)，在长距离搬运过程可能再破碎，会形成新的棱角。这种棱角的成因意义与颗粒圆度意义是完全不同的。

3. 球度

球度(sphericity)是指碎屑颗粒接近于球体的程度。

颗粒的三个轴愈接近相等，其球度愈高；相反，片状和柱状颗粒的球度都很低。

在搬运过程中，不同球度的颗粒表现不同。如在悬浮搬运组分中，球度小的片状颗粒最容易被漂走，因此在细砂和粉砂甚至黏土岩层面上常聚集有较大片的云母碎屑或植物碎屑。在滚动搬运中，则只有球度大的颗粒才最易于沿底床滚动。

4. 形状

颗粒的形状(shape)是由颗粒中的长轴(L)、中轴(M)和短轴(S)三个轴的相对大小决定的。根据这三个轴的长度比例，将颗粒分为四种形状：①扁圆形，$L \approx M > S$；②等轴形，$L \approx M \approx S$；③片状，$L > M > S$；④粒长状，$L > M \approx S$。

形状测量和研究的主要对象是砾石，砂粒形状的测量是很困难的，且研究意义不大，很少有人对砂级及以细碎屑颗粒进行形状测量和研究。

5. 颗粒的表面结构

颗粒的表面结构是指碎屑颗粒表面形态特征，主要包括霜面、磨光面及刻蚀痕迹，需要在电镜下观察。

(1)霜面似毛玻璃，在反射光下看表面模糊而不透明。一般认为霜面是沙丘石英砂粒的特征，因为它在风力搬运的沙漠沙丘的石英砂粒表面表现得最为明显。沙漠卵石也以霜面为重要特征。

(2)磨光面是光滑的、磨亮的表面，由水力搬运的河流石英砂和海滩石英砂具有这种外貌。

(3)刻蚀痕是由碰撞、摩擦作用造成的。在冰川环境可以形成擦痕砾石，这是在搬运过程中砾石被冰或坚硬的冰床基岩刻画造成的。性质较软的岩石，如石灰岩砾石上常发育有清晰的擦痕。在高速水流中，碎屑颗粒间相互碰撞可形成新月形撞痕和击痕。撞击作用也能在颗粒表面造成麻点，麻点的周围常伴有微细的裂纹。在海滩高能带，石英砂粒表面具机械成因的 V 形坑，并可见到不同形状的槽沟及贝壳状断口。化学溶解作用常在颗粒表面留下痕迹，如在碳酸盐岩砾石表面，由于溶解作用可产生一些侵蚀洼坑，甚至能够形成微岩溶现象。

6. 粒度分析

粒度分析的目的是研究碎屑岩的原始沉积组分的粒度分布。碎屑岩原始沉积组分的粒度分布特征既可作为判别沉积环境以及水动力条件的辅助标志，又与碎屑岩的储油物性密切相关，因此粒度分析是碎屑岩研究的一个重要方面。

(1)粒度分析方法及粒度分析数据表

粒度分析方法的选择因碎屑颗粒的大小和岩石致密程度而异。对于砾石可以直接测量其线性值，也可以用量筒测其体积；砂或疏松的砂岩多采用筛析法；粉砂和黏土可用沉速法分析或激光粒度分析法；固结紧密无法松解的岩石可采用薄片统计分析，或图像粒度分析仪分析。

无论何种样品、何种方法进行粒度分析，都能获得不同粒径区间碎屑颗粒所占百分比。粒径区间多选0.25ϕ。经粒度分析后，分别得到各粒径区间颗粒所占重量百分比及累积重量百分比(表3－2)。

表3－2　粒度分析数据表样表

颗粒直径		重量/g	重量百分比/%	累积重量百分比/%
mm	ϕ			
>2	<－1	0.99	1.00	1.00
2～1.681	－1～－0.75	3.76	3.80	4.80
1.681～1.414	－0.75～－0.5	4.36	4.40	9.20
1.414～1.189	－0.5～－0.25	7.52	7.60	16.80
1.189～1	－0.25～0	9.11	9.20	26.00
1～0.841	0～0.25	5.94	6.00	32.00
0.841～0.707	0.25～0.5	10.30	10.40	42.40
0.707～0.595	0.5～0.75	7.52	7.60	50.00
0.595～0.5	0.75～1	9.11	9.20	59.20
0.5～0.421	1～1.25	9.90	10.00	69.20
0.421～0.354	1.25～1.5	8.51	8.60	77.80
0.354～0.297	1.5～1.75	8.12	8.20	86.00
0.297～0.25	1.75～2	4.75	4.80	90.80
0.25～0.21	2～2.25	3.96	4.00	94.80
0.21～0.177	2.25～2.5	1.98	2.00	96.80
0.177～0.149	2.5～2.75	1.39	1.40	98.20
0.149～0.125	2.75～3	0.99	1.00	99.20
0.125～0.105	3～3.25	0.20	0.20	99.40
0.105～0.088	3.25～3.5	0.40	0.40	99.80
0.088～0.074	3.5～3.75	0.20	0.20	100.00

(2)粒度资料图解

粒度分析数据表是基础资料，为揭示粒度分布特征，便于分析，需要将数据绘制成图。常用的粒度图件有：直方图(histogram)、频率曲线(frequency curve)、累积曲线(cumulative curve)、概率值累积曲线(probability cumulative curve)、$C-M$图等。

①直方图和频率曲线

直方图是由一系列相邻的矩形构成，各矩形的底边长度为粒度区间；矩形的高为每个粒度区间颗粒的百分比。横坐标一般用 ϕ 值标度；纵坐标是算数百分坐标(图 3－4 中的 a)。将直方图上各矩形的顶边中点连接起来，绘成一条圆滑曲线，就是频率曲线图(图 3－4 中曲线 b，图 3－5 中曲线 1)。直方图与频率曲线均能很好反映样品的粒度分布，如正态分布、正偏态分布或负偏态分布，是单峰、双峰还是多峰。

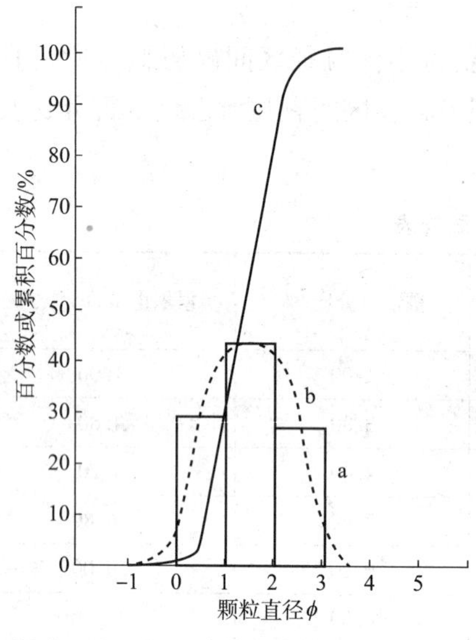

图 3－4　粒度直方图、b 频率曲线和 c 累积曲线(据姜在兴，2010)

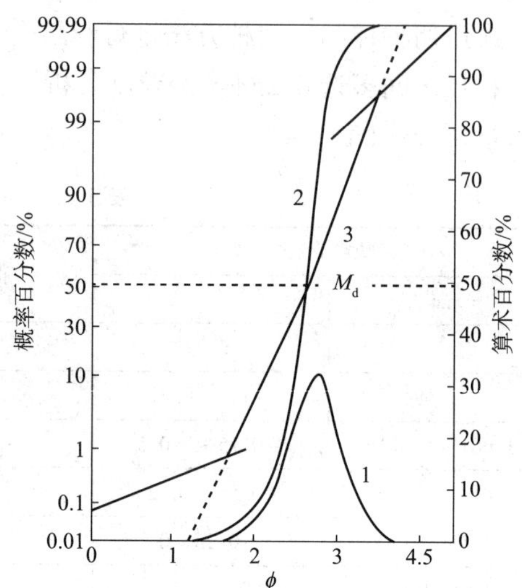

图 3－5　粒度 1 频率曲线、2 累积曲线和 3 概率累积曲线(据姜在兴，2010)

②累积曲线

累积曲线(图 3－4 中曲线 c，图 3－5 中曲线 2)是用粒度分析数据表中的累积百分比数作图，横坐标为 ϕ 值粒径，纵坐标是由粗粒级开始计算的各粒径区间的累积百分含量。

③概率累积曲线

概率累积曲线(图 3－5 中曲线 3)也是用粒度分析数据表中累积百分比作图。横坐标为粒径(ϕ)值，只是纵坐标改用概率百分数标度。与 S 形的累积曲线相比，概率累积曲线多为相交的 3 个直线段，这是因为概率值累积曲线将碎屑组分中含量较少的粗、细尾颗粒放大了。

④$C-M$ 图

$C-M$ 图是用每个样品的 C 值和 M 值作图。C 值和 M 值是在累积曲线或概率累积曲线读取，C 值是累积百分含量 1% 对应的粒径，M 值是累积百分含量 50% 对应的粒径。C 值代表样品粗颗粒的粒径，反映水动力的最大能量；M 值是样品粒度中值，反映水动力的平均能量。

作图采用双对数坐标，以 C 为纵坐标、M 为横坐标，用每一个样品的 C 值和 M 值投得一个点，投点是先将 C 值和 M 值换算成微米(μm)单位，用对数坐标投点。

制作一幅 $C-M$ 图，一般需不少于粒度分析 30 个样品，这些样品必须为同一沉积环境的不同岩性，而且要包括由粗至细的全部粒级。30 个以上样品的 C 值、M 值投得一群点。按点群的分布绘出包络线图形，就是 $C-M$ 图(图 3－6)。

帕塞加(1964)提出了牵引流、重力流和悬浮沉积物在 $C-M$ 图上的分布模式。牵引流沉积物呈 S 形图形，可划分为 $N-O-P-Q-R-S$ 段(图 3－6 中 1)；重力流沉积物呈平行于 $C=M$ 基线的带状图形(图 3－6 中 2)；悬浮沉积物落在 $C<60\mu m$、$M<60\mu m$ 的区域(图 3－6 中 3)。并认为牵引流沉积物 $C-M$ 图形中：NO 段是滚动颗粒；OP 段以滚动组分为主，混有悬浮组分；PQ 段以悬浮组分为主，含有少量滚动组分；QR 段代表递变悬浮组分；RS 段为均匀悬浮组分。

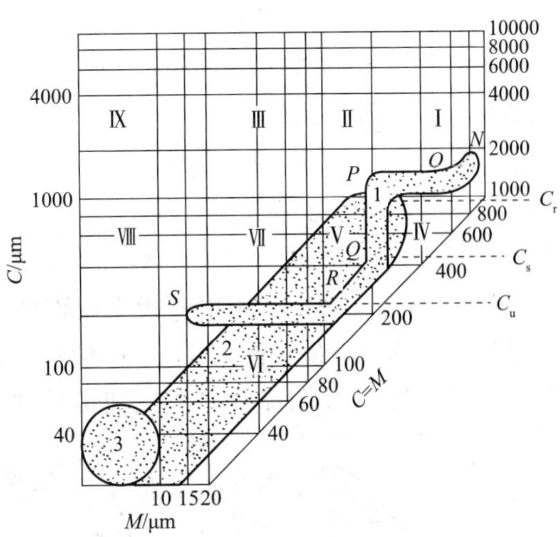

图 3－6　不同沉积物：1 牵引流、2 重力流和 3 悬浮沉积物 $C-M$ 图(据曾允孚等，1986)

(3)粒度参数及计算方法

粒度参数主要有粒度中值、分选、平均粒径、偏度和峰度等。表 3－3 中列出了各粒度参数计算公式。不同粒度参数都以一定的数值定量反映碎屑沉积物的某种粒度特征。

表 3－3　主要粒度参数计算公式(据朱筱敏，2008)

名称	特拉斯克	福克和沃克
中值	$M_d=P_{50}$	$M_d\phi=\phi_{50}$
平均粒径	$M_Z=\frac{P_{25}+P_{75}}{2}$	$M_Z=\frac{\phi_{16}+\phi_{50}+\phi_{84}}{3}$
分选	$S_0=\frac{P_{25}}{P_{75}}$	$\sigma_1=\frac{\phi_{84}-\phi_{16}}{4}+\frac{\phi_{95}-\phi_5}{6.6}$
偏度	$SK=\frac{P_{25}\cdot P_{75}}{{M_d}^2}$	$SK_1=\frac{\phi_{16}+\phi_{84}-2\phi_{50}}{2(\phi_{84}-\phi_{16})}+\frac{\phi_5+\phi_{95}-2\phi_{50}}{2(\phi_{95}-\phi_5)}$
峰度	$K_G=\frac{P_{75}-P_{25}}{2(P_{90}-P_{10})}$	$K_G=\frac{\phi_{95}-\phi_5}{2.44(\phi_{75}-\phi_{25})}$

注：P 为百分位粒径，以 mm 为单位；ϕ 为百分位粒径，以 ϕ 值为单位。

①中值 M_d 是累积百分含量 50% 处对应的粒径，特拉斯克以毫米(mm)作粒径单位，福克等是用 ϕ 值表示粒径。中值很容易求得，但它不考虑粗、细组分的粒度变化。为此，有人主张平均粒径，平均粒径比中值能更正确地反映碎屑颗粒粒度的集中趋势。平均粒径或中值常被用来作沉积韵律剖面图或平面等值线图，反映沉积物在纵向或横向上的粒度变化规律。

②分选系数(S_o)和标准偏差(σ_1)是表示分选性的定量参数。S_o 的最小值为 1。据 S_o 大小可把分选性划分为：分选好，1～2.5；分选中等，2.5～4.0；分选差，>4.0。σ_1 的最小值是 0。据 σ_1 大小可把分选性划分为：分选极好，<0.35；分选好，0.35～0.50；分选较好，0.50～0.71；分选中等，0.71～1.00；分选较差，1.00～2.00；分选差，2.00～4.00；分选极差，>4.00。

③偏度是反映粒度分布对称程度的定量参数。在频率曲线上，正态是左右对称分布

的，中值、平均粒径和众数为同一粒径值[图3－7(a)]，SK_1等于零。多数频率曲线的峰是偏斜的，中值、平均粒径和众数三者也发生偏离。根据峰(众数)的偏斜方向可分出正偏态和负偏态。正偏态峰偏向粗粒一侧[图3－7(b)]，沉积物以粗组分为主，SK_1为正值。负偏态的峰偏向细粒度一侧[图3－7(c)]，沉积物以细粒为主，SK_1为负值。福克(1966)按偏度值SK_1将偏度分为五级：很负偏态，－1～－0.3；负偏态：－0.3～－0.1；正态，－0.1～+0.1；正偏态，+0.1～+0.3；很正偏态，+0.3～+1。

峰度(K_G)是反映粒度频率曲线尖锐程度的参数。福克等将峰度划分为6个级别，给出了不同级别及K_G值。很平坦，<0.67；平坦，0.67～0.9；中等，0.90～1.11；尖锐，1.11～1.56；很尖锐，1.56～3.00；非常尖锐，>3.00。

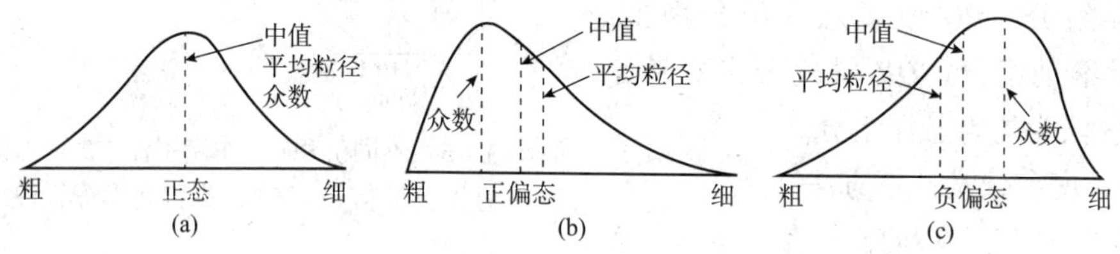

图3－7　不同偏度的频率曲线(据朱筱敏，2008略改)

二、填隙物的结构

碎屑岩的填隙物包括杂基和胶结物。杂基是与骨架碎屑颗粒同时以机械方式沉积下来的粒度小于0.03mm的细小物质，其矿物成分主要为黏土矿物及少量石英、长石。胶结物是沉积物沉积后从孔隙水沉淀于孔隙中的自生矿物。其成因不同，结构特征差异明显。

1. 杂基的结构

杂基的含量和性质可以反映搬运、沉积介质的流动特征、碎屑组分的分选性。重力流沉积物含有大量杂基，分选性差；而牵引流砂质沉积物杂基含量很少，分选性中等—好。

未发生重结晶的杂基称原杂基，具泥质结构，主要由未重结晶的黏土矿物组成，可含有碳酸盐泥及石英、长石等矿物的细小碎屑。原杂基与碎屑颗粒的界线清楚，二者间无交代现象。重力流成因的碎屑沉积物原杂含量可高于30%，沉积物的分选性较差[图3－8(a)]。

原杂基经明显重结晶后则转变为正杂基。正杂基的黏土物质为显微鳞片结构，当晶粒较粗时在偏光显微镜下常可分辨矿物的种类，如高岭石质、水云母质、蒙脱石质或方解石质。正杂基与碎屑颗粒间常见交代现象。有时由于重结晶作用发育不均匀，局部可见残余的原杂基结构。

在碎屑岩中还可见到一些与杂基极为相似的细粒组分，它们在成因上与杂基完全不同，可称之为似杂基，常见的有淀杂基、外杂基和假杂基。

淀杂基是在成岩作用过程中，由孔隙水中析出的黏土矿物胶结物。虽然成分上是黏土(层状硅酸盐)矿物，这一点像杂基，但在结构上表现的是化学胶结产物状。它们是单矿物质的，晶体干净，透明度好，常见鳞片状或蠕虫状自生晶体集合体。在碎屑颗粒周围可呈栉壳状[图3－8(b)]或薄膜状分布。不同成岩时期形成的淀杂基可构成有层次的世代结构。

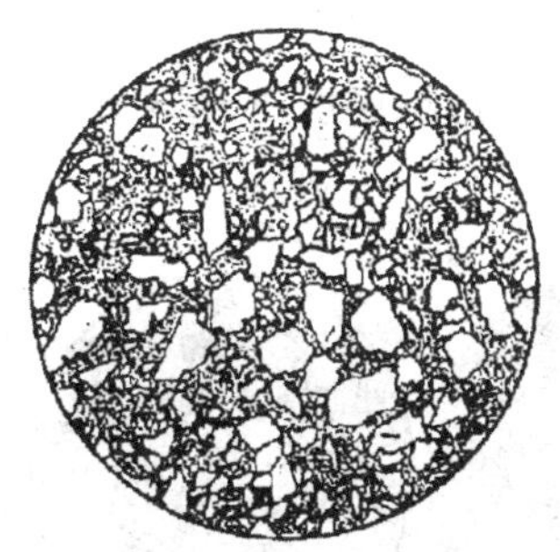
(a)杂基含量高，分选差的砂岩

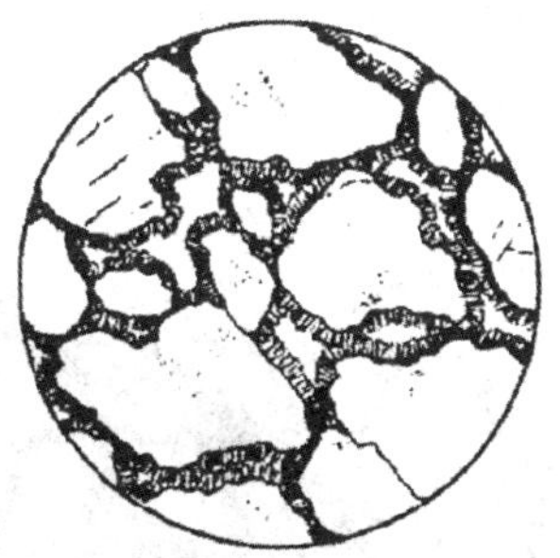
(b)碎屑颗粒间的淀杂基

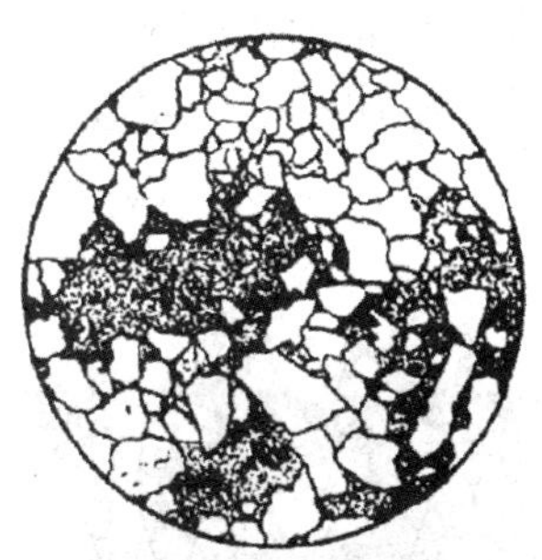
(c)塑性颗粒变形形成的假杂基

图3－8　杂基的结构(据冯增昭，1993)

外杂基指碎屑沉积物堆积后，在埋藏早期充填于其粒间孔隙中的外来细粒物质。外杂基在孔隙中分布不均匀，优先充填孔隙下部，矿物成分复杂，常表现得污浊、透明度差。主要出现在碎屑颗粒分选较好、原生粒间孔隙发育的部位，这一特点是与原杂基、正杂基的重要区别。

假杂基是塑性泥质岩、灰泥碎屑颗粒经压实变形形成的类似杂基的填隙物。假杂基在碎屑岩中以不均匀的斑块状产出为特征[图3－8(c)]。

2. 胶结物的结构

胶结物的结构特点与本身的结晶程度、晶粒大小和分布特征有关。常见的胶结物的结构类型有以下几种。

(1)非晶质结构

非晶质结构又称玻璃质结构。组成物质的原子或离子不呈规则排列，不具格子构造的固态物质，如蛋白石、铁质等。

(2)隐晶质结构

隐晶质结构是指在显微镜下能分辨出胶结物晶粒的结构，但晶粒极其微小[图3－9(a)]，如玉髓、隐晶质磷酸盐、碳酸盐等。

(3)显晶质结构

显晶质结构是指肉眼能分辨出胶结物晶粒的结构、晶粒粗大[图3－9(b)]，如碳酸盐等胶结物。

(4)带状(薄膜状)和栉壳状(丛生)结构

胶结物环绕碎屑颗粒呈带状分布称为带状胶结，如果胶结物呈纤维状或细柱状、马牙状垂直碎屑表面生长时，称为栉壳状胶结[图3－9(c)]。带状和栉壳状胶结多形成于埋藏早期。

(5)再生(次生加大)结构

自生石英胶结物沿碎屑石英边缘呈次生加大边，而且两者的光性方位是大体一致的，这种石英胶结物称为次生加大或再生石英。除石英外还有长石和方解石形成的次生加大结构。次生加大结构大都是在后生期形成，但也有成岩期形成的。

(6)嵌晶(连生)结构

嵌晶(连生)结构指胶结物晶体很大，多个碎屑颗粒包含在一个胶结物晶体中[图3－9

(d)]。嵌晶结构是典型的后生阶段产物。

此外，还有凝块状或斑点状结构，这是由于胶结物在岩石中分布的不均匀性所造成的。

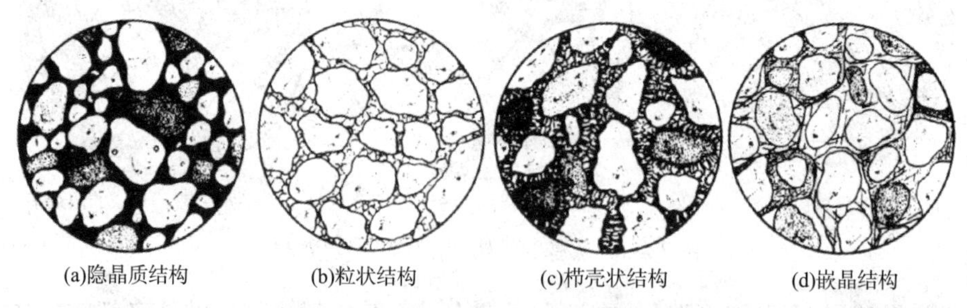

图 3-9　不同胶结物结构示意图(据朱筱敏，2008)

三、胶结类型和颗粒接触类型

碎屑颗粒和填隙物的关系称为胶结类型或支撑类型。它取决于颗粒和填隙物的相对含量和颗粒之间的接触关系。首先，按颗粒和杂基的相对含量分为杂基支撑和颗粒支撑两大类，再按颗粒和胶结物的相对含量和相互关系分为基底胶结、孔隙胶结、接触式胶结及镶嵌胶结四类。基底胶结属于基质支撑，孔隙胶结和接触胶结属颗粒支撑，镶嵌胶结则是颗粒与颗粒呈紧密接触。

1. 胶结类型

①基底式胶结。碎屑颗粒多彼此不相接触、呈漂浮状孤立地分布在杂基中[图 3-10(a)]。基底胶结的沉积岩一般为快速堆积的重力流沉积。

②孔隙式胶结。大部分颗粒彼此直接接触，填隙物中黏土杂基含量低，主要是胶结物[图 3-10(b)]。反映了稳定、较强水流作用和波浪淘洗作用的沉积特征。

③接触式胶结。颗粒彼此直接接触，胶结物只出现在颗粒接触处[图 3-10(c)]。这种胶结类型是在较为特殊的条件下形成的，如干旱气候条件下，由于毛细管作用而使得溶液沿颗粒接触点的细缝流动、发生矿物的沉淀；也可以是原先孔隙式胶结的岩石在近地表处经大气水淋滤而成。

④镶嵌式胶结。当压溶作用明显时，砂质沉积物的颗粒之间由点接触发展为线接触、凹凸接触，甚至形成缝合状接触，颗粒紧密接触就构成镶嵌式胶结[图 3-10(d)]。有时可能有硅质胶结物，但难以分辨硅质碎屑与硅质胶结物。

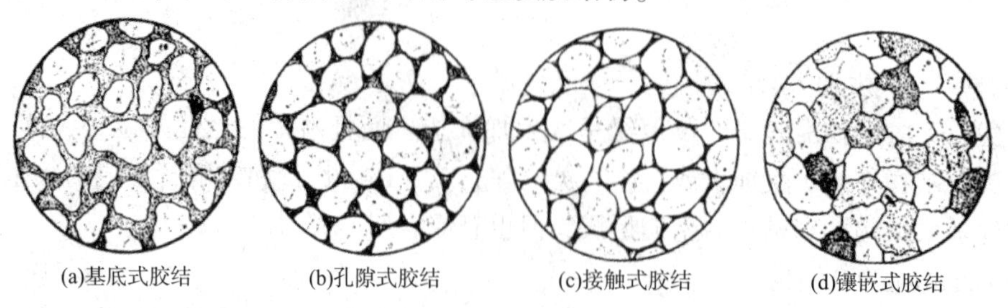

图 3-10　不同胶结类型示意图(据朱筱敏，2008)

2. 碎屑颗粒的接触类型

杂基支撑的砂岩，杂基含量高，颗粒在杂基中呈漂浮状。在颗粒支撑结构中，颗粒之间可有不同的接触类型，包括点接触、线接触、凹凸接触和缝合接触(图 2 – 16)。从点接触至缝合接触反映了沉积物在埋藏成岩过程中经受压实、压溶强度和进程，颗粒间缝合接触是成岩程度很深的特征。

四、孔隙结构

孔隙结构是指沉积岩的孔隙和喉道的几何形状、大小、分布及其相互连通关系。碎屑颗粒包围的较大空间称为孔隙，仅在两个颗粒间连通孔隙的狭窄空间称为喉道。孔隙和喉道的连通关系比较复杂。每 1 支喉道可连通两个孔隙，每 1 个孔隙可有 3 个以上喉道相连接，最多可与 6 ~ 8 个喉道相连接。孔隙发育程度决定储集能力，喉道发育程度控制储集和渗透能力。

孔隙和喉道的大小、形状主要取决于碎屑颗粒的接触类型和胶结类型，以及碎屑颗粒本身的大小和形态。碎屑岩常见的孔隙结构分为四种孔隙 – 喉道类型(图 3 – 11)。

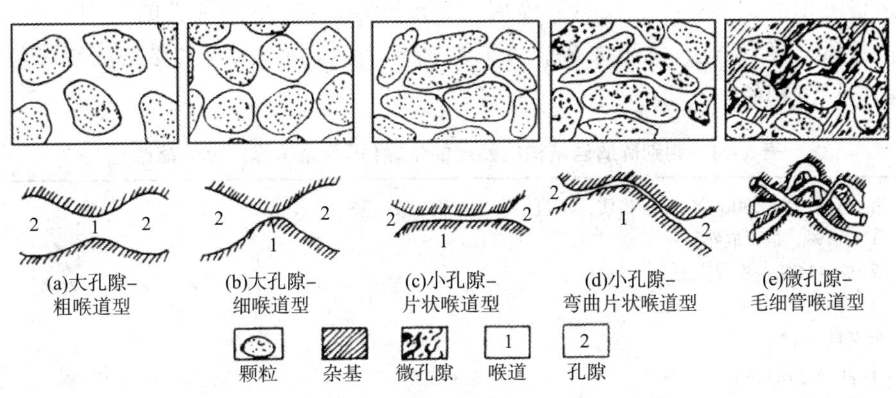

图 3 – 11　孔隙结构类型(据姜在兴，2010 修改)

(1)大孔隙 – 粗喉道型

在粒间孔隙为主或以扩大粒间孔隙出现的砂岩储集岩中，其孔隙与喉道相当难区分，喉道仅仅是孔隙的缩小部分，形成大孔隙 – 粗喉道型孔隙结构[图 3 – 11(a)]。常见于颗粒支撑、溶蚀作用强的碎屑岩。孔喉直径比接近于 1，几乎都是有效孔隙，孔隙度和渗透率都很高。

(2)大孔隙 – 细喉道型

当砂岩颗粒被压实而排列比较紧密时，虽然其保留下来的孔隙还是比较大的，然而由于颗粒排列紧密使喉道大大变窄，形成大孔隙 – 细喉道型孔隙结构[图 3 – 11(b)]。常见于颗粒支撑、接触式 – 孔隙式胶结、点接触类型的碎屑岩。孔喉直径比很大，孔隙度较高，渗透率中等或偏低。

(3)小孔隙 – 片状喉道型

随着压实、胶结作用增强，碎屑岩的孔隙和喉道缩小，胶结物不同程度充填使得孔隙变为残余孔隙，喉道变为片状[图 3 – 11(c)]或弯片状[图 3 – 11(d)]，形成小孔隙 – 片状喉道型孔隙结构。常见于颗粒支撑、接触式－孔隙式胶结、线－凹凸颗粒接触型碎屑岩。孔隙很小，喉道极细，孔喉直径比由中等到较大，孔隙度和渗透率均低。

(4)微孔隙－毛细管喉道型

当杂基及各种胶结物含量较高时，原生的粒间孔隙有时可能完全被堵塞。在杂基及胶结物中存在许多微孔隙(＜0.5μm 的孔隙)，微孔隙可由毛细管连通，形成微孔隙－毛细管喉道型孔隙结构[图 3－11(e)]。常见于杂基支撑、基底式及孔隙式胶结、颗粒缝合接触碎屑岩。孔喉直径比接近 1，孔隙度很小，渗透率极低。

五、结构成熟度

结构成熟度(textural maturity)是指碎屑沉积物经风化、搬运和沉积作用的改造，接近终极结构特征的程度。碎屑沉积物的终极结构是指不含杂基、分选性极好、磨圆度极高。因此，根据杂基含量、分选性、磨圆度把碎屑沉积物(岩)的结构成熟度分为极不成熟、不成熟、次成熟、成熟、极成熟五个等级，判别步骤见表 3－4。

结构成熟度主要受搬运和沉积过程控制。极不成熟的碎屑岩(沉积物)主要是重力流或冰川搬运、沉积的。不成熟—成熟的碎屑岩(沉积物)可由不同种类的牵引流(河流、潮流、波浪，风，等)搬运、沉积而成。极成熟的碎屑岩(沉积物)主要是滨岸带波浪、冲流、风搬运、沉积的。

表 3－4　判别碎屑岩结构成熟度的步骤(据曾允孚等，1986 略改)

第一步：黏土含量(含＜30μm 的云母物质，不包括自生矿物)
①＞15%，极不成熟
②5%～15%，不成熟的
③＜5%，再根据分选性细分
第二步：分选性(σ_1)
①＞0.5，次成熟
②＜0.5，再根据圆度细分
第三步：圆度
①次棱角状至棱角状，成熟
②圆状，极成熟

第二节　沉积岩的构造

沉积岩的构造也称沉积构造(sedimentary structure)，是指沉积岩(物)不同特征组分的空间排列所显示的岩石特征。按形成时间，可分为原生沉积构造和次生沉积构造。在沉积物沉积过程中及沉积物沉积后、固结之前形成的构造称为原生沉积构造，如层理、变形沉积构造等；固结之后形成的构造为次生沉积构造，如缝合线。原生沉积构造是分析沉积岩(物)搬运和沉积过程、沉积环境的重要依据，有的还可指示地层的顶底。

按成因将沉积构造分为物理成因构造、化学成因构造和生物成因构造 3 大类，物理成因构造进一步分为流动成因构造、同生变形构造、暴露成因构造。然后，依据形态或成因进一步细分(表3－5)。物理成因构造及生物成因构造均为原生构造；化学成因构造既有原生的，如同生结核，也有次生的，如缝合线。

表3－5　沉积构造分类

物理成因构造			化学成因构造	生物成因构造
流动成因构造	同生变形构造	暴露成因构造		
上层面构造： 波痕 剥离线理 下层面构造： 侵蚀模(槽模) 刻蚀模(沟模、跳槽等) 冲刷面 层理构造 水平层理与平行层理 块状层理与递变层理 韵律层理与复合层理 波纹交错层理与爬升层理 板状、楔状、槽状交错层理 浪成交错层理与冲洗交错层理 丘状与洼状交错层理 羽状交错层理与再作用面 巨型沉积构造： 冲刷－充填构造 潮流成因巨型构造	重荷模 砂球和砂枕构造 包卷构造 滑塌构造 碟状构造 柱状构造 帐篷构造	干裂 雨痕 冰雹痕 泡沫痕 流痕 冰成痕	结核 缝合线 叠锥 假晶及晶痕 鸟眼构造 硬底构造	生物生长构造 生物遗迹构造 生物扰动构造 植物根痕

一、流动成因沉积构造

沉积物在搬运和沉积时，由于介质(如水、空气)的流动，在沉积物的表面以及内部形成的构造，属于流动成因构造。主要有各种层理构造及上层面和底层面构造。

1. *层面构造*

当岩层沿着层面分开时，在层面上可出现多种沉积构造，有的出现在岩层上层面，有的出现在岩层的下层面。上层面构造主要是波痕和剥离线理。下层面构造多出现在下伏层为泥质岩的砂岩下层面，主要是侵蚀模、刻蚀模、冲刷面。

(1)波痕

波痕(ripple)是流体在非黏性的砂质沉积物层面流动，在砂质沉积物表面形成的波状起伏的痕迹。一般用垂直波脊的剖面(图3－12)来描述波痕。①波痕主要测量参数有波长(L)、波高(H)、迎流面水平投影长度(L_1)和背流面水平长度(L_2)。波长是垂直波脊的两个相邻波峰(或波谷)之间的水平距离；波高是波谷底至波脊顶的垂直距离。②波痕计算参数主要是：波痕指数(RI)＝波长(L)/波高(H)，表示波痕相对高度和起伏情况；波痕对称指数(RSI)＝迎流面水平投影长度(L_1)/背流面水平投影长度(L_2)，表示波痕的对称程度。③波脊形态，可分为直线状、弯曲状、舌状(脊向背水方向弯曲)、新月形状(脊向迎水方向弯曲)。④波脊之间关系，可分为平行、分叉或分叉合并、菱形等。按成因，波痕主要分为流水波痕、浪成波痕、风成波痕、干涉波痕等(图3－13)。

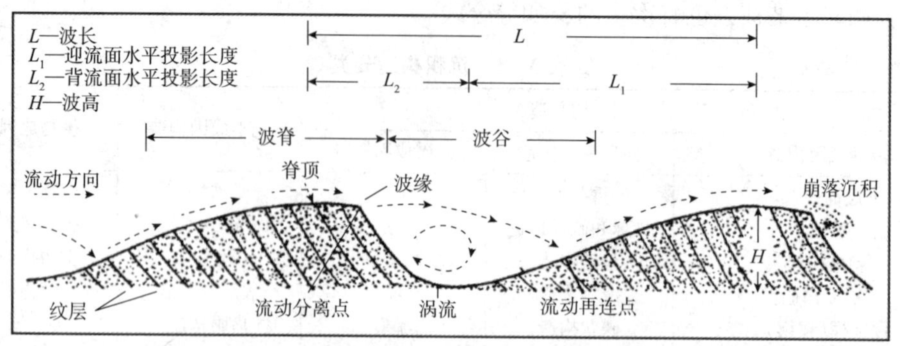

图3－12　波痕要素示意图(据曾允孚等，1986修改)

图3－13　不同成因的波痕

①流水波痕

流水浪痕均为不对称波痕[图3－13(a)]按大小及形态分为三类：小型，波长<0.6m；大型，波长0.6～30m；巨型，波长大于30m。由于大型、巨型流水波痕的表面很容易被流水侵蚀，只留下内部构造，沉积物中常见小型流水波痕。小型流水波痕，波长为4～60cm，波高0.3～6cm不等，波痕指数>5，多数在8～15，对称指数大于3.8。随着流水能量的增大，波脊由平直变为波状、舌状。平直状波脊的波痕从深水到浅水区都可出现，波状、舌状波脊的波痕，常出现在浅水区。

②浪成波痕

浪成波痕可分为对称和不对称两种[图3－13(b)]。对称波痕的特点是波脊两侧对称、波峰尖锐、波谷圆滑、大多数波脊平直、部分出现分叉，波长0.9～200cm，波高0.3～23cm，波痕指数为4～13，大多数为6～7，对称指数接近1。不对称的浪成波痕，外形上与流水波痕相似，波长1.5～105cm，波高0.3～20cm，波痕指数为5～16，大多数为6～8，对称指数为1.1～3.8。

③风成波痕

风成波痕可分为风成小波痕和大沙丘[图3－13(c)]。风成小波痕形状不对称，波长约2.5～25cm，波高约0. 5～1cm，波痕指数为30～70或更大。波痕指数与粒度成反比，与风速成正比；对称指数与粒度成正比，与风速成反比。风成粗砂中，波痕较陡，波痕指数为10～15。

④干涉波痕、修饰波痕和叠置波痕

由于水流、波浪的方向不同，同时形成2组或2组以上波脊、波谷走向互不平行的波痕，即成干涉波痕[图3-13(d)]。由于水位、水流和波浪方向、浪基面的变化，导致先前形成的波痕被修饰改造形成修饰波痕；或在早先形成的大波痕的基础上重叠小波痕，形成叠置波痕。干涉波痕、修饰波痕及叠置波痕都形成于浅水环境。

(2)剥离线理

剥离线理也称原生流水线理，可出现在具有平行层理的薄层砂岩中，沿层面剥开，出现大致平行的非常微弱的线状沟和脊，常代表水流方向。它是由砂粒在平坦床沙上做连续的滚动留下的痕迹，所以与平行层理经常共生。剥离线理十分罕见。

(3)侵蚀模

由于水流的涡流对泥质物的表面侵蚀成许多凹坑，在上覆砂岩的底面上铸成印模，称为侵蚀模，常见的是槽模。

槽模是一系列定向排列的不连续的突起(图3-14)。突起稍高的一端呈浑圆状，向另一端变宽、变平，逐渐并入底面中。槽模的大小和形状是变化的，可以成舌状、锥状、三角形等，形态上可对称或不对称；最突出的部分是原侵蚀最深的部分，高从几毫米到2～3cm；槽模长数厘米至数十厘米；槽模可以孤立或成群出现，但多数是成群出现的，顺着流体流动方向排列，浑圆突起端陡的一侧为迎流方向。

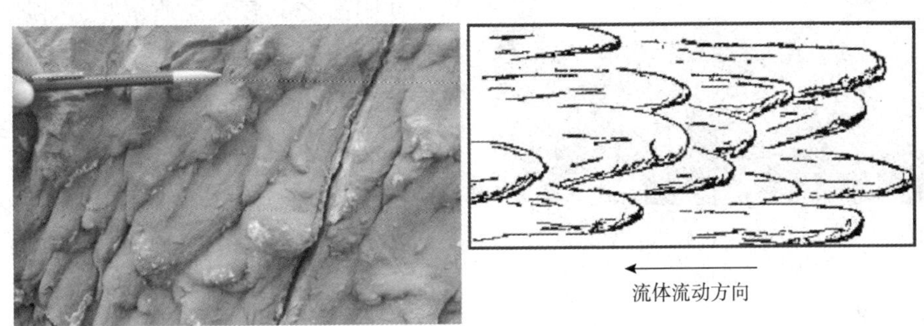

图3-14 槽模特征及流体流动方向

(4)刻蚀模

水流流动的过程中挟带着刻蚀工具如砂粒、介壳、植物枝干等，在泥质沉积物表面滚动或间歇性撞击所留下的凹槽和坑，被砂质沉积物充填，在砂岩底面上保存的印模，称为刻蚀模。最常见的刻蚀模有沟模、跳模等。

①沟模：为纵长的、很直的微微凸起和下凹的脊和槽，能延伸几厘米甚至几米[图3-15(a)]。沟模很少单独出现，一般成组出现。

②跳模的形态呈短小似梭形脊状体，大致成等间距分布[图3-15(b)]。它是在流水流动的过程中，由跳跃的颗粒间歇性撞击泥质沉积物底床形成凹坑，而后被砂质沉积物充填形成的印模。

③刷模的形态略呈新月形短小脊状凸起，其成因与跳模相同，不同之处是跳跃颗粒以较小的角度撞击泥质物底床，形成扁长的浅坑，并在前方堆积圆形的泥脊，然后被砂质沉积物覆盖充填，在岩层的底面构成新月形印模，新月形凸出端指示水流下游方向。

④锥模(针刺模)呈扁长半圆锥形或三角形的短小脊状体，其成因是碎屑颗粒以相当大的角度撞击泥质底床，可能稍有停顿，随后拔出进入水流，留下凹坑被砂质充填而成。锥

模一端低而尖(迎水流向)，一端高而宽(顺水流向)。

(a)沟模

(b)跳模

图 3－15　沟模和跳模

图 3－16　岩心灰白色砂岩与灰黑色泥岩间冲刷面

(5)冲刷面

由于流速的突然增加，流体对下伏沉积物冲刷、侵蚀而形成的起伏不平的面叫作冲刷面，冲刷面上的沉积物比下伏沉积物粒度粗，冲刷面之下多为泥质沉积，冲刷面之上为砂质沉积，砂质沉积物中常含冲刷下伏泥质层被冲蚀形成的泥砾(图 3－16)。

2. 层理构造

层理(stratification)是沉积物沉积时，波痕迁移、叠加在沉积物层内形成的成层构造。层理由沉积物的成分、结构、颜色及层的厚度、形状等沿垂向的变化而显示出来。

层理的要素有纹层、层系、层系组(图 3－17)。纹层(laminae)又称细层，是层理的最小单位，其厚度常以毫米计；同一纹层的成分和结构比较均一，是在相同水动力条件下同时形成的。纹层可以与层面平行或斜交；纹层可以是平直的、波状的或弯曲的；纹层之间可以平行或不平行；纹层可以是连续的，也可以是断续的。

层系(set)是由一组成分、结构和产状相同的纹层组成的。层系是在同一环境的相同水动力条件下，不同时间形成的。水平纹层组成的层系，缺乏标志，难以划分层系。由倾斜纹层组成的层系有明显的层系界面分隔。层系上、下界面之间的垂直距离为层系厚度，可从数毫米到数十米厚，一般为数厘米到数米。

层系组(coset)是由两个或两个以上的相似层系组成的，是在同一环境的相似水动力条件下形成的。例如由厚度不等的板状层系所组成的层系组(图 3－17)。

层(bed)是在基本稳定的环境条件下形成的地层单元，由岩性基本一致的沉积物组成。层与层之间可有层面分隔，层面代表了沉积作用突然变化。层的厚度变化可由数毫米至数米。按层的厚度可分为：块状层(厚度 >2m)、厚层(2～0.5m)、中层(0.5～0.1m)、薄层(0.1～0.01m)、微层(<0.01m)。

层理构造可据纹层形态及其与层系界面的关系分为水平层理、平行层理、波纹层理、交错层理等，据层内碎屑颗粒粒度、颜色、成分等特征的变化分为块状层理、韵律层理、粒序层理等。

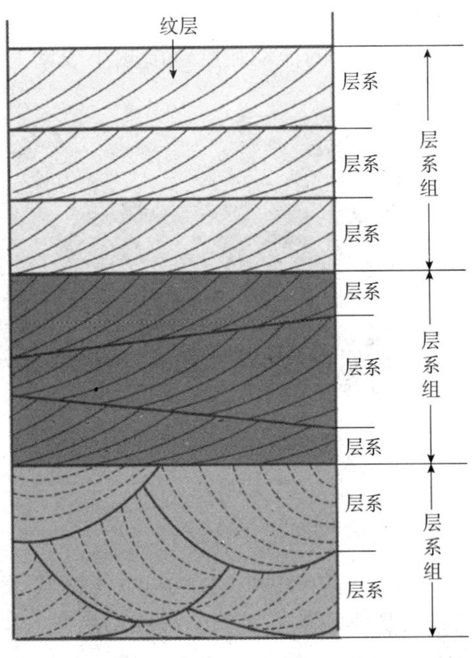

图 3－17　层理相关术语

(1)水平层理与平行层理

水平层理(horizontal bedding)主要出现在细碎屑岩(泥质岩、粉砂岩)和泥晶灰岩中，纹层平直并与层面平行，纹层可连续或断续[图3－18(a)]。水平层理是在弱水动力条件下，悬浮物沉积而成，反映低能沉积环境，如湖泊深水区、潟湖及深海环境。

平行层理(parallel bedding)主要出现在砂岩中，外貌上与水平层理极相似，是在极强的水动力条件下，高流态中由平坦的床沙迁移，床面上连续滚动的砂粒产生粗细分离而显出平直纹层，纹层的侧向延伸较差，沿层理面可剥开，在剥开面上可见剥离线理构[图3－18(b)]。平行层理于形成能量高的急流环境，由于水流搬运碎屑能量极强，碎屑沉积物难以保存，这种层理十分罕见。目前发现的所谓“平行层理”实际上多为低角度交错层理。

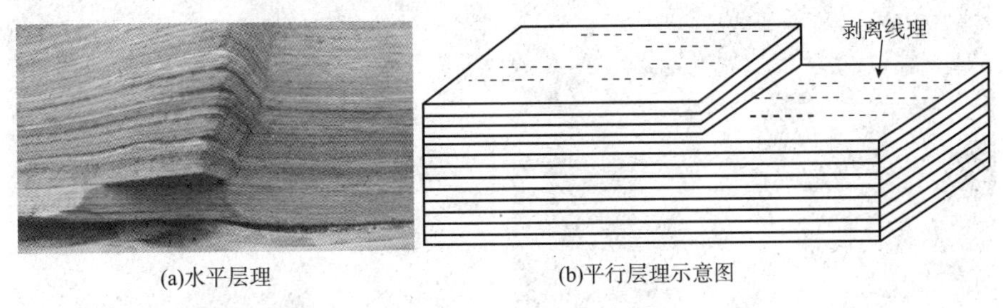

(a)水平层理　(b)平行层理示意图

图 3－18　水平层理与平行层理

(2)块状层理与递变层理

块状层理(massive bedding)是层内物质均匀、组分和结构上无差异、不具纹层构造的层理。在泥岩及厚层的粗碎屑岩中常见[图3－19(a)]。块状层理是沉积物快速堆积而成的，沉积物来不及分异而不显纹层，如河流洪泛期快速堆积形成的泥质岩层。另外，块状层理也可由沉积物重力流快速堆积而成。许多块状层理在显微镜下或腐蚀磨光面上，以及用X射线照相是不均匀的。

递变层理又称粒序层理(graded bedding)，层内无纹层，从底部至顶部，粒度由粗逐渐变细者称正递变层理[图3－19(b)]，若由细逐渐变粗者则称为反递变层理。递变层理的底部常为突变面，多为重力流成因，是重力分异的结果。正递变层理主要是由碎屑流、浊流形成的；反递变层理是由颗粒流形成的。颗粒流流动过程中大颗粒趋于向剪切应力最大的流动表层集中，而细颗粒则向剪切应力最小的底部移动。河流沉积中也可见递变层理，这与河流的流动强度逐渐减小或增大、悬浮搬运的粗碎屑越来越少或越来越多有关。

(a)块状层理砂岩与块状层理泥质岩冲刷接触　(b)正递变层理砂岩

图3-19　块状层理与正递变层理

(3)韵律层理与复合层理

韵律层理(rhythmic bedding)在成分、结构(如粒度)、颜色等不同的薄层(毫米级或厘米级)有规律地重复出现所组成的层理。韵律性重复往往是沉积物搬运、沉积作用有规律地交替变化造成的，这种变化可以是短期的，也可以是长期的。韵律层理成因多样：气候的季节性变化可形成浅色、深色互层，即季节性韵律层理[图3-20(a)]；周期性高能、低能流体活动可形成砂、泥韵律层理[图3-20(b)]；间歇性浊流活动可形成复理石韵律层理。

(a)颜色变化显示的韵律层理

(b)粒度变化显示的韵律层理

图3-20　韵律层理

复合层理包括脉状层理(flaser bedding)、透镜状层理及波状层理(图3-21)。这些层理主要出现在细砂岩、粉砂岩、粉砂质泥岩中。在潮坪沉积物中常见，也称潮汐复合层理。也可出现在湖泊、河流等有水位周期性涨落地带的沉积物中。

脉状层理主要出现在泥质细砂岩、粉砂岩中，特征是在波谷及部分波峰上有泥质纹层[图3-21(a)]；多形成于潮间带下部及潮下带，在涨潮流和退潮流的活动期，形成砂质沙纹；潮流停息期，悬浮泥质沉积覆盖在沙纹上，当下一次潮流活动时，波脊上的泥大部分冲蚀，波谷中的泥大部分被新沙纹覆盖而保存，形成脉状层理。

波状层理由砂、泥互层组成，砂、泥岩层之间的界面呈起伏的波状[图3-21(b)]。

这种层理多形成于潮间带中部，在涨潮流和退潮流的活动期，形成砂质层；潮流停息期，悬浮泥质沉积，形成泥质层，最终形成波状层理。

透镜状层理多出现在粉砂质泥岩中，粉砂岩呈透镜状包裹在泥岩中[图3－21(c)]。这种层理多形成于潮间带上部和潮上带，是在潮汐水流或波浪作用较弱，并且砂的供应不足的条件下形成的。

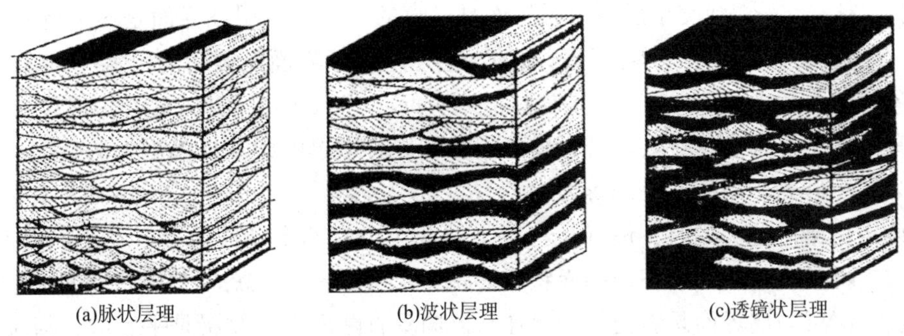

(a)脉状层理　(b)波状层理　(c)透镜状层理

图3－21　潮汐层理(据曾允孚等，1986)

(4)波纹交错层理和爬升层理

波纹交错层理(wavy cross bedding)是层系界面和纹层均呈连续的或不连续的波状，纹层与层系界面相交的层理。如果层系界面难以识别，可称为波纹层理(wavy bedding)。如纹层不连续，称为断续的波纹层理。波纹交错层理是搬运碎屑的流体能量与载荷相近，波痕的迎流面及波峰均有不同程度的沉积物保留的条件下形成的。波纹层理常出现在细砂岩或粉砂岩中[图3－22(a)]。

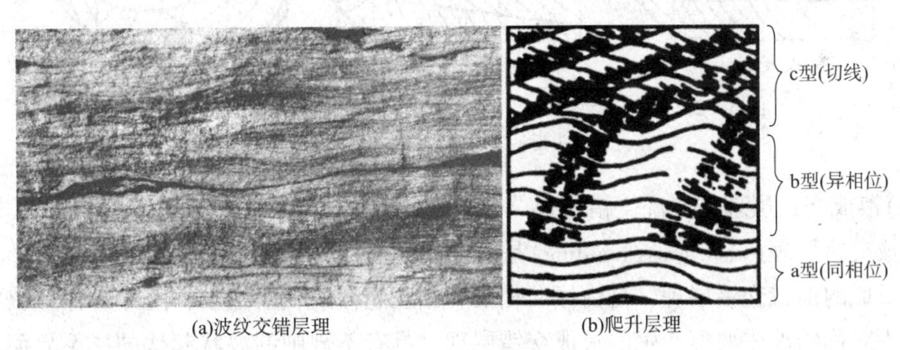

(a)波纹交错层理　(b)爬升层理

图3－22　波纹交错层理和爬升层理

爬升层理也称攀升层理、爬升沙纹层理(climbing ripple bedding)，指携带大量细砂、粉砂的流水流动过程中，形成小型流水波痕，在波痕的迁移过程中，波痕迎流面不发生冲蚀或发生不同程度的沉积，使得波痕在向前迁移的同时向上生长，在沉积物内部留下的构造就是爬升层理。爬升层理可分为a、b、c三种类型[图3－22(b)]：①当流体能量相对较小时，流体携带的细砂或粉砂在迎流面和背流面等厚沉积时，形成a型(同相位型)爬升层理；②当流体能量相对稍强时，流体携带的细砂或粉砂在迎流面沉积厚度小于背流面沉积厚度时，形成b型(异相位型)爬升层理；③当流体能量相对更强时，迎流面即不沉积也不冲蚀，流体携带的细砂或粉砂只在背流面沉积时，形成c型(切线型)爬升层理。爬升层理多出现在河流边滩的上部、堤岸、洪泛平原、三角洲沉积物中。

(5)交错层理

交错层理(cross bedding)，过去也称斜层理(现已基本废弃)，是纹层与层系界面相交的层理。根据层系界面的形状和上、下层系界面的关系，分为板状交错层理、楔状交错层理、槽状交错层理(图 3－23)；板状交错层理层系界面是平直的，上、下层系界面是平行的[图 3－23(a)]；楔状交错层理层系界面是平直的，上、下层系界面是不平行的[图 3－23(b)]；槽状交错层理层系界面是弯曲的，上、下层系界面是截切的[图 3－23(c)]。根据层系厚度，可为小型(＜3cm)、中型(3～10cm)、大型(10～200cm)、巨型(＞200cm)交错层理。小型交错层理主要出现在粉砂岩和细砂岩中；中型及规模更大的交错层理主要在细砂岩、中砂岩、粗砂岩及细砾岩中。

在确定交错层理类型时，最好从三度空间或至少有两个断面观察。在不同的断面上，层系与纹层可呈现不同的形态。如板状和楔状交错层理，在与流向平行的断面上，纹层是单向倾斜，纹层与层界面是斜交的；而在与流向垂直断面上，纹层是平直的，与层系界面是平行的，很容易误判为平行层理[图 3－23(a)]。交错层理的纹层面的倾向代表古水流的流向。交错层理的纹层向下层系界面收敛、被上层系界面截切，是判别岩层顶底的标志。

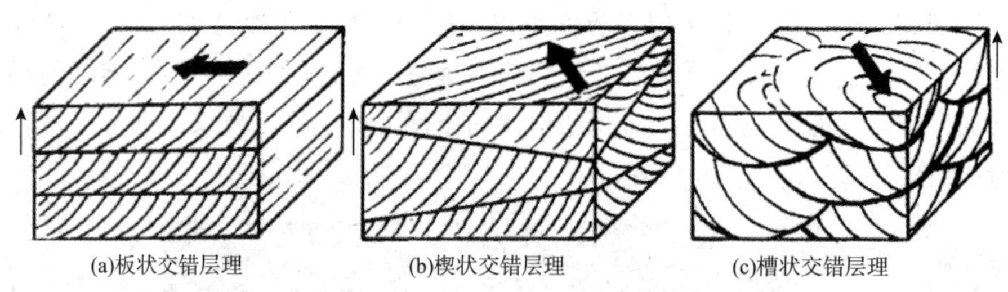

(a)板状交错层理　(b)楔状交错层理　(c)槽状交错层理

图 3－23　不同类型交错层理示意图(据曾允孚等，1986 略改)

注：细箭头指示顶面；粗箭头指示水流方向。

(6)浪成交错层理与冲洗交错层理

浪成交错层理(wave cross bedding)是由浪成波痕迁移形成的交错层理。由对称浪成波痕迁移形成的浪成交错层理，是由倾向相反、相互超覆的纹层组成，内部具有“人”字形构造。由不对称的浪成波痕产生的浪成交错层理，具有不规则的波状起伏的层系界面，纹层成组排列成束状层系，纹层可穿过波谷覆盖在相邻纹层上，相邻层系纹层倾向相反，纹层间表现出“人”字形构造[图 3－24(a)]。浪成交错层理主要出现在海岸、陆棚、潟湖、湖泊等沉积环境形成的砂岩中。

冲洗交错层理(swash bedding)是波浪破碎后，继续向海岸传播，在海滩的滩面上，产生向岸和离岸往复的冲流冲洗作用形成的交错层理，又称海滩加积层理。这种层理主要特征是平直的层系界面和纹层以低角度相交，一般为 2°～10°。组成纹层的碎屑颗粒分选好、磨圆度高，纹层侧向延伸较远，层系厚度变化小，在形态上多成楔形，层系和纹层均向海倾斜[图 3－24(b)]。冲洗交错层理常出现前滨带、障壁岛、沿岸砂坝等沉积环境沉积的砂岩中。

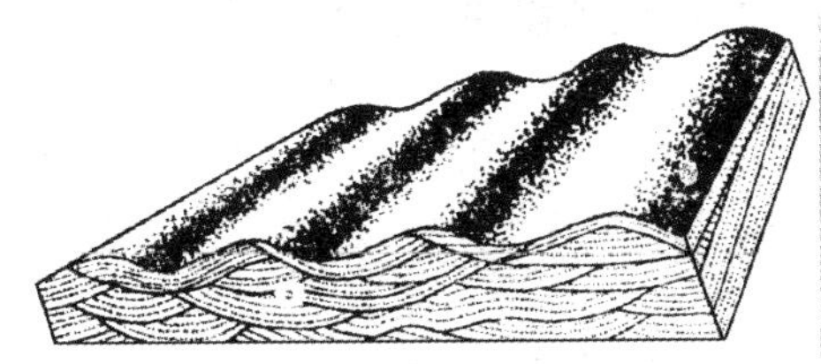

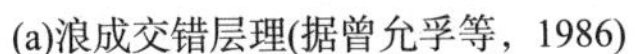
(a)浪成交错层理(据曾允孚等，1986)

(b)冲洗交错层理(据百度图片)

图 3－24 浪成交错层理与冲洗交错层理

(7)风暴成因的交错层理

风暴成因的交错层理是在正常的浪基面以下，风暴浪基面之上的陆棚地区，由风暴浪作用在砂质沉积物表面形成丘、洼相间的底形，丘状底形的叠加形成丘状交错层理，洼状底形的叠加形成洼状交错层理，洼状底形之上叠加丘状底形可形成眼球状交错层理(图 3－25)。

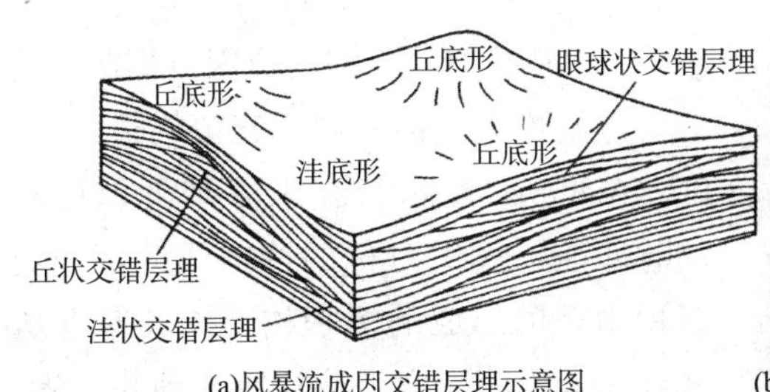

(a)风暴流成因交错层理示意图

(b)风暴流成因交错层理(Ludford Corner,UK,400Ma±)

图 3－25 风暴成因的交错层理

丘状交错层理(hummocky cross bedding)由一系列宽缓的上凸的弧形纹层组成，外形上呈圆丘状，丘高为 20～50cm，宽为 1～5m；底部与下伏泥质层呈侵蚀接触，顶面有时可见小型的浪成对称波痕；内部纹层的倾向呈辐射状，倾角一般小于 15°；层系和纹层均由丘顶向侧翼逐渐变厚，倾角逐渐减小；层系之间以低角度地截切。丘状交错层理主要出现于粉砂岩和细砂岩中，常由云母和炭屑显示纹层。

洼状交错层理(swaley cross bedding)是一系列宽缓的下凹的弧形纹层组成，外形上呈圆形浅洼，浅洼的宽度一般为 1～5m，纹层与浅洼底界面平行。洼状交错层理与丘状交错层理伴生发育。

(8)羽状交错层理与再作用面构造

羽状交错层理(herringbone cross bedding)出现在砂岩中，是涨潮流形成的纹层与退潮流形成的纹层交互叠置而成的，相邻层系的纹层倾向相反，呈羽毛状或人字形的交错层理[图 3－26(a)]；层系间常夹有薄的泥质层。羽状交错层理一般形成于潮间带下部及潮汐水道中。

再作用面(reactivation surfaces structure)是砂岩层内部的侵蚀面，再作用面上、下两侧的岩性相近，纹层的倾向基本一致。按形态可分为不规则形、下凹形、平直形再作用面[图 3－26(b)]。再作用面的形成与水流的方向、能量、水位的变化有关，多见于潮流沉积物中。由于潮流的方向、能量改变可以使先形成纹层遭受侵蚀，当潮流的方向恢复原来方向时，在侵蚀面上又重建另一组倾向相近纹层。水位的变化也可形成再作用面构造，如在河道沉积物中，高水位时形成的纹层，在低水位时受到侵蚀，当再进入高水位时，侵蚀面上又重建倾向相同或相似的纹层。

(a)羽状交错层理

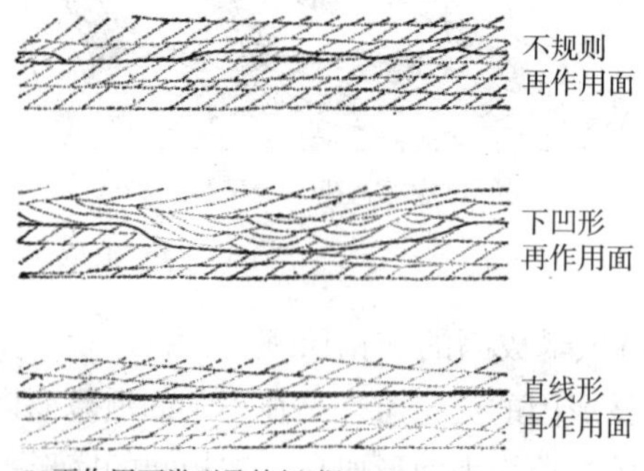

(b)再作用面类型及特征(据Reading,1986)

图3－26　羽状交错层理与再作用面构造

图3－27　冲淤构造

(9)冲淤构造与潮流成因巨型沉积构造

冲淤构造也称冲刷－充填构造(scour and fill structures)是水流在未固结沉积物表面流动时冲蚀形成不对称的冲槽或冲坑，随后被沉积物充填形成的沉积构造。其厚度从几厘米到几米不等，宽带从几厘米到几十米不等。冲淤构造的充填有两种形式。一种是冲槽或冲坑形成后，流速逐渐减小，冲槽或冲坑被逐渐充填；这种充填形式充填物多为正粒序，中下部砂质沉积物具大型倾斜纹层，上部泥质沉积物纹层不明显(图3－27)。另一种是冲槽或冲坑由突发性流水冲蚀而成，冲槽或冲坑形成后，流水流动性突然巨幅下降，甚至停止，冲槽或冲坑被悬浮搬运的细粒沉积物充填；这种充填形式充填物多为泥质沉积物，冲刷面之上的沉积物比冲刷面之下的沉积物粒度小。

潮流成因巨型沉积构造形成于潮流作用较强的陆架，是潮流砂脊迁移形成的，出现在砂质沉积物中。当潮流周期性由强到弱活动，底部形成再作用面，再作用面之上局部发育粗粒沉积物，其上叠加崩落层，前端出现趾积层[图3－28(a)]。当潮流间歇性活动，底部形成再作用面，再作用面之上叠加崩落层[图3－28(b)]。当潮流稳定而连续活动，不出现再作用面，所形成的大型构造由叠加的崩落层、前端的趾积层、砾石质底积层构成[图3－28(c)]。

3. 流态、粒度与底形、层理的关系

流态(flow regime)的直接标志是弗劳德数(Fr)，可分为低流态($Fr<1$)，过渡流态($Fr=1$)及高流态($Fr>1$)。底形(bedform)是流水在非黏性沉积物(如砂、粉砂)底床上流动时，在沉积表面形成的几何形态。

水槽实验揭示底形与流态关系极为密切(图3－29)。水槽实验是在粒径约0.6mm的砂质平坦底床进行的。

当流动强度很小或流速极缓慢时，流水不能推动颗粒运动，此时床沙物质并不移动，水中携带的悬浮物质沉积在床沙表面后即形成无运动平坦床沙，也称下部平坦床沙；当水流流速达到20cm/s时，床沙颗粒开始移动；由于有流动阻力的存在，在床沙表面形成向上游缓倾斜、向下游陡倾斜的不对称的波痕，波高为0.5～3cm，波长多小于30cm，很少超过60cm，这种底形称为沙纹（ripples）；当水流流速达到50cm/s时，波痕的波高增高至10～20cm，波长可达数米；先后出现沙浪（sand waves）、沙丘（dune）两种底形；形成沙纹、沙浪、沙丘的流态都属于低流态，其流动的阻力大，沉积物的搬运相对少而不连续，颗粒沿着底形陡坡向下崩落，底形连续缓缓地向前移动，水面波的起伏与底形的起伏恰好相反，构成异相位，弗劳德数（Fr）小于0.8或1。

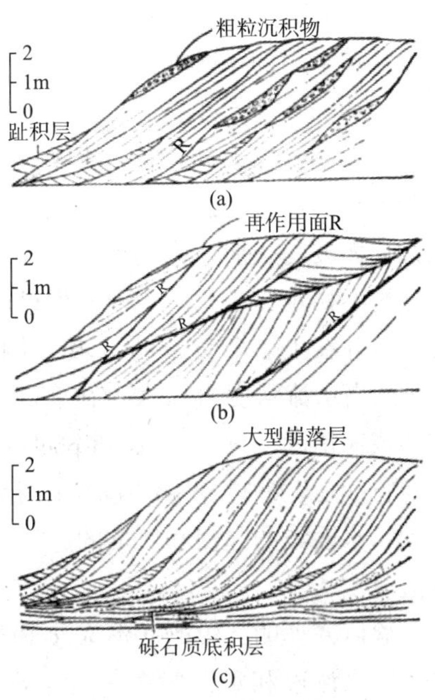

图3－28　潮流大型沉积构造（Reading，1986）

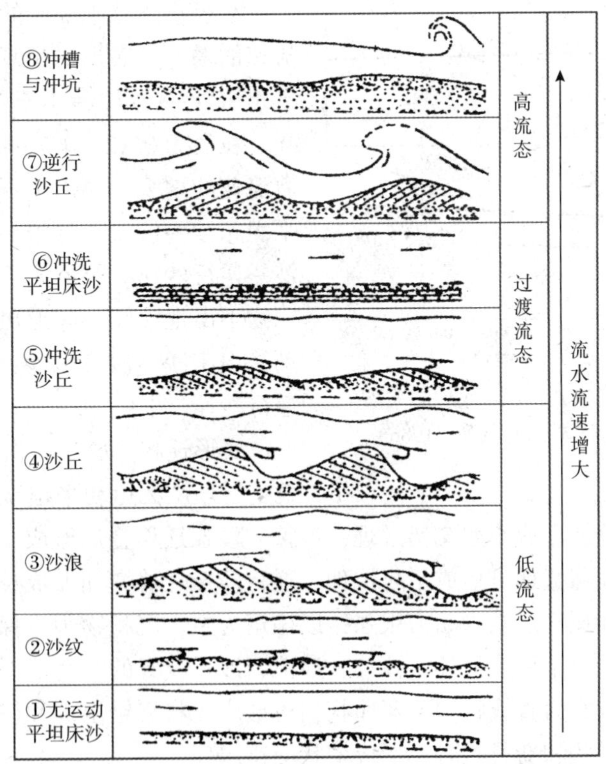

图3－29　流水流态与底形的关系（颗粒粒径0.6mm）（据曾允孚等，1986）

当流动强度再增大时，则波长急剧的增大，流水以较大的剪切力冲蚀沙丘，形成低角度沙丘(倾角大约10°)；流动强度进一步增大，低角度的沙丘逐渐消失，形成冲洗平坦床沙，砂粒在平坦的床面上作连续的滚动和跳跃，跳跃的高度大约等于颗粒直径的2倍。冲蚀沙丘和冲洗平坦床沙属于过渡流态，沉积物的搬运趋向连续，水面波趋向于变平，与底形的起伏无关，弗劳德数接近于1。

若再增加水流的强度，则水面波又出现起伏，其起伏形态与底形的起伏一致，构成同相位，表面波与底形产生明显的相互作用。由于高的流速和大的弗劳德数值，使水面波增高，直至不稳定，向上游方向发生破碎。此时水流向下游方向的流动使底形的陡坡一侧遭受侵蚀，并在下一个底形的缓坡一侧产生沉积，底形向上游移动，形成逆行沙丘(antidunes)。当水流强度再增大，在有相当大的坡度和沉积物搬运量时，则构成大的沉积物丘，形成冲槽和冲坑(chutes 和 pools)。冲槽向上游缓慢移动，每个冲槽的终端同冲坑连结。逆行沙丘、冲槽和冲坑都属于高流态，其流动的阻力小，沉积物的搬运量大而且是连续运动，水面波的起伏和底形的起伏是一致的，构成同相位，弗劳德数大于1，水流流态为急流。

实验研究证明，影响底形大小和类型变化的主要因素是流态和颗粒粒径。流态(*Fr*)取决于流水流速和水深，在一定水深条件下，流水流速越大，流态越高。在40cm实验水深条件下，不同粒径的碎屑沉积物，随流速的增大，出现的底形序列有一定差异(图3-30)。

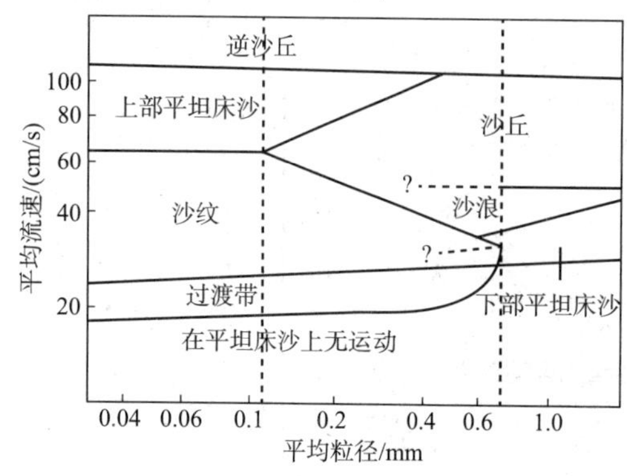

图3-30 流水流速、粒径与底形的关系(实验水深40cm)(据曾允孚等，1986)

粒径小于0.12mm的细粒沉积物，随着流速的增大，底形的出现顺序为：从无运动平坦床沙→沙纹→上部平坦床沙→逆行沙丘。粒径为0.12~0.7mm的砂质沉积物，随着流速的增大，底形出现的顺序为：无运动平坦床沙→沙纹→沙浪→沙丘→上部平坦床沙→逆行沙丘。粒径大于0.7mm的粗砂级沉积物不出现沙纹，底形出现的顺序为：无运动平坦床沙→沙浪→沙丘→上部平坦床沙→逆行沙丘(图3-30)。

底形迁移、叠加在沉积物内留下的痕迹就是层理。无运动平坦床沙缓慢叠加形成水平层理；沙纹迁移叠加形成小型交错层理；沙浪、沙丘迁移叠加形成中型或大型的交错层理；冲洗平坦床沙迁移叠加可形成平行层理；逆行沙丘迁移叠加形成反向交错层理。形成冲洗平坦床和逆行沙丘底形的水动力很强，以搬运为主，沉积物很难保留，相应的平行层理、反向交错层理十分罕见。另外，沙纹、沙浪、沙丘波脊的几何形态与交错层理的类型有密切的关系：如波脊为直线状和微弯曲状，可形成板状交错层理和楔状交错层理；波脊为弯曲状、链状、舌状和新月状时，形成槽状交错层理。

二、同生变形构造

同生变形构造(contemporaneous deformational structure)是沉积物沉积后到固结之前发生变形形成的构造。同生变形构造常出现在粉砂、细砂沉积层中，主要受沉积物的黏性、渗透性和沉积速率控制。同生变形构造主要有：包卷构造、重荷模、滑塌构造、砂火山、砂球及砂枕构造、碟状构造、砂岩岩脉及岩床等。引起沉积物形变的机理主要有以下几种。

(1)密度大的沉积物(如砂层)覆盖在密度小的沉积物(如饱和水的泥和粉砂层)之上，形成密度差，在不均匀压力的作用下，引起物质垂向移动。

(2)沉积物的液化(liquefaction)和流化(fluidization)作用。沉积物的液化主要是快速堆积的细砂、粉砂沉积物，孔隙水不能及时排出，产生的超孔隙流体压力支撑颗粒呈悬浮状态，沉积物强度显著减弱而发生"液化"。如果沉积物中的孔隙水迅速向上泄去，颗粒受到孔隙水向上运动的拖曳力等于或大于颗粒下降的重力，沉积物颗粒失去稳定接触状态或向上运动，而产生了流化。液化发生在整个砂质层内，均匀通过砂质层，流体来源于砂质体内；而流化的流体来自本层或下伏层，流体的运动是局部的。流化和液化作用常是相互伴生的。

(3)沉积在斜坡上的沉积物因重力作用而产生移动及滑塌。

(4)由于流体流动施加给沉积物表面上的切应力，而产生表层沉积物的形变。

在很多情况下，同生变形构造常是由上述机理中的两种或两种以上的作用产生的。

1. 重荷模

重荷模又称负荷构造(load structure)，是指覆盖在泥岩上的砂岩底面上的圆丘状或不规则的瘤状突起(图3-31)。突起的高度从几毫米到几厘米，甚至达几十厘米。它是由于下伏饱和水的塑性软泥承受上覆砂质层的不均匀负荷压力而使上覆的砂质物陷入下伏的泥质层中，同时泥质以舌形或火焰形向上穿插到上覆的砂层中。形成火焰状构造(flame structure)。重荷模与槽模的区别在于形状不规则，缺乏对称性和方向性，它不是铸造的，而是砂质向下移动和软泥补偿性的向上移动使两种沉积物在垂向上再调整所产生的。

(a)砂岩底面的重荷模(据百度图片)

(b)重荷模及火焰构造(据百度图片)

图3-31 重荷模及火焰构造

2. 砂球和砂枕构造

砂球和砂枕构造(ball and pillow structure)主要出现在砂、泥互层并靠近砂岩底部的泥岩中，是被泥质包围了的紧密堆积的砂质椭球体或枕状体，大小从十几厘米到几米，孤立或成群作雁行排列。一般不具内部构造，如果原来的砂层内具有纹层，则在椭球体或枕状体内的纹层形变成为复杂小褶皱，很像“复向斜”，并凹向岩层顶面，所以，可利用砂球来确定地层的顶底(图3－32)。

库南(1968)曾通过对砂泥互层的沉积物施加震动，砂层断裂沉陷到泥质层中，形成极类似于自然界的砂球构造。大多数人认为这种构造的形成，垂向位移是主要的，其次才是水平方向的位移。

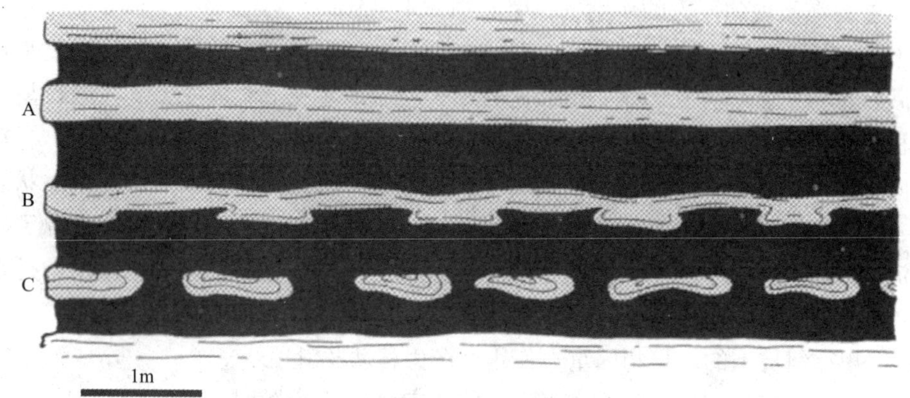

图3－32　苏格兰前寒武系发育的重荷模、砂球和砂枕构造(据Selley，2000)

A—未变形砂岩层；B—重荷模；C—砂球及砂枕构造

3. 包卷构造和滑塌构造

包卷构造(convolute structure)或包卷层理、旋卷层理、扭曲层理，它是在一个层内的层理揉皱现象，表现为由连续的开阔“向斜”和紧密“背斜”所组成。它与滑塌构造不同，虽然细层发生变形，但纹层是连续的，没有错断和角砾化现象。而且，层理形变一般只限于一个层内，不涉及上、下层(图3－33)。

包卷构造的成因主要是由沉积层内的液化，液化层内的横向流动产生的纹层扭曲、变形；也可以由上覆砂质沉积物超负荷引起下伏软沉积层的连续变形；还可由流体流动施加于软沉积层表面的切应力造成软沉积物层内形变。

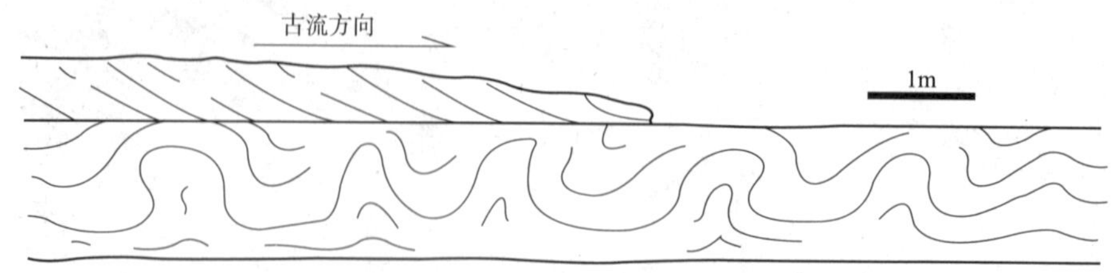

图3－33　苏格兰前寒武系发育的包卷层理(据Selley，2000)

滑塌构造(slump structure)是指处于斜坡部位的沉积层在重力作用下沿斜坡发生明显块体运动形成的多种表现形式的同生变形构造的总称。滑塌构造的表现形式有沉积物的形变、揉皱、断层、角砾岩化以及岩性混杂等(图3－34)。滑塌构造往往局限于一定的层位中，与上、下层位的岩层呈突变接触。其分布范围可以是局部的，也可延伸数百米，甚至几公里以上。滑塌构造是识别滑坡的良好标志，多出现在陆地山前、三角洲的前缘、前三角洲、礁前、大陆斜坡下部、海底峡谷、海底扇及湖底扇沉积物。

(a)形变、揉皱、断层、角砾岩化
(英国威尔士，志留系)

(b)砂岩和泥质岩混杂
(松辽盆地，白垩系姚家组)

图 3－34　滑塌构造

4. 碟状构造和柱状构造

碟状构造和柱状构造属于泄水构造（water-escape structure），它是迅速堆积的包含水的沉积物在孔隙水向上泄出的过程中，破坏了原始沉积物的颗粒支撑关系，而引起颗粒移位和重新排列，形成的变形构造。

碟状构造常出现在细砂岩和粉砂岩中，模糊纹层向上弯曲呈碟形，直径常为 1～50cm，互相重叠，中间被泄水通道的砂柱（柱状构造）分开（图 3－35）；有的碟状构造向上强烈卷曲。泄水构造主要出现在迅速堆积的沉积物中，如三角洲前缘及河流的边滩沉积物中。

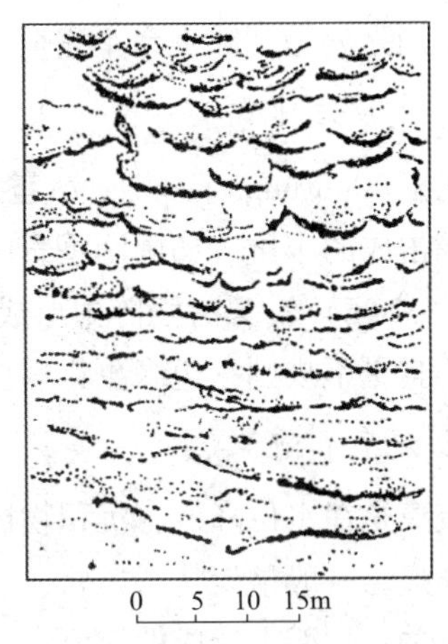

图 3－35　碟状构造（据曾允孚等，1986）

5. 帐篷构造

帐篷构造（tepee structure）是一种碳酸盐潮坪环境形成的脊型背斜构造，这种构造具有柱状裂隙和极大的干裂状多角断面，呈不和谐的褶皱和类似尖顶褶皱或倒转岩层，此外，还有 V 字形裂隙缝和伴生有角砾岩层出现（图 3－36）。现代常见于阿拉伯的萨布哈潮坪环境和南澳大利亚的滨岸潟湖潮坪环境中。帐篷构造的成因系碳酸盐沉积后水体变浅，并暴露于大气环境所致，当碳酸盐沉积物从潮下，经潮间，最后变为潮上时，地表中地下水上涌或岩层固结膨胀变形而形成。

图 3－36　现代沉积物表面的干裂（据桔灯勘探）

三、暴露成因构造

沉积岩中的暴露成因构造是沉积物露出水面，处在大气中，表面干涸收缩，或者受到撞击等作用形成的，如干裂、雨痕、泡沫痕和冰成痕等。这些构造具有指示沉积环境及古气候的意义。

1. 干裂

干裂又称龟裂纹、泥裂(mud crack)，是指泥质沉积物或灰泥沉积物，暴露干涸、收缩而产生的裂隙，在层面上形成多角形或网状龟裂纹[图3-37(a)]，断面上裂隙成“V”形，也可呈“U”字形。裂隙被上覆层的砂质、粉砂质充填。干裂规模大小不一，裂隙的宽度从1mm到3~5cm，深度1~2cm，甚至几十厘米。

饱和水的泥质沉积物，间歇性暴露于地表，即有利于形成干裂纹。但收缩裂隙也可以在水下生成，如胶状物质脱水产生的裂隙，以及泥质层中迅速的絮凝作用及压实作用，也可以形成收缩裂隙，泥质层中含盐度增高，也可以产生收缩裂隙。它们与干涸失水收缩裂隙的不同之处是裂隙发育不完全，在断面上不成“V”字形。

2. 雨痕及冰雹痕

雨痕(rain impression)、冰雹痕(hail impression)是雨滴或冰雹降落在泥质沉积物的表面，撞击成的小坑。如雨滴垂直降落时，小坑呈圆形，否则成椭圆形，坑的边缘略微高起[图3-37(b)]。只有强阵雨形成的雨痕才能保存下来。冰雹痕似雨痕，但坑比雨痕大些、深些，且更不规则，边缘更粗糙些。

3. 流痕和泡沫痕

流痕是在水位降低，沉积物即将露出水面时，薄水层汇集在沉积物表面上流动时形成的侵蚀痕。一般呈齿状、梳状、穗状、树枝状、蛇曲状等。潮坪上形成的流痕，主要与退潮流有关；海滩上形成的流痕，主要与回流有关。

泡沫痕是沉积物近于出露水面时，水泡沫在沉积物表面暂停留所留下的半球形小坑，坑壁光滑，边缘无凸起，很像小的痘疤，常成群出现，大小悬殊。

4. 冰成痕

冰成痕包括冰晶印痕(常呈线状、放射状、树枝状)[图3-37(c)]和冰融痕(不规则圆状)，是季节的标志。

(a)现代沉积物的干裂

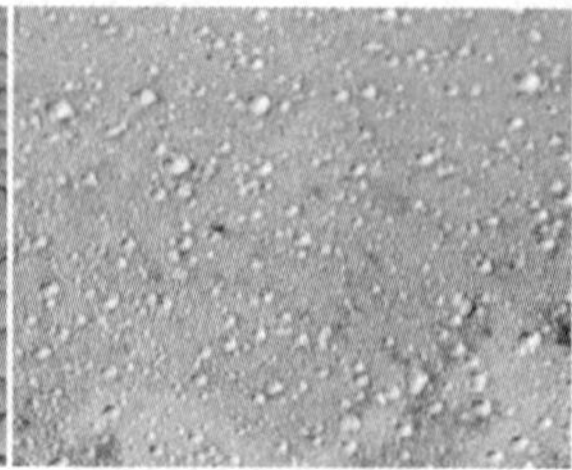

(b)现代沉积物表面的雨痕

(c)冰成痕(据姜在兴，2010)

图3-37 现代沉积物表面的干裂、雨痕、冰成痕

四、化学成因构造

化学成因构造是指在沉积物沉积过程中或沉积后，主要由化学作用形成的各种构造。主要有结核、缝合线、叠锥、晶体与假晶及晶痕、示底构造、窗格构造和鸟眼构造、层状孔洞构造、成岩层理、硬底构造等。

1. 结核

结核是岩石中自生矿物的集合体。这种集合体在成分、结构、颜色等方面与围岩有显著不同，常呈球状、椭球状及不规则的团块状，从几毫米到几十厘米，分布较广。主要出现在泥质岩、粉砂岩、碳酸盐岩及煤系地层中。结核可以孤立或呈串珠状出现。

结核按形成时期可分为同生结核、成岩结核及后生结核(图 3 - 38)。同生结核不切割层理纹层，纹层随结核变形[图 3 - 38(a)]；成岩结核切割内部层理纹层，边部纹层随结核变形[图 3 - 38(b)]；后生结核完全切割层理纹层，纹层不随结核变形[图 3 - 38(c)]。在层理与节理裂隙发育的露头上可见球形风化形成的风化环构造，形似结核，称为假结核[图 3 - 38(d)]。龟背石是一种特殊的成岩结核，表面存在多边形的同心环或多边形的纹理[图 3 - 38(e)]，因类似龟背的花纹而得名。它是在富水凝胶沉积物中析出的结核物质经脱水收缩而成裂隙，再被其他矿物充填而成。煤系地层中常见菱铁矿质的龟背石结核。

结核按成分可分为钙质结核、硅质结核、黄铁矿结核、磷质结核、锰质结核等。在碎屑岩中常见碳酸盐结核，结核的形状和大小与岩石的渗透性有关。由于砂岩中各向渗透性近于相等，结核常似球状；而泥岩的横向渗透性较好、垂向渗透性差，结核即常成扁平状。煤系地层中常出现黄铁矿或菱铁矿结核，形成于中性还原介质环境。碳酸盐岩中常出现顺层分布的燧石结核，多形成于酸性弱氧化介质环境中。

结核的内部结构也不相同，可见均一的或同心状、放射状、网格状、花卷状，有的结核内还保存了围岩残余结构和构造。形成结核的物质，可以由外向内集中，但也可以从内向边缘集中，此时在结核体内可形成一空腔，腔内还有小核。

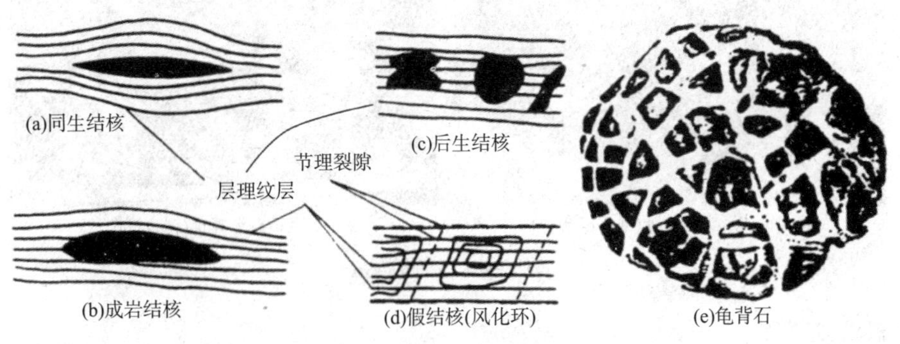

图 3 - 38 结核及龟背石(据朱筱敏，2008 修改)

2. 缝合线

缝合线(stylolites)是指沉积岩横剖面中两个岩层或同一岩层的两个相邻部分之间的锯齿状分布的不溶残余物(如黏土、有机质、砂等)富集薄层。其厚度很薄，一般为毫米级，极少达厘米级。缝合线与层面的关系，可以平行、斜交或垂直，也可以几组相交成网状。缝合线最常见于碳酸盐岩中，但也出现在石英砂岩、硅质岩及蒸发岩中(图3－39)。

缝合线是在上覆岩层的静压力和构造应力的作用下，岩石发生不均匀的溶解而成。缝合线为薄层不溶残余物，表明缝合线形成时伴有溶解作用。与层面平行的缝合线、压力主要是上覆层的负荷压力；与层面斜交或垂直的缝合线的形成与构造应力有关。大多数缝合线形成于后生阶段，它切过结核、化石或鲕粒，切断方解石脉；缝合线也可形成于成岩阶段，它常绕过结核或鲕粒，或被方解石脉切断。

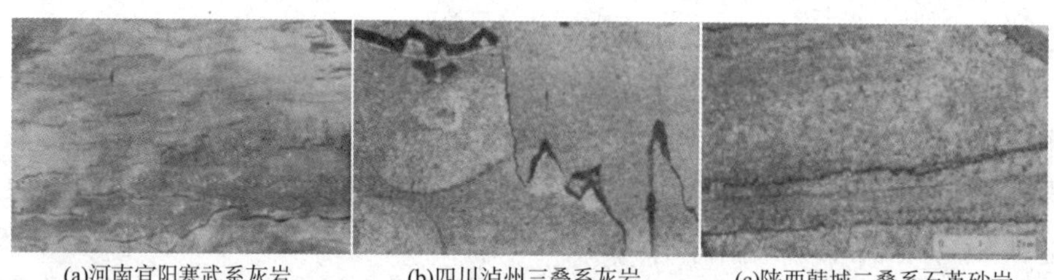

(a)河南宜阳寒武系灰岩　(b)四川泸州三叠系灰岩　(c)陕西韩城二叠系石英砂岩

图3－39　灰岩和石英砂岩中的缝合线

3. 叠锥构造

叠锥(cone in cone)构造是由许多漏斗状圆锥体叠套起来构成的沉积构造。多见于钙质黏土岩、泥灰岩或含泥石灰岩中。叠锥的组成物质主要为纤维状方解石，纤维趋于平行锥轴，偶见铁白云石、菱铁矿叠锥体。锥体多垂直于层面分布，因此从层面上看为同心环状(图3－40)。锥体的顶可向上或向下(以尖端向下常见)，锥高一般为1～10cm，锥顶角30°～60°。关于叠锥的成因尚无定论。一般认为叠锥形成于后生作用阶段，主要是压力作用的结果，可能同时伴有溶解和结晶作用(朱志澄等，2009)。

(a)叠锥构造立体特征(据百度图片)

(b)层面上叠锥构造特征(据百度图片)

图3－40　叠锥构造

4. 假晶及晶痕

假晶多为石盐假晶。石盐假晶形成于半封闭的滨海泥滩—潟湖环境。由于蒸发量大于供水量，海水中的盐分过饱和而析出结晶。在后期的固结成岩过程中，由于盐类物质远比黏土物质收缩量小，石盐晶体突出于岩层表面。又因石盐组成元素易迁移而被钙质或其他成分交代，最终形成石盐假晶[图3－41(a)]。假晶形态为立方体，边长0.5～0.7cm，最大者可超过1cm。

晶体印痕(crystal imprint)是沉积岩中的一种层面构造，在含盐度高、蒸发量大的咸水盆地泥质沉积物中，常有石盐、石膏等晶体。这些易溶矿物晶体被溶解移去，上、下岩层的底面和顶面就会留下晶体的印痕[图3－41(b)]。

石盐、石膏等盐类晶体印痕或假晶是大陆干燥地区沉积物的特征。

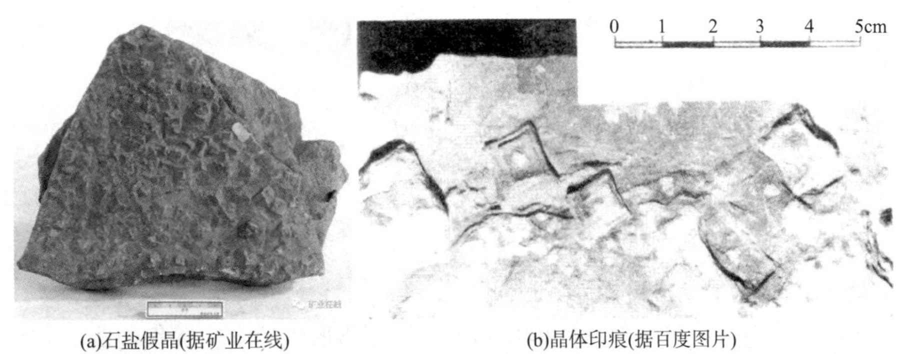

(a)石盐假晶(据矿业在线)　(b)晶体印痕(据百度图片)

图3－41　石盐假晶及晶体印痕

5. 鸟眼构造

鸟眼构造(bird eye structure)是碳酸盐岩中的一种微小的空洞构造，空洞的形状因像鸟眼而得名。鸟眼结构是在泥晶、微晶或球粒灰岩中成群或单个出现的、一般为几毫米大小的、大致平行的鸟眼状孔隙被亮晶方解石或石膏等胶结物充填而形成的一种沉积构造(图3－42)。由于它们常成群密集地出现在岩层的断面上，所以也称之为筛状、窗孔状、窗格状或网格状(boxwork)构造。

关于鸟眼构造的成因有以下几种解释：①碳酸盐沉积物露出水面而干枯收缩；②碳酸盐沉积物中生物遗体等有机质腐烂；③碳酸盐沉积物成岩时脱水收缩等。鸟眼构造形成于潮上或潮间沉积环境。

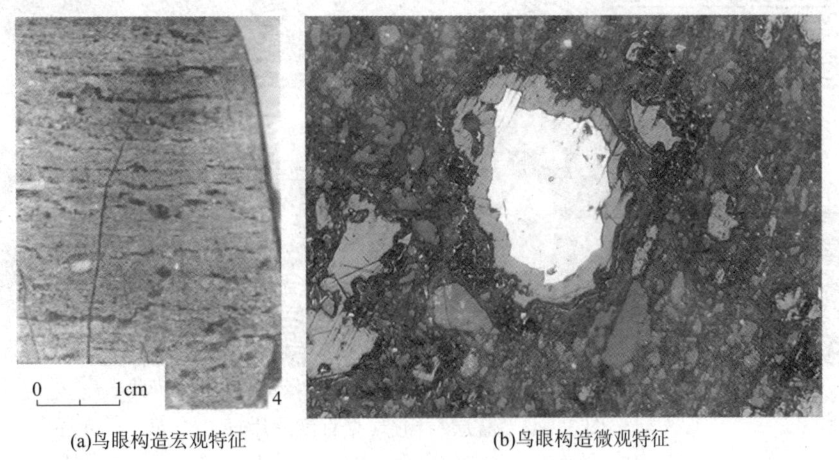

(a)鸟眼构造宏观特征　(b)鸟眼构造微观特征

图3－42　鸟眼构造(据百度百科)

6. 硬底构造

在缺少沉积物供应的沉积间断面，由于生物作用和同生胶结作用形成的坚硬层即为硬底构造(hardground structure)。硬底构造可在大陆条件或海洋条件下形成，常见海洋硬底构造主要标志为：①硬底层表面因受深水的溶蚀和生物作用，形成起伏圆滑或不规则的起伏面；②在硬底面上常见底栖生物介壳；③硬底面上存在海绿石、胶磷矿、铁锰质结壳，或者这些矿物结壳同生物介壳交替出现；④硬壳层常具海水潜流带胶结特征，如高镁方解石的等厚环边及泥晶化等。硬底的构造是判断深水沉积间断的标志，反映水下有海退或海底潜山存在。

五、生物成因构造

沉积岩中的生物成因构造可分为生物生长构造、生物遗迹构造、生物扰动构造、植物根痕。

1. 生物生长构造

生物生长构造是指主要由生物的生长和捕集沉积物形成的生物沉积构造，多与藻类生长有关。最典型的是叠层石构造。藻礁和藻丘、生物礁属于生物生长形成的大型生物生长构造。

叠层石构造(stromatolitic structure)又称叠层构造，由蓝绿藻(隐藻)层状生长，其细胞分泌黏液质捕获和黏结沉积质点经碳酸盐化而成，由两种基本层组成：①富藻纹层，又称暗层，藻类组分含量多；②富屑纹层，又称亮层，碎屑组分含量多。两种基本层叠置出现，即形成叠层构造(图3-43)。叠层构造形态多样，基本形态有层状、波状、柱状及锥状，发育于潮坪环境。

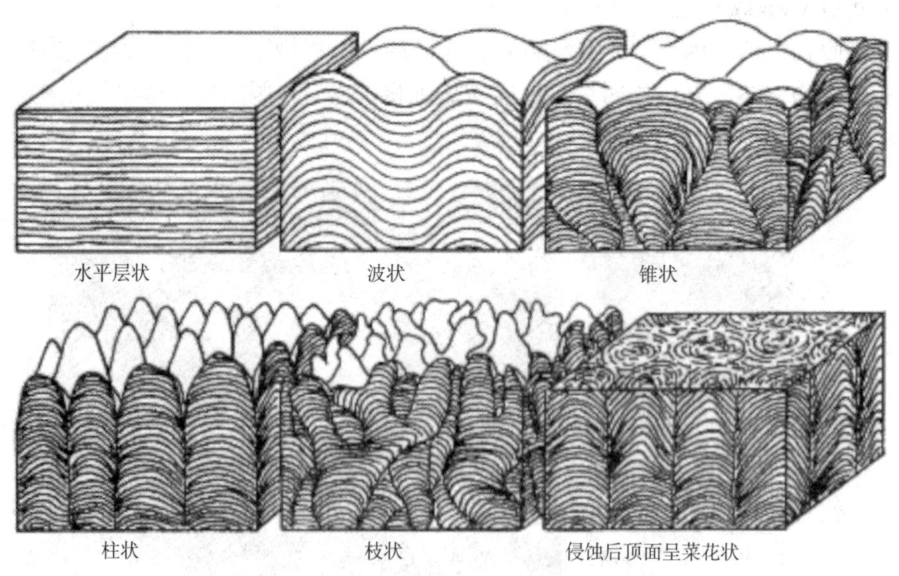

图3-43　叠层石构造(据百度图片)

2. 生物遗迹构造

生物遗迹构造也称生物遗迹化石(trace fossil)，是指保存在沉积物层面上及层内的生物活动的痕迹，按生物行为方式分为觅食构造、爬行构造、居住构造、进食构造、停息构造等类型(图 3－44)。

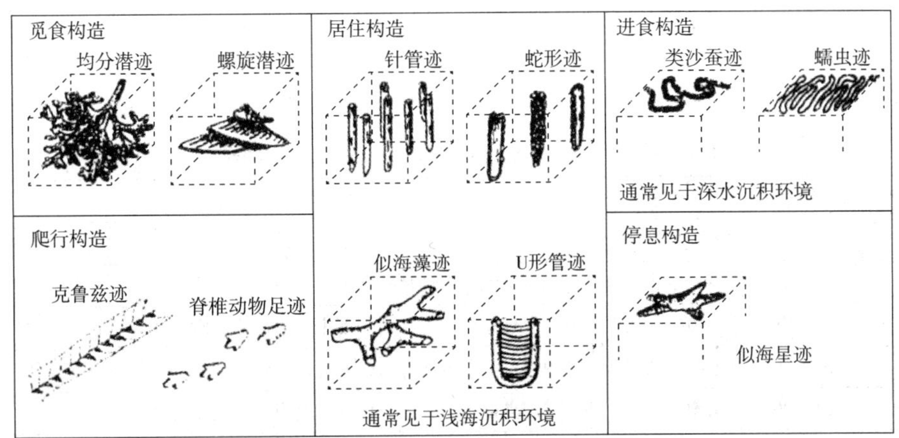

图 3－44 遗迹化石的行为习性分类(据曾允孚等，1986)

(1)觅食(pascichnia)构造是动物边运动边取食产生的，既可出现在沉积物表面，也可产生于沉积物层内部。觅食迹往往具有规则形态，常见形态有螺旋形、环形、蛇曲形等(图 3－44)。觅食迹多见于深水沉积环境。

(2)爬行(repichnia)构造是生物行动痕迹的总称，包括所有由生物跑动、走动、慢步或快步爬行和蠕动爬行以及横穿沉积物犁沟式拖行等活动所建造的各种痕迹(图 3－44)。爬迹的路线可呈直线形、弯曲路线和无目的的紊乱路线。爬行痕迹的典型实例有恐龙足迹、蜗牛拖迹以及能指示运动方向的三叶虫足辙迹。爬行迹在陆上、浅水到深水环境都有分布。

(3)居住(domichnia)构造是由潜底动物或内栖动物建造的。居住构造有永久性和临时性之分，前者具有较坚固的衬壁，如黏结的蠕虫管和具衬壁的虾潜穴；后者往往是两栖动物营造的无衬壁潜穴。现代营建居住构造的生物有多毛虫类、巢沙蚕、磷沙蚕、蜗牛等。居住构造的形态有垂直或斜向的管状潜穴，有 U 形或分枝的潜穴，还有复杂潜穴系统。居住构造多分布于浅水环境。

(4)进食构造(feeding structure)是食沉积物的内栖动物(infauna)留下的层内潜穴。这种潜穴一方面用来居住，同时又用来吸取食物。它是食沉积物的动物挖潜沉积物，并从中摄取有机质食物营建的潜穴构造，主要分布于浅水环境。

(5)停息(cubichnia)包括动物的静止、栖息、隐蔽等行为在沉积物底层上停止一段时间所留下的各种痕迹。这类痕迹的形态常常呈星射状、卵状或碗槽状的浅凹坑，能反映动物的侧面或腹面的特征，多呈孤立地(有时呈群集)保存于岩层层面上。停息迹主要分布于浅水环境。

3. 生物扰动构造

生物扰动(bioturbation)构造是更为广义的生物遗迹构造，既包括能够判别生物行为方式，且有一定形态的遗迹构造，也包括无法判断动物行为方式、杂乱的生物活动遗迹。生物扰动构造强调生物对原生物理构造，特别是成层性构造的破坏程度。强烈的生物扰动不仅使不同的沉积物发生混合，也将地球化学和古地磁信息变得模糊。早期关于生物扰动程度的研究主要采用定性描述，如强扰动、中等扰动、弱扰动等。Taylor(1991)提出了生物扰动等级划分的新方案(表3－6)，用受搅动或生物挖掘的沉积物占整个沉积物的百分数作为依据，将生物扰动划分为7个等级，并描述了每一个扰动等级的特征。

表3－6　根据相对于原始沉积组构的改造量而划分的生物扰动等级(据胡斌，1997)

扰动等级	扰动量/%	描　述
0	0	无生物扰动
1	1～5	零星生物扰动，极少量清晰的遗迹化石和逃逸构造
2	6～30	生物扰动程度较低，层理清晰遗迹化石密度小，逃逸构造常见
3	31～60	生物扰动构造程度中等，层理界面清晰，遗迹化石轮廓清楚，叠复现象不常见
4	61～90	生物扰动程度高，层理界面不清，遗迹化石密度大，有叠复现象
5	91～99	生物扰动程度强，层理彻底破坏，但沉积物再改造程度较低，后形成的遗迹形态清晰
6	100	沉积物彻底受到扰动，并因反复扰动而受到普遍改造

图3－45　粉砂岩中的碳化根痕(陕西铜川，侏罗系)

4. 植物根痕

植物根痕是沉积岩中植物根炭化残余(图3－45)或枝杈状矿化痕迹，出现在陆相地层中。它们在煤系中特别常见，是陆相的可靠标志。在煤系地层中，植物根常被铁和钙的碳酸盐所交代，形成各种形状的结核——植物根假象。有时可以成为一定层位的典型标志。在红层中，通常植物根系完全腐烂，有时可以根据模糊的绿色(或灰色)枝杈状痕迹加以区别，这是由于氧化铁受到植物机体的局部还原作用造成的。

植物根痕说明植物是原地生长的。而缺少根痕，只是植物碎屑，如茎、叶和枝杈沉积，可能是流水冲来的。

第三节　碎屑岩的颜色

碎屑岩的颜色是碎屑岩最醒目的标志，是鉴别岩石、划分和对比地层、分析判断古地理的重要依据之一。

一、碎屑岩颜色的成因类型

碎屑岩的颜色，按成因可分为三类，即继承色、自生色和次生色。继承色和自生色合称原生色。

继承色主要决定于碎屑颗粒的颜色，而碎屑颗粒是母岩机械风化的产物，故碎屑岩颜色是继承了母岩的颜色。如长石砂岩多呈红色，这是因为花岗质母岩中的长石颗粒是红色的缘故。同样，纯石英砂岩因为碎屑石英无色透明而呈白色。

自生色决定于沉积物沉积过程及其早期成岩过程中自生矿物的颜色。比如，含海绿石或鲕绿泥石的岩石常呈不同色调的绿色和黄绿色；红色软泥是因为其中含脱水氧化铁矿物(赤铁矿)。

次生色是在后生作用阶段或风化过程中，原生组分发生次生变化，由新生成的次生矿物所造成的颜色。这种颜色多半是由氧化作用、还原作用、水化作用或脱水作用，以及各种矿物(化合物)带入岩石中或从岩石中析出等引起的。比如在有些情况下，含黄铁矿岩层的露头呈现红褐色，这是由于黄铁矿分解形成红色的褐铁矿所致；而在另一种情况下，同样是这样露头，由于低价铁和高价铁硫酸盐的渗出而呈现浅绿 - 黄色。

继承色主要是砂岩和砾岩新鲜面的颜色；自生色主要是泥质岩新鲜面的颜色。原生色与层理界线一致，在同一层内沿走向分布均匀稳定。次生色一般切穿层理面，分布不均匀，常呈斑点状，沿缝洞和破碎带颜色有明显变化。

二、主要自生色及其成因

1. 灰色和黑色

灰色和黑色，是因为存在有机质(炭质、沥青质)或分散状硫化铁(黄铁矿、白铁矿)造成的。岩石的颜色随着有机碳含量的增加而变深。这种原生色往往表明岩石形成于还原或强还原环境中。

2. 红、棕、黄色

这些颜色通常是由于岩石中含有铁的氧化物或氢氧化物(赤铁矿、褐铁矿等)染色的结果。若系自生色，则表示沉积时为氧化或强氧化环境。大陆沉积物多为红、黄色，然而，海洋沉积物有时也呈红色，这多半是由于海底火山喷发物质的影响或海底沉积物氧化所致；也有的红色岩层是由于大陆形成的红色沉积物被搬运入海，处于近岸氧化环境或被迅速埋藏造成的。故通常所谓的红层不一定都是陆相沉积。

在红色地层中，有时发现绿色的椭圆斑点，或者在露头上较大范围内呈现出红、黄、绿、灰等色掺杂现象，这多半是氧化铁在局部地方发生还原的缘故。有时，沿着红层的节理发育有绿色边缘，这种现象可能与地下水的次生还原作用有关。

3. 绿色

绿色主要是沉积岩中含有低价铁的矿物，如由海绿石、鲕绿泥石等所致；少数是由于含铜的化合物所致，如含孔雀石而呈鲜艳的绿色。若系自生色，绿色一般反映弱氧化或弱还原环境。

除自生矿物外，碎屑岩的绿色有时由于含有绿色的碎屑矿物，如由角闪石、阳起石、绿泥石、绿帘石等所致；而泥质岩的绿色还常因含伊利石而造成。

如果岩石中同时存在高价铁和低价铁的氧化物，它的颜色取决于 Fe^{3+}/Fe^{2+} 比值

(图3-46)。红色和紫色的板岩中，Fe^{3+}/Fe^{2+}比值大于1；绿色和黑色板岩中，Fe^{3+}/Fe^{2+}比值小于1。引起岩石颜色的染色物质——色素在岩石中含量极为微少，只要有百分之几，甚至千分之几的染色物质就能形成相应的颜色。

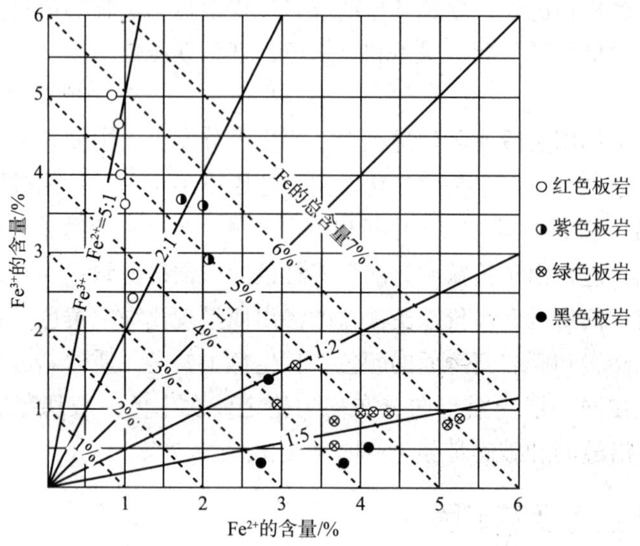

图3-46　岩石颜色与Fe^{3+}/Fe^{2+}的关系(据姜在兴，2010)

第四章　沉积岩分类及主要类型沉积岩的特征

第一节　沉积岩的分类

沉积岩的分类是沉积岩石学的重要研究内容，沉积岩分类的正确与否，取决于人们对自然界错综复杂的各种类型沉积岩内在联系与规律的了解程度，也在一定程度上反映了沉积岩石学的发展水平。一种统一的分类也是进行学术交流的基础。

一、沉积岩分类原则和依据

沉积岩的分类遵循的原则主要是力求反映对沉积岩的认识水平；具有科学性、系统性；简明扼要，具有适用性。

沉积岩的总分类的主要依据是沉积物(岩)主要成分的物质来源(物源)。按物源分类比按沉积作用方式分类更为合理。大量沉积岩石学研究成果表明，机械搬运和沉积作用不仅存在于碎屑岩中，也大量存在于化学和生物化学岩中，甚至包括了蒸发岩。所以按沉积作用来划分沉积岩类型是不适应现代沉积岩石学的发展水平的。而沉积物来源的差别对于沉积岩的分类最有意义，因为沉积物来源不同，其成分和性质亦不同，则其搬运和沉积的方式，以及其沉积期后作用的方式和趋势也会不同，所形成的岩石的结构与构造以及其他性质都会有所差异，即沉积物来源是沉积岩全部历史的物质基础。

二、沉积岩分类代表性方案

1. 苏联学者的代表性分类

什维佐夫(1945)的分类是苏联学者的代表性分类。他将沉积岩分为三大类：①碎屑岩、②黏土岩、③化学岩和生物化学岩。这三大类岩石与三大类母岩风化产物相对应，将以黏土矿物为主要成分的黏土岩单列为一大类，他认为黏土岩中虽常含有机械破碎形成的细小粉屑，但它并不能决定黏土岩的本质，而决定黏土岩本质的是占优势的新生成的黏土矿物；这些黏土矿物是岩浆岩矿物的化学分解产物，而不是机械破碎产物，或者是从溶液中以胶体化学方式沉淀而成的。黏土矿物有其独特的特性，这也决定了黏土岩的特性与由碎屑物质组成的碎屑岩特性截然不同，因此不应归入碎屑岩类。此外，强调化学岩和生物岩之间往往存在着不可分割的成因联系，即原始物质来源主要是化学溶解物质，因此竭力主张化学岩和生物化学岩应合并成一大类。可见，什维佐夫的分类强调的是沉积岩的大类与母岩风化产物的联系，没有考虑火山来源物质形成的沉积岩，对生物来源物质形成的沉积岩处理过分简单。

2. 欧美学者的代表性分类

(1)佩蒂庄的分类

佩蒂庄的沉积岩分类(1957，1975)在欧美流行较广，将沉积岩分为外生(exogenous)沉积物(岩)和内生(endogenetic)沉积物(岩)两大类。每一大类进一步按成分、结构或成因细分。外生沉积物是指陆源和火山喷发的碎屑物质，经机械搬运沉积作用形成的沉积物，沉积物是来自沉积盆地以外的物源区；内生沉积物是指在沉积盆地内通过化学和生物作用从溶液中沉淀作用形成的沉积物。这一分类方案大类划分过分简单，没有区分母岩风化形成的陆源碎屑和火山来源的碎屑，也没有区分母岩风化产生的化学溶解物质和生物来源的物质。

(2)塞利的分类

塞利(Selley，1976)的分类是首先分成自生(autochthonous)沉积物和他生(allochthonous)沉积物两大类，再按成分和沉积作用方式细分(表4-1)。自生和他生在英文中有原地和异地的意思，亦即自生沉积是指沉积物为原地产生、原地沉积的，例如沉积盆地内部沉淀形成或风化残积的；他生沉积则是指沉积物是由沉积场所以外的来源所供给。因此他将残积的红土和铝土岩放在自生沉积中。这一分类与佩蒂庄的分类类似。

表4-1　塞利的沉积岩分类(1978)(据曾允孚等，1986)

大　类	小　类
自生沉积	化学沉积：蒸发岩、石膏、岩盐等 有机沉积：煤、石灰岩等 残余沉积：红土、铝土岩等
他生沉积	陆源沉积：黏土、硅质碎屑砂、砾岩 火山碎屑沉积：火山灰、凝灰岩、火山砂、集块岩

(3)弗雷德曼和桑德斯的分类

弗雷德曼和桑德斯(Friedman 和 Sanders，1978)的分类将沉积岩分为三大类，即盆内(intrabasinal)岩石、盆外(extrabasinal)岩石和火山碎屑岩，进一步划分为五类(表4-2)。盆内岩石是指主要矿物或碎屑物质形成于沉积盆地内并堆积下来形成的沉积岩；盆外岩石是指形成于盆地外的母岩风化形成碎屑和新生矿物质，被搬运到盆地内堆积下来形成的沉积岩。将火山碎屑岩和陆源碎屑岩分列为两大类，这种分类的依据是按物源和沉积物的形成及堆积场所，这比佩蒂庄和塞利的分类又进了一步。但以“盆内”“盆外”给沉积岩大类命名，不够严谨，因为所有沉积岩都是在沉积盆地内形成的。

表4-2　弗雷德曼和桑德斯的沉积岩分类(1978)(据曾允孚等，1986)

大　类	小类
盆内岩石	碳酸盐岩：石灰岩和白云岩
	自生岩：蒸发岩、燧石、磷质岩、铁质岩、锰质岩
	碳质岩

续表

大　类	小类
盆外岩石	陆源岩：砾岩和沉积角砾岩、砂岩、页岩和粉砂岩
火山碎屑岩	火山碎屑岩

3. 我国学者的代表性分类

我国沉积岩代表性分类主要是曾允孚等(1986)和冯增昭等(1991)提出的分类。

曾允孚等(1986)把沉积岩分为基本类型和附生类型。沉积岩的基本类型按组成岩石主要物质的来源，分为火山碎屑岩、陆源沉积岩和内源沉积岩三大类。火山碎屑岩大类按结构进一步分为集块岩、火山角砾岩、凝灰岩。陆源沉积岩按物质来源分为陆源碎屑岩和泥质岩两个亚类。陆源碎屑岩按结构细分为砾岩和角砾岩、砂岩、粉砂岩；泥质岩按成分和构造分为高岭石黏土(岩)、蒙脱石黏土(岩)、水云母黏土(岩)，按构造分为泥岩、页岩。内源沉积岩大类按成分分为蒸发岩、非蒸发岩、可燃性有机岩三个亚类。各亚类按成分进一步细分：蒸发岩进一步细分为石膏、硬石膏岩、石盐岩、钾镁盐岩；非蒸发岩进一步细分为碳酸盐岩、铝质岩、铁质岩、锰质岩、磷质岩、硅质岩；可燃性有机岩按成分分为煤和油页岩。附生岩是根据上述基本类型特殊含有物命名的(表4－3)。

表4－3　曾允孚等(1986)的沉积岩分类

基　本　类　型						附生类型
火山碎屑岩(按结构细分)	陆源沉积岩		内源沉积岩			附生岩(按特殊含有物细分)
	陆源碎屑岩(按结构细分)	泥质(黏土质)岩(按成分或构造细分)	蒸发岩(盐岩)	非蒸发岩	可燃性有机岩(碳质岩)	
			(按成分细分)			
集块岩 火山角砾岩 凝灰岩	砾岩和角砾岩 砂岩 粉砂岩	高岭石黏土(岩) 蒙脱石黏土(岩) 水云母黏土(岩) 泥　岩 页　岩	石膏、硬石膏岩 石盐岩 钾镁盐岩	碳酸盐岩 硅质岩 铝质岩 铁质岩 锰质岩 磷质岩	煤 油页岩	铜质岩 沸石质岩 海绿石质岩 硫质岩 铀质岩

冯增昭(1991)把沉积岩的基本类型按组成岩石主要物质的来源，分为主要由母岩风化产物组成的沉积岩、主要由火山碎屑物质组成的沉积岩和主要由生物遗体组成的沉积岩三大类。主要由母岩风化产物组成的沉积岩进一步分为碎屑岩和化学岩两个亚类。碎屑岩按结构细分为砾岩、砂岩、粉砂岩和黏土岩四类；化学岩按成分进一步细分为碳酸盐岩、硫酸盐岩、卤化物岩、硅质岩、其他化学岩。把主要由火山碎屑物质组成的沉积岩命名为火山碎屑岩。把主要由生物遗体组成的沉积岩分为可燃生物岩与非可燃生物岩(图4－1)。本章着重讨论由母岩风化产物形成的主要类型沉积岩的特征，其余类型做扼要介绍。

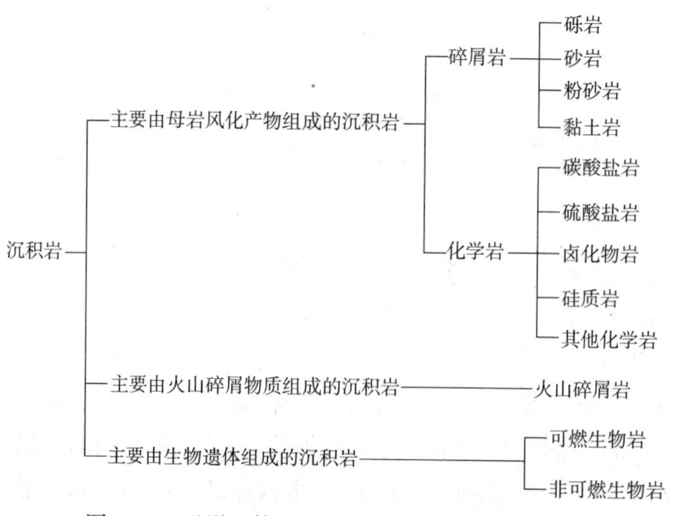

图 4-1　冯增昭等(1991)沉积岩基本类型的划分

第二节　砾　岩

砾岩(conglomerate)是以砾石为主的沉积岩。按照岩石命名的一般原则，把砾石含量大于50%的碎屑岩称为砾岩。由于砾石粒径大(>2mm)，容易突显，砾石含量达30%就已具备砾岩的外貌，福克(1954)建议砾石含量>30%的沉积岩就可以称为粗碎屑岩。

砾岩主要由粗大的砾石组成。砾石都是岩屑。砾石的岩石成分主要取决于母岩的岩石类型，因此，研究砾岩的成分有助于追溯物源。砾岩普遍存在砂级、粉砂级、泥级填隙物：如果主要是砂级填隙物，可为外杂基，砾岩是牵引流形成的；如果主要是粉砂级和泥级填隙物，多为原杂基或正杂基，砾岩是重力流形成的。砾岩的胶结物常见方解石、二氧化硅、氢氧化铁等。

砾岩的沉积构造常见大型交错层理、递变层理、块状层理。砾石排列可有较强的规律性，扁形砾石的最大扁平面常向源倾斜，彼此叠覆，呈叠瓦状构造。在强烈水流冲刷下，砾石只有呈叠瓦状排列才最为稳定。

砾岩主要是近源沉积物。圆度低的砾石，磨蚀改造历史短，是近源快速堆积的；圆度高的砾石，磨蚀改造历史长，是近源缓慢堆积的。滨岸、河流、山前洪积区、冰川、滑塌及岩溶等沉积条件下均可形成砾岩。

砾岩颗粒粗大，能够在露头或岩心上进行现场观察、描述、研究。砾岩的描述内容主要为：砾石的砾径(最大、平均)、圆度、球度、形状、成分、长轴方向，扁平砾石倾角与倾向，砾石排列方式，砾岩的分选、构造、与上下岩层的接触关系。

砾岩一般根据砾石的圆度、大小、成分，砾岩在剖面中的位置进行分类。

一、根据砾石圆度的分类

根据砾石的圆度，把砾岩划分为砾岩(狭义)和角砾岩两个类型：

(1)砾岩：圆状和次圆状砾石含量 >50%；

(2)角砾岩：棱角状和次棱角状砾石含量 >50%。

砾岩一般都是沉积作用形成的；而角砾岩除了沉积成因的以外，还可以由构造作用(如断层角砾岩)、火山作用(如火山角砾岩)或化学－物理作用(如洞穴角砾岩和盐溶角砾岩)形成的。自然界，砾岩比角砾岩更为常见，可以呈巨厚层出现；角砾岩厚度不大，但具有更明显的成因意义。砾岩和角砾岩之间存在着过渡的岩石类型，可称砾岩－角砾岩。

二、根据砾石大小的分类

按照十进制的原则，根据砾石的大小，可把砾岩分为四类：

细砾岩，砾石直径为 2～10mm；

中砾岩，砾石直径为 10～100mm；

粗砾岩，砾石直径为 100～1000mm；

巨砾岩，砾石直径 >1000mm。

当砾岩中出现多个粒级时，可采用三级命名法：含量 <10% 的粒级不参加命名，含量为 10%～25%、25%～50% 的组分分别冠以"含××"和"××质"，如含中砂粗砂质细砾岩。

砾岩和角砾岩中还常含有泥沙填隙物，为了在命名中较详细地反映出来，福克(1954)把砾石或角砾 >30%，泥沙杂基 <70% 的岩石称砾岩或角砾岩，而砾石(或角砾)含量为 5%～30% 的岩石称砾质砂岩或砾质泥岩，但这些沉积岩不属于砾岩。

三、根据砾石成分的分类

根据砾石的成分，可以把砾岩划分为单成分砾岩和复成分砾岩两类。

(1) 单成分砾岩和角砾岩

砾石成分较单一，同种成分(岩石类型)的砾石占 75% 以上，且多为稳定性较高的岩石碎屑，如石英岩、燧石、花岗岩类等。

单成分砾岩的形成主要与单一岩石类型的母岩和长期改造磨蚀有关。如果母岩区的岩石为单一花岗岩，可形成花岗岩单成分砾岩；如果母岩区为单一石灰岩，就地堆积或短距离搬运快速堆积，也可形成石灰质单成分砾岩，如由石灰岩砾石组成的近岸陡崖坡脚堆积、生物礁旁堆积，都可形成石灰岩单成分砾岩(角砾岩)。细砾岩的砾石可以是单一的石英或石英岩，是长期改造磨蚀作用的产物，主要出现在地形平缓的滨岸地带沉积物中，砾石受波浪反复地冲刷磨蚀，不稳定组分消失殆尽，只剩下磨圆度好及稳定性高的石英或石英岩砾石。

(2)复成分砾岩

砾石成分复杂，有时在一层砾岩中可含十几种不同成分的砾石，各种类型的砾石都不超过 50%，这主要取决于母岩成分及其风化、搬运及沉积的条件。这些砾石的抵抗风化能力大多不强，分选较差，磨圆度较低。复成分砾岩以块状层理、递变层理为主。它们多数沿山前呈带状分布，厚度变化大，为母岩快速破坏和迅速堆积的产物。

复成分砾岩成因类型多样，以山区的河流成因砾岩及山麓洪积成因砾岩分布最广，其次为裂谷盆地裂陷期的陡坡带坡脚堆积砾岩。例如，我国克拉玛依油田的砾岩储集层就是洪积成因的复成分砾岩，其砾石成分以变质泥岩(角岩)为主，其次为花岗岩，再次为砂岩、粉砂岩和黏土岩等。

砾石成分简单还是复杂，在一定程度上反映其形成条件，如洪积和河成砾岩的砾石成分大多比较复杂，(缓坡带)海、湖滨岸砾岩的砾石成分大多比较简单，它还取决于来源区的母岩性质。

四、根据砾岩在剖面中的位置的分类

砾岩在剖面中的位置是指地质剖面中砾岩层与相邻岩层，尤其是下伏岩层的接触关系或成因联系。根据砾岩在地质剖面中的位置可以把砾岩分为底砾岩、层间砾岩和层内砾岩。

(1)底砾岩

底砾岩与下伏地层呈假整合或不整合接触，位于一套连续沉积序列的最底部，多为海侵开始阶段的产物。

底砾岩的成分一般比较简单，稳定性高的坚硬砾石较多，磨圆度高，分选性好，杂基含量少，主要是砂质—粉砂质成分。底砾岩通常分布范围广，是长期改造的产物。如安徽巢湖上泥盆统五通组与下伏志留系呈不整合接触，底部为一套灰白色砾岩，成分简单，砾石都是高稳定性的石英岩和燧石，填隙物为砂质和硅质；砾石分选好、圆状，定向排列、呈叠瓦状，为典型的海侵底砾岩。

(2)层间砾岩

层间砾岩在地质剖面中与相邻岩层整合接触，与下伏岩层之间的界面可以是冲刷面，也可以是突变面，也可以逐渐过渡，为连续沉积过程中高能沉积条件下的产物。

层间砾岩的砾石主要来自母岩区，成分一般较为复杂，可有不稳定砾石，如石灰岩、黏土岩砾石；砾石磨圆度多变；分选性和杂基含量变化大。连续沉积序列内部的砾岩绝大多数为层间砾岩。层间砾岩既可以是牵引流形成的，也可以是重力流形成的。

(3)层内砾岩

层内砾岩又称同生砾岩，在地质剖面中与相邻岩层整合接触，与下伏岩层之间的界面多为冲刷面；组成砾岩的砾石是未完全固结的沉积物被侵蚀、破碎而成的砾级碎屑，如泥砾、碳酸盐砾屑，这种砾石属于内碎屑(intraclast)。

层内砾岩砾石通常成分单一，形态多变，在碳酸盐岩中分布普遍，如我国北方寒武系和奥陶系中的竹叶状砾屑石灰岩、角砾砾屑灰岩。砾石有序排列的层内砾岩是牵引流形成的，砾石无序排列的层内砾岩主要是重力流形成的。

五、砾岩的研究方法和意义

1. 砾岩的研究方法

砾岩的研究方法以野外(岩心)研究为主，室内研究为辅。

野外研究工作内容及方法如下。

(1)粒度和分选：确定岩石粒度最简便方法是无选择地测定300个以上砾石的粒径，并统计各粒级砾石的重量(或体积，或面积)百分含量，求取粒径平均值和分选系数等粒度参数。

(2)砾石成分：鉴定砾石成分，并统计各种成分的百分数，最好按不同粒级分别统计，研究砾石成分剖面上的变化规律。

(3)砾石的磨圆度、球度及表面特征，这些结构特征是重要的成因标志，可给砾岩的成因分析提供资料。

(4)填隙物(杂基、胶结物)的成分结构特点和胶结类型，以及它们与砾石的相对含量。

(5)构造特点，如冲刷－充填构造、层理构造和叠瓦状构造。尤其要注意砾石的排列性质和排列方向。对于砾石定向排列的砾岩，要对砾石产状测量。一般要求测量不少于100个砾石最大扁平面的倾向和倾角。对于经过构造变动的砾岩层要用吴氏网来校正测量数据。用校正后的数据编绘玫瑰图，以反映古流方向。

(6)砾石层的产状与相邻岩层的接触关系，以及在剖面、平面上分布情况。

室内研究是野外研究工作的补充和提升。为了较精确地鉴定填隙物质的成分，以及获取其他微观的，或定量信息，可以野外采集典型标本，进行室内薄片鉴定、多种分析测试。研究最终成果都是室内综合野外和室内宏观和微观、定性和定量数据、资料，通过系统编图，分析、归纳提升完成的。

2. 砾岩的研究意义

砾岩的研究在地质理论上和实际工作中都具有很大意义。

砾岩常形成于强烈构造运动后期，它的大面积出现常与侵蚀面相伴生。因此，在地层学上常作为沉积间断的标志和划分地层的依据。

砾岩的形成常与地壳运动有密切关系，而角砾岩的形成往往具有特定的成因意义，故对它的研究有助于了解地质发展历史，如地壳运动情况、古气候条件及冰川的存在等。

在古地理的研究中，砾岩起着极为重要的作用。根据砾岩的分布可以了解古海(湖)岸线的位置、古河床的分布。砾石的定向测量可以了解古水流方向。根据砾石的成分，可以直接推测陆源区的位置和母岩成分。

砾岩还具有重要实际意义。砾岩本身就是矿产，如未胶结的疏松砾石可作为路面石料及水泥拌料；紧密胶结的砾岩可作为建筑材料。此外，在砾岩的填隙物中，可含有金、铂、锡石和金刚石等矿产。

砾岩常常是含水层，也可含有石油和天然气，随着砂岩油藏勘探程度趋向成熟，砾岩油藏的勘探越来越受到重视，我国众多盆地的陡坡带发育的砾岩具有良好的油气前景。

第三节　砂岩及粉砂岩

砂岩(Sandstone)是砂级碎屑含量大于50%的碎屑岩，粉砂岩(siltstone)是粉砂级碎屑含量大于50%的碎屑岩。在沉积岩中，砂岩+粉砂岩仅次于黏土岩，居第二位，约占沉积岩的1/3。砂岩和粉砂岩的固体结构组分均可分为骨架颗粒和填隙物。

砂岩的骨架颗粒成分既有岩石碎屑(岩屑)，也有矿物碎屑(矿屑)。随着碎屑颗粒粒度减小，碎屑颗粒成分发生有规律变化：砾级颗粒以多晶石英、岩屑为主；砂级碎屑中岩屑含量减少，石英、长石等矿屑显著增加；粉砂级碎屑石英、长石等矿屑显著减少，黏土矿物、云母含量显著增高；泥级碎屑主要是黏土矿物、云母(图4-2)。

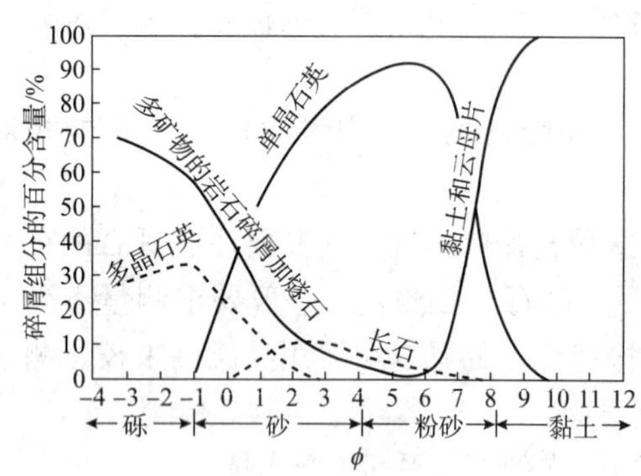

图4-2　碎屑岩中颗粒大小与碎屑成分之间的相互关系(据冯增昭，1993)

砂岩中岩屑的平均含量约为10%～15%。常见的岩屑类型有各类侵入岩岩屑、变质岩岩屑、喷出岩岩屑，以及硅质岩岩屑、黏土岩岩屑、碳酸盐岩岩屑和砂岩岩屑。

砂岩中发现的矿屑约160种，常见的约20种。密度<2.86g/cm^{3}的矿屑称为轻矿物，主要为石英、长石。石英抗风化能力很强，既抗磨又难分解，在大部分岩浆岩和变质岩中石英含量高，因此石英是碎屑岩中分布最广的一种碎屑矿物，平均含量达66.8%。长石的含量少于石英，平均含量约为10%～15%，常见有钾长石、斜长石和微斜长石。密度>2.86 g/cm^{3}的矿屑称为重矿物，主要为岩浆岩中的副矿物(如榍石、锆石)、部分铁镁矿物(如辉石、角闪石)，以及变质岩中的变质矿物(如石榴石、红柱石)。表4-4列出了常见的稳定及不稳定重矿物。表4-5列出了不同母岩的重矿物组合。

表4-4　常见的稳定及不稳定重矿物(据姜在兴，2010)

稳定的重矿物	不稳定的重矿物
锆石、金红石、电气石、刚玉、锡石、石榴石、白钛矿、板钛矿、磁铁矿、榍石、十字石、蓝晶石、独居石	重晶石、磷灰石、绿帘石、黝帘石、阳起石、符山石、红柱石、硅线石、黄铁矿、透闪石、普通角闪石、透辉石、普通辉石、斜方辉石、橄榄石、黑云母

表4-5　不同母岩的重矿物组合(据姜在兴，2010)

母　岩	重矿物组合
酸性岩浆岩	磷灰石、普通角闪石、独居石、金红石、榍石、锆石、电气石(粉红色变种)、锡石、黑云母
伟晶岩	锡石、萤石、白云母、黄玉、电气石(蓝色变种)、黑钨矿
中性及基性岩浆岩	普通辉石、紫苏辉石、普通角闪石、透辉石、磁铁矿、钛铁矿
变质岩	红柱石、石榴石、硬绿泥石、蓝闪石、蓝晶石、硅线石、十字石、绿帘石、黝帘石、镁电气石(黄、褐色变种)、黑云母、白云母、硅灰石、堇青石
沉积岩	锆石(圆化)、电气石(圆化)、金红石(圆化)

碎屑岩的成分也可以用化学成分表示，一般用氧化物形式表达。据裴蒂庄(1963)的数据：石英砂岩的化学成分主要是SiO_2，含量达95.4%，Al_2O_3和CaO的含量在1%左右，

其他氧化物含量均不足1%；岩屑砂岩的化学成分主要是SiO_2，含量66.1%，Al_2O_3和CaO的含量分别为8.1%和6.2%；长石砂岩的化学成分主要是SiO_2，含量77.1%，Al_2O_3和CaO的含量分别为8.7%和2.7%。

根据砂岩碎屑矿物成分或化学成分可以判别砂岩的成分成熟度。砂岩的成分成熟度是指碎屑沉积组分在其风化、搬运、沉积作用的改造下接近最稳定终极产物的程度。一般以石英－高岭石轻矿物组合，或锆石－电气石－金红石的重矿物组合，或化学成分为SiO_2作为碎屑岩的所谓“终极产物”，常用(石英＋燧石)/(长石＋岩屑)的比率，或“ZTR”指数[锆石(zircon)、电气石(tourmaline)和金红石(rutile)三种矿物占透明重矿物的百分含量]，或SiO_2/Al_2O_3来判别成分成熟度，其值愈大砂岩成分成熟度愈高。成分成熟度高反映风化、搬运过程对碎屑的改造程度强，气候条件温暖湿润和大地构造条件稳定；成分成熟度低反映风化、搬运过程对碎屑的改造程度弱，气候条件寒冷干旱、大地构造条件不稳定。沉积后作用会使砂岩的碎屑组分交代、溶解，进行砂岩的成分成熟度的分析时，应尽量排除这些影响。

砂岩的沉积构造十分丰富，常见各种流动成因的层面、层理构造和同生变形构造。砂岩既有牵引流形成的，也有重力流、冰川形成的；既可形成于大陆沉积环境，也可形成于海洋沉积环境。

一般根据砂岩沉积组分的粒度、成分，对砂岩进行进一步分类。

一、根据碎屑粒度对砂岩分类

根据粒度对砂岩分类也称砂岩的粒度分类，或砂岩的结构分类，是根据砂岩碎屑颗粒的粒级，将砂岩分为粗砂岩(粒径2～0.5mm)、中砂岩(粒径0.5～0.25mm)、细砂岩(0.25～0.05mm)三种端元类型。

在用碎屑颗粒粒度对砂岩命名时，一定要考虑碎屑颗粒的分选性，采用三级命名原则命名。对于分选极好的砂岩，用单一粒级命名；对于分选好的砂岩，以含量>75%粒级为主名，并把含量在10%～25%的粒级以“含××”冠于主名之前，如“含细砂中砂岩”；对于分选中的砂岩，以含量>50%粒级为主名，并把含量在10%～25%和25%～50%的粒级以“含××”和“××质”冠于主名之前，如“含细砂中砂质粗砂岩”；对于分选差和分选极差的砂岩一般称之为杂砂岩。

砂岩碎屑颗粒的粒度是砂岩最直观的宏观特征。现场描述砂岩一般都采用粒级分类。

二、根据碎屑成分对砂岩分类

根据碎屑成分对砂岩分类也称砂岩成分分类，或砂岩成分－成因分类。砂岩的碎屑成分主要是石英、长石、岩屑等骨架碎屑颗粒，以及与这些骨架颗粒同时以机械方式沉积、充填于骨架碎屑颗粒之间的杂基。因此，目前多采用砂岩中杂基、石英、长石、岩屑的相对百分含量对砂岩进行成分分类，也称砂岩四组分分类。

之所以把砂岩四组分分类又称为砂岩成分－成因分类，是因为这四种组分有不同的成因意义。

杂基可以反映沉积介质的流动性质。不含杂基，或杂基含量很少的砂岩绝大多数是牵引流形成的；杂基含量高（>15%）的砂岩绝大多数是重力流形成的。

石英是最稳定的碎屑，是砂岩的主要成分，石英含量特高（>90%）的砂岩是在温暖湿润的气候下、稳定的大地构造条件下、牵引流作用下长期改造、缓慢沉积形成的。

长石和岩屑是不稳定碎屑，能够反映母岩的性质。长石是花岗质母岩的标志，岩屑能够直接指示母岩类型，如火山岩、沉积岩和浅变质岩等。长石（F）和岩屑（R）的比值（F/R）称作物源指数，可以反映出物源区母岩组合的基本特征。

砂岩四组分分类的具体方法是首先按杂基含量15%将砂岩分为净砂岩（杂基含量<15%）和杂砂岩（杂基含量15%～50%）两大类。对净砂岩和杂砂岩再根据石英、长石、岩屑的相对百分含量，采用等边三角形图解法进一步分类。

在统计和计算石英、长石、岩屑的相对百分含量时，石英（Q）包括单晶石英和玉髓，长石（F）包括钾长石、斜长石、微斜长石等所有长石，岩屑（R）包括多晶石英及岩浆岩、变质岩和沉积岩的各种岩屑。

利用等边三角图解对砂岩分类，目前尚未形成统一的分类方案。曾允孚等（1986）和冯增昭等（1993）的分类都是比较成熟、科学、合理的分类。根据国内外砂岩的研究现状，本书推荐冯增昭等（1993）提出的分类方案（图4－3）。这一分类将砂岩分为七种类型：①石英砂岩（杂砂岩），石英含量>90%；②长石质石英砂岩（杂砂岩），石英含量为75%～90%，长石含量>岩屑含量；③岩屑质石英砂岩（杂砂岩），石英含量为75%～90%，岩屑含量>长石含量；④长石砂岩（杂砂岩），石英含量<75%，长石含量>25%，长石含量/岩屑含量>3/1；⑤岩屑质长石砂岩（杂砂岩），石英含量<75%，长石含量>12.5%，长石含量/岩屑含量的比值为1～3；⑥长石质岩屑砂岩（杂砂岩），石英含量<75%，岩屑含量>12.5%，岩屑含量/长石含量的比值为1～3；⑦岩屑砂岩（杂砂岩），石英含量<75%，岩屑含量>25%，岩屑含量/长石含量>3/1。其中，石英砂岩（杂砂岩）、长石砂岩（杂砂岩）、岩屑砂岩（杂砂岩）为端元类型，其他为过渡类型。

三、砂岩的主要类型

1. *石英砂岩*

石英砂岩最突出特征是单晶石英碎屑（包括少量玉髓）含量占90%以上（图4－4），含有少量长石、岩屑。长石主要是微斜长石、正长石和钠长石。岩屑是少量磨蚀好的硅质岩、石英岩岩屑。重矿物含量极少，往往不超过千分之几，主要是圆度高、稳定重矿物锆石、电气石、金红石，有时见钛铁矿及其衍生的白钛石。胶结物多为硅质，次为钙质、铁质及海绿石等。根据胶结物的成分，可将石英砂岩进一步分类和命名，如铁质石英砂岩、钙质石英砂岩及硅质石英砂岩等。

石英砂岩的颜色多为灰白色，可略带浅红、浅黄、浅绿等色调，少数为较深色调。砂岩的颜色主要取决于胶结物的颜色，如含海绿石则岩石呈浅绿色调。若碎屑石英表面包有一层赤铁矿薄膜，使岩石呈浅红或浅褐色。

石英砂岩中常见各种波痕和交错层理构造。这类砂岩一般厚度不大，几米到几十米，

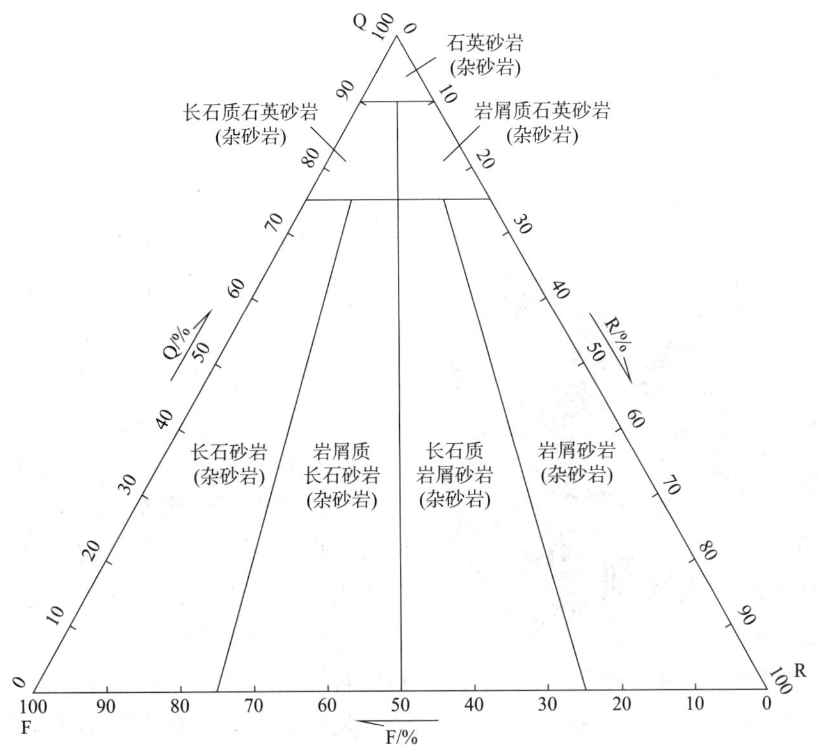

图 4-3　砂岩成分分类图(据冯增昭，1993)

注：首先以杂基含量15%为界，区分砂岩(净砂岩)和杂砂岩。

但呈稳定层状，分布于构造条件稳定的地区。

石英砂是高度成熟砂岩，它是风化、搬运、沉积过程各种改造作用的终极产物，一般认为，它的形成需要稳定的大地构造条件和砂的多旋回沉积作用。基于石英砂岩分选极好，磨圆度极高，不含杂基的终极结构特征和石英特别富集，重矿物很少，且为稳定重矿物的终极成分特征，多数人认为它不可能直接来源于花岗岩的风化，而是来自先存的砂岩，也就是说其碎屑成分是多次长期改造，再沉积的结果。实际上，并不能排除直接来源于花岗岩的碎屑石英，因为有的石英砂岩的石英碎屑具有花岗岩的标型特征。

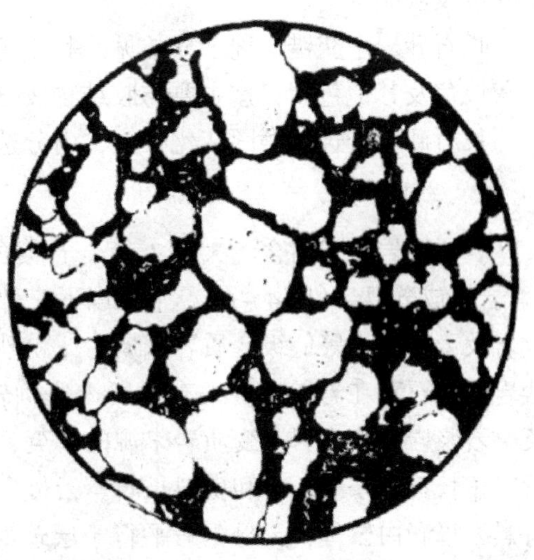

元古界串岭沟组，单偏光 ×40

图 4-4　铁质石英砂岩(据冯增昭，1993)

石英砂岩主要产出于稳定地台区的海岸环境。通常认为，石英砂岩标志着稳定的大地构造环境，基准面的夷平作用、长期的风化作用和持续稳定的高能沉积环境。

2. *长石砂岩*

长石砂岩主要由石英和长石组成，石英含量 <75%，长石含量 >25%，长石含量/岩屑含量比值大于3。石英颗粒一般不规则，并且磨圆度差。因为颗粒较粗，所以存在多晶石英和岩屑(图4－5)。

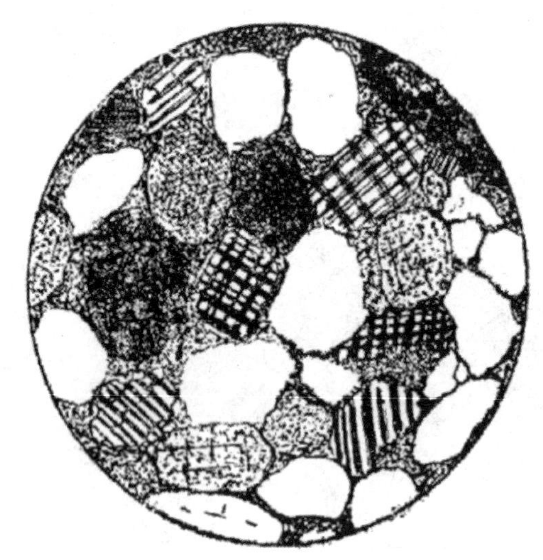

元古界长城系，正交光 ×40

图4－5　长石砂岩(据冯增昭，1993)

长石含量高是长石砂岩的最大特点。长石含量可由25%～100%，实际上，长石含量高于75%的极为罕见。长石主要是钾长石和酸性斜长石，极少见中基性斜长石。石英多为多晶石英，也可见大量的单晶石英。矿物碎屑除石英和长石外，可见云母碎片，既有白云母也有黑云母。云母常顺层面分布。岩屑成分随母岩性质而异，有时在一种岩石中可出现多种岩屑。重矿物成分复杂，既有稳定组分，如锆石、金红石、电气石等，也有不稳定组分，如磷灰石、榍石、绿帘石、角闪石等。重矿物含量最高可达百分之几。

长石砂岩常含有少量黏土杂基、杂基很细而污浊，并被氧化铁和有机物污染。

胶结物常为钙质，也有铁质、硅质和黏土矿物。其胶结类型多为颗粒支撑、孔隙式胶结。胶结物结构多为显晶结构，也可见加大结构以及嵌晶结构。

长石砂岩中交错层理十分常见。其颜色有肉红色，这是钾长石含量高所致；也有灰色及灰白色及其他色调，这主要与胶结物成分，长石类型及表面风化有关。

长石砂岩分选、磨圆变化很大，由分选差的棱角状到分选好的圆状均可出现。

3. *岩屑砂岩*

岩屑砂岩的岩屑含量大于25%，石英含量小于75%，岩屑含量/长石含量的比值大于3。岩屑成分复杂(图4－6)，常见以下三种岩屑：①各种隐晶质喷出岩岩屑；②板岩、千枚岩及云母片岩等低级变质岩岩屑；③粉砂岩、黏土岩及硅质岩岩屑，甚至还有泥晶碳酸盐岩屑。石英在岩屑砂岩中有时所占比例较高，最高可接近75%。现存沉积岩来源的石英、岩浆岩、喷出岩及变质岩来源的石英，在岩屑砂岩中均可出现。长石主要是酸性斜长石、正长石、条纹长石和微斜长石。云母含量一般很少，很少超过百分之几数量级，可以有黑云母和白云母，云母一般平行于层理面富集。重矿物含量最高可达百分之几数量级，常见的重矿物有锆石、电气石、角闪石、绿帘石、蓝晶石、辉石。

岩屑砂岩常见的胶结物为碳酸盐、氧化硅及黏土矿物。常含有少量的杂基。另外岩屑砂岩中常见由塑性岩屑变形形成的假杂基。

岩屑砂岩分选性和磨圆一般不好，结构成熟度偏低。

交错层理是其常见的沉积构造。岩屑砂岩的颜色一般为浅灰色、灰绿色及灰黑色。

由于岩屑砂岩的岩屑成分多种多样，可以根据岩屑成分对岩屑砂岩做进一步分类命名。如果岩屑主要是火山岩岩屑，为火山岩岩屑砂岩；如果岩屑主要是变质岩岩屑，为变质岩岩屑砂岩；如果岩屑主要是沉积岩岩屑，为沉积岩岩屑砂岩。在我国中生代陆相盆地中，火山岩岩屑砂岩十分常见。

渤海湾盆地古近系孔店组，单偏光 ×40

图 4－6 岩屑砂岩

4. 杂砂岩

杂砂岩(wacke)也称硬砂岩(graywacke)，是杂基 >15% 的、分选不好的、泥沙混杂的砂岩。它在分类上与纯净砂岩并列，它的进一步分类和命名原则与纯净砂岩相同。

杂砂岩一般富含石英，有不同比例的长石和岩屑，通常含少量云母碎屑。石英一般有棱角，常有显著的波状消光。长石主要是斜长石和钾长石。岩屑主要是泥页岩、粉砂岩、板岩、千枚岩和云母片岩、多晶石英、酸性火山岩屑、白云母和黑云母(图 4－7)。

渤海湾盆地古近系东营组，单偏光 ×40

图 4－7 杂砂岩

有方解石、铁白云石等自生碳酸盐矿物，一般呈不规则斑点状产出，通常既交代杂基，又交代某些岩屑和长石颗粒。方解石外形常不规则，而铁白云石等晶体更趋于自形。杂砂岩主要是压实和杂基黏合固结的，不像净砂岩由充填孔隙的胶结物胶结。

由于杂基的重结晶可导致较大碎屑颗粒被杂基交代，石英和长石颗粒边部往往被绿泥石、伊利石或绢云母等细小晶体交代，在低、中倍显微镜下观察时，颗粒边界不清晰，颗粒似乎消失在杂基之中；富铁质杂砂岩中，燧石和石英颗粒常见被绿泥石交代现象，部分颗粒可完全被交代。交代较大颗粒的云母和绿泥石细片通常具有定向排列，其扁平面以很大角度与颗粒相交；当众多小片贯穿颗粒边缘时，则颗粒与杂基的界面处可呈梳状；杂基本身的云母类碎片，一般杂乱排列或者与邻近颗粒表面大致平行。

杂砂岩的总化学成分，一般富含 SiO_2、FeO、Fe_2O_3、MgO 和 Na_2O。Na_2O 的含量高，可能反映了长石是钠长石；MgO、FeO 含量高与绿泥石杂基有关。杂砂岩的化学成分通常为 $FeO > Fe_2O_3$，$MgO > CaO$，$Na_2O > K_2O$。

杂砂岩一般呈暗灰色或黑色，主要取决于其沉积环境。常具递变层理和底面印模构造，一般与泥岩呈韵律互层。碎屑颗粒磨圆度和分选性均不好，颗粒之间被黏土杂基所填塞，以致较大颗粒显然被泥质所隔开而呈杂基支撑，渗透性较差。

四、粉砂岩

粉砂岩(Siltstone)是以粉砂级(0.05～0.005mm)碎屑颗粒为主(含量>50%)的细粒碎屑岩。粉砂岩都或多或少含有黏土。

在粉砂岩的碎屑物质中，稳定组分较多，成分较单纯，常以石英为主；长石较少，多为钾长石，次为酸性斜长石；岩屑极少，常含较多白云母。重矿物含量可达2%～3%，多为稳定性高的组分，如锆石、电气石、石榴石、磁铁矿、钛铁矿等。黏土含量一般较高，与黏土岩过渡形成粉砂质黏土岩。碳酸盐胶结物较常见，可见铁质和硅质胶结物。

磨圆度不高，粉砂碎屑多为悬浮负载，多为棱角状的。分选性一般较好或中等。

粉砂岩常见薄的水平层理及波状层理、波纹层理，可见小型交错层理、爬升层理，以及包卷层理等构造。

1. 粉砂岩的类型及特征

如果粉砂岩中混有较多的砂和黏土时，亦可按三级命名原则来命名，如含砂泥质粉砂岩、含泥沙质粉砂岩等；根据碎屑成分中石英和不稳定组分的含量，可将粉砂岩分为石英粉砂岩和复成分粉砂岩；前者石英占碎屑的75%以上，后者除石英外，含较多长石、云母或其他碎屑；还可根据胶结物的成分对粉砂岩命名，如铁质粉砂岩、钙质粉砂岩、白云质粉砂岩等。

黄土为粉砂质沉积的典型代表之一，它是一种半固结含砂泥质粉砂岩。其中粉砂含量超过50%～60%；泥质含量常可达30%～40%；再次为细砂，含量约10%。碎屑成分以石英、长石为主，重矿物有电气石、锆石、铁云母、石榴石等。黄土中常含有形态奇特的钙质结核，俗称姜石。一般认为黄土是风成的，即认为粉砂岩是由沙漠地区被风吹扬搬运至他地堆积而成。我国黄土主要分布在西北的黄土高原上，其次分布在华北平原及东北的南部。

2. 粉砂岩的成因

除黄土外，粉砂岩多是经过较长距离搬运，在稳定的水动力条件下缓慢沉降形成的。因为长距离搬运不仅能使碎屑物质破碎形成粉砂级颗粒，而且还可使粗细混杂的物质逐渐分异，使粉砂级颗粒相对集中。

粉砂岩的分布广泛，几乎在所有的砂－泥质岩系中，都有粉砂岩层或夹层。它在横向上的分布也有一定的规律性，一般出现在砂岩向泥岩过渡的地带。多产于海、湖底部较深处；另外，在河漫滩、三角洲、潟湖、沼泽地区亦较常见。

五、砂岩的研究方法及其意义

对于砂岩(包括粉砂岩)的研究，不仅要在野外进行详细观察描述，而且还必须做系统的室内工作。

研究砂岩时，首先要在现场详细描述砂岩的颜色、粒度、分选、磨圆、成分、沉积构造、含有物、与相邻岩层接触关系等，并系统采样；此外，还应当注意砂岩和粉砂岩的含矿情况，如含油情况[按规定把它们划分出一定等级，如油砂(饱含油)、油浸(不均匀含油)和油斑(斑点状含油)等],然后进行系统的室内研究。

室内工作中,根据研究目的,选择性进行薄片鉴定、粒度分析、重矿物分析、扫描电镜、阴极发光、X-射线衍射、图像分析、孔隙度和渗透率测定、压汞分析等多种分析测试,以获取有关砂岩的微观和定量数据。研究最终成果都是在室内综合野外和室内宏观和微观、定性和定量数据、资料,通过系统编图,分析、归纳提升完成的。

研究砂岩具有重要的地质意义,能够为地层的划分和对比,以及古地理、古构造、古气候等方面的研究提供重要的依据。

研究砂岩具有重大经济意义。固结良好的砂岩可作建筑石材,松散的砂可作水泥拌料,纯净的石英砂和石英砂岩是硅酸盐工业和玻璃工业的原料。某些砂和砂岩中常常富集有重要矿产,如金、铂、锆石、独居石、锡石、金红石和钛铁矿等,可构成重要的砂矿。砂岩中还常有铜、铀等沉积矿床。砂岩也是良好的储水层和储油、气层。

第四节　黏土岩

黏土岩(Claystone),也称泥岩,是指以黏土矿物为主(含量>50%)的沉积岩。黏土岩在沉积岩中分布最广,约占沉积岩总量的60%。具有页理构造的黏土岩也称页岩。

黏土矿物大多数来自母岩风化的产物,并以悬浮方式搬运至水盆地,以机械方式沉积而形成的黏土岩归属陆源碎屑沉积岩。由水盆地中 SiO_2 和 Al_2O_3 胶体的凝聚作用形成的自生黏土矿物沉淀、固结形成的黏土岩归属化学岩(或内源岩),所占比例较少。另外,也有由火山碎屑物质蚀变形成的黏土矿物组成的黏土岩。

它是重要的烃源岩,我国许多大型油气田的生油岩多是黏土岩,而且它的渗透性极差,可作为油气储集的良好盖层。因此黏土岩的研究不仅对沉积岩成因、沉积环境分析起重要作用,而且还具有重要的石油地质意义。黏土岩常具有一些独特的物理性质(如可塑性、耐火性等),有些黑色页岩和碳质页岩还含有一些稀有及稀土元素,这就使黏土岩具有更广泛的工业使用价值。

一、黏土岩的物质成分

黏土岩的矿物成分以黏土矿物为主,次为陆源碎屑矿物、化学沉淀的非黏土矿物及有机质。其化学成分以 SiO_2、Al_2O_3、H_2O 为主,次为 Fe、Mg、Ca、Na、K 的氧化物及一些微量元素。

1. 黏土矿物

黏土矿物主要是含水层状铝硅酸盐矿物。含水层状铝硅酸盐矿物是由硅氧四面体晶片与铝氧八面体晶片以1:1或2:1的比例构成的基本晶层叠加生长而成,晶层间常有数量不等的结构水分子,以及吸附的元素和离子(图4-8)。

组成黏土岩的主要矿物有高岭石、伊利石、绿泥石、蒙脱石、伊利石-蒙脱石混层、绿泥石-蒙脱石混层。通常用X-射线衍射、扫描电镜分析方法鉴定这些黏土矿物。

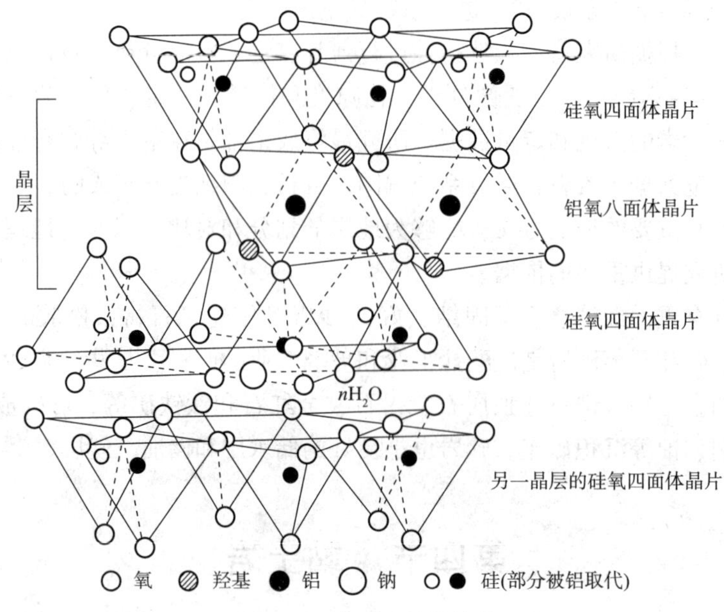

图4－8　蒙脱石晶体结构

高岭石(kaolinite)亦称“高岭土”“瓷土”，为1：1型层状铝硅酸盐，化学式为$Al_2Si_2O_5(OH)_4$。因首先在江西景德镇的高岭村发现而得名。晶层间距一般0.72nm。单晶形态为六方板状，集合体形态多呈书页状、手风琴状或蠕虫状(图4－9中K)。

伊利石(illite)为2：1型层状铝硅酸盐，化学式为：$K_{<1}(Al, R^{2+})_2[(Si, Al)Si_3O_{10}][OH]_2 \cdot nH_2O$，其中$R^{2+}$代表二价金属阳离子，主要为$Mg^{2+}$、$Fe^{2+}$等。晶层间距一般1nm。单晶形态为丝状、片状，集合体形态呈卷心菜状或杂乱的卷曲片状、杂乱丝状(图4－9中I)。

蒙脱石(montmorillonite)也称蒙皂石族(smectite)，化学式为：$(Na, Ca)_{0.33}(Al, Mg)_2[Si_4O_{10}](OH)_2 \cdot nH_2O$，其为2：1型层状铝硅酸盐，中间为铝氧八面体，上、下为硅氧四面体所组成的三层片状结构的黏土矿物，晶层间距一般为0.96～4nm。在晶层间含水及一些交换阳离子，有较高的离子交换容量，具有较高的吸水膨胀能力。蒙脱石晶体属单斜晶系的含水层状结构硅酸盐矿物。单晶形态为毛发状、小鳞片状，集合体形态呈蜂窝状或杂乱的毛团状。

绿泥石(Chlorite)化学式为：$Y_3[Z_4O_{10}](OH)_2 \cdot Y_3(OH)_6$，化学式中Y主要代表$Mg^{2+}$、$Fe^{2+}$、$Al^{3+}$和$Fe^{3+}$，在某些矿物种(如镍绿泥石、锰绿泥石、锂硼绿泥石等)中还可以是Cr、Ni、Mn、V、Cu或Li；Z主要是Si和Al，偶尔可以是Fe^{3+}或B^{3+}。绿泥石的晶体结构由带负电荷的2：1型结构单元层$Y_3[Z_4O_{10}](OH)_2$与带正电荷的八面体片$Y_3(OH)_6$交替组成。单晶呈假六方片状或板状，集合体形态呈绒球状、玫瑰花状(图4－9中Ch)。

混层黏土矿物有伊利石－蒙脱石(伊蒙)混层和绿泥石－蒙脱石(绿蒙)混层。以伊蒙混层常见。伊蒙混层是伊利石晶层和蒙脱石晶层交替而成的，交替可以是有序的，可以是无序的，一般伊利石晶层的比例越高，有序度越高。形貌介于蒙脱石与伊利石之间，集合体形态多呈棉絮状、半蜂窝状、蜂窝状(图 4－9 中 I/S)。

图 4－9　扫描电镜下不同黏土矿物的形貌

K—高岭石；I—伊利石；Ch—绿泥石；I/S—伊利石－蒙脱石混层

2. 非黏土矿物

黏土岩中的非黏土矿物包括陆源碎屑矿物和化学沉淀的自生矿物。陆源碎屑矿物中有石英、长石、云母、各种重矿物。其中最主要的还是石英，呈单晶出现，圆度差，边缘较模糊，多分布于不纯的黏土岩中。

黏土岩中化学沉淀的自生矿物主要有铁、锰、铝的氧化物和氢氧化物(如赤铁矿、褐铁矿、水针铁矿、水铝石)、含水氧化硅(如蛋白石)、碳酸盐(如方解石、白云石、菱铁矿)、硫酸盐(如石膏、硬石膏)、磷酸盐(如磷灰石)、氯化物(如石盐等)。其含量一般不超过5%，是黏土岩沉积环境及成岩后生变化的重要标志。

3. 有机物质

黏土岩中常有数量不等的有机物质。而有机质的丰度以岩石中剩余有机碳含量、氨基酸的总量，以及氨基酸总量/剩余有机碳的比值作衡量标准。剩余有机碳、氨基酸含量高，氨基酸/剩余有机碳比值低，则有机质丰度高，这类黏土岩为良好的生油岩。这类黏土岩常呈深灰、灰黑、黑色，多形成于受限制的安静低能还原环境，如潟湖、海湾、海洋或湖泊的深水盆地。这种环境对硫化铁的生成也是有利的，因此硫化铁矿物(如黄铁矿)常与富有机质的暗色黏土岩共生。

4. 黏土岩的化学成分

黏土岩的化学成分主要为 SiO_2、Al_2O_3 及 H_2O，在一般黏土岩中，三者总量可达80%以上；其次为 Fe_2O_3、FeO、MgO、CaO、Na_2O、K_2O 等。不同黏土岩，化学成分变化较大，这主要取决于它的矿物成分、混入物、吸附的阳离子类型及含量。如高岭石黏土岩富含 Al_2O_3，水云母黏土岩富含 K_2O，海泡石黏土岩富含 MgO，陆源混入物含量较多的粉砂质黏土岩 SiO_2 含量高。

黏土矿物常具有吸附各种离子的特征，常吸附的阴离子有 PO_4^{3-}、SO_4^{2-}、Cl^-、NO_3^-，阳离子有 Ca^{2+}、Mg^{2+}、Na^+、K^+、H^+ 及 Cu^{2+}、Pb^{2+}、Zn^{2+}、B^{3+}、Au^+、Ag^+、Hg^{2+}、As^{3+}、Tn^{4+}、U^{4+} 等，它们是使黏土岩化学成分多变的原因之一。

黏土岩的化学成分与沉积环境有一定关系。有人认为，淡水黏土中高岭石含量较高，故 K_2O、MgO 含量低于海相或潟湖相黏土；硼和某些放射性元素的含量在海相和非海相黏土中差异较大。

二、黏土及黏土岩的物理特征

1. 非渗透性

黏土岩颗粒细小，颗粒之间仅能形成微毛细管孔隙，其直径 $<0.2\mu m$。在这种孔隙中因流体与介质分子之间的巨大引力，在常温常压条件下，液体在其中不能流动，即使在地层温度和压力条件下，也只能引起流体呈分子或分子团状态扩散。因此，黏土岩是一种非渗透性的岩石。这种非渗透性，使黏土岩成为石油及天然气在地下保存的良好盖层。

2. 吸附性

黏土矿物具有从周围介质中吸附各种离子、放射性元素及有机色素的能力。在黏土矿物中，以蒙脱石吸附性最强。蒙脱石常具有晶格取代现象，结构单元层中，Si^{4+} 可被 Al^{3+} 取代，八面体层中 Al^{3+} 可被 Fe^{3+}、Mg^{2+}、Zn^{2+}、Ni^{3+}、Li^{+}、Cr^{3+} 取代，使结构单元间产生负电荷，从而具有吸附阳离子和交换阳离子的能力。

在黏土岩中，黏土矿物能将 U^{4+}、Th^{4+} 等放射性元素和钾的放射性同位素吸附于表面或晶层间，及晶体结构孔道中，这些放射性物质能放射出较强的射线，使黏土岩具有较强的天然放射性。对一般沉积岩来说，自然放射性强度随岩石中黏土矿物含量增高而增高；反之，则降低。

3. 吸水膨胀性

黏土矿物具有极强的吸水能力。在黏土矿物中，以蒙脱石的吸水膨胀能力最强，吸水后体积膨胀可超过 50%，钠蒙脱石吸水后可比原干土的体积增大 8 ~ 10 倍。其原因是蒙脱石晶体结构单元层之间是由分子引力联系着，键力较弱，水分子很容易沿硅氧层面进入结构层中，使相邻晶片分开，层间距增大，其晶格间距可由原来的 9.6A 增加至 21.4A，从而使体积膨胀。另外，蒙脱石吸附的阳离子(如 Na^{+}、Ca^{2+})，在蒙脱石表面形成较厚的水化膜，使晶胞距离加大，体积膨胀。

黏土矿物可含大量的层间水和吸附水，在石油矿场地球物理的中子伽马测井中，测井曲线上泥岩的中子伽马值显著低于致密的石灰岩、白云岩等沉积岩，以此来解释岩性和划分地层。

黏土矿物吸水膨胀性也常给油田的勘探和开发带来不利影响。如黏土矿物遇水膨胀，在石油钻井工作中造成井壁坍塌而导致卡钻事故。泥质胶结的砂岩储层，因蒙脱石的遇水膨胀和伊利石易迁移性而堵塞粒间孔隙的喉道，降低砂岩的渗透性，影响油层的产能和注水。

另外，黏土岩还具可塑性、耐火性、烧结性、黏结性、干缩性等物理特征。

三、黏土岩的结构、构造和颜色

1. 黏土岩的结构

(1)按碎屑的相对含量划分

根据黏土矿物及粉砂、砂等碎屑物质的相对含量，可划分为黏土结构、含粉砂(砂)黏土结构、粉砂(砂)质黏土结构三种结构类型(表4－6)。

表4－6 按黏土质点和粉砂(砂)相对含量划分的黏土岩结构类型

黏土及粉砂(砂)含量 结构类型	黏土/%	粉砂(砂)/%
黏土结构	>90	<10
含粉砂(砂)黏土结构	75～90	25～10
粉砂(砂)质黏土结构	50～75	50～25

(2)按黏土矿物的结晶程度及晶体形态划分

①非晶质结构：很少见，仅见于水铝英石质的黏土岩中。

②隐晶质结构：最为常见，在偏光显微镜下难以识别黏土矿物的晶形，电子显微镜下按晶形可分为超微片状、管状、纤维状、针状、束状、球粒状等各种结构。

③显晶质结构：黏土矿物因重结晶而使晶体变粗，偏光显微镜下按黏土矿物晶形可分为显微鳞片、粒状、纤维状等结构。当黏土矿物强烈重结晶时，可变为粗大晶体。如高岭石重结晶可形成长20mm、直径达2～3mm的蠕虫状，称蠕虫状结构。

④鲕粒及豆粒结构：黏土矿物在沉积过程中围绕核心凝聚呈同心环状颗粒，直径<2mm者称鲕粒，>2mm者称豆粒。这两种结构多见于胶体成因的铝土质和水铝石质黏土岩中。

2. 黏土岩的构造

(1)宏观构造

黏土岩中常见的层理有水平层理和块状层理、层面干裂、雨痕、虫迹、结核、晶体印痕及滑动构造和液化构造等。具水平层理的黏土岩，其水平纹层的厚度<1cm者称为页理。

(2)显微构造

黏土岩常见的显微构造有以下几种：①显微鳞片构造，由极细小的、排列方向不规则的黏土矿物组成，常见于泥岩中；②显微毡状构造，由极细小的鳞片状、纤维状黏土矿物错综交织杂乱排列而成。在正交偏光下，纤维体交错消光；③显微定向构造，为极细小的鳞片状或纤维状黏土矿物沿层面定向排列而成，正交偏光下同时消光。

3. 黏土岩的颜色

黏土岩新鲜面的颜色为自生色，常见的颜色有红、紫、褐黄、灰绿、黑色等，颜色的差异与黏土岩所含的有机碳、铁离子的氧化状态、硫化物等染色物质有关。不同颜色的成因见第三章第三节。

四、黏土岩的主要类型及其特征

黏土岩的分类是一个复杂的问题，这是因为黏土岩的成因和成分比较复杂；组成黏土岩的矿物颗粒极为细小，精确的鉴定和定量统计都有困难；在成岩作用中又极易变化。因此，虽有不少人从不同角度对黏土岩进行分类，但均有其不足之处。至目前为止，还没有一个完善的分类。一般先按成岩作用中的变化，按页理的发育程度分为泥岩和页岩，然后再按结构或成分细分。

黏土岩的结构分类是按岩石中粉砂、砂的含量划分，可分为：①黏土岩，黏土级颗粒含量 >95%；②含粉砂(砂)黏土岩，粉砂含量 5% ~25%；③粉砂(砂)质黏土岩，粉砂含量 25% ~50%。

按矿物成分可把黏土岩分为单矿物和复矿物黏土岩两大类。单矿物黏土岩，黏土矿物成分单一，主要黏土矿物含量 >50%，按主要矿物可命名为高岭石黏土岩、蒙脱石黏土岩等。复矿物黏土岩是由两种以上黏土矿物组成，可采用矿物复合名称来命名，如伊利石 - 高岭石黏土岩等。现简要介绍主要单矿物黏土岩的特征。

1. *伊利石黏土岩*

伊利石黏土岩又称水云母黏土岩，这是分布最广的一类黏土岩。黏土矿物成分以伊利石为主，其次有蒙脱石、蒙脱石 - 伊利石混层等；非黏土矿物有石英、长石、重矿物及有机质等。

常呈泥质结构，可具水平层理。颜色可呈黄、灰、绿、红褐等色，这是由于含有有机质及不同价的铁的化合物缘故。

伊利石黏土岩的形成条件很广泛，包括大陆及海洋的低能环境。地质时代愈老，伊利石黏土岩的相对含量也愈多，在老地层中，几乎全为伊利石黏土岩，这与成岩作用期间黏土矿物的转化有关。

2. *高岭石黏土岩*

高岭石黏土岩的高岭石含量在 90% 以上，其次是埃洛石和水云母，非黏土矿物常有黄铁矿、菱铁矿、石英、长石、重矿物、水铝石及有机物质等。其化学成分特征是 Al_2O_3 含量较高，常在 30% 以上，仅次于 SiO_2 的含量。

高岭石黏土岩为隐晶质结构、毡状构造和定向构造，经成岩作用后可出现显晶质结构。岩石一般为白色、淡黄色，外貌呈致密块状、土状，性脆，具贝壳状断口，润湿后略显可塑性，遇水膨胀性不显著，耐火度高。高岭石黏土岩是造纸工业、橡胶工业，耐火工业和陶瓷工业的原料。

高岭石黏土岩有残积型和沉积型两种主要成因类型。残积型的高岭石黏土岩主要产在富含铝硅酸盐的火成岩、变质岩及部分沉积岩的风化壳中。形成残积型高岭石黏土岩需要温湿或湿热的气候条件和平缓起伏的地形及酸性介质环境。如我国江西景德镇的高岭石黏土岩。沉积型高岭石黏土岩多形成于大陆环境(如湖泊、沼泽、牛轭湖等)及滨岸的海洋环境，常与煤系地层共生，构成煤层的底板。如辽宁本溪石炭二叠系的高岭石黏土岩。

3. *蒙脱石黏土岩*

蒙脱石黏土岩又称斑脱石或膨润土，主要由蒙脱石组成，其次有绿泥石、伊利石 - 蒙脱石混层矿物；非黏土矿物有长石、石英、石膏、方解石及未完全分解的火山凝灰物质等。

蒙脱石黏土岩一般为白色略带粉红色、淡青色等色调，致密块状或土块状，有滑腻感，吸水性极强，吸水后体积可膨胀 10～30 倍。可塑性高，黏结性强，常用于石油化工、制糖、油脂等工业作为脱色剂；铸造工业中作为黏结剂；钻探中作泥浆材料。

蒙脱石黏土岩按成因，可分为残积型和沉积型。残积型主要产在中酸性火山岩及凝灰岩的风化壳中，为蒸发量超过降雨量，淋滤作用微不足道的情况下，铝硅酸盐矿物及火山玻璃在碱性介质中分解的结果。如河北张家口、宣化及浙江余杭等地侏罗系火山岩中风化残积成因的蒙脱石黏土岩。沉积型蒙脱石黏土岩主要分布在内陆湖泊、海湾和深海中，以及岛弧附近，与火山活动密切相关。

第五节　碳酸盐岩

碳酸盐岩(carbonate rock，carbonatite)是指主要由沉积的碳酸盐矿物(方解石、白云石等)组成的沉积岩，主要的岩石类型为石灰岩(方解石含量大于 50%)和白云岩(白云石含量大于 50%)。碳酸盐岩还和陆源碎屑及黏土组成过渡类型岩石。

碳酸盐岩约占沉积岩总量的 20%，在地壳中的分布仅次于泥质岩和砂岩。我国南方的震旦系、古生界及三叠系，北方的元古界及古生界，以碳酸盐岩为主。

碳酸盐岩中的矿产非常丰富。层状矿床有铁、铝、锰、磷、硫、石膏及硬石膏、岩盐、钾盐等；石灰岩、白云岩、菱镁岩等碳酸盐岩本身就很有经济价值，广泛用于冶金、建筑、化工、农业等方面。碳酸盐岩中蕴藏的石油及天然气资源丰富，世界上与碳酸盐岩有关的油气藏储量约占世界总储量的 50%，产量占世界总产量的 60%。

绝大部分的碳酸盐岩都是在海洋中沉积的，而且主要是浅海环境的产物。现代深海沉积物中，碳酸钙沉积物约占 32.2%(平均含量)，主要是抱球虫和翼足类软泥，也有珊瑚泥和砂。

一、碳酸盐岩的成分

1. 化学成分

碳酸盐岩的主要化学成分有：CaO、MgO 及 CO_2，其余氧化物有 SiO_2、TiO_2、Al_2O_3、FeO、Fe_2O_3、K_2O、Na_2O、H_2O 等。

石灰岩的一般化学成分：CaO 占 42.61%，MgO 占 7.90%，CO_2 占 41.58%，SiO_2 占 5.19%，其他氧化物仅占 2.72%。白云岩如果是纯由白云石组成，其主要化学成分为：CaO 占 30.4%，MgO 占 21.8%，CO_2 占 47.8%。

碳酸盐岩的次要化学成分：SiO_2 的含量与黏土、陆源石英以及硅质生物和燧石的存在有关；Al_2O_3、K_2O、Na_2O 和 H_2O 含量高也和黏土有关；氧化铁与 P_2O_5 分别与铁质矿物、胶磷矿有关；SO_2 可能与黄铁矿或石膏、硬石膏有关。另外，碳酸盐岩中常含有某些微量元素，如 Sr、Ba、Rb、V、Ni 等，其含量及其比值可作为判别环境的定量指标。

2. *矿物成分*

碳酸盐岩主要由方解石和白云石两种碳酸盐矿物组成。

在方解石矿物系列中，除方解石外，还有文石、高镁方解石、低镁方解石等矿物。文石是方解石的同质异象变体，在现代沉积中常呈针状，有时也呈泥状。高镁方解石，有时也叫镁方解石，$MgCO_3$ 含量可达 10% ~30%。低镁方解石，亦称方解石，其 $MgCO_3$ 含量一般小于4%。在这三种碳酸盐矿物中，高镁方解石最不稳定，文石次之，低镁方解石较稳定，因此，在沉积后作用过程中，高镁方解石和文石都要转变为低镁方解石。所以，高镁方解石和文石主要出现在现代碳酸盐沉积物中，在古代的碳酸盐岩中为方解石。

在白云石矿物系列中，除白云石外，还有原白云石。白云石理想的化学式是 $CaMg(CO_3)_2$。理想的白云石矿物的晶体构造中，Mg^{2+}、Ca^{2+}、$CO_3{}^{2-}$ 都有其特定的位置，呈有序的晶体状态，各自的离子面在垂直C轴的方向上，相互交替叠积。在自然界中，富钙白云石的化学式大体在 $CaMg(CO_3)_2$ 和 $Ca(Mg_{0.84}Ca_{0.16})(CO_3)_2$ 之间变化，晶体构造无序。富钙白云石称为原白云石，它在自然界中欠稳定，随着时间的推移，将逐渐转化成更为有序的白云石。

碳酸盐岩中还常有：铁方解石、铁白云石、菱铁矿、菱镁矿等碳酸盐矿物；非碳酸盐矿物，如石膏、硬石膏、天青石、重晶石、萤石、石盐、钾石盐、玉髓、自生石英、黄铁矿、赤铁矿、海绿石、胶磷矿等；另外，还常含一些陆源矿物，如黏土矿物、石英、长石、云母、绿泥石，以及一些重矿物和有机质。

二、碳酸盐岩的结构组分及其特征

碳酸盐岩的结构与岩石的成因有密切的关系，它不仅是岩石分类命名的主要依据，而且是环境分析的重要标志。①一般经过波浪和流水作用的搬运、沉积而成的碳酸盐岩，常常具有颗粒(粒屑)结构，即由颗粒、灰泥、亮晶胶结物、孔隙等四种结构组分构成；②由原地生长的生物骨架构成的生物岩，或生物礁灰岩，常具有生物骨架结构，即由造架生物、黏结的生物、填隙的颗粒、灰泥、亮晶胶结物构成；③由化学或生物化学作用沉淀成的石灰岩或白云岩，常具有泥晶或微晶结构，一般形成于低能环境的沉积。

上述不同成因的碳酸盐岩经过重结晶作用，或者石灰岩经过白云岩化作用形成的白云质岩石，常具有晶粒结构和各种残余结构。

因此，碳酸盐岩的结构组分可分为颗粒、灰泥、亮晶胶结物、孔隙、生物格架、晶粒等六类。

1. 颗粒

碳酸盐岩中的颗粒主要形成于盆地之内，即通过化学、生物化学、生物以及机械的作用所形成的，这种盆内成因的颗粒，福克(1959，1962)称作“异常化学颗粒”，简称“异化粒(allochems)”，国内称为“粒屑”或“颗粒”。常见的类型有内碎屑、鲕粒、生物碎屑、藻粒、球粒等。

(1)内碎屑

内碎屑是一种典型的磨蚀颗粒，主要是在沉积盆地内，由先前沉积的具不同固结程度的碳酸盐沉积物，受波浪、水流、风暴流、重力等作用破碎、搬运、磨蚀、再沉积而形成的。内碎屑本身多为泥晶结构，但可随母体沉积物结构而变。根据粒径将内碎屑分为：砾屑(>2mm)、砂屑(2～0.05mm)、粉屑(0.05～0.005mm)、泥屑(<0.005mm)(图4－10)。

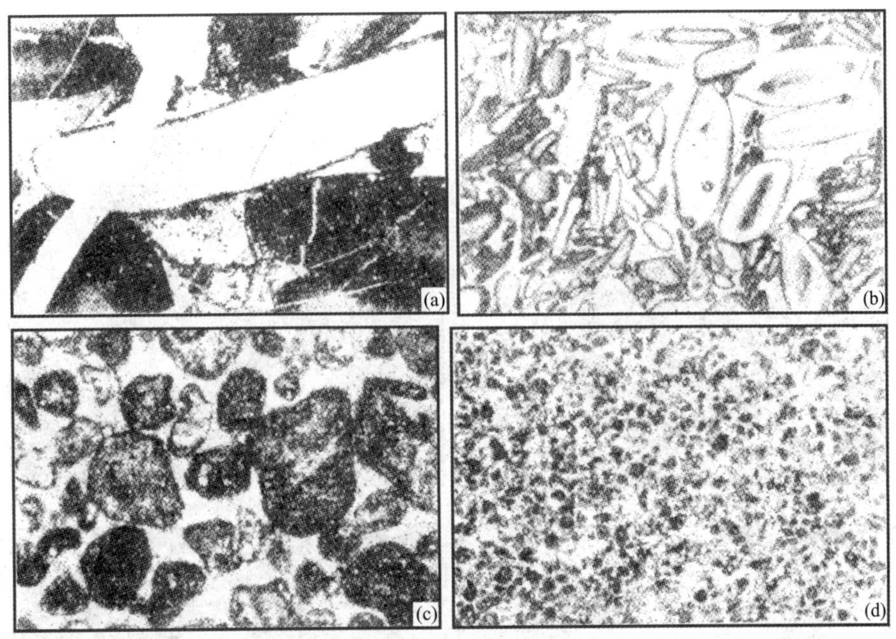

图4－10　内碎屑(据冯增昭，1993)

(a)砾屑，砾屑呈竹叶状，圆度好，具氧化铁边缘，有的整体为褐红色，竹叶间为灰泥，江苏，徐州，贾汪，上寒武统凤山组，放大机直拍×4；(b)砾屑，砾屑呈竹叶状，圆度较好，分选一般，具氧化铁边缘，山东，上寒武统，光面直拍×25；(c)砂屑，砂屑为细－粗砂级，磨圆较好，分选一般，砂屑由粉晶方解石组成，亮晶胶结，安徽，宿县，夹沟，下寒武统毛庄组，单偏光×34；(d)粉屑，粉屑磨圆、分选一般，粉屑间为灰泥和微亮晶，江苏，徐州，贾汪，下寒武统馒头组，单偏光×41

内碎屑的粒径大小，磨蚀程度、排列方式能够反映产生碎屑流体性质和能量强度。正常水流搬运形成的砾屑和砂屑表面具有明显的磨蚀痕迹；潮间带的砾屑常保留有氧化铁的薄膜；冲流搬运形成的砾屑堆积常作单向倾斜排列(叠瓦状构造)；潮汐流或正常波浪流搬运堆积的砾屑多作双向倾斜排列；风暴流也能引起较深浅海(即正常浪基面以下的浅海)底床的碳酸盐沉积物发生同生破碎，形成特殊的构造排列的扁片状砾屑灰岩；强风暴流形成的砾屑堆积多呈放射状、倒小字形、菊花状排列以及杂乱状堆积；砾屑和砂屑主要产出于水动力能量较强的浅水台地、浅滩以及潮汐水道内；滑塌和碎屑流等重力流形成的砾屑堆积，砾屑棱角明显，排列无序；粉屑和泥屑则主要产出于潮上带、潮间带、潮下带以及有障壁岛(滩)后的滞流低能环境。

(2)鲕粒

鲕粒是具有核心和同心层结构的球状颗粒(2～0.25mm)，很像鱼子(即鲕)，故得名。常见的鲕粒为粗砂级(1～0.5mm)，大于2mm和小于0.25mm的鲕粒较少见。粒径超过2mm者称豆粒。

鲕粒通常由两部分组成：一为核心(可以是内碎屑、生物碎屑、陆源碎屑以及其他物质等)；一为同心层(主要由泥晶方解石组成，现代海洋中的鲕粒主要由文石组成，同心层由1～2圈到近百圈)。有的鲕粒具放射状结构，放射结构有的可以穿过整个同心层，有的则只限于几个同心层中。

①鲕粒类型

按鲕粒形态、内部结构以及结晶特点，可将鲕划分以下几种类型(图4-11)。

a. 真鲕(即正常鲕)：同心层厚度大于核心的半径，同心圈较多。

b. 薄皮鲕(表鲕)：同心层厚度小于核心半径，有的只有1~2圈。

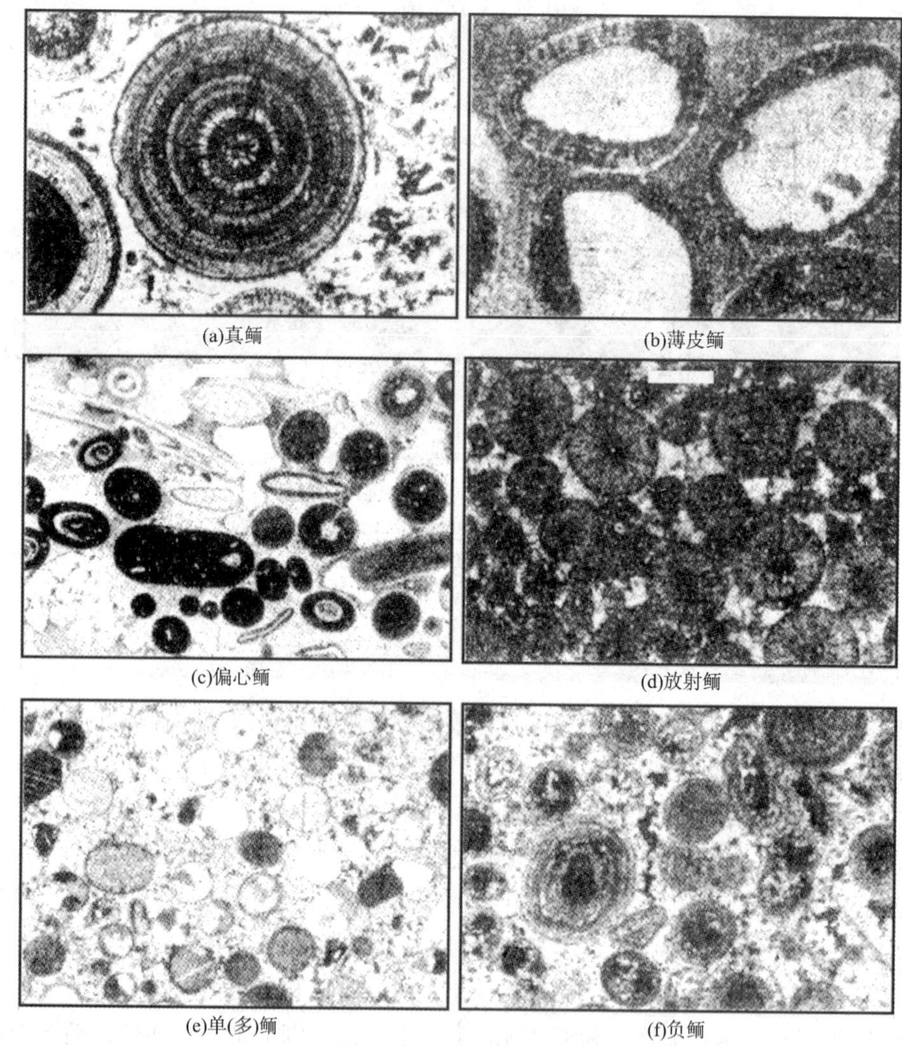

(a)真鲕　(b)薄皮鲕　(c)偏心鲕　(d)放射鲕　(e)单(多)鲕　(f)负鲕

图4-11　鲕粒(据冯增昭，1993)

c. 复鲕：在一个鲕粒中包含有两个或多个小鲕粒。

d. 偏心鲕：鲕核不在中心，同心层有时不连续。

e. 放射鲕：具有放射结构的鲕，方解石呈放射状排列。

f. 藻鲕：同心层由蓝绿藻或菌类周期性黏结而成，鲕壳中富含有机质。

上述鲕粒都是原生的，若通过埋藏前后底流冲刷、压溶、沉淀以及重结晶等改造，可形成以下几种类型的鲕：

g. 变形鲕：鲕粒在同生期受底流冲刷或拖曳变形而成，多形成两端带角的“菱角状”，多个“菱角”排成一串，形成的形似铁链者又叫链鲕。

h. 压溶鲕：原生鲕在压力作用下变形并伴有局部压溶，常与缝合线的形成有关。

i. 变晶鲕：鲕粒经强烈重结晶后，原始结构受到严重破坏，鲕壳内变成含多个或单个方解石。前者称多晶鲕，后者称单晶鲕。

j. 充填鲕：原来文石质的鲕粒受淡水溶解后留下鲕模孔，后又被方解石充填。其边缘不整齐，可能还有不溶残余物，中心可能残留有溶孔。所充填的方解石一般愈往中心愈粗。

k. 负鲕：又称空心鲕。这种鲕可能曾有过易溶或易腐的核心，它的部分同心层可被选择性溶蚀，形成一种粒内溶孔。有人认为鲕核可能就是气泡或水滴。

l. 连生鲕：多个放射鲕粒并列或呈葡萄状连生称之为“连生鲕”。它与复鲕的区别在于单个鲕为放射结构，连生体外无包壳。

m. 假鲕：具有鲕的形态和大小，但无核心与同心层及放射结构。这一术语很不确切，该球状颗粒可能根本不是鲕，而是砂级内碎屑，由于常与鲕粒共生，故称“假鲕”。

②鲕粒成因

鲕粒成因可归纳为有机说和无机说。有机(生物)说的依据是，把鲕粒放入酸中溶解，发现藻的残余物。但反对者认为是钻孔藻的残余，藻类的活动是在鲕粒形成之后。实际上，鲕粒主要是无机成因的。

赵震等人(1979)在实验室内，于静水条件下清楚地观测了放射鲕形成的孕育、成核、成壳全过程。他们还观察到鲕粒形态与鲕核所在的位置密切相关。如鲕核呈悬状态，则形成圆球鲕；若鲕核附在容器上，则形成偏心的半球形鲕；若几个鲕核相连或距离较近时，则可生成不同形态的长条并列状或葡萄状连生鲕。

无机沉淀说认为具同心层结构的鲕的形成与水动力强度有关。卡耶(1935)提出同心层鲕形成的必要条件是：温暖的气候、充分的核心来源、水体表层 $CaCO_3$ 达到饱和、动荡的水体。

现代成鲕作用均限于热带或亚热带的浅水区，深度很小，水流活动强烈。如巴哈马群岛，成鲕作用最发育的深度约为2m；大盐湖的成鲕作用则发生在1～3.5m的浅水区。

同心层鲕是在表层水过饱和 $CaCO_3$ 的水体中，核心(c0)受水流的搅动悬浮至水体表层，碳酸钙围绕核心(c0)沉淀，形成包裹同心层(s1)的颗粒(c0 + s1)；同心层形成后，由于颗粒(c0 + s1)重量增大，颗粒(c0 + s1)下沉到 $CaCO_3$ 未达过饱和的水体底部；当颗粒(c0 + s1)受水流的搅动悬浮至水体表层，碳酸钙围绕颗粒(c0 + s1)沉淀，形成包裹同心层(s2)的颗粒(c0 + s1 + s2)。这一过程多次循环就形成了同心层鲕。

鲕粒的几何性质取决于两个因素：一是水流搅动强度(a)；二是搅动成鲕核心所需要的水流强度(c)。当 $a > c$，形成真鲕，同心层数目，取决于 a 与 c 差值大小；当 $a \approx c$ 时，形成表皮鲕；当 $a < c$ 时，为假鲕。

(3)生物碎屑

生物碎屑又称生物颗粒、生屑、化石、生粒、骨屑或骨粒，是指经过不同程度搬运和磨蚀的生物硬体(骨骼或外壳)，也包括某些原地自解或食肉动物造成的生物碎屑。生物碎屑按破碎程度可分为四级：自形、半自形、砂砾级他形和粉砂级他形(图4－12)。

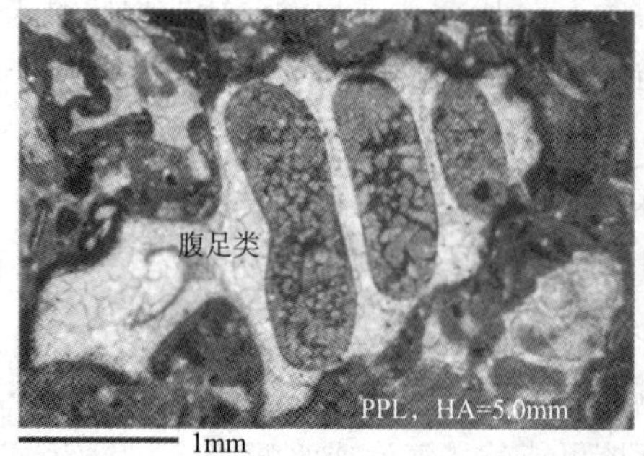

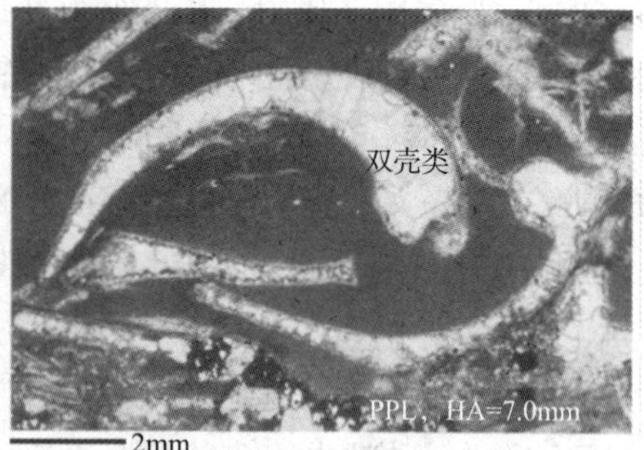

图4－12　自形、半自形、他形生物碎屑(据姜在兴，2010)

①自形：能明显反映各门类生物特有的生长形态；②半自形：化石破碎，保留部分各门类生物特有的形态；③砂砾级他形：化石较强烈破碎，各门类生物特有形态遭到破坏，但通过其他特征仍可鉴定出大的门类；④粉砂级他形：强烈破碎、镜下鉴定大的门类也较困难。

生物碎屑的磨蚀程度用弱、中、强表示，可依据化石的破碎面圆化程度来判定。

生物碎屑的大小除与破碎程度有关外，很大程度取决于生物本身的生长习性。例如大古生物化石容易提供砂砾级颗粒；微体生物化石则只能提供砂－粉砂级以至更细的颗粒。

(4)藻粒

藻粒是与藻有成因联系的颗粒，包括核形石、凝块石、藻屑和藻鲕粒等[图4－13(a)]。

核形石：又称藻灰结核，由核心和藻菌类黏结而成的同心层包壳所组成(有时也可以叠加放射状纹)。核心通常是泥晶团块、藻团或生物碎屑。包壳全由富藻的泥晶纹层或由亮暗纹层组成(类似藻叠层构造)。

凝块石：一种由藻凝聚的颗粒，外形极不规则，呈凝结块状，边缘清晰，内部为均一的泥晶质，可见部分藻迹，有机质含量高，色暗，按粒度可分砾状和砂状两种。凝块石可形成于潮间带下部的静水到强烈搅动的环境。

藻屑：由上述藻粒或藻体破碎而成的颗粒。

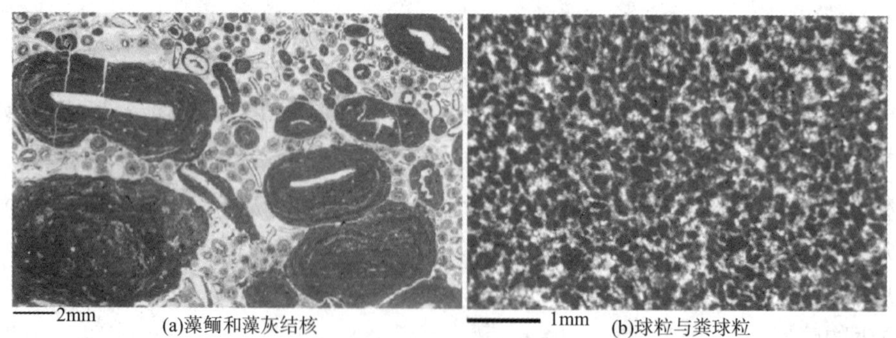

图4－13　藻粒与球粒(据姜在兴，2010)

(5)球粒(或团粒)

通常把粉砂级或细砂级不具特殊内部结构的、球形或卵形的、分选较好的泥晶颗粒称为球粒(Pellet)。它易于与细砂与粉砂级的内碎屑相混。球粒可分为粪球粒、藻球粒、假球粒。

粪球粒：多数球粒是粪便成因的粪球粒。腹足类、甲壳类及多毛类蠕虫能大量产生含有机质的粪球粒，在粪球粒层内，球粒大小往往非常一致[图4-13(b)]，不同岩层内的粒度变化在0.1~0.5mm范围内。

藻球粒：由蓝绿藻类破碎或解体而成的“藻尘”经过凝聚、加积、滚动形成的球粒称为藻球粒。这种球粒呈暗色，富含有机质，粒径多小于0.2mm，经常和藻类颗粒及藻黏结的颗粒在一起。

假球粒：把磨蚀成次球状或卵圆形的粉砂至砂级内碎屑可称为假球粒。也有人主张在局限环境中，由于蒸发作用沉淀的文石发生絮凝，也能形成化学成因的球粒。

现代球粒和粪球粒形成于静水环境，古代球粒也常常出现于泥晶灰岩中，其岩石也不具有强水动力标志。因此，球粒是低能环境的产物。

2. 灰泥和亮晶胶结物

(1)灰泥

灰泥，即泥晶，是泥级碳酸盐质点。“灰泥”“微晶碳酸盐泥”“微晶”“泥晶”“泥屑”都是同义语。灰泥常作为粒屑(或颗粒)灰岩的基质存在[图4-14(a)]，相当于碎屑岩中的黏土杂基，亦是泥晶灰岩的主要结构组分，泥晶粒径<0.005mm。与“泥屑”的划分界限相当。

灰泥的成因主要有三种：

①化学沉淀作用而成，例如现代海洋沉积物中的针状文石泥；

②机械破碎作用而成，主要指泥级内碎屑；

③生物作用而成，例如现代海洋中的钙质藻体中含有大量的针状文石，当这些藻类死亡和其有机质组织腐烂之后，其中的针状文石泥(平均长接近0.003mm)就分离出来而成为海底灰泥，氧同位素资料也证明这些灰泥是生物成因的。

灰泥支撑的碳酸盐岩多形成于静水环境，如潟湖或外陆棚区。

白垩是一种非常特殊的生物成因为主的灰泥，以西欧和北美的部分上白垩统的白垩最有特征。白垩成分很纯，碳酸钙达90%以上，大部分由颗石藻组成，含量高达80%，其余有软体动物、棘皮类、苔藓虫和有孔虫的碎屑，还含有多刺的钙球。主要杂质是蒙脱石和伊利石，海绿石普遍可见，但量很少，还含有自生黄铁矿、碱性斜长石，以及浸染状、颗粒状或结核状胶磷矿等。极细白垩形成的最小深度约为100m，最大深度不超过600m。

(2)亮晶胶结物

亮晶胶结物主要是指沉积后以化学方式沉淀于颗粒之间的结晶方解石，它与砂岩中的胶结物相似。与灰泥相比，这种方解石的晶粒较粗大，通常都>0.005mm或>0.01mm。由于晶体较清洁明亮，故常称为“亮晶方解石”“亮晶方解石胶结物”或“亮晶”。这种亮晶方解石胶结物是颗粒沉积以后，在颗粒之间的粒间水中以化学沉淀作用生成的，所以又称

“淀晶方解石”“淀晶方解石胶结物”或“淀晶”。组成胶结物的亮晶方解石常具世代性。第一世代的胶结物常未充填满孔隙而围绕颗粒表面呈栉壳状或马牙状分布，剩余孔隙常被呈粒状或嵌晶的第二世代、第三世代胶结物充填[图4－14(b)]。

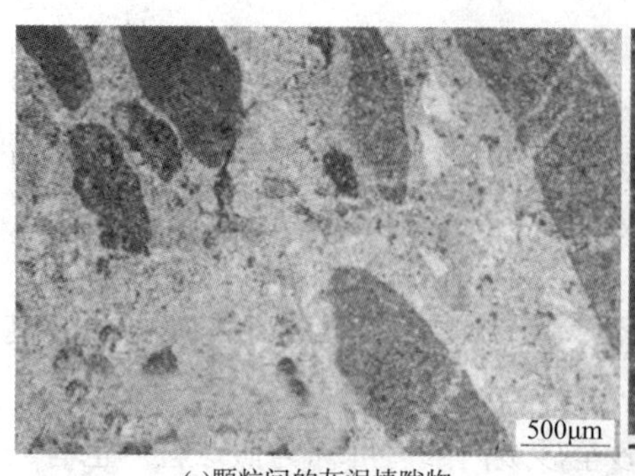

(a)颗粒间的灰泥填隙物　(b)颗粒间的亮晶方解石世代胶结物

图4－14　灰泥与亮晶胶结物(据姜在兴，2010)

碳酸盐颗粒之间的孔隙充填物的类型取决于沉积过程的水动力强弱。如在沉积过程中，水动力条件较强，灰泥被冲走，沉积颗粒之间的孔隙基本上空着，亮晶方解石等胶结物才可能形成；如果沉积过程中的水动力条件较弱，颗粒与灰泥同时沉积，粒间孔隙基本上就全被灰泥充填；水动力条件为中等时，则会出现灰泥与亮晶方解石共存于粒间而充填其孔隙的情况。

亮晶方解石胶结物与粒间灰泥的区别在于：

①亮晶晶粒较大，灰泥则较小；

②亮晶较清洁明亮，灰泥则较污浊；

③亮晶胶结物常呈现栉壳状等特殊分布状况。

碳酸盐岩中，胶结物的矿物成分除方解石外，还有白云石、石膏等；常见的胶结物结构，除栉壳状胶结外，还有晶粒结构、镶嵌结构和连晶结构。

3. 生物骨架

由原地生长的造礁群体生物构成岩石骨架者称生物骨架结构。在骨架间充填灰泥杂基及胶结物、生物屑等，形成各种抗浪的生态礁(图4－15)，也称为骨架岩。若由原地的茎状或树枝状群体生物(如珊瑚、海绵、海百合等)，对灰泥基质起着障碍或遮挡作用，从而使灰泥堆积下来，并在数量上超过骨架，这种抗浪能力差的岩石称为障积岩，常以生物丘或灰泥丘形式出现。如果原地匍匐生长的板状或片状生物(如板片状层孔虫、苔藓虫、藻类等)黏结和包裹大量灰泥而无自身支撑的生物骨架者称黏结岩或生物层。

4. 晶粒

化学沉淀方式形成的碳酸盐和上述各种原生结构的石灰岩经过强烈重结晶作用，常具明显的晶粒结构(图4－16)。晶粒可根据其粒径划分为：砾晶(＞2mm)、砂晶(2～0.05mm)、粉晶(0.05～0.005mm)及泥晶(＜0.005mm)。砂晶还可细分为粗晶、中晶、细晶。

晶粒结构按晶体形状不同可分为：他形晶(无晶面)、半自形晶(具有部分晶面)、自形晶(具有良好晶面)。

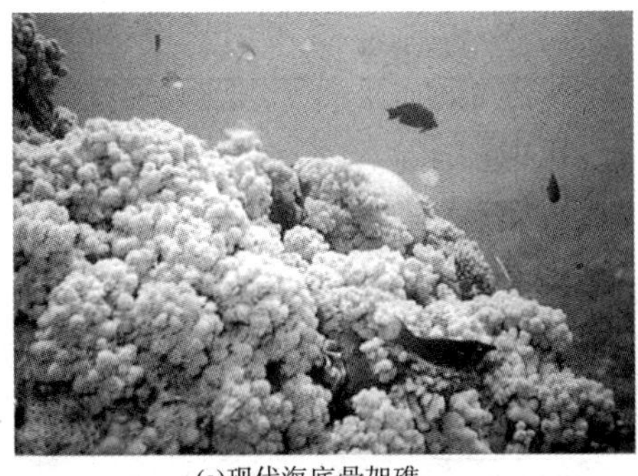

(a)现代海底骨架礁

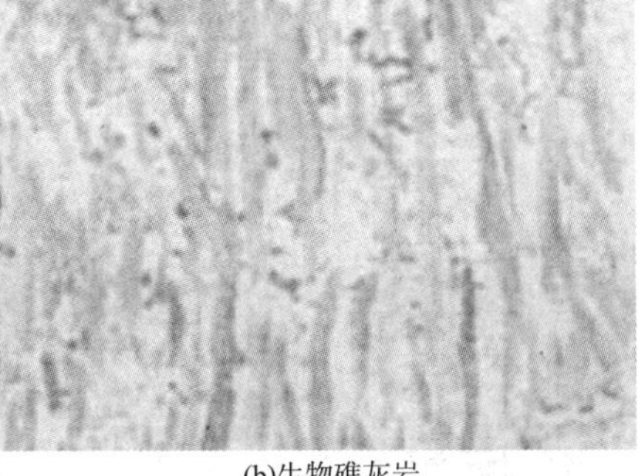

(b)生物礁灰岩

图 4－15　现代生物礁(据姜在兴，2010)

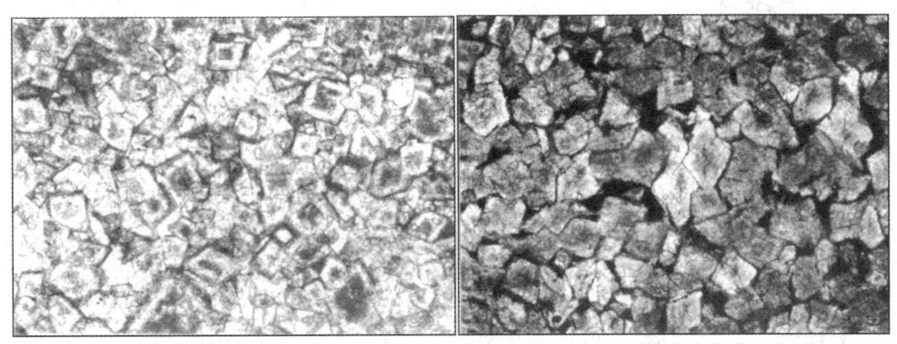

(a)多为自形　　(b)多为半自形

图 4－16　晶粒碳酸盐岩

5. 孔隙

碳酸盐岩的孔隙特征和发育程度，主要取决于碳酸盐岩的矿物成分、结构和形成条件，同时碳酸盐岩孔隙也与沉积后改造有重要关系。碳酸盐岩的孔隙分为原生孔隙和次生孔隙(图 4－17)。

(1)原生孔隙

原生孔隙是沉积阶段形成的原始孔隙。主要有以下几种。

①粒间孔隙：粒屑堆积时，由于颗粒相互支撑构成的孔隙。粒间孔隙的发育程度，与粒屑的丰度、粒度、分选性、排列方式等因素有关。

②遮蔽孔隙：在堆积过程中，由于较大颗粒的遮挡，在其下部所保留的孔隙空间。

③体腔孔隙：由于骨骼生物死后，软体部分腐烂留下的空间，称为生物体腔孔隙。

④生物格架孔隙：主要由造礁的群体生物，如珊瑚、海绵、层孔虫、苔藓虫，钙藻等所筑造成的固体格架中间的孔隙。

⑤鸟眼及干缩孔隙：由未填充的鸟眼构造及干裂缝造成的孔隙。

⑥生物钻孔：由未被填充的生物钻孔形成的孔隙。

⑦窗格和层状空洞：由藻纹层间蓝藻纹层腐烂或干化收缩所造成的孔隙。

⑧重力滑动破碎形成的孔隙：碳酸盐半固结软泥或固结层遭受同生和准同生重力挤压滑动，使岩层破裂而形成的孔隙。

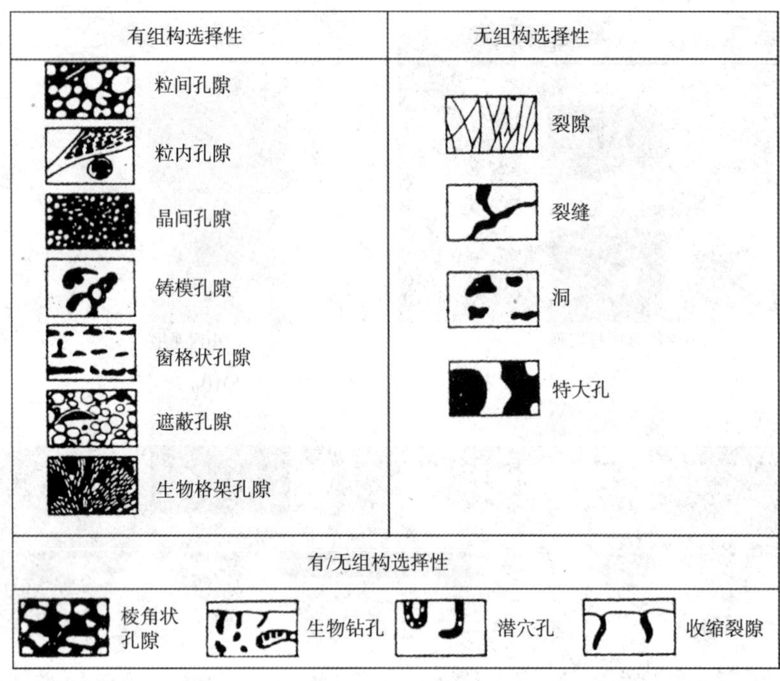

图 4－17　碳酸盐岩孔隙类型(据姜在兴，2010 略改)

(2)次生孔隙

次生孔隙主要形成于成岩及后生作用过程，由原生组构溶解改造形成的孔隙。主要有以下几种：

①粒内溶孔：形成于粒内的溶蚀孔。通常与碳酸盐岩选择性的溶解作用有关，如被溶蚀所形成的空心负鲕就是典型实例。

②铸模孔(又称溶膜孔)：它是在选择性的溶解作用下，使原生的粒屑或晶粒全部溶蚀而保留原来粒屑或晶粒外形的一种孔隙。常见的有，鲕粒铸模孔、生物铸模孔、膏盐晶体铸模孔等。与一般溶蚀孔的主要区别在于铸模孔保留有原生颗粒或晶体的外形，表示原生颗粒或晶体的完全溶解。

③晶间孔隙：指碳酸盐岩的晶粒之间的孔隙，多见于交代白云石化作用形成的碳酸盐岩中。这是因为在白云石化过程中，离子半径较小的 Mg^{2+} 交代了方解石中离子半径较大的 Ca^{2+}，其晶体体积将缩小 12% ~13%，从而使碳酸盐岩的孔隙度(即次生晶间孔隙)增大 10% 左右。

通常白云石化程度愈高，孔隙度亦愈高，尤其在颗粒支撑而未被压实时，白云石化最终的孔隙度将更高。但是，对于那些原始颗粒很细的泥晶灰岩虽然白云石化作用很强，但是，由于体积缩小所产生的孔隙，常常为压实作用所抵消，因此最终的孔隙度仍很小。

此外，晶间孔隙度还与晶粒大小有关。晶粒太细会因其彼此镶嵌紧密而使孔隙度减小，通常以粉细晶白云岩的孔隙度较高。

④其他溶蚀孔隙：可由原生粒间孔隙改造变化形成次生的粒间孔。此外，在碳酸盐岩中，发育的不规则的溶孔、溶洞、溶缝、溶沟以及缝合面等，也都是常见的溶蚀孔隙类型。

三、碳酸盐岩的分类及各类碳酸盐岩的主要特征

碳酸盐岩矿物成分简单，主要是方解石或白云石，结构组分复杂。碳酸盐岩的分类普遍依据结构组分类型及其含量，并力求使所划分的石灰岩类型能够反映成因。不同学者提出的分类方案所选择的结构组分及其含量，给出的石灰岩类型的名词，以及暗含的成因意义有所差别。

1. 福克(1962)的碳酸盐岩分类及各类碳酸盐岩的主要特征

福克(1962)的碳酸盐岩分类首先根据白云石的交代强度，把碳酸盐岩分为两大类，一大类是石灰岩、部分白云化石灰岩及原生白云岩，另一大类是交代白云岩。在石灰岩、部分白云化石灰岩及原生白云岩大类中，把异化颗粒(颗粒)含量大于10%的，命名为异常化学岩，依据填隙物进一步分为亮晶异化石灰岩、微晶异化石灰岩；异化颗粒(颗粒)含量小于10%的，命名为微晶石灰岩，以颗粒含量1%为界进一步细分；把以生物格架为主的，命名为未受搅动的礁石灰岩，即生物岩。把交代白云岩大类，依据有无异化颗粒痕迹分为两类。分类中也考虑内碎屑、鲕粒的含量和化石(生物碎屑)与球粒的比例，以划分具体碳酸盐岩类型(表4-7)。

表4-7 福克(1962)碳酸盐岩分类(据冯增昭，1993)

<table>
<tr><td colspan="5" rowspan="4"></td><td colspan="5">石灰岩、部分白云化石灰岩及原生白云岩</td><td colspan="4">交代白云岩(Ⅴ)</td></tr>
<tr><td colspan="2">异化颗粒>10%
异常化学岩(Ⅰ和Ⅱ)</td><td colspan="3">异化颗粒<10%
微晶石灰岩(Ⅲ)</td><td rowspan="3">未受搅动的礁石灰岩(Ⅳ)</td><td colspan="2" rowspan="3">有异化颗粒痕迹</td><td rowspan="3">无异化颗粒痕迹</td></tr>
<tr><td>亮晶方解石胶结物</td><td>微晶方解石胶结物</td><td colspan="2" rowspan="2">异化颗粒1%~10%</td><td rowspan="2">异化颗粒<1%</td></tr>
<tr><td>亮晶异常化学岩</td><td>微晶异常化学岩</td></tr>
<tr><td rowspan="6">异化颗粒的体积含量</td><td colspan="4">内碎屑>25%</td><td>内碎屑亮晶砾屑石灰岩
内碎屑亮晶石灰岩</td><td>*内碎屑微晶砾屑石灰岩
*内碎屑微晶石灰岩</td><td rowspan="6">最主要的异化颗粒类型</td><td>内碎屑
*含内碎屑的微晶石灰岩</td><td rowspan="6">假如为原生白云岩，则称为微晶白云岩；假如受过搅动，则称为搅动微晶石灰岩</td><td rowspan="6">生物岩</td><td rowspan="6">异化颗粒明显</td><td>细晶内碎屑白云岩</td><td rowspan="2">中晶白云岩</td></tr>
<tr><td rowspan="5">内碎屑<25%</td><td colspan="3">鲕粒>25%</td><td>鲕粒亮晶砾屑石灰岩
鲕粒亮晶石灰岩</td><td>*鲕粒微晶砾屑石灰岩
*鲕粒微晶石灰岩</td><td>鲕粒
*含鲕粒的微晶石灰岩</td><td>粒晶鲕粒白云岩</td></tr>
<tr><td rowspan="3">鲕粒<25%</td><td rowspan="3">化石与球粒的体积比</td><td>>3:1</td><td>生物微晶砾屑石灰岩
生物微晶石灰岩</td><td>生物微晶砾屑石灰岩
生物微晶石灰岩</td><td>化石
含化石的微晶石灰岩</td><td>隐晶生物白云岩</td><td rowspan="3">细晶白云岩</td></tr>
<tr><td>3:1~1:3</td><td>生物球粒微晶石灰岩</td><td>生物球粒微晶石灰岩</td><td rowspan="2">球粒
含球粒的微晶石灰岩</td><td rowspan="2">极细晶球粒白云岩</td></tr>
<tr><td><1:3</td><td>球粒微晶石灰岩</td><td>球粒微晶石灰岩</td></tr>
</table>

注：*表示不常见的岩石类型。

亮晶异化石灰岩主要由异化颗粒组成，其粒间孔隙主要为亮晶方解石充填，或者空着，很少含有微晶方解石泥。这种石灰岩是在水动力条件很强的环境中形成的，强大而持续的水流或波浪使异化颗粒得到很好淘洗，把微晶方解石泥冲洗走，因此沉积下来的主要是异化颗粒。在异化颗粒沉积以后，从粒间水沉淀亮晶方解石胶结物。这样，就形成了亮晶异化石灰岩。

微晶异化石灰岩主要由异化颗粒和微晶方解石泥组成，不含或很少含亮晶方解石胶结物，形成这种石灰岩的水动力条件比亮晶异化石灰岩弱得多，所以异化颗粒和微晶方解石泥一起沉积下来，形成这种石灰岩。由于异化颗粒的粒间充填了微晶方解石泥，就不可能沉淀出较多的亮晶方解石。

微晶石灰岩几乎全由微晶方解石泥组成，这是水动力条件很弱的环境的产物。

福克分类的核心也是它的主要特点，他首先提出异化颗粒和异常化学岩的观点，打破了石灰岩为“化学岩”的固有观念。异常化学岩由颗粒(异化颗粒)、充填物(微晶方解石泥)和胶结物(亮晶方解石胶结物)组成，它除了是化学沉淀成因的以外，同时还受水动力学条件的控制。

2. 邓哈姆(1962)的分类及各类碳酸盐岩的主要特征

邓哈姆(1962)的分类，对于颗粒－灰泥石灰岩来说，是两端元组分的分类。这两个端元是颗粒和泥(相当于灰泥或微晶方解石泥)。根据颗粒和泥的相对含量，把颗粒－灰泥碳酸盐岩分为四类，即颗粒岩、泥质颗粒岩、颗粒质泥岩、泥岩(表4－8)。

表4－8　邓哈姆(1962)碳酸盐岩分类(据冯增昭，1993)

<table>
<tr><td colspan="5">沉积结构能辨认</td><td rowspan="6">沉积结构不能辨认
(本类岩石还可根据结构和成岩特征做进一步的划分)

结晶碳酸盐岩</td></tr>
<tr><td colspan="4">在沉积作用过程中原始组分未被黏结</td><td rowspan="5">在沉积作用过程中，原始组分被黏结在一起，其标志有连生的骨骼物质、与重力作用相反的纹理、沉积底盘的孔洞等

黏结岩</td></tr>
<tr><td colspan="3">有泥(黏土和粉砂大小的质点)</td><td rowspan="4">无泥
颗粒支架的
颗粒岩</td></tr>
<tr><td colspan="2">泥支架的</td><td rowspan="3">颗粒支架的
泥质颗粒岩</td></tr>
<tr><td>颗粒 < 10%</td><td>颗粒 > 10%</td></tr>
<tr><td>泥岩</td><td>颗粒质泥岩</td></tr>
</table>

颗粒岩几乎全由颗粒组成，不含泥或泥很少；泥质颗粒岩主要由颗粒组成，颗粒与颗粒是相互接触的，其粒间孔隙中充填着泥。这两种岩石都是颗粒支撑的，即颗粒是岩石的主体，构成岩石的基本格架。颗粒质泥岩主要由泥组成，还含有少量颗粒，这些颗粒分散于泥中，互不相接。泥岩几乎全由泥组成。这两种岩石都是泥支撑的。

颗粒岩是高能环境的产物，泥岩是低能环境的产物，颗粒质泥岩和泥质颗粒岩介于前二者之间。

此外邓哈姆还分出两类特殊的碳酸盐岩类型，即黏结岩和结晶碳酸盐岩。

邓哈姆的分类简明扼要，有高度的概括性。把亮晶方解石胶结物这一非原始沉积结构组分排除在外，在颗粒－泥石灰岩大类中，仅根据颗粒和泥划分的颗粒岩、泥质颗粒岩、颗粒质泥岩、泥岩，与福克的亮晶异化石灰岩、微晶异化石灰岩、微晶石灰岩，实质上是一致的。邓哈姆的黏结岩与福克的生物岩或礁石灰岩相当。另外，邓哈姆也考虑了结晶碳酸盐岩。

3. 冯增昭(1993)碳酸盐岩的分类及各类碳酸盐岩的主要特征

冯增昭(1993)把碳酸盐岩分为石灰岩和白云岩两大类，并提出了石灰岩和白云岩进一步分类方案。

(1)冯增昭(1993)石灰岩分类及各类灰岩的主要特征

根据石灰岩的结构组分，首先把石灰岩划分为三个大的结构类型(表4-9)，即：颗粒-灰泥石灰岩、晶粒石灰岩、生物格架石灰岩。

第Ⅰ大类颗粒-灰泥石灰岩。根据颗粒的含量，把颗粒-灰泥石灰岩划分为颗粒石灰岩、颗粒质石灰岩、含颗粒石灰岩以及无颗粒石灰岩四个岩石类型。可也根据颗粒-灰泥的相对含量，以颗粒(灰泥)的相对百分含量：90%(10%)、75%(25%)、50%(50%)、25%(75%)、10%(90%)为界限，把颗粒-灰泥石灰岩进一步分分为：颗粒石灰岩、含灰泥颗粒石灰岩、灰泥质颗粒石灰岩、颗粒质灰泥石灰岩，含颗粒灰泥石灰岩、灰泥石灰岩；对于颗粒为主和颗粒为辅灰岩，再根据颗粒类型进一步分类命名。颗粒与灰泥的相对百分含量，反映沉积环境的水动力条件。颗粒(除球粒外)含量越高，反映水动力越强。灰泥石灰岩是在水动力极弱的静水环境沉积的。

表4-9　石灰岩的结构分类(冯增昭，1993略改)

<table>
<tr><th colspan="3" rowspan="2">类　型</th><th rowspan="3">灰泥/%</th><th rowspan="3">颗粒/%</th><th colspan="5">颗　粒</th><th rowspan="3">晶粒</th><th rowspan="3">生物格架</th></tr>
<tr><th>内碎屑</th><th>生物颗粒</th><th>鲕粒</th><th>球粒</th><th>藻粒</th></tr>
<tr><td rowspan="6">Ⅰ颗粒-灰泥石灰岩</td><td rowspan="3">颗粒石灰岩</td><td>颗粒石灰岩</td><td>内碎屑石灰岩</td><td>生　粒石灰岩</td><td>鲕　粒石灰岩</td><td>球　粒石灰岩</td><td>藻　粒石灰岩</td></tr>
<tr><td>含灰泥颗粒石灰岩</td><td>10</td><td>90</td><td>含灰泥内碎屑石灰岩</td><td>含灰泥生粒石灰岩</td><td>含灰泥鲕粒石灰岩</td><td>含灰泥球粒石灰岩</td><td>含灰泥藻粒石灰岩</td><td rowspan="5">Ⅱ晶粒石灰岩</td><td rowspan="5">Ⅲ生物格架石灰岩</td></tr>
<tr><td>灰泥质颗粒石灰岩</td><td>25</td><td>75</td><td>灰泥质内碎屑石灰岩</td><td>灰泥质生粒石灰岩</td><td>灰泥质鲕粒石灰岩</td><td>灰泥质球粒石灰岩</td><td>灰泥质藻类石灰岩</td></tr>
<tr><td>颗粒质石灰岩</td><td>颗粒质灰泥石灰岩</td><td>50</td><td>50</td><td>内碎屑质灰泥石灰岩</td><td>生粒质灰泥石灰岩</td><td>鲕粒质灰泥石灰岩</td><td>球粒质灰泥石灰岩</td><td>藻粒质灰泥石灰岩</td></tr>
<tr><td>含颗粒石灰岩</td><td>含颗粒灰泥石灰岩</td><td>75</td><td>25</td><td>含内碎屑灰泥石灰岩</td><td>含生粒灰泥石灰岩</td><td>含鲕粒灰泥石灰岩</td><td>含球粒灰泥石灰岩</td><td>含藻粒灰泥石灰岩</td></tr>
<tr><td>无颗粒石灰岩</td><td>灰泥石灰岩</td><td>90</td><td>10</td><td colspan="5"></td></tr>
</table>

第Ⅱ大类晶粒石灰岩。基本上由晶粒组成，几乎不含其他结构组分。根据晶粒的粒径，细分为粗晶石灰岩、中晶石灰岩、粉晶石灰岩、泥晶石灰岩。此处的泥晶石灰岩与颗粒-灰泥石灰岩中的灰泥石灰岩是一种岩石。

第Ⅲ大类生物格架石灰岩。是一个独特类型的石灰岩，其特征是含有原地的生物格架组分。可进一步分为障积岩、黏结岩和骨架岩。

冯增昭(1993)的石灰岩分类层次清晰，指标明确，便于掌握。但分类中对于颗粒这一分类指标强调的是单一颗粒类型，如内碎屑、生粒(生物碎屑)、鲕粒、球粒、藻粒，并以单种颗粒对石灰岩具体分类命名。实际上，不同成因碳酸盐岩颗粒往往共生，只出现一种颗粒的石灰岩比较少见。

对于多种颗粒共生的灰岩，可根据不同颗粒的相对百分含量，对石灰岩复合命名。复合命名可遵循如下原则：相对含量 <10% 的颗粒不参与命名，相对含量 >10% 的颗粒，依含量由少到多参与命名。如颗粒灰岩中，生粒 8%，鲕粒 32%，砂屑 60%，可命名为鲕粒砂屑灰岩；如颗粒灰岩中，生粒 18%，鲕粒 22%，砂屑 60%，可命名为生粒鲕粒砂屑灰岩。

(2)冯增昭(1993)的白云岩分类及各类白云岩的主要特征

白云岩是主要由白云石组成的沉积碳酸盐岩。白云岩的分类强调以下三点。

①石灰岩的分类系统和命名原则，基本上适用原生白云岩。因为原生白云岩也主要是由颗粒、泥、胶结物、生物格架以及晶粒等五种结构组分组成的。所不同者，仅在成分上，即石灰岩的成分主要是方解石，而白云岩的成分主要是白云石而已。因此，只要把石灰岩结构分类表中的“石灰岩”改为“白云岩”，“灰泥”改作“云泥”，则石灰岩的分类命名就可应用于原生白云岩。

②在白云岩中，晶粒结构常见，除泥晶结构外，粉晶、细晶、中晶以至粗晶结构都相当常见。晶粒较粗的，晶形常较好且多呈自形或半自形晶，其集合体常呈砂糖状。

③在白云岩中，可见交代结构，如晶粒较粗的白云石菱形体交代各种颗粒。晶形较好的白云石菱形体，常具环带或污浊核心等，亦是交代残余现象；部分白云化的石灰岩中的云斑，以及白云岩中的石灰岩残余体等，也是交代作用所致。另外，与交代结构相伴生的，还常有一些交代构造现象，如在部分白云化的石灰岩中，白云岩菱形体常沿缝合线或裂隙发育；沿岩层走向追索，常见白云岩与石灰岩的界限突然变化，有时这一界限还常切穿层理等。

根据有无交代结构及与其伴生的其他交代现象，可把白云岩划分为两个类型，即：具交代结构的白云岩(包括含白云石的石灰岩)和不具交代结构的白云岩。具交代结构及其他交代现象的白云岩以及含白云石的石灰岩，是交代成因的。但是不具交代特征的白云岩，可能是原生白云岩，但也可能是交代现象还不够明显，或者是尚未被发现。

四、白云岩的形成机理

1. 毛细管浓缩作用

毛细管浓缩作用也称蒸发泵作用，或向上交代作用，是一种准同生白云岩化作用。

在热带地区的潮上带，刚沉积不久的表层碳酸盐沉积物主要是文石，沉积物是疏松的，粒间充满正常海水。由于气候干热，蒸发作用强烈，粒间水不断蒸发，同时，海水又通过毛细管作用，不断地补充到疏松沉积物的颗粒之间，粒间水的含盐度升高，变成了密度较高的盐水。密度在 1.126 ~ 1.257 g/cm^3 的盐水首先沉淀出石膏及其他盐类矿物。石膏的沉淀使粒间水的 Mg^{2+}/Ca^{2+} 比大幅提高。正常海水的 Mg^{2+}/Ca^{2+} 比约为 3：1 到 4：1，而干热地区潮上地带表层沉积物的粒间水的 Mg^{2+}/Ca^{2+} 比可达 20：1，甚至更高。这种高镁的粒间水与文石颗粒作用，Mg^{2+}置换文石中的Ca^{2+}，文石被白云石交代，即文石的白云石化(图4-18)。交代反应式为：$2CaCO_3 + Mg^{2+} \longrightarrow CaMg(CO_3)_2 + Ca^{2+}$。多数学者认为波斯湾现代潮上地带的白云石壳就是这样形成的。

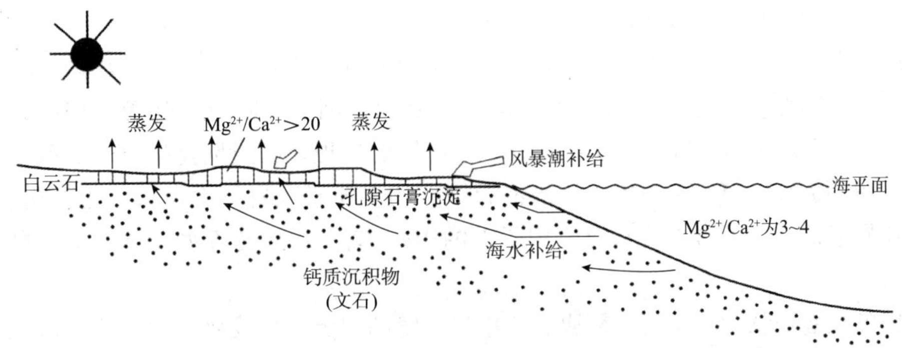

图4-18 毛细管浓缩白云岩化作用示意图(据姜在兴，2010修改)

2. 回流渗透作用

回流渗透作用(seepage refluxtion)也称向下交代作用，是一种准同生白云岩化作用。回流渗透作用可发生在干热地壳的潮上带，也可发生在潟湖。

在潮上地带(由毛细管浓缩作用)形成的高镁粒间盐水，当对表层沉积物的白云化后，多余的高镁盐水的相对密度较大，在地表无出路时，在本身重力以及风暴的潮水涌到潮上带而施加的压力下，便会向下渗透回流。当高镁盐水穿过下面的碳酸钙沉积物或石灰岩时，Mg^{2+}就会置换$CaCO_3$中的Ca^{2+}，形成白云岩或部分白云化的石灰岩(图4-19)。

在干热带地区的潟湖，蒸发作用强烈，表层水不断蒸发，海水又通过半封闭的通道不断向潟湖补充，潟湖表层水的含盐度和密度升高，变成了盐水。潟湖表层高密度盐水在重力作用沿潟湖边缘向底部回流并向下渗透。回流过程中，首先沉淀出石膏及其他盐类矿物。石膏的沉淀使粒间水的Mg^{2+}/Ca^{2+}比提高到8.4以上。这种高镁的粒间水与文石颗粒作用，Mg^{2+}置换$CaCO_3$中的Ca^{2+}，形成白云岩或部分白云化的石灰岩(图4-19)。拉丁美洲小安的列斯群岛西南部博内尔岛的南端佩克米尔潟湖全新世白云岩就是这种回流渗透白云岩化作用形成的。

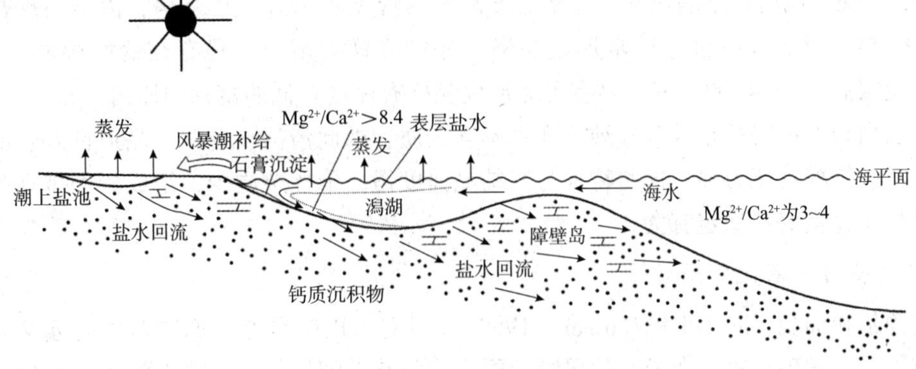

图4-19 回流渗透白云岩化作用示意图(据姜在兴，2010修改)

3. 混合白云岩化作用

前述三种白云石形成的机理的共同点是都需要干热的气候、高镁钙比率的盐水，可把白云石视为“蒸发”矿物。讲今论古，古代的白云岩也可视为蒸发沉积岩。但是，有一些白云岩，例如广泛分布的与陆表海陆棚或构造高地的白云岩，没有蒸发岩(如石膏)，也缺乏潮上带或潟湖的成因标志。对于这种白云岩，高镁钙比盐水白云岩形成机理就不适用了。

针对这一问题，在总结了前人大量研究成果的基础上，巴迪奥扎曼尼(Badiozamani, 1973)提出大气水(淡水)与海水混合的白云化作用的机理。巴迪奥扎曼尼用实验方法，证明5% ~30%海水与95% ~70%的淡水混合液，均能使石灰岩发生白云石化作用。为此，巴迪奥扎曼尼认为，混合白云石化作用所需的 Mg^{2+} 应主要来自海水，而不是来自原来的沉积物。

巴迪奥扎曼尼认为：美国威斯康星州中奥陶统的白云岩是浅海环境的碳酸盐沉积物因周期性地暴露于大气水中而发生混合白云石化的结果；所形成的白云岩与石灰岩的界限是地下水透镜体的下界，这一界面的变动反映了海平面的升降变化(图4-20)。

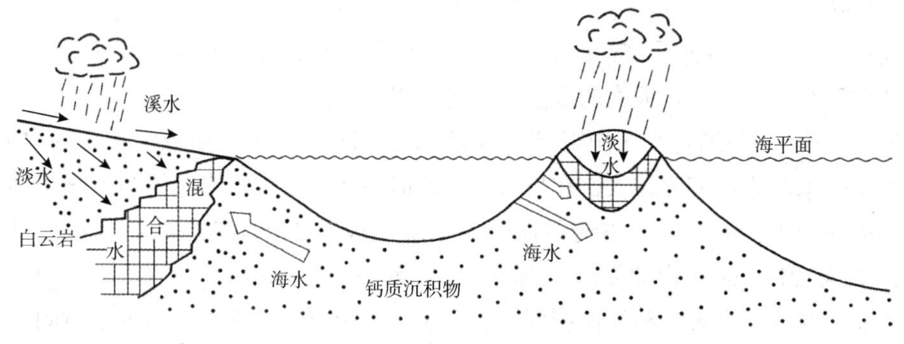

图4-20　混合白云岩化作用示意图(据姜在兴，2010修改)

4. 淡水白云石结晶作用

针对在一些河流、湖泊、洞穴以及土壤钙质硬壳层中均发现了淡水白云石，福克和兰德(Folk & Land, 1975)提出了淡水白云石形成机理。认为淡水盐度低(≤3.5‰)，如果淡水中 $Mg^{2+}/Ca^{2+} \geq 1$，碳酸盐会缓慢结晶沉淀，形成白云石。

白云石是晶格高度有序的碳酸盐矿物。控制白云石结晶作用的主要因素为溶液的盐度、Mg^{2+}/Ca^{2+} 比值和结晶速度。海水盐度高，尽管 Mg^{2+}/Ca^{2+} 为3~4，由于碳酸盐结晶速度快，离子竞争干扰强，通常形成晶格无序的高镁方解石。只有在盐度很高、Mg^{2+}/Ca^{2+} 比也很高(>8.4)的溶液，才有可能形成晶格有序度较低的富钙的原白云石。

淡水白云石的特征是成分较纯，几乎不含杂质，因此清洁、透明、晶形良好、晶面平整而光滑、抗酸蚀能力强。这些特征与其结晶速度慢、干扰杂质少、组成离子排列高度有序、晶格发育良好和稳定有关。

5. 调整白云石化作用

古德尔和加曼(Goodell 和 Garman, 1969)通过对大巴哈马滩安德罗斯岛的苏戈利尔探井研究以后，发现在每一白云石化层段的原岩均与其上的石灰岩有非常相似的沉积环境特征，提出调整白云石化作用机理。他们认为，这种白云石化作用是在大气淡水的作用下，海相碳酸盐沉积物被淋滤溶解，溶出 Mg^{2+}，不断提高粒间水的 Mg^{2+}/Ca^{2+} 比值与 pH 值，当其下渗至潜流带时，便使原来的潜流带的碳酸盐沉积物白云石化。

调整白云石化作用的主要特点是：①白云石化所需的 Mg^{2+} 主要来自被白云石化碳酸盐沉积层本身；②所需的主要条件是地壳的升降运动，构造上升可使上部的碳酸盐沉积物遭受淋滤、溶解，溶出 Mg^{2+}，并使其下部的碳酸盐沉积物白云石化，构造沉降则使上部遭受淋滤的石灰岩层段与下部的白云石化层段都得以保存；③白云石化层段之上的石灰岩发育溶蚀孔洞是调整白云石化作用的重要标志。

6. 埋藏白云岩化作用

埋藏白云岩化作用是指碳酸盐沉积物沉积后，未经暴露遭受因蒸发形成的盐水或地表淡水的影响，持续深埋过程中发生的白云岩化作用。埋藏白云岩化作用主导因素是温度升高和黏土岩释放的富 Mg^{2+} 流体。

随着埋深的加大，地温逐步升高，高温有利于白云石形成。实验表明，常温下没有白云石结晶沉淀溶液，加热到 100℃以上出现了结晶沉淀的白云石。

黏土岩随着埋深的加大排出富 Mg^{2+} 的流体是碳酸盐沉积物白云岩化的主要物质基础。第一，黏土沉积物在压实作用下会排出大量孔隙水及水中所含的 Mg^{2+}；第二，黏土矿物转化会释放结构水和 Mg^{2+}。另外，Mg^{2+} 也可以来自埋藏的碳酸盐沉积物本身。

碳酸盐沉积物与黏土沉积物在垂向上多为互层，在横向过渡。埋藏环境下，黏土沉积层释放的 Mg^{2+} 流体进入相邻的碳酸盐沉积层，Mg^{2+} 置换 $CaCO_3$ 中的 Ca^{2+}，形成白云岩或部分白云化的石灰岩。

处于中成岩期—晚成岩期的砂岩常出现白云石胶结物，是在地下埋藏条件下形成白云石最直接、最确凿例证。

7. 低温海水白云石形成作用

低温海水白云岩化作用的机理是在低温海水中方解石不饱和，白云石则过饱和，既可发生白云石从海水中直接沉淀，也可发生先存沉积物的方解石类矿物被白云石交代。低温海水白云石交代作用的关键是先存的碳酸盐沉积物遭受低温海水的作用。

众所周知，现代低纬度地带海洋水体表层温度高(平均值约为 28℃)，在 1000m 以内，随着水深增加，水温降低，在 1000m 以下，为 2～4℃。先存的碳酸盐沉积物遭受低温海水的作用，既可以是构造沉降、先存沉积物下沉造成的，也可以是底层海水上升造成的。在太平洋 Enewetak 环礁之下 1250～1400m 的始新世地层中正发生着白云岩化，主要是构造沉降、先存沉积物下沉的结果。巴哈马台地斜坡带的白云石是热对流作用导致的底层海水上升造成的，佛罗里达礁的潮坪白云岩可能是潮汐泵作用下导致的底层海水上升造成的。

8. 原生沉淀作用

原生沉淀作用是指从溶液中直接沉淀的白云石的作用。现代白云石沉积的实例有：澳大利亚南海岸 Coorong 地区的间歇性潟湖，巴西海岸的 Lagoa Vermelha 潟湖和 Brejode Espinho 潟湖，埃及西奈(Sinai)半岛红海海岸的太阳湖(Solar Lake)、Gavish 萨布哈和 Ras

Muhammad 湖，Abu Dhabi 萨布哈和尤卡坦半岛混合带等。

澳大利亚南部考龙(Coorong)潟湖是在水很咸、pH 值很高、植物很茂盛的条件下形成的。通过光合作用，植物从水中吸取 CO_2，从而使水的 pH 值增高，这就促使白云石沉淀。奥尔德曼和斯金纳(1957)曾注意到，湖水受缓慢下沉的细而白的沉淀物影响，有时竟然变成白色。这种白色的悬浮物是很细的高镁方解石和富钙白云石的混合物。方解石的成分范围为 $Ca_{77}Mg_{23}$ 到 $Ca_{93}Mg_7$，白云石的成分范围为 $Ca_{50}Mg_{50}$(化学计量的白云石)到 $Ca_{56}Mg_{44}$(原白云石)。根据 ^{14}C 及其他方法的测定，这里的白云石的堆积速度为 0.2～0.5mm/a。最近的大量研究成果认为，在白云石沉淀过程中起关键作用的因素是硫酸盐还原菌(SRB)和其他类型微生物，而不是化学因素(姜在兴，2010)。因此，把原生沉淀作用形成的白云石归入生物成因白云石。

9. 生物成因白云石

生物成因白云石是指生物直接生成的白云石和生物起关键作用形成的白云石。有的生物能直接生成白云石，如海胆，海胆牙齿的致密轴带含有白云石。

过去有关生物起关键作用形成的白云石，多强调生物浓集 Mg^{2+} 作用。许多生物可以沉淀出镁方解石。在成岩作用过程中，镁方解石中的 Mg^{2+} 可以释放出来，形成富 Mg^{2+} 的粒间水，使其周围的碳酸钙白云石化。现代和古代的潮上带白云石常与叠层藻共生。藻丛中的蓝绿藻能浓集 Mg^{2+}，使其间隙水的 Mg^{2+}/Ca^{2+} 比值增高到正常海水的 3～4 倍，这就为白云化作用提供了 Mg^{2+} 的来源。

近年来基于现代沉积环境白云石的研究成果，有关生物起关键作用形成的白云石，强调的是微生物的硫酸盐还原作用。微生物的硫酸盐还原作用主要包括：①通过还原条件下有机质中氨基酸的微生物降解产生氨气，氨气与生物新陈代谢产生的 CO_2 一起被周围水体所吸附，结果提高了水体的 pH 值和 CO_3^{2-} 的碱度；②微生物的硫酸盐还原作用将消耗有机质，降低硫酸盐浓度，从而减少白云石沉淀过程中硫酸盐这种化学动力学屏障的作用；③硫酸盐在海水中常以 Mg^{2+} 和硫酸根中性离子对存在，硫酸盐还原菌消耗硫酸根可游离出白云石沉淀所需的 Mg^{2+}，并在微生物细胞表面发生白云石成核作用。现代沉淀的白云石微粒多为带刺的球形、哑铃形(图 4-21)，被认为是细菌细胞被白云石包裹所致。

(a)考龙潟湖中的球状、椭球状白云石集合体，具有细菌细胞形态，被认为是细菌细胞被白云石包裹所致(Wright,1999)

(b)青海湖底沉积物中绒球状白云石绒球状集合体及其EDS分析结果，单个绒球被认为是细菌细胞被白云石包裹所致(于炳松，2008)

图 4-21　现代沉积的白云石微观特征(据姜在兴，2010)

尽管提出了一系列的白云石化机理，但至今白云岩的形成机理仍然是沉积学研究和争议的热点。

目前，将白云石不能从过饱和的海水中沉淀出来的原因归于化学动力学屏障，包括：①Mg^{2+}具有高的水合作用能(1926kJ/mol)，从而降低了Mg^{2+}的离子活度，而Ca^{2+}的水合作用能较低(1579kJ/mol)；②极低的$CO_3{}^{2-}$浓度、更低的$CO_3{}^{2-}$活度，且大多数$CO_3{}^{2-}$与Na^+、Mg^{2+}和Ca^{2+}结合成中性的离子对，如$Mg^{2+} + CO_3{}^{2-} \longrightarrow [MgCO_3]^0$；③硫酸盐的存在导致中性的$[MgSO_4]^0$和$[CaSO_4]^0$离子对的形成，从而进一步降低了$Ca^{2+}$和$Mg^{2+}$的离子活度。

目前，所提出的白云岩形成机理几乎都存在争议。非生物成因白云岩形成机制的解释，强调的是流体的盐度和Mg^{2+}/Ca^{2+}比，忽略了化学动力学屏障的讨论。生物成因白云岩形成机制的解释，广泛分布的前中生界白云岩中很少发现生物成因的证据。

毛细管浓缩和回流渗透白云岩化模式的核心都是蒸发作用导致盐度增高，高盐度卤水对先存方解石交代形成白云石。然而，Lippmann(1973)认为，蒸发作用过程由于伴随着$CO_3{}^{2-}$自由离子活度降低，尽管形成高的Mg^{2+}/Ca^{2+}比，也不能促进白云石化作用。因低的$CO_3{}^{2-}$离子活度，使$CO_3{}^{2-}$更频繁地与浓缩的阳离子接触，形成更多中性离子对$[MgCO_3]^0$，从而进一步抑制了白云石的形成。荷兰安德列斯群岛博内尔岛南部盐坪中的白云岩被认为是回流渗透作用白云岩化的典型代表(Murray，1969)，然而，Deffeyes 等(1965)研究证实在博内尔岛上 Pekelmeer 湖底沉积物中并没有白云石。在 Abu Dhabi 萨布哈下发育的白云石曾被作为毛细管浓缩作用及回流渗透作用白云岩化的典型实例，实际上白云岩的分布与毛细管浓缩作用及回流渗透作用白云岩分布模式出入很大，仅限于发育藻青菌席(cyanobacterial mats)的层内(McKenzie 等，1980；Wright，2000)。

混合水白云石化作用模式要求海水和淡水的混合，从而形成一种方解石不饱和但对白云石过饱和的流体，导致白云石的形成。然而，在这一模式中，由于没有一种机制能突破Mg^{2+}高的水合作用屏障，也不能提高$CO_3{}^{2-}$离子的活度，因此，即使有高的Mg^{2+}/Ca^{2+}也不一定能导致白云石化的产生。

调整白云石化模式中白云石的形成需要伴随方解石的溶解，但 Hardie(1987)通过对尤卡坦半岛白云石研究认为，白云石的形成可能与硫酸盐还原菌(SRB)有关。

白云岩微生物成因说，尽管目前引起众多学者的浓厚兴趣，也受到质疑。白云岩微生物成因说是根据分布非常局限的现代白云岩研究提出的，很难解释分布广泛、厚度巨大的前寒武系和古生界白云岩的形成机理，因为其中没有发现生物作用的确切证据。

第六节　其他沉积岩

一、蒸发岩

海盆或湖盆水体遭受蒸发，盐分逐渐浓缩发生沉淀形成的岩石统称为“蒸发岩(evaporite)”。主要有氯化物岩、碘酸盐岩、硫酸盐岩、碳酸盐岩和硼酸盐岩等，以氯化物岩和硫酸盐岩分布最广。蒸发岩主要形成于咸化海域和盐湖。

1. 蒸发岩的矿物组成

蒸发岩主要由蒸发矿物组成。自然界的蒸发盐矿物有一百多种，较常见的约四、五十种。

主要的蒸发矿物有：

(1)氯化物类：石盐($NaCl$)、钾石盐(KCl)、水氯镁石($MgCl_2 \cdot 6H_2O$)、光卤石($KCl \cdot MgCl_2 \cdot 6H_2O$)。

(2)硫酸盐类：硬石膏($CaSO_4$)、石膏($CaSO_4 \cdot 2H_2O$)、无水芒硝(Na_2SO_4)、芒硝($Na_2SO_4 \cdot 10H_2O$)和泻利盐($MgSO_4 \cdot 7H_2O$)。

(3)氯化物和硫酸盐的复盐类：钾盐镁矾($KCl \cdot MgSO_4 \cdot 3H_2O$)、钙芒硝($Na_2SO_4 \cdot CaSO_4$)、杂卤石($2CaSO_4 \cdot K_2SO_4 \cdot MgSO_4 \cdot 2H_2O$)、无水钾镁矾($K_2SO_4 \cdot 2MgSO_4$)、白钠镁矾($MgSO_4 \cdot Na_2SO_4 \cdot 4H_2O$)和软钾镁矾($K_2SO_4 \cdot MgSO_4 \cdot 6H_2O$)。

(4)碳酸盐类：水碱(即苏打)($Na_2CO_3 \cdot 10H_2O$)和天然碱($Na_2CO_3 \cdot NaHCO_3 \cdot 2H_2O$)。

(5)硝酸盐类：钾硝石(KNO_3)和智利硝石($NaNO_3$)。

(6)硼酸盐类：硼砂($Na_2B_4O_7 \cdot 10H_2O$)、钠硼解石($NaCaB_5O_9 \cdot 8H_2O$)、硬硼钙石($Ca_2B_6O_{11} \cdot 15H_2O$)和柱硼镁石($MgB_2O_4 \cdot 3H_2O$)。

蒸发岩中也有其他矿物。黏土是蒸发岩中常见的混入物，含量多时，可使蒸发岩逐渐过渡为黏土质蒸发岩或盐质黏土岩。混入物质常见的有绿泥石、云母、长石、石英和副矿物等。有时还有稀有元素矿物以及有机物等。

2. 海水的水化学特征及形成的蒸发矿物

海水属咸水，每升海水平均含盐类35g，所含主要离子为Na^+、Mg^{2+}、Ca^{2+}、K^+、Cl^-和SO_4^{2-}，相应地，海水蒸发矿物的主要是钠、镁、钙和钾的氯化物和硫酸盐，海水的化学组分详见表4－10。

表4－10　海水的主要成分及其含量(引自辛仁臣等，2012)

成分	含量/(g/kg)	成分	含量/(g/kg)
Cl^-	19.3535	HCO_3^-	0.1356
Na^+	10.7634	Br^-	0.0672
SO_4^{2-}	2.7124	$B(OH)_3$	0.0257
Ca^{2+}	0.4121	Sr^{2+}	0.0077
K^+	0.3991	F^-	0.00129
Mg^{2+}	0.294		
总计	35.1705		

海水蒸发时，可溶盐按溶解度由小至大的顺序依次沉淀形成盐类矿物(表4－11)。根据析出顺序和所析出的优势盐类矿物，海水浓缩、盐类结晶析出过程可以大致分为四个阶

段，即方解石析出阶段、石膏析出阶段、石盐析出阶段、复盐析出阶段。石膏析出阶段海水浓度较小时，有方解石同时析出。石盐析出阶段有多种盐类析出，只是石盐占绝对优势。复盐析出阶段，多种盐类矿物同时析出，石盐所占比例略高。

表 4－11　1 升海水浓缩过程析出的主要盐类及其重量(引自辛仁臣等，2012 修改)

密度/(g/mL)	盐度/%	体积/L	$CaCO_3$/g	$CaSO_4 \cdot 2H_2O$/g	NaCl/g	$MgCl_2$/g	$MgSO_4$/g	NaBr/g	KCl/g	盐类析出阶段	水类型
1.026	3.50	1.0000									海水
1.050	7.10	0.5330	0.0642							方解石阶段	
1.126	16.75	0.1900	0.0530	0.5600						石膏阶段	
1.202	25.00	0.1120		0.9070							卤水
1.214	26.25	0.0950		0.0508	3.2614	0.0040	0.0078				
1.221	27.00	0.0640		0.1476	9.6500	0.0130	0.0356			石盐阶段	
1.236	28.50	0.0390		0.0700	7.8960	0.0262	0.0434	0.0728			
1.257	30.20	0.0302		0.0144	2.6240	0.0174	0.0150	0.0358			
1.278	32.40	0.0230			2.2720	0.0254	0.0240	0.0518	0.5339	复盐阶段	苦卤
1.307	35.00	0.0162			1.4040	0.5382	0.0274	0.0620			
苦卤中的盐/g				0.0144	6.3000	0.5810	0.0664	0.1496	0.5339		
不同盐析出量/g			0.1172	1.7498	27.1074	0.6242	0.1532	0.2224	0.5339		
累积盐析出量/g			0.1172	1.8670	28.9744	29.5986	29.7518	29.9742	30.5081		

在蒸发岩剖面中，由下至上可以相应地划分为四个沉积带，即：方解石沉积带、膏盐沉积带、石盐沉积带和复盐沉积带，这一沉积序列是化学沉积分异作用的具体体现。各沉积带析出和成岩矿物组合详见表 4－12。

表 4－12　海水蒸发岩各个沉积带中的析出矿物及成岩矿物

沉积带	主要析出矿物	成岩矿物
复盐沉积带	水氯镁石、共结硼酸盐、光卤石、钾石盐、泻利盐、杂卤石、白钠镁矾、石盐、石膏	方硼石、硫镁矾、菱镁矿、硬石膏、钾盐镁矾、无水钾镁矾、石盐、钾盐
石盐沉积带	石盐、石膏、镁盐	石盐、硬石膏、菱镁矿
石膏沉积带	石膏、高镁方解石、文石	硬石膏、白云石、方解石
方解石沉积带	高镁方解石、文石、低镁方解石	方解石、白云石

3. 盐湖的水化学特征及其形成的蒸发矿物

盐湖湖水的主要化学组分是 CO_3^{2-}、HCO_3^-、SO_4^{2-}、Cl^- 和 Ca^{2+}、Mg^{2+}、Na^+、K^+，由于盐湖所处地理位置、地质条件、气候条件和补给条件的不同，盐湖湖水的矿化度和化学组成有很大差异。就化学组分而言，盐湖水体可分为碳酸盐型、硫酸盐型和氯化物型三种卤水，不同类型的湖水，浓缩后形成的蒸发矿物及其组合明显不同。

(1) 碳酸盐型卤水水体的主要离子是 CO_3^{2-}、HCO_3^-、SO_4^{2-}、Cl^- 和 Na^+、K^+，

Ca^{2+}、Mg^{2+}的含量极低，形成的主要蒸发矿物为石盐、天然碱和芒硝。

(2)硫酸盐型卤水水体的主要离子是SO_4^{2-}、Cl^-、Na^+、K^+，Mg^{2+}。根据水体是否含Na_2SO_4或$MgSO_4$或$MgCl_2$，又可分为硫酸钠和硫酸镁两个亚型。硫酸钠亚型卤水浓缩过程产生的主要蒸发矿物是芒硝、钙芒硝、石盐、白钠镁矾和泻利盐等，含钾高时还能生成钾芒硝。硫酸镁亚型卤水的主要组分与海水近似，浓缩过程产生的蒸发矿物亦与海水相似。

(3)氯化物型卤水水体的主要离子是Cl^-和Na^+、K^+、Mg^{2+}、Ca^{2+}，溶解的组分都是高溶解度的氯化物，形成的蒸发矿物都是氯化物矿物，如钾石盐、光卤石和水氯镁石等。

4. *蒸发岩的成因*

蒸发岩既可在海洋环境形成，也可在大陆环境形成。

(1)海洋蒸发岩的成因解释

关于海水浓缩形成蒸发岩的机理，目前有多种成因解释模式。代表性的学说有潟湖模式、多级海盆模式、盐沼模式、深盆模式、干缩深盆模式。

①潟湖模式

潟湖模式把巨厚的盐类(包括钾盐)沉积归因于海水中的溶解盐在潟湖(或海湾)中蒸发浓缩作用。潟湖形成初期，分隔潟湖(或海湾)与广海的砂坝比较低，在干热气候条件下，蒸发量大于降雨量，潟湖的水面因蒸发而降低，海水从砂坝顶部向潟湖补充海水；在持续蒸发作用下，潟湖中水的盐度不断增高，溶解盐按溶解度大小先后沉积；当石膏与石盐沉积以后，如果砂坝出露海面，使潟湖与广海隔绝，残余卤水进一步蒸发浓缩，硫镁矾、光卤石、钾盐等发生沉积(图4－22)。分隔潟湖与广海的隆起除砂坝外，还可以构造隆起、生物礁和火山堤等。

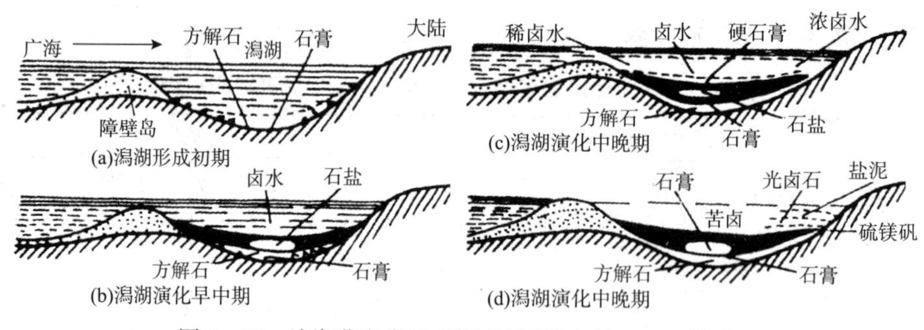

图4－22　潟湖蒸发岩形成模式(据姜在兴，2010修改)

②多级海盆模式

多级海盆模式概括的是海岸带由海向陆方向有两个以上蒸发岩沉积盆地蒸发岩发育机制。

当海岸带由海向陆方向有两个以上蒸发岩沉积盆地，海水先进入离海近的盆地，蒸发使卤水浓缩至硫酸钙饱和度时，就会沉淀石膏；缺乏硫酸钙的卤水流入后面的盆地，就可能沉淀石盐甚至钾盐(图4－23)。盆地与海的相对位置不同，发育的蒸发岩不同。例如，古近纪巴黎盆地就是近海盆地，海水先流到这里沉淀了石膏，然后流到了后面的莱因地堑，形成阿尔萨斯石盐和钾盐矿床。

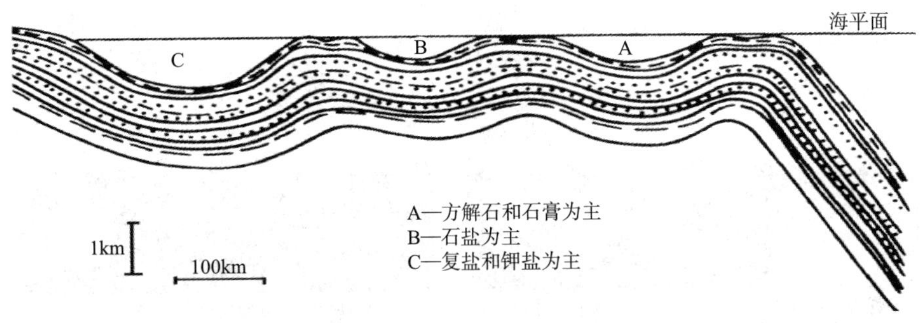

图 4－23　多级海盆蒸发岩形成模式(据姜在兴，2010 略改)

③盐沼模式

盐沼模式很好解释了与碳酸盐岩共生的蒸发岩的成因。

盐沼(Salt marsh)，也称萨布哈(Sabkha)。盐沼是地表过湿或季节性积水，地表水呈碱性，土壤中盐分含量较高，土壤盐渍化并长有盐生植物的地段。盐沼分布于气候干旱或半干旱的海滨、河口、草原、荒漠带的盐湖边或低湿地上。萨布哈阿拉伯语 Sabkha 的音译，原指阿拉伯半岛波斯湾滨岸地势低平的盐碱地，后来演变为盐沼的同义词。

盐沼模式中，蒸发岩向海方向相变为碳酸盐岩，向陆方向相变为红层。海退过程形成的垂向沉积序列，自下而上为碳酸盐岩→膏岩→盐岩→盐泥混合沉积→红层(图 4－24)。盐沼析出的蒸发矿物主要是石盐和硬石膏，仅有少量白云石和钾盐。沉积物中有许多浅水或暴露在大气下的标志：蒸发岩中的交错层理[图 4－25(a)]、膏岩和盐岩层内的藻丛[图 4－25(b)]，盐岩层面的波痕等都是浅水标志；膏岩干裂纹内充填的石盐、盐岩中的瘤状硬石膏结核是直接暴露在大气下的标志，是典型潮上环境的产物。

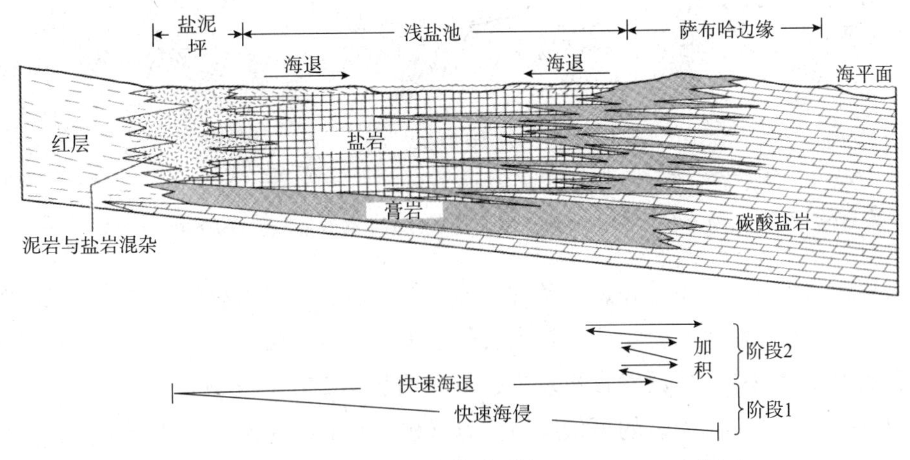

图 4－24　盐沼蒸发岩形成模式(据 Reading，1986 略改)

④深盆模式

深盆蒸发岩形成模式把深水盐盆形成演化概括为四个阶段。深盆形成初期，海水开始浓缩，海水密度≤1.08g/mL 时，没有蒸发盐类矿物析出，深盆沉积物主要是腐泥[图 4－

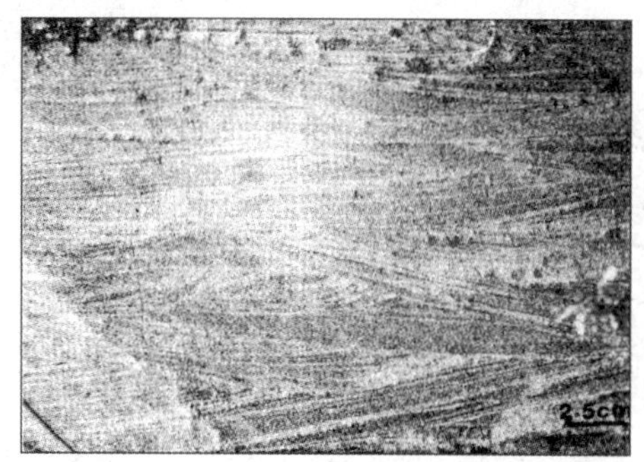

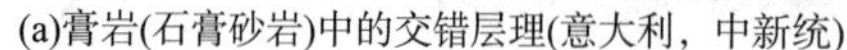

(a)膏岩(石膏砂岩)中的交错层理(意大利，中新统)

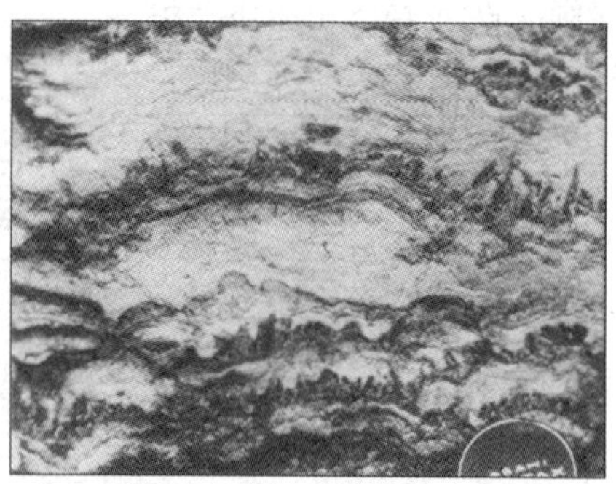

(b)膏岩中的藻纹层(波兰，中新统)

图 4－25　盐沼蒸发岩的沉积构造(据 Reading，1986)

26(a)]。随着蒸发作用的持续，深盆海水进一步浓缩，海水密度达到 1.08～1.10g/mL 时，深盆大陆一侧密度较高的表层卤水有蒸发盐类矿物析出，表层卤水析出的盐类在水体深部溶解，蒸发岩主要沉积于深盆大陆一侧边缘，深盆主体仍以腐泥沉积为主[图 4－26(b)]。海水密度达到 1.12～1.25g/mL 时，深水盐盆的卤水大量析出沉淀蒸发盐类矿物，在深水盐盆的靠海一侧，由于海水的注入，沉积物以白云石为主[图 4－26(c)]。最终深水盐盆消亡后，形成的深水盐盆沉积样式是在腐泥沉积物的基础上，由海向陆，由白云岩相变为膏岩，再相变为盐岩[图 4－26(d)]。

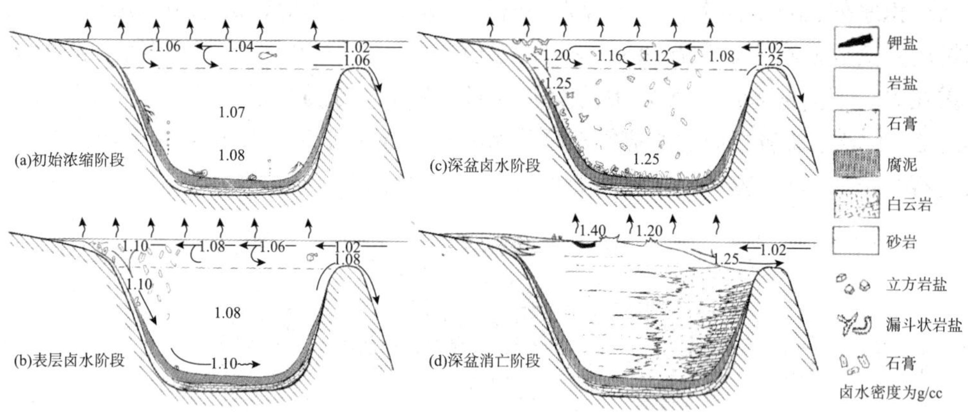

图 4－26　深水盆地蒸发岩形成模式(据 Reading，1986)

德国蔡希斯坦蒸发岩就是在这种条件下形成的。蒸发岩层内有纹层构造，纹层通常由几厘米厚的石盐纹层和硬石膏组成，常出现静水黑色页岩夹层。1972 年在地中海的深海钻探，证实晚中新世地中海广泛发育蒸发岩，分布面积达 $250\times10^4km^2$，主要由白云岩、硬石膏岩和石盐岩组成。蒸发岩的下伏层为深海沉积，其上亦为深海沉积所覆盖，蒸发岩内常有深海沉积夹层。

(2)大(内)陆蒸发岩的成因

①干热大陆成因

大陆上有许多湖泊，它们往往离海很远而且没有联系，带有可溶盐的地表水和潜水流入这类盆地，如果气候干燥炎热，例如在沙漠气候区，强烈的蒸发作用，使湖水逐渐转变为咸水湖，盐类达到饱和后，就开始沉淀成为自析盐湖。盐湖发展的末期湖水变干，成为填满盐类的干盐湖。在现代的沙漠地区可以看到各种发展阶段的盐湖。内陆盐湖形成蒸发岩的厚度主要取决于闭流湖盆的深度。

②风成说

风可以把溶解有盐类物质的海水泡沫搬运很远，这些海水泡沫经过蒸发后产生的盐类小晶体落到地上，再经风搬运到远处的水盆地中，日积月累最终也能形成巨大的盐类矿床。印度的桑勃哈尔盐湖矿床就是风力造成的，湖盆距海岸 400km，每年可得到 3000t 呈水尘状被风搬运来的海盐。

二、硅质岩

硅质岩，也称燧石，主要指自生二氧化硅矿物含量 70% 以上的沉积岩，不包括主要由陆源碎屑石英组成的石英砂岩。

1. 一般特征

(1)成分特征：硅质岩的主要矿物成分为蛋白石、玉髓和石英。蛋白石($SiO_2 \cdot nH_2O$)是非晶质二氧化硅，易脱水重结晶而成隐晶状玉髓。玉髓(或石髓)是一种隐－微晶状(<0.1mm)石英，玉髓进一步脱水重结晶变为微－细晶石英。硅质岩的化学成分以 SiO_2为主，有时高达 99%；常见的混入物有 Al_2O_3、Fe_2O_3、CaO 和 MgO，在绿色碧玉岩中 Fe_2O_3可达 10%；富黏土矿物的硅质岩，Al_2O_3最高可达 8%。

(2)结构特征：硅质岩具有非晶质结构、隐－微晶结构、鲕粒结构、碎屑结构、生物结构、隐藻结构以及交代结构等。

(3)构造特征：硅质岩最常见的是层状、透镜状、结核状、团块状。与其他化学岩共生时，可见多种类型层理及波痕等。

(4)颜色：硅质岩的颜色随所含杂质而异，通常为灰黑、灰白等色，有时也见灰绿色和红色。硅质岩颜色与岩石中有无有机质、铁等金属元素或氧化物有关。

2. 主要岩石类型

(1)生物成因的硅质岩类

①硅藻岩(硅藻土)：硅藻岩主要由硅藻的壳体组成，矿物成分主要为蛋白石。化学成分中二氧化硅一般在 70% 以上，优质的可达 90% 以上。次要组分是黏土矿物、铁质矿物和碳酸盐矿物等。土状硅藻岩呈白色或浅黄色，质软疏松多孔，孔隙度极大，可高达 90% 以上。吸水性强、黏舌。外貌似土状。纹层状页理十分发育，薄如纸页。硅藻产于海洋、湖泊环境，现代硅藻主要分布在两极及中纬度的海洋中，与洋流的分布有关。

②海绵岩：硅质海绵岩主要由海绵骨针组成。海绵骨针有大小两种，大者直径 3～30μm，长 100～500μm；小者直径只 1μm、长 10～100μm。胶结物成分也为硅质矿物，通常比较坚硬。纯净疏松的海绵岩较少，混入物有砂、黏土及海绿石等，也有其他生物遗骸，有放射虫和钙质介壳等。海绵绝大部分产于海洋环境，少部分见于淡水环境，营底栖固着生活，可适应轻微的盐度变化。硅质(六射)海绵纲主要产于深海。

③放射虫岩：放射虫岩主要由放射虫的壳体组成，矿物成分为蛋白石，常含硅藻、海

绵骨针，少见钙质生物遗骸。深水(冷的)生活的放射虫个体较大，多为球形，其囊壁厚而简单；表水(温的)生活的个体较小，且多呈圆盘或长圆形，便于浮游，其囊壁薄而且多层。放射虫岩多为深灰色，也有红色及黑色，常为薄层状、致密坚硬。

④藻细胞硅质岩：多为黑色、层状，其中有球状体、杯状体和丝状体等细胞化石遗迹。含有碳质、氨基酸和烃类等有机物质，呈棕黄色或棕褐色。

(2)化学及生物化学成因的硅质岩类

①藻叠层硅质岩：和碳酸盐岩中的叠层石相似，宏观呈层状、柱状和锥状等，形态多样，大小不一。暗色层主要是低等的蓝绿藻类通过生物化学作用形成的，亮色层主要是化学作用形成。

②藻粒硅质岩：主要由藻粒(藻鲕、核形石)组成。由核形石组成的藻粒呈圆形或椭圆形，单个或连生状，大小由 2 ~ 3mm 至 10mm。内部结构具亮暗同心层，矿物成分为玉髓，含有机质。与碳酸盐矿物共生时，可分别组成亮色层或暗色层，是生物化学和机械两种作用的产物，呈层状产出。

(3)机械成因的硅质岩类

①鲕粒硅质岩：鲕粒主要由隐－微晶石英组成，或主要由玉髓组成，常呈现放射球粒结构，具核心及同心层，胶结物为微－细晶石英或玉髓并呈栉壳状围绕鲕粒生长。多为稳定层状，常见交错层理。鲕粒燧石岩广泛见于华北中、上元古界燧石－碳酸盐岩系中。有时也见有交代结构。

②内碎屑硅质岩：主要由硅质内碎屑组成，视粒度大小划分为砾屑、砂屑、粉屑。矿物成分主要为玉髓，常保留原岩的结构、构造特征。分选和圆度均较差，基质成分较混杂，为玉髓、方解石或白云石，常含泥质。在燧石－碳酸盐岩岩系中，常分布于岩性韵律的底部，系水下冲刷再沉积的产物。有时见有正递变或反递变层理，反映有重力流成因。

(4)化学成因的硅质岩类

属纯化学成因的硅质岩，可能主要是蒸发型和火山型的硅质岩，如碧玉岩、火山硅质岩层及硅华等。碧玉岩和硅质板岩主要由自生石英和玉髓组成。还可有方解石、菱锰矿、黄铁矿、绿泥石、氧化铁、黏土矿物、云母、有机质等混入物。碧玉岩常为隐晶或胶状结构；色多变，有红、绿、灰黄、灰黑等色，有时呈斑块状；致密坚硬，有贝壳状断口。

三、铁、锰、铝、磷沉积岩

1. 铁沉积岩及沉积铁矿

(1)一般特征

铁沉积岩及沉积铁矿常见的铁矿物有：磁铁矿、赤铁矿、针铁矿、菱铁矿、鲕绿泥石、海绿石、铁蛇纹石、黄铁矿、白铁矿等。化学成分主要组分为 Fe；有益组分为 Mn、V、Ni、Co、Cr 等；有害组分为 P、S、As 等；残渣组分为 SiO_2、Al_2O_3、CaO、MgO 等；挥发组分为 CO_2、H_2O 等。

铁沉积岩及沉积铁矿常见的结构类型有内碎屑结构、鲕粒结构和豆粒结构、球粒结构、泥状结构等。沉积构造多样，常见的“肾状构造”，实际上是一种叠层石构造。

(2)主要类型

根据沉积铁矿的主要矿石成分，可分4类：①氧化铁类，主要由赤铁矿、针铁矿组成，常呈鲕粒或豆粒结构，色红或褐红；②碳酸铁类，主要由菱铁矿组成，常与燧石共生形成燧石碳酸铁矿，另外，菱铁矿也可在石灰岩中呈鲕粒或其他形式产出，也可呈结核在陆源岩中产出，也可以是填隙物并交代其周围的颗粒，如鲕粒或生物碎屑等；③硅酸铁类，主要由鲕绿泥石组成，常见赤铁矿或菱铁矿混入物，呈鲕粒结构，暗灰或灰绿色；④硫化铁类，主要由黄铁矿及白铁矿组成，一般常呈颗粒、鲕粒、结核产出，多呈黄色、黑色。

(3)成因

沉积铁矿的铁主要来自：母岩风化产物，火山物质，海洋、湖泊底部物质的分解产物，最主要是母岩风化产物。在有机酸的护胶作用下，铁胶体溶液可以作长距离地搬运，把母岩风化产物中的铁搬运到海洋沉积。在近岸浅水地区，海水Eh值较高，pH值较低，为酸性及弱酸性氧化环境，铁以氧化物形式沉积。离岸稍远，水深增大，Eh值变小，介于氧化、还原环境过渡地带，pH值变大，近于中性，铁常以硅酸盐形式沉积。在深水区，Eh值更低，为还原环境；pH值又有所增大，为弱碱性环境；铁常以碳酸盐或硫化物形成沉积。因此，随着离岸距离及水体深度的增大，则依次呈现出氧化铁、硅酸铁、碳酸铁、硫化铁的分带沉积规律。在某些沉积铁矿形成过程中，细菌的作用也很重要。

2. 锰沉积岩及沉积锰矿

(1)一般特征

锰沉积岩及沉积锰矿常见的锰矿物有：①氧化锰矿物，如软锰矿(MnO_2)、硬锰矿($mMnO \cdot MnO_2 \cdot nH_2O$)、水锰矿($Mn_2O_3 \cdot H_2O$)、褐锰矿($Mn_2O_3$)等；②碳酸锰矿物，如菱锰矿($MnCO_3$)、锰方解石[$(Ca, Mn)CO_3$]、锰菱铁矿[$(Mn, Fe)CO_3$]等；还有少量磷酸锰矿物、硼酸锰矿物等。硅酸锰矿物及硫化锰矿物很少出现。除了锰矿物以外，常含陆源碎屑矿物、黏土矿物、碳酸盐矿物、蛋白石等。

锰沉积岩及沉积锰矿，常见的结构有鲕粒结构、豆粒结构、泥状结构、胶状结构；也有交代结构。

现代海洋沉积物中的锰矿石主要呈结核存在，称作锰结核。结核大小不一，大者可达1m，小者仅有1mm。主要由锰的氧化物及氢氧化物组成。结核形态不规则，也有呈饼状或球状的。同心构造明显，核心多为火山岩碎屑及生物碎屑(如颗石藻)；同心层中含有各种混入物，如黏土、碳酸钙介壳、火山物质等。棕－黑色，土状，孔隙较大，相对密度为$2 \sim 3g/cm^3$。含Fe和微量元素Sr、Cu、Cd、Co、Ni、Mo等。分布深度多为3600～4000m，个别达10000m。锰结核的生长速度不一，加利福尼亚沿海的炮弹碎片，数十年形成数英寸厚的锰质外壳；但在深海中，锰结核的生长速度一般为1mm/Ma。锰结核的储量很大，估计可达$1.7 \times 10^{12}t$：其中锰可达$4 \times 10^{11}t$，镍可达164×10^8t，铜可达88×10^8t。

(2)主要类型

根据锰沉积岩及沉积锰矿共生的岩石类型，可分为碎屑岩型、黏土岩型、碳酸盐岩型、硅质岩型等，以碎屑岩型及碳酸盐岩型为主。根据锰沉积岩及沉积锰矿的形成环境，可分为海洋型及湖泊型，以海洋锰沉积岩及沉积锰矿为主。

(3)成因

锰主要来源于母岩的风化产物、火山物质、海解作用产物，主要是母岩风化产物。锰沉积时的物理化学条件也与铁相似，锰的化学活泼性比铁大，在近岸地区主要以氧化锰形式沉积，在远岸地区主要以碳酸锰形式沉积，但水体的深度比铁矿更大些。因此，沉积锰矿也常具有分带性。

关于这种锰结核的成因，现在还不完全清楚，这些结核中的锰至少有两种来源：①陆地岩石的风化产物；②海底火山物质的海解产物，许多锰结核与海底火山碎屑共生可作为旁证。由于锰主要呈氧化物存在，因此这种锰结核的生成还应发生在富氧的海水中。

不论是海洋还是湖泊，不论是深水还是浅水，锰结核均很常见。但是，在古代的沉积岩层中，这种沉积锰结核却很少见。

3. *铝土岩及铝土矿*

(1)一般特征

富含氢氧化铝矿物的沉积岩称铝土岩；如果铝土岩的 Al_2O_3 含量 >40%，$Al_2O_3/SiO_2 \geqslant 2$，则称铝土矿。铝土矿中含有镓、锗、铀、镍、铬、铌等微量稀有元素。铝土岩或铝土矿的矿物成分主要为铝的氢氧化物，即三水铝石、一水软铝石、一水硬铝石；其次为黏土矿物、陆源碎屑矿物(如石英)、化学沉淀矿物(如方解石、赤铁矿等)。三水铝石[$Al(OH)_3$]，常以极细小的颗粒与鳞绿泥石、氧化铁、氧化硅等构成混合物，呈结核状，鲕状、豆状产出，也呈凝胶状及隐晶质产出。一水软铝石和一水硬铝石[$AlO(OH)$]，常呈隐晶块体或胶状体与其他矿物组成混合体。这三种铝矿物在成岩作用过程中，按三水铝石→一水软铝石→一水硬铝石→刚玉顺序转化。所以，三水铝石型铝土矿多见于时代较新地层中，一水软铝石、一水硬铝石型铝土矿多见于较老地层中，刚玉则见于变质岩中。

铝土岩及铝土矿的结构常见的有泥状结构、含粉砂泥状结构、鲕粒及豆粒结构、内碎屑结构等。泥状结构与含粉砂泥状结构的铝土岩或铝土矿，与黏土岩很相似；区别是铝土岩或铝土矿无可塑性，硬度和相对密度较大，有时有磁性。内碎屑结构及鲕粒结构的铝土岩和铝土矿，可仿照碳酸盐岩进行分类和命名；其成因解释也可类比。

(2)主要类型及其成因

铝土岩或铝土矿通常划分为风化残余型和沉积型两大类。

①风化残余型铝土矿是母岩区原地堆积的，主要是铝硅酸盐岩。在湿热气候条件下，母岩中的铝硅酸盐矿物(主要是长石)，经长期化学风化，最终形成铝土矿。由于常有褐铁矿共生，铝土矿呈红色，所以也称红土型铝土矿。碳酸盐岩遭受长期的化学风化也可形成红色铝土矿，这种铝土矿富钙，故称钙红土型铝土矿。

②沉积型铝土矿的主要物质来源是风化成因的铝矿物。铝矿物的化学活泼性很小，多呈碎屑或胶体溶液方式搬运、沉积。按沉积环境，分为海洋沉积型铝土矿和湖泊沉积型铝土矿，以海洋沉积型铝土矿为主。

4. *沉积磷酸盐岩及沉积磷矿*

(1)一般特征

可把磷酸盐矿物(主要是磷灰石)含量 >50%(相当于 P_2O_5 含量 >19%)的沉积岩称作

沉积磷酸盐岩，也可称作磷酸盐岩、磷灰岩、磷沉积岩、沉积磷岩、磷岩、磷块岩等。有经济价值的沉积磷酸盐岩称作沉积磷矿。常见的磷酸盐矿物有：氟磷灰石 $Ca_5(PO_4)_3F$，氯磷灰石 $Ca_5(PO_4)_3Cl$，氢氧磷灰石 $Ca_5(PO_4)_3OH$，Ca 可被 Mg、Mn、Sr、Pb、Na、U、Ce、V、Ni、Mo、Cr、Ba 以及其他稀土元素代换。还有富碳酸磷灰石和胶磷矿。胶磷矿是非晶质的磷酸盐，化学式为 $Ca_3(PO_4)_2 \cdot 2H_2O$，是多种矿物的集合体。

沉积磷酸盐岩常见各种内碎屑结构、鲕粒结构、生物碎屑结构、泥晶结构、胶状结构以及交代结构等。沉积磷酸盐岩的构造因结构而异：颗粒结构的磷酸盐岩，常见粒度递变层理、波状层理、交错层理，有时还见波痕、泥裂等；泥晶结构和胶状结构的磷酸盐岩，常呈层状构造、块状构造，也有叠层构造。

(2)沉积磷酸盐岩类型

沉积磷酸盐岩可按不同依据分类。①按产状可划分为层状磷酸盐岩、结核状磷酸盐岩等。②按形成环境划分为海洋磷酸盐岩、大陆磷酸盐岩(如鸟粪磷酸盐岩)等。③按生成机理划分为原生磷酸盐岩、次生交代磷酸盐岩等。④按大地构造划分为地台型磷酸盐岩、地槽型磷酸盐岩等。⑤按结构划分为颗粒磷酸盐岩、泥晶磷酸盐岩、过渡类型磷酸盐岩、叠层石磷酸盐岩、结晶磷酸盐岩等。海洋的、层状的、颗粒－泥晶磷酸盐岩规模最大。

(3)沉积磷酸盐岩的成因

磷在地壳中的平均含量相当低，为 0.12%(换算为 P_2O_5，为 0.28%)，沉积磷酸盐岩主要是生物主要和化学作用导致的磷高度富集的结果。鸟粪层和生物介壳磷酸盐岩是生物成因的；与鸟粪层和生物介壳无关的磷酸盐岩是化学成因的。

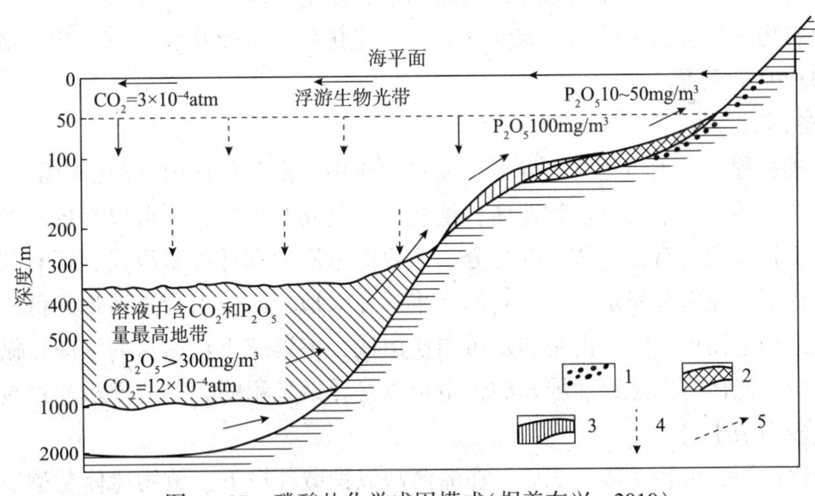

图 4－27 磷酸盐化学成因模式(据姜在兴，2010)

卡查柯夫(1937)提出了沉积磷酸盐岩化学成因模式。模式中 P_2O_5 在海水中的含量是因深度而变化的。0～50m 的表层水为浮游生物光合作用带，生物繁盛，水中的磷多被生物吸收，水中 P_2O_5 的浓度很低，一般不超过 10～50mg/m³。50～300m 或 400m 的水层为生物遗体通过带，P_2O_5 浓度有所增加，一般为 100mg/m³ 左右。300 或 400～1000m 或 1500m 的水层，为生物遗体分解带，生物遗体中所含的磷大量地分解出来，P_2O_5 浓度达到 200～300mg/m³ 以上。在 1000 或 1500m 以下，由于生物遗体难以到达，P_2O_5 浓度降低。

P_2O_5的浓度分带还与CO_2浓度有关：随着深度的增加，CO_2含量也增加，不利于磷的沉淀；饱含CO_2及P_2O_5的深层水随着上升洋流到达陆棚浅处时，由于温度增高和压力降低，CO_2逸出，首先沉淀碳酸钙，接着，磷酸盐溶解度显著减小，在陆棚边缘50～200m的浅海地带磷酸盐沉积(图4－27)。

四、煤和油页岩

1. 煤

(1)煤的物质组成

煤是古代植物埋藏于地下经历了复杂的生物化学和物理化学变化形成的固体可燃有机沉积岩。一般为黑色或棕黑色。主要成分是C元素，次要成分为氢、硫、氧和氮，以及硅、铝、铁、钛、钙、镁、硫、钾、钠等元素。

煤的有机显微组分可划分为镜质组、壳质组和惰质组。镜质组是由成煤植物的木质纤维组织经腐殖化作用和凝胶化作用形成的显微组分组，油浸反射光下呈深灰色。随煤化程度增加其反射率增大，反射色变浅，透光色由橙红色变为棕色，直至不透明。壳质组主要来源于高等植物的繁殖器官、保护组织、分泌物和菌藻类以及与这些物质相关的降解物，在油浸反射光下呈灰黑色到深灰色，反射率比煤中其他显微组分都低。随煤化程度增高，壳质组反射率等光学特征比共生的镜质组变化快。惰质组主要由成煤植物的木质纤维组织经丝炭化作用而形成，少数惰质组分来源于真菌遗体，或在热演化过程中次生的显微组分，油浸反射光下呈灰白色－亮白色或亮黄白色，反射力强。

煤中的矿物杂质有黏土矿物、碳酸盐矿物、硫化物、氧化物、氢氧化物、盐类，还有一些重矿物和痕量元素。

(2)煤的形成过程

煤的形成过程可分为植物遗体堆积、泥炭化作用、凝胶化作用(煤化作用)三个阶段。

①成煤的原始物质主要是植物遗体，植物可以是高等植物，也可以是低等植物。高等植物的构造比较复杂，有根、茎、叶之分，主要由木质素和纤维素组成，还有树脂、角质层、果壳、孢子、花粉等稳定组分；它们多生长在陆地上或浅水沼泽地带。低等植物主要是各种藻类，构造简单，主要由脂肪及蛋白质组成，多繁殖于较深水的沼泽、湖泊以及浅海环境中。植物遗体可以是原地堆积的，也可以是异地堆积的。原地堆积的植物遗体形成的煤层底板多为根土岩。

②泥炭化作用，植物遗体堆积后，在滞流缺氧埋藏环境下，植物遗体免遭氧化和细菌分解，植物的主要组成部分木质素和纤维素等就会逐步转变成腐殖质和腐殖酸等，形成泥炭。从植物遗体转变为泥炭的作用就是“泥炭化作用”。泥炭化作用是腐植煤形成的第一阶段，细菌起着重要的作用。如果木质素和纤维素等遭受氧化则可能发生丝炭化作用形成惰质组，甚至氧化殆尽。如果是水流活跃、细菌繁殖的埋藏环境，菌解作用强烈，高等植物的木质素和纤维素就可能全部降解消失，只有最稳定的组分如角质层、孢子、花粉等，才能残存下来。这一作用过程称作“残植化作用”，形成比较少见的残植煤。在深水沼泽、湖泊及浅海环境中的低等植物(藻类)以及其他浮游生物死亡后的遗体沉入水底。由于水的隔

绝，水底氧气不充分，为还原环境，在细菌的参与下，这些堆积在水底的生物遗体腐烂分解，形成“腐泥”，这一过程称作“腐泥化作用”，这是腐泥煤类形成的第一阶段。

③凝胶化作用是泥炭在进一步埋藏，极其缺氧的滞水，温度、压力不断升高的条件下发生的作用。在凝胶化过程中，植物木质素和纤维素的细胞壁由于液体浸润而膨胀，细胞腔相应地缩小，逐渐转为凝胶化物质——镜质体。随着埋深的增大，温度、压力逐步升高，凝胶化作用逐步加强，所形成的镜质体越来越致密，镜质体的油浸反射率越来越高，即煤阶越来越高。

(3)煤的分类

根据成煤的原始物质，可把煤分为腐泥煤和腐植煤。Tucker(2001)将腐植煤按煤阶进一步划分为泥炭、褐煤、次烟煤、烟煤、半无烟煤、无烟煤，继续变质作用将形成石墨，不同类型煤的主要指标见表4－13。煤阶的变化是连续的，但煤阶之间界限的划分在不同的国家有不同的标准。

表4－13　Tucker(2001)煤变质阶段划分及参数值(引自姜在兴，2010)

煤阶	碳含量/%	挥发分含量/%	热值/(kJ/g)	镜质组反射率
泥炭	<50	>50		
褐煤	60	50		
次烟煤	75	45	15～26	0.3
烟煤	85	35	25～30	0.5
半无烟煤	87	25	31～35	1.0
无烟煤	90	10	30～34	1.5
石墨	>95	<5	30～33	2.5

(4)煤的形成环境

含煤岩系的形成环境分为三种类型：①浅海型含煤岩系，形成于浅海陆架环境，陆相及海陆过渡相地层不发育，仅含腐泥质煤层，岩性岩相侧向稳定，例如我国南方早古生代的含煤岩系；②近海型含煤岩系，形成于海岸带附近，煤系中可以有海陆过渡相地层，也可以有陆相及浅海相地层，煤层层数多，厚度常较小，岩性岩相侧向上较为稳定，如我国华北地区上古生界的含煤岩系；③内陆型含煤岩系，形成于古陆内部，与海洋完全隔绝，在煤系中无海相及海陆过渡相地层，煤层层数较少，煤层厚度变化大，分叉变薄及尖灭现象普遍，岩性岩相侧向变化大，如我国西部中生界的含煤岩系。

2. 油页岩

油页岩(Oil shale)又称油母页岩，是指主要由藻类及一部分低等生物的遗体经腐泥化作用和煤化作用而形成的一种高灰分的低变质的腐泥煤。油页岩含有一定的沥青物质或油母物质，通过加热(干馏)可从中提取原油。

油页岩的有机成分有碳、氢、氧、氮、硫等。与煤不同的是它的碳氢比低(<10)，含油率高，氮、硫含量也较高。油页岩的无机成分一般为黏土和粉砂，有时也出现碳酸盐矿物和黄铁矿等。评价油页岩最重要的工艺指标是含油率和发热量，一般工业要求含油率要

大于4%。

油页岩的页理发育，甚至可呈极薄的纸状层理，风化的油页岩页理更易显现。油页岩的颜色多样，有暗褐、浅黄、黄褐、褐黑、灰黑、深绿、黑色等。一般含油率愈高，颜色愈暗。风化后，颜色常变浅。相对密度为1.4～2.3，比一般的页岩轻；干燥油页岩的相对密度更小。常具有弹性；含油率高者，用小刀刮起的薄片可发生卷曲。含油率高的可达30%，含油率高的，用火柴即可点燃。

油页岩的生成环境与腐泥煤的生成环境近似，主要为水流闭塞的环境。内陆淡水湖泊、滨海的有海水注入的半咸水湖泊、潟湖，甚至海湾，都是形成油页岩的良好环境。苏联伏尔加地区侏罗系含菊石的油页岩是海洋环境生成的。我国东部中新生代湖相沉积中油页岩与暗色泥岩共生，属深水湖泊成因。

第七节　火山碎屑岩

火山碎屑岩(pyroclastic rock)是火山碎屑物质为主要组分(＞50%)的岩石。与火山碎屑岩相伴生的是熔岩、次火山岩(或超浅层侵入岩)和正常沉积岩类。火山碎屑岩在自然界分布十分广泛，从前寒武纪至第四纪均有分布。火山碎屑岩既与矿产有关，又可作为油气储集层，火山碎屑岩的研究既有重要的地质意义，又有重要的实际意义。

一、一般特征及分类

1. 物质成分

火山碎屑物质按其组成及结晶状况分为岩屑(岩石碎屑)、晶屑(晶体碎屑)和玻屑(玻璃碎屑)。另有一些其他物质成分，如正常沉积物、熔岩物质等。

(1)岩屑

岩屑形状多样，大小不一，可为微细粒至数米的巨块，可分为刚性及塑性两种。刚性岩屑是已凝固的熔岩，或火山基底和管道的围岩，由火山爆炸时破碎而成。塑性岩屑又称塑性玻璃岩屑、浆屑或火焰石等，是由塑性、半塑性熔浆在喷出后塑变凝固而成，具玻璃质结构，断面呈火焰状、撕裂状、树枝状、纺锤状、透镜状、条带状等[图4－28(a)]。火山弹是由于塑性熔浆团在空中旋转而成，形如纺锤、椭球、麻花、陀螺、梨状等[图4－28(b)]，表面具旋扭纹理和裂隙，并具一层淬火边，大者可达数米。

(2)晶屑

晶屑多为早期析出的斑晶随熔浆炸碎而成。大小一般不超过2～3mm，常呈棱角状，有时也保留原来的部分晶形，其成分多为石英、长石、黑云母、角闪石、辉石等。石英晶屑表面极为光洁，具不规则裂纹及港湾状溶蚀外形[图4－28(c)]。长石晶屑主要为透长石、酸性至基性斜长石，有较高自形程度，可见沿解理破裂及明显的裂纹，扫描电镜下更为清晰。黑云母和角闪石晶屑常具弯曲、断裂及暗化现象。辉石主要出现在偏基性的火山碎屑岩中。

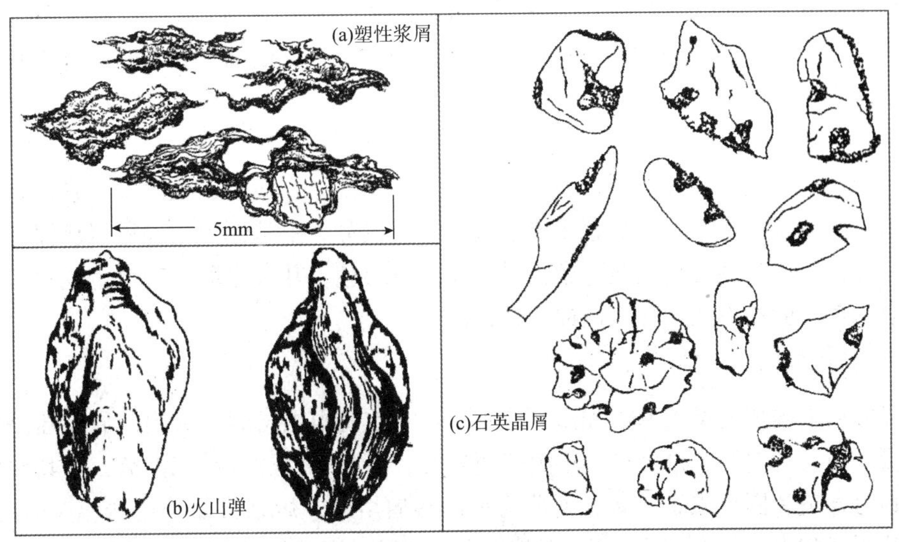

图 4－28　不同类型的火山碎屑(据冯增昭，1993)

(3)玻屑

玻屑通常大小在 0.1～0.01mm 之间，很少超过 2mm；2～0.01mm 者称火山灰，小于 0.01mm 者称火山尘。刚性玻屑有弧面棱角状和浮石状两种。前者多见，形状多样，镜下常呈弓形、弧形、镰刀形、月牙形、鸡骨状、管状、海绵骨针状、不规则尖角状等，其共同特点是一些不完整的气孔壁和贝壳状断口等。浮石状玻屑，是没有彻底炸碎的弧面棱面状玻屑，内部保留较多的气孔，状如浮石，在中基性火山碎屑岩中出现较多。塑性玻屑是炽热的玻屑在上覆火山碎屑物的重压下，彼此压扁拉长叠置定向排列，且相互粘连熔结在一起而成。强烈塑变玻屑呈流纹状，通称假流纹构造。

2. 结构、构造及颜色

(1)结构

火山碎屑按照粒度划分为：集块(>100mm)、火山角砾(100～2mm)、火山灰(2～0.01mm)、火山尘(<0.01mm)。火山碎屑岩结构有：集块结构(火山集块 >50%)、火山角砾结构(火山角砾 >75%)、凝灰结构(火山灰 >75%)。根据碎屑形态特点可区分为：塑变碎屑结构(主要由塑变碎屑组成)、碎屑熔岩结构(基质为熔岩结构)、沉凝灰结构(指混入正常沉积物)，以及凝灰砂状、凝灰粉砂状、凝灰泥状等过渡类型结构等。火山碎屑物的分选及圆度都很差。

(2)构造

火山碎屑岩发育多种构造：①层理构造，火山碎屑岩通常不显层理，但在水携或风携的火山碎屑沉积物中，也可出现小型和大型交错层理；②递变层理，主要出现在重力流成因火山碎屑岩类中；③斑杂构造，是火山碎屑物在颜色、粒度、成分上分布不均，且无序出现，表现出来的一种杂乱构造；④定向构造，泛指由伸长形的火山碎屑物，如透镜体、饼状体、熔岩团块和条带等定向排列所组成的构造；⑤假流纹构造，主要出现在流纹质熔结凝灰岩中，与流纹构造的区别是塑性玻屑可见燕尾状分叉，刚性碎屑边部可见塑变不强的弧面棱角状外形，“假流纹”延伸较短，一般无气孔及杏仁体等。除上述构造外，有时还见气孔、杏仁构造、火山泥球及豆石构造等，甚至在某些火山细屑岩中还见有生物搅动构造及生物化石。

(3)颜色

火山碎屑岩常具有特殊的颜色，如浅红、紫红、浅绿、浅黄、灰绿等，它是野外鉴别火山碎屑岩的重要标志之一。颜色主要取决于物质成分。中基性火山碎屑岩色深，为暗紫红、深绿等色；中酸性者色则浅，常为粉红、浅黄等色。其次也取决于次生变化，如绿泥石化则显绿色，蒙脱石化则显灰白或浅红色。

3. 分类与命名

广义的火山碎屑岩类的分类和命名原则是：①首先根据熔岩、火山碎屑、陆源碎屑的相对含量，划分为向熔岩过渡类、火山碎屑岩类、向沉积岩过渡类三大类；②其次根据碎屑物质相对含量和固结成岩方式，划分为火山碎屑熔岩、熔结火山碎屑岩、火山碎屑岩、沉火山碎屑岩和火山碎屑沉积岩等五种岩类；③再根据碎屑粒度和各粒级组分的相对含量，划分为集块岩、火山角砾岩和凝灰岩，之间的过渡类型为凝灰角砾岩、角砾凝灰岩等；④最后再以碎屑物态、成分、构造等依次作为形容词，对岩石进行命名，如晶屑凝灰岩、流纹质晶屑凝灰岩、含火山球流纹质玻屑凝灰岩等(表4－14)。次生变化也常作为命名的形容词，如硅化凝灰岩、蒙脱石化凝灰岩、沸石化凝灰岩和变质流纹质晶屑凝灰岩等。

二、主要岩类及其特征

1. 火山碎屑熔岩类

火山碎屑熔岩类是火山碎屑岩向熔岩过渡的类型，熔岩基质中可含90%～10%的火山碎屑物质。具碎屑熔岩结构、块状构造。熔岩基质中可含数量不定的斑晶，呈斑状结构，或气孔杏仁构造。火山碎屑主要是晶屑及一部分岩屑，玻屑少见。当成分相近时，往往不易区分岩屑与熔岩基质，而误认为熔岩。按主要粒级碎屑划分为集块熔岩、角砾熔岩和凝灰熔岩。

表4－14　火山碎屑岩的分类表(据浙江省地质局，1976，略有修改)

类　型	向熔岩过渡大类	火山碎屑岩大类		向沉积岩过渡大类	
岩　类	火山碎屑熔岩类	熔结火山碎屑岩类	火山碎屑岩类*	沉火山碎屑岩类	火山碎屑沉积岩类
火山碎屑含量，其余主要成分	火山碎屑10%～90%，熔岩基质	火山碎屑>90%，熔岩基质	火山碎屑>90%，胶结物	火山碎屑90%～50%，正常沉积物质	火山碎屑50%～10%，正常沉积物质
成岩方式	熔浆黏结	熔结和压结	压积	压积和水化学物胶结	
火山碎屑主要粒径>100mm	集块熔岩	熔结集块岩	集块岩	沉集块岩	凝灰质巨砾岩

续表

<table>
<tr><th>类 型</th><th>向熔岩过渡大类</th><th colspan="2">火山碎屑岩大类</th><th colspan="3">向沉积岩过渡大类</th></tr>
<tr><td>火山碎屑主要粒级 100 ~ 2mm</td><td>角砾熔岩</td><td>熔结角砾岩</td><td>火山角砾岩</td><td>沉火山角砾岩</td><td colspan="2">凝灰质砾岩</td></tr>
<tr><td rowspan="3">火山碎屑主要粒级 <2mm</td><td rowspan="3">凝灰熔岩</td><td rowspan="3">熔结凝灰岩</td><td rowspan="3">凝灰岩</td><td rowspan="3">沉凝灰岩</td><td>2 ~ 0. 1mm</td><td>凝灰质砂岩</td></tr>
<tr><td>0. 1 ~ 0. 01mm</td><td>凝灰质粉砂岩</td></tr>
<tr><td><0. 01mm</td><td>凝灰质泥岩</td></tr>
</table>

注：* 即狭义的火山碎屑岩类。

2. 熔结火山碎屑岩类

熔结火山碎屑岩类是以熔结(焊结)方式固结的火山碎屑岩。火山碎屑物质达 90% 以上，其中以塑变碎屑为主。主要产于火山颈、破火山口、火山构造洼地和巨大的火山碎屑流中，其中较粗粒的熔结集块岩和熔结角砾岩分布局限，主要组成近火山口相。

细粒的熔结凝灰岩分布较广，可形成规模较大的火山碎屑岩层。这类岩石的中外文名称较多，如火山灰流(ash flow)、火山碎屑流(pyroclastic flow)、热云(nuee ardente)、热云岩(ignimbrite)、阿苏熔岩(aso lava)、砂流(sand flow)等，国内多称熔结凝灰岩或火山灰流凝灰岩。主要由塑性玻屑和岩屑组成，也有一定数量晶屑，具熔结凝灰结构、假流纹构造，碎屑相互熔结压紧成岩。还可根据熔结(焊接)强度进一步划分次级类型。

3. 火山碎屑岩类

狭义的火山碎屑岩类，火山碎屑占 90% 以上，经压实作用成岩。按粒度大小分为集块岩、火山角砾岩和凝灰岩。

(1)集块岩：具集块结构。由火山弹及岩屑碎块堆积而成，也常混入一些火山管道围岩碎屑，一般未经过搬运而呈棱角状，由细粒级角砾、岩屑、晶屑及火山灰充填压实胶结成岩。多分布于火山通道附近构成火山锥，或充填于火山通道之中。

(2)火山角砾岩：主要由大小不等的熔岩角砾组成，分选差，不具层理，通常为火山灰充填，并经压实胶结成岩。多分布在火山口附近。

(3)凝灰岩："凝灰"是指小于 2mm 的火山碎屑。按碎屑粒径，进一步分为粗(2 ~ 1mm)、细(1 ~ 0. 1mm)、粉(0. 1 ~ 0. 01mm)和微(<0. 01mm)四种凝灰岩。碎屑成分主要是火山灰，按碎屑物态及相对含量，分单屑凝灰岩(玻屑凝灰岩、晶屑凝灰岩或岩屑凝灰岩)，双屑凝灰岩(两种物态碎屑均在 25% 以上)和多屑凝灰岩(三种物态碎屑均在 20% 以上)，以玻屑凝灰岩、晶屑 - 玻屑凝灰岩最常见，具典型凝灰结构，熔岩成分多为流纹质，次为英安质。岩屑凝灰岩主要由熔岩碎屑组成，较少见，有时易与岩屑砂岩相混，可据有无磨圆、有无玻屑加以区分。

4. 沉火山碎屑岩类

沉火山碎屑岩类是火山碎屑岩和正常沉积岩间的过渡类型，火山碎屑物质占 90% ~ 50%，其他为正常沉积物质，经压实和胶结成岩。常具层理，也称层火山碎屑岩类。它与陆源火山碎屑沉积物的区别是火山碎屑新鲜、棱角明显、无明显磨蚀边缘及风化边缘。正常沉积物除陆源砂泥外，还可有化学及生物化学组分，以及生物碎屑等。

5. 火山碎屑沉积岩类

火山碎屑沉积岩类以正常沉积物为主，火山碎屑物质占50%～10%，岩性特征与正常沉积岩基本相同。当主要是陆源的砂时，称为凝灰质砂岩；当主要为泥时，称为凝灰质泥岩；当主要为碳酸盐时，称为凝灰质石灰岩或凝灰质白云岩。

6. 自碎火山碎屑岩

自碎火山碎屑岩主要包括两种成因类型：熔岩流自碎碎屑(熔)岩和侵入自碎碎屑(熔)岩。自碎碎屑状结构是由于熔岩流中软硬两部分摩擦或富水的射气流隐爆形成的。自碎火山碎屑岩的成分、结构、构造特征和成因，与火山作用密切有关，且分布广泛。侵入形成的自碎火山碎屑与许多大型金属矿产有关。赵澄林等(1991)在对内蒙二连盆地阿北油田白垩系中－基性熔岩油气储集层的研究中发现，每期熔岩流上部和下部的自碎熔岩角砾岩储油物性最好，其储集空间主要是自碎角砾间的孔缝，以及未被充填的部分气孔，是一种特殊的油气储层类型。

三、火山碎屑岩的成因及其特征

1. 陆相与海相火山碎屑岩系的区别特征

(1)海相火山碎屑岩系的特征

海相火山岩系的典型代表是细碧－角斑岩系。特点是广泛的钠长石化作用，火山玻璃分解为含水的硅酸盐。由于绿帘石化和绿泥石化，岩石呈现绿色。枕状构造十分发育。常具：①韵律性层理，即不同粒级的火山碎屑物质互层产出，主要为下粗上细的正韵律；②各个夹层的厚度及粒度一般较稳定；③往往出现凝灰岩向沉凝灰岩和凝灰质砂岩(或泥岩)过渡的现象；④火山岩系和下伏海相沉积岩层多呈整合接触，或其中有海相夹层，如海相石灰岩、碧玉岩及岩屑砂岩等，常含有孔虫、放射虫和硅藻等海相动植物化石。

(2)陆相火山碎屑岩系的特征

陆相火山碎屑岩系的主要特征是：①由于熔浆流出地表时易于氧化，因而常呈现红褐色－黑色；②火山岩系和下伏岩层多呈不整合或假整合接触；③岩相及厚度变化大；④可见梨形、椭圆形、纺锤形、球形等特征的火山弹；⑤可见陆相砂砾岩和页岩夹层，常见植物化石和淡水动物化石。

2. 不同沉积方式的火山碎屑岩点

按照火山碎屑物的主要搬运和沉积方式，可划分为重力流型、降落型、水携型火山碎屑岩，三种类型的火山碎屑沉积在空间上有规律分布。

(1)重力流型火山碎屑岩按其沉积环境又可分为陆上和水下两种类型。

①陆上的火山碎屑流，也称火山灰流、砂流，是熔结火山碎屑岩类的主要形成方式[图4－29(a)]。高黏度、富含挥发成分的酸性、中酸性熔浆，上升到地表浅处，由于压力骤降，气体大大膨胀，产生泡沫，然后以强烈爆发形式喷出火山口并将熔岩柱炸碎。一

部分粉碎的火山碎屑物，呈火山灰、玻屑、晶屑等碎屑物，被抛入高空，呈空降火山碎屑物而堆积。大部分或全部喷出火山口的熔岩碎屑物，未被抛入高空，而呈白热状态的悬浮物混杂于火山气体之中，沿一定斜坡向四围扩散，构成由熔岩碎屑和气体所组成的火山碎屑流。火山碎屑物堆积后，由于上覆堆积物的静压力和其自身的高温，使玻屑变形、扁平化、气孔大部分消失，碎屑之间压聚熔结成岩。陆上重力流型火山碎屑岩分布面积可达数百平方公里，厚度可达数百米，可见柱状节理和大量定向排列的"火焰石"，斑晶和碎屑物呈不均匀分布，具明显熔结性，粒序层理不明显。

(a)裂隙式喷发火山，以重力流型火山碎屑沉积为主

(b)中心式喷发火山，以降落型火山碎屑沉积为主

图4－29　现代火山喷发及火山碎屑沉积类型

②水下火山碎屑流沉积即重力型火山碎屑沉积。指的是主要由火山喷发碎屑物组成的高密度底流，在水下流动，由于流速降低形成火山碎屑沉积。其特征是成层性较好，粒序构造明显；有一定分选性，熔结性差，具明显"基质"支撑结构；浮石和火山渣气孔少；粒序层之上的流动层具明显的水携沉积特点，如可见交错层理、波痕、叠瓦构造及颗粒定向排列等。

(2)降落型火山碎屑沉积

降落型火山碎屑沉积又称降落灰沉积，主要指火山喷发物在大气中，经风力分异而形成的产物[图4－29(b)]。其形成机理是：当火山物质顺风搬运时，颗粒因降落速度不同而分离。粒度和密度是控制降落速度的主要因素。而风向、风速、扰动性以及碎屑物的喷射高度是控制散落堆积体形态的重要因素。降落灰厚度向下风方向减薄，粒度减小。

大量火山灰可以在空中做长距离搬运，然后降落在陆上和水中，形成分布广泛的火山灰堆积层，由于单期火山活动时间短，形成的火山灰堆积层层位稳定，是很好的地层等时对比标志层。

(3)水携型火山碎屑沉积

水携型火山碎屑沉积是指火山喷发的碎屑未固结之前经过流水搬运，在陆上或海洋沉积形成的沉积。水携型火山碎屑沉积具有流水作用形成碎屑沉积物的结构、构造特征。与火山岩为母岩的陆源碎屑沉积物区别是：①水携火山碎屑的成熟度很低，可见到玻屑、具环状构造新鲜的斜长石、暗化的黑云母和角闪石等；②熔岩碎屑中仍保留玻基斑状结构、交织结构或玻璃质结构；③分选、磨圆度都很差等。

(4)火山碎屑岩沉积模式

重力流型、降落型、水携型三种类型的火山碎屑在空间上有规律地沉积。晚侏罗世龙江组发育时期，我国东北的大杨树盆地的深凹部位为蓄水湖泊，湖盆外侧为冲积相发育区，同时存在较强的火山喷发作用，大兴安岭断裂是火山喷发的主要通道，火山喷发具有中等喷发指数(喷发指数是指火山碎屑岩和火山熔岩的比例)，火山喷发产物既有大量熔岩岩浆，也有大量的火山碎屑。在火山口附近由溢出的熔浆和喷出的火山粗碎屑重力流在火山口附近堆积，喷出云浊流支撑的火山碎屑在重力作用下降落堆积，在火山口附近形成以重力流型为主，以降落型为辅的火山碎屑岩沉积；在湖沼区，由喷出云浊流支撑的火山碎屑和风力支撑的火山碎屑在重力作用下降落堆积，在冲积区降落堆积的火山碎屑由地表水流带入湖泊，形成降落型＋水携型火山碎屑岩沉积，水携型火山碎屑岩沉积主要分布于受地表水注入影响的湖区；在冲积环境，主要是由风力支撑的火山碎屑在重力作用下降落堆积形成的降落型火山碎屑岩(图4－30)。

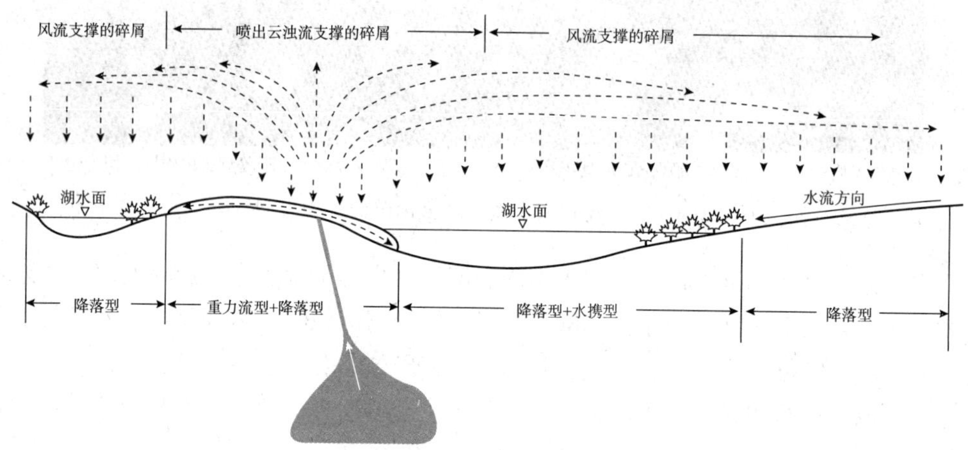

图4－30　中国东北大杨树盆地龙江组火山碎屑岩沉积模式

第五章　沉积相绪论

第一节　沉积相相关基本概念及沉积相分类

沉积相分析是沉积岩石学的主要任务之一，它是重建古地理、恢复古环境、预测和确定各种沉积物及沉积矿产分布的有效手段。对石油天然气而言，也是研究预测烃源岩、储集岩和盖层空间展布的有效手段。近年来，沉积相研究取得显著进展，形成了较为完善的概念和研究方法。

一、沉积环境和沉积相

1. 沉积环境

沉积环境(sedimentary environment)是在物理上、化学上和生物上不同于相邻地区的一块地球表面，同时也是沉积物的堆积场所。每一种沉积环境都具有特定的物理、化学、生物等特征。按海陆关系分为大陆、海洋和过渡环境等。沉积环境可根据物理、化学、生物特征，进一步划分为多级次沉积环境。

沉积环境的物理特征，包括海陆关系、介质的性质(如水、风、冰川、清水、浑水、浊流)、运动方式和能量大小以及水介质的温度和深度。沉积环境的化学特征，包括介质的氧化还原电位(E_h)、酸碱度(pH)、含盐度及化学组成等；沉积环境的生物特征，包括生物种类、群落、丰度等。

2. 沉积相及沉积相研究的主要任务

(1)沉积相的概念

相(facies)这一概念是由丹麦地质学家斯丹诺(Steno，1669)引入地质文献，1838 年瑞士地质学家格列斯利(Gressly)开始把相的概念用于沉积岩研究中，他认为“相是沉积物变化的总和，它表现为岩性的、地质的或古生物的多方面差异”。自此以后，相的概念逐渐被地质界采用。

沉积相(sedimentary facies)是沉积相研究领域的核心概念，不同学者对“相”的理解有所不同，主要有三种对“沉积相”的理解。

①我国石油行业的地质工作者普遍把沉积相理解为沉积环境及在该环境下形成的沉积物(岩)特征的综合，这也是本书采用的沉积相定义。这种沉积相的理解包含了沉积环境和沉积特征两方面内容。并依据沉积环境和沉积特征的差异把同一沉积相进一步划分为亚相、微相。如曲流河相划分为河道、堤岸、河漫、牛轭湖四个亚相，河道亚相进一步划分

为滞留沉积和边滩两个微相，堤岸亚相进一步划分为天然堤和决口扇两个微相，河漫亚相进一步划分为河漫沼泽、河漫湖等微相(图 5－1)。沉积微相是物理、化学、生物特征相对均匀的微环境及在该环境下形成的沉积物(岩)特征的综合。沉积微相研究是当今我国精细沉积学研究的主要手段。

②沉积相是沉积环境的产物或物质表现。这种沉积相的理解只包含沉积记录特征，不包括沉积环境的特征。

③沉积相是沉积物(岩)所反映的形成环境，即沉积相与沉积环境为同义词。这种沉积相的理解强调的是沉积环境的物理、化学、生物等特征。这种理解多被从事地理研究的学者采用。

(2)沉积相研究的主要任务

沉积相的研究任务主要是综合利用地表及地下的可获得的地质、地球物理、地球化学方面的宏观的、微观的、定性的、定量的资料，查明沉积体的地质特征、不同级次沉积体的空间配置关系，分析沉积体的形成环境和不同级次沉积体的成因，揭示沉积相的时空分布特征及演化规律，并对矿产富集相带进行可靠预测。资料不同，研究对象的规模不同，研究目的不同，对沉积相研究的任务要求往往有所不同。

二、沉积模式的概念及其作用

1. 沉积模式

沉积模式(sedimentary model 或 depositional model)或称相模式(facies models)是指沉积相空间组合，它是在综合大量古代和现代沉积相特征基础上，结合模拟实验结果，对沉积相特征的高度概括。沉积模式可以是具有广泛代表性的，也可以是地方性的。相模式对于沉积相的研究非常重要，本书对各种沉积相的讨论，主要讨论内容就是不同沉积相相模式。

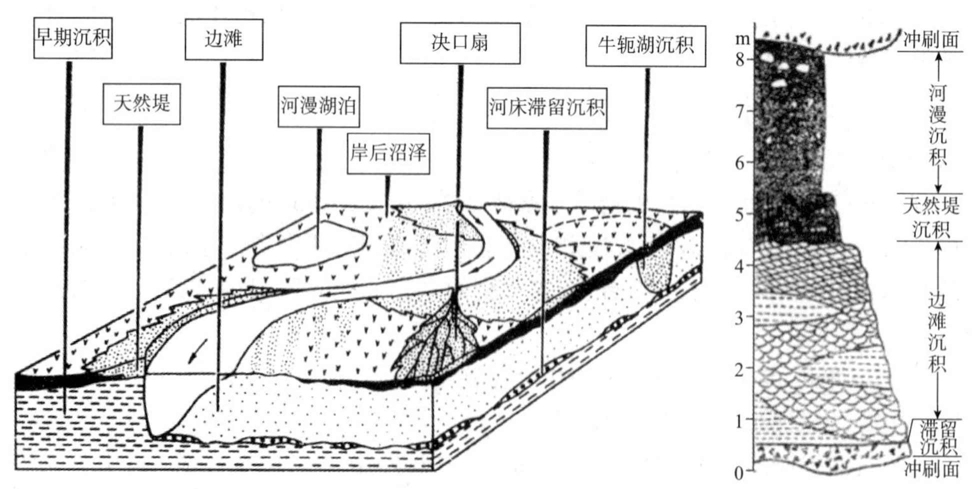

图 5－1　Allen(1964)所作的曲流河的三维模式图和柱状模式图(据冯增昭，1993 编绘)

2. 沉积模式的作用

沉积模式必须起以下四个方面的作用：

(1)它必须起到作为对比标准的作用；

(2)它必须起到进一步观察的提纲和指南的作用；

(3)它必须起到对新区地质环境预测的作用；

(4)它必须起到水动力学解释的基础作用。

艾伦(Allen，1964)所作的曲流河的三维模式图和柱状模式图(图5－1)充分起到了一个相模式的作用。

三、岩性相和岩性相组合

1. 岩性相

岩性相(lithofacies)是具有相同结构、构造、颜色及生物特征的相对均一的岩石单位(Miall，1978)，是在同一水动力条件下形成的产物，如交错层理粗砂岩相。由于岩性相的成因具有多解性，因此在成因解释时往往以岩性相组合为对象。

2. 岩性相组合

岩性相组合(lithofacies association)是一系列相对整合的具有成因联系的岩性相序列，岩性相组合的边界一般为冲刷面或突变面。岩性相组合具有相对确定的成因意义，与沉积微相的级次基本相当。如曲流河边滩沉积微相，自下而上，多为由具大型交错层理的中砂岩、具大型交错层理的细砂岩、具小型交错层理的细砂岩、具小型交错层理的粉砂岩岩性相组成的岩性相组合(图5－1)。

Miall(1978)提出岩性相和岩性相组合的概念的同时，也提出了用代码快速记录描述岩性相和岩性相组合的方法。方法的要点是：①不同的结构、构造、颜色给定不同的代码，如粗砂岩给定代码Sc，大型交错层理给定代码Cb，灰色给定代码Gy；②按照一定次序记录结构、构造、颜色，一般按颜色、构造、结构的次序记录，如用文字记录为“灰色大型交错层理粗砂岩”的岩性相单元，用代码记录为“GyCbSc”；可见，用代码记录描述岩性相比用文字明显快捷；③按照由下向上次序记录描述岩性相的组合特征。

四、沉积体系和成因相

1. 沉积体系

沉积体系(depositional system)这一概念是Fisher和McGowen(1967)引入沉积学的，并把沉积体系定义为成因上有联系的、与特定沉积过程有关的沉积相的三维组合。现代沉积体系是相关的沉积环境、沉积物及伴随的沉积过程的组合，古代的沉积体系是由沉积环境和沉积过程联系起来的沉积相的三维组合。一种沉积体系是与一种自然地理单元或沉积地貌单元相当的沉积地质体，因此沉积体系可以用相应的沉积环境来命名(林畅松等，2016)。Fisher和Brown(1972)划分并描述了自然界的多种沉积体系，如冲积扇沉积体系、河流沉积体系、湖泊沉积体系、三角洲沉积体系等。

2. 成因相

组成沉积体系的基本单元是“相”(facies)或沉积相(depositional facies)。鉴于相的概念使用十分广泛，不同学者又有不同理解，Galloway(1986)建议把组成沉积体系的基本单元称作“成因相(genetic facies)”，或沉积构成单元(architectural element)，或成因单元(genetic unit)。成因单元是相对稳定或统一的沉积过程中形成的岩石单位(Siemers，1981)。

自然界，每一种沉积体系都具有复杂的内部结构，如曲流河沉积体系包括了多种成因相，有滞留沉积、边滩、天然堤、决口扇、沼泽、河漫湖等(图5－1)。在沉积体系内部，成因相并不是孤立存在的，总是由一种或几种主要的沉积作用、过程将不同成因相之间联系起来构成一个体系。如曲流河沉积体系的成因相就是由河道的侧向迁移、河水泛滥、河流决口等多种沉积作用、沉积过程联系起来的。

由上述可见，“沉积体系”的内涵与我国学者普遍使用的“沉积相”的内涵是基本相当的；“成因相”的内涵与“沉积微相”的内涵基本相当。

五、沉积方式和“相序”定律

1. 沉积方式

不论是滚动搬运、跳跃搬运的物质，还是悬浮搬运、化学搬运的物质，最终都会在大陆或海洋中沉积。根据随着时间的推移，所形成的沉积体的迁移方向与陆源物质的总体搬运方向的关系，把沉积方式区分为向前加积、向后加积、侧向加积和垂向加积四种沉积方式(图5－2)。

(1)向前加积，简称前积，也称进积，是指随着时间的推移，滚动搬运、跳跃搬运的底载荷所形成的沉积体呈倾斜的透镜状，沉积体的迁移方向与陆源物质的总体搬运方向相同，即沉积体和水体岸线向盆地方向迁移[图5－2(a)]。向前加积沉积方式形成的沉积体绝大多数是相对富砂的，叠复体的垂向序列是向上变粗的反粒序。

(2)向后加积，简称退积，是指随着时间的推移，滚动搬运、跳跃搬运的底载荷所形成的沉积体呈倾斜的透镜状，沉积体的迁移方向与陆源物质的总体搬运方向相反，即沉积体和水体岸线向陆源区方向迁移[图5－2(b)]。向后加积沉积方式形成的沉积体绝大多数也是相对富砂的，叠复体的垂向序列是向上变细的正粒序。

(3)侧向加积，简称侧积，是指随着时间的推移，曲流水道水流滚动搬运、跳跃搬运的底载荷所形成的沉积体呈倾斜的透镜状，沉积体的迁移方向与水流总体流向相近于垂直，即沉积体和水体岸线向曲流水道的侧方迁移[图5－2(c)(d)]。侧向加积沉积方式形成的沉积体绝大多数也是相对富砂的，叠复体的垂向序列是向上变细的正粒序。

(4)垂向加积是指随着时间的推移，悬浮搬运、化学搬运的物质沉降、沉淀形成的沉积体呈大致水平的板状，沉积体在垂向上逐层叠加，沉积体的分布范围受低能水体范围的控制。低能水体范围萎缩，沉积体的分布范围萎缩[图5－2(a)]；低能水体范围扩展，沉积体的分布范围扩展[图5－2(b)]。垂向加积沉积方式形成的沉积体绝大多数是富泥的，叠复体的垂向序列是向上粒度变化不大。垂向加积形成的沉积物在同生、准同生阶段受到高能介质的改造，可形成向前加积、向后加积、侧向加积的沉积物组分，如碳酸盐内碎屑、泥砾。

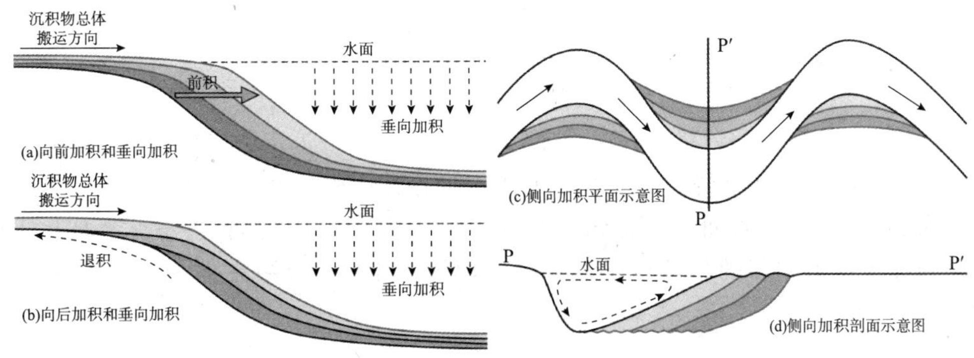

图5－2　沉积方式示意图

2.“相序”定律

沃尔索(Walther, 1894)相序定律指出：“只有现在看得到而彼此相邻的相或相区，才能在垂向上依次重叠而无间断(图5－3)”这一相带的平面展布和垂向叠加次序之间的联系就是“相序”定律，这个定律在研究沉积相时有重要意义。它是研究沉积相的一把钥匙，也是研究相模式的基础。

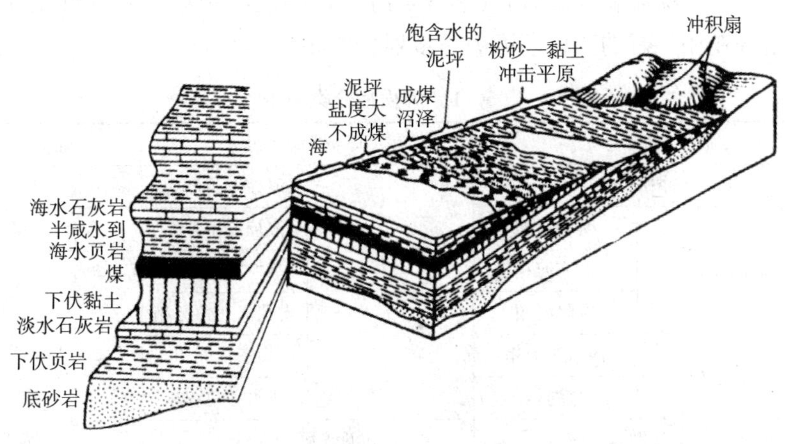

图5－3　沃尔索(Walther, 1894)相律示意图(据冯增昭，1993)

在沉积相研究时，最易得到的资料是沉积岩系的不同岩层的特征，以及不同岩层构成的沉积岩系垂向序列，用来进行相带及相带序列解释。古代沉积岩系的垂向相带的序列是研究沉积相带平面分布的重要依据。根据相序定律，在沉积相研究中强调以下几点：

(1)在沉积相研究中，必须掌握不同沉积相、亚相、微相的相带平面模式，哪些沉积相、亚相、微相在平面上是必然相邻的，或可以相邻的，或绝不相邻的。这一方面关系到平面相带研究成果的正确与否，如果自然界平面上绝不相邻的相带在平面相带研究成果中相邻出现，这种平面相带研究成果必然是错误的；另一方面也关系到垂向相带序列研究成果的正确与否，如果自然界平面上绝不相邻的相带在垂向相带序列研究成果中相邻出现，其间又没有间断界面，这种垂向相带序列研究成果必然是错误的。

(2)在沉积相研究中，既要分层详细观察、描述、研究颜色、结构、构造、成分等特征，又必须观察、描述、研究不同岩层间的接触关系。岩层间的接触关系一般区分为不整合接触、整合接触，整合接触可进一步区分为冲刷接触、突变接触和渐变接触(也称过渡接触)。垂向上不整合接触的岩层所反映的相带，可以是在平面上不相邻的相带，也可以是相邻的相带。垂向上整合接触的岩层所反映的相带，一定是在平面上相邻的相带。

(3)在沉积相平面分布规律研究中，必须选择连续沉积的沉积岩系作为编图单元，编图单元内部不能有不整合面。如果编图单元内存在不整合面，很可能将不整合面上、下岩层反映的自然界不相邻的相带错误地解释为相邻的相带，导致平面相带研究成果是错误的。

六、沉积相分类

沉积相的分类方案有很多，限于篇幅不进行一一介绍。本书首先根据自然地理条件把地球表面的沉积相归为陆相组、滨－浅海相组和陆坡－深海相组；再根据沉积环境物理、化学、生物特征，结合沉积特征，进一步把陆相组划分为冲积扇相、河流相、湖泊相、沙漠相、冰川相、残积相，把滨－浅海相组划分为三角洲相、陆源碎屑海滩相、陆源碎屑潮坪相、陆源碎屑障壁岛－潟湖相、陆源碎屑浅海相、内源滨－浅海相，把陆坡－深海相组划分为海底扇相、等深流相、深海相(表5－1)。这些沉积相均可根据沉积环境和沉积物特征进一步划分亚相，有的亚相还可进一步划分微相。

表5－1 沉积相分类简表

<table>
<tr><th>相组</th><th colspan="2">陆相组</th><th colspan="2">滨－浅海相组</th><th>陆坡－深海相组</th></tr>
<tr><td rowspan="11">相</td><td colspan="2">冲积扇相</td><td rowspan="6">三角洲相</td><td>河控三角洲相</td><td>海底扇相</td></tr>
<tr><td rowspan="3">河流相</td><td>辫状河相</td><td>浪控三角洲相</td><td>等深流相</td></tr>
<tr><td>曲流河相</td><td>潮控三角洲相</td><td rowspan="9">深海相</td></tr>
<tr><td>网状河相</td><td>辫状河三角洲相</td></tr>
<tr><td rowspan="2">湖泊相</td><td>淡水湖泊相</td><td>扇三角洲相</td></tr>
<tr><td>盐湖相</td><td>浅水三角洲相</td></tr>
<tr><td colspan="2">沙漠相</td><td colspan="2">陆源碎屑海滩相</td></tr>
<tr><td colspan="2">冰川相</td><td colspan="2">陆源碎屑潮坪相</td></tr>
<tr><td colspan="2">残积相</td><td colspan="2">陆源碎屑障壁岛－潟湖相</td></tr>
<tr><td colspan="2"></td><td colspan="2">陆源碎屑浅海相</td></tr>
<tr><td colspan="2"></td><td colspan="2">内源滨－浅海相</td></tr>
</table>

第二节 沉积相标志简介

沉积相标志，简称相标志，是能够反映沉积环境条件、指示成因的沉积岩(物)各种特征的统称。沉积标志可归纳为岩性标志、古生物标志 、地球物理标志和地球化学特征四大类，每一大类都包括多种相标志。四大类相标志中最重要的是岩性标志。在沉积相分析时，既要注重每一种相标志，更要注重多种相标志的综合运用，利用的相标志种类越全面，沉积相分析成果越细致、准确，单一相标志往往存在沉积相的多解性。

一、岩性标志

沉积岩的岩性标志主要包括岩石的颜色、结构组分、结构、构造、岩石类型及其组合。

1. 颜色

颜色是沉积岩最直观、最醒目的标志。观察和描述中要注意区分继承色、自生色和次生色。

①继承色主要决定于陆源碎屑颗粒的颜色，与碎屑颗粒成分有一定关系，一般不反映沉积环境。②自生色主要决定于岩石中含铁自生矿物、有机质等染色物质的种类及数量，黏土岩、化学岩和生物化学岩的自生色对古水介质的物理化学条件有较好的响应，是分析沉积环境物理化学条件的直观相标志。③次生色是在后生作用阶段或风化过程中，岩石的原生组分发生次生变化所引起的，不能反映沉积条件，只反映后生作用阶段或风化过程中变化。

2. 结构组分

沉积岩的结构组分按形成时间可分为陆源组分、原生自生矿物和次生自生矿物。

①陆源组分是母岩风化产物经过搬运沉积的，能够反映沉积环境的物理条件。②原生自生矿物是指在原始沉积环境水介质的影响下形成矿物，可指示沉积环境物理化学条件。如鲕绿泥石产于热带地区水深 9 ~ 150m 的浅海中，海绿石则在 30 ~ 750m 深的海洋中比较丰富。③次生自生矿物是指沉积物脱离原始沉积环境以后形成的自主矿物，不具沉积环境指示意义。

3. 沉积岩的结构

沉积岩的原生沉积组分的结构能够指示沉积环境物理条件或物理化学条件，如陆源碎屑岩颗粒的粒度、分选性和圆度、杂基含量可指示流体性质、能量强弱等沉积环境的物理条件，碳酸盐岩的鲕粒指示温暖、$CaCO_3$过饱和、动荡的水体等沉积环境的物理化学条件。沉积后形成的组分结构不具沉积环境指示意义。

4. 沉积构造

沉积构造分为物理成因构造、化学成因构造和生物成因构造三大类。物理成因的及生物成因的构造均为原生构造，均有一定沉积环境指示意义。如物理成因构造中流动成因构造反映沉积环境水体的流动特征，生物成因构造能指示沉积环境的生物特征，一般归入古生物标志。化学成因构造既有原生的，如同生结核，可指示沉积环境的化学特征，也有次生的，如缝合线，与沉积环境无关。

5. 岩石类型及其组合

岩石类型可分为以原生组分为主的岩石类型和以后生组分为主的岩石类型。以原生组分为主的岩石类型均能够指示沉积环境特征和沉积物成因。如石英砂岩指示碎屑经历长期改造、稳定的高能沉积环境；泥岩指示低能沉积环境；鲕粒灰岩指示温暖、$CaCO_3$过饱和、动荡的水体的沉积环境。以后生组分为主的岩石类型不具沉积环境或沉积成因指示意义，如结晶灰岩。

沉积岩岩石类型组合是指沉积岩系中有规律连续出现的 2 种或 2 种以上岩石类型。岩石类型组合比岩石类型更具沉积环境和沉积物成因指示意义。垂向上的岩石组合能够反映垂向沉积序列，通常简称沉积序列。沉积序列是指几种成因上有联系的沉积相带在垂向剖面中的相互组合关系。如曲流河沉积物一般为中砂岩→细砂岩→粉砂岩→泥岩连续出现的下粗上细的岩石组合，反映的是河道亚相→河漫亚相的沉积序列。

沉积岩的岩石组合与岩石构造组合的含义不同。岩石构造组合(petrotectonic assemblage)也简称岩石组合，主要指的是在一定的板块边界和大地构造环境发育的特有岩石组合，既包括沉积岩，也包括变质岩、岩浆岩，如蛇绿岩套。

二、古生物标志

古生物标志可分为生物遗体标志和生物遗迹标志。

1. 古生物遗体标志

古生物遗体标志也称古生物实体化石标志。生物与其生存环境是不可分割的，不同类别的生物对环境因素的要求不同，因而不同的环境，生物类别有差异。即便在同水域不同地段，由于环境的差异，在生物类别、数量、形态、构造等方面有一定区别，甚至明显的不同。因此，不同的生物群落或化石组合面貌，可以指示生物生存环境或沉积相。

化石是区分海相和非海相沉积环境的重要标志。有孔虫、放射虫、腔肠动物、苔藓动物、腕足动物、掘足动物、头足动物、笔石、三叶虫和棘皮动物等无脊椎动物是海相所特有的，或主要是海相的；灌木、乔木和介形虫、昆虫等无脊椎动物主要是非海相的。蓝藻或绿藻叠层状的产于潮坪、潟湖及其他半咸水环境，树枝状和结核团块形成于淡水河流和湖泊的环境。海松类和粗枝藻类的绿藻、红藻是海相。轮藻是淡水藻类。

2. 古生物遗迹标志

古生物遗迹标志也称遗迹化石或痕迹化石，不同环境的遗迹化石的形态、产状不同，特定沉积环境中遗迹化石组合称为遗迹相(ichnofacies)。

迄今为止，国际上已建立的遗迹相模式有 10 种，其中陆相 1 种，即 *Scoyenia*(斯科阳迹)遗迹相；海陆过渡相 3 种，包括 *Teredolites*(蛀木虫迹)遗迹相、*Psilonichnus*(螃蟹迹)遗迹相和 *Curuolithus*(曲带迹)遗迹相；海相 6 种，包括 *Trypanites*(钻孔迹)遗迹相、*Glossifungites*(舌菌迹)遗迹相、*Skolithos*(石针迹)遗迹相、*Cruziana*(二叶石)遗迹相、*Zoophycos*(动藻迹)遗迹相和 *Nereites*(类沙蚕迹)遗迹相。

三、地球化学标志

地球化学标志可进一步分为常量元素、微量元素、稀土元素、稳定同位素地球化学标志，以及有机地球化学标志。地球化学标志是重要辅助相标志。

1. 常量元素

常量元素与沉积岩的结构组分成分、岩石类型密切相关。如陆源碎屑岩 SiO_2 的含量与石英含量成正比，可以用 SiO_2/Al_2O_3 的比值来判别陆源碎屑岩的成分成熟度，SiO_2/Al_2O_3 比值越大，成分成熟度越高，在风化、搬运、沉积过程碎屑遭受的改造作用越强。常量元素可以看作沉积岩的结构组分成分、岩石类型的替代指标，在有结构组分成分和岩石类型资料情况下，很少利用常量元素分析沉积相。

2. 微量元素

(1)古盐度标志

硼元素含量，B/Ga、Sr/Ba、Sr/Ca、Mn/Fe、C/S 元素比值、沉积磷酸盐中钙盐含量等能够指示古盐度的高低。现代海洋沉积物中硼含量一般大于 100ppm；现代淡水湖相沉积物中吸附硼的含量一般为 30～60ppm。B/Ga、Sr/Ba、Sr/Ca、Mn/Fe 值与盐度成正比；C/S 与盐度成反比。沉积磷酸盐中，钙盐与钙盐＋铁盐的比值与盐度呈线性正相关关系，可以获得古盐度的定量数据。关系式为：

$$S=[P_{Ca-P}/(P_{Ca-P}+P_{Fe-P})-0.09]/0.26$$

式中，S 为盐度，单位为‰；P_{Ca-P} 和 P_{Fe-P} 为磷酸钙和磷酸铁在样品中的含量。

(2)氧化还原条件的标志

Fe^{2+}/Fe^{3+} 比值是判别沉积环境氧化还原条件的良好标志。一般认为：Fe^{2+}/Fe^{3+} 比值远大于1，指示还原环境；Fe^{2+}/Fe^{3+} 比值略大于1，指示弱还原环境：Fe^{2+}/Fe^{3+} 比值约等于1，指示中性环境；Fe^{2+}/Fe^{3+} 比值略小于 1，指示弱氧化环境；Fe^{2+}/Fe^{3+} 比值远小于 1，指示氧化环境。但影响 Fe^{2+} 与 Fe^{3+} 可逆反应的因素比较多，如当 pH 升高时，Fe^{2+} 更易被氧化成 Fe^{3+}。

(3)水深标志

由于元素在沉积过程中发生化学分异作用和生物化学分异作用，使不同元素的分布与水体深度存在一定相关性。据斯拉霍夫对太平洋沉积物的研究，由滨岸向远洋按微量元素含量增加的程度，可以划出四个带：Fe 族元素(Fe、Cr、V、Ge)带、水解性元素(Al、Ti、Zr、Ga、Nb、Ta)带、亲硫性元素(Pb、Zn、Cu、As)带、Mn 族元素(Mn、Co、Ni、Mo)带。当 Mo＞5ppm、Co＞40ppm、Cu＞90ppm、Ba＞1000ppm、Ce＞100ppm、Pr＞10ppm、Nd＞50ppm、Ni＞150ppm、Pb＞40ppm，特别是伴生有含量＜1ppm 的 U 和＜3ppm 的 Sn 时，水体深度可能大于 250m(Bendict 等，1978)。

3. 稀土元素

稀土元素中轻稀土元素(LREE)指按原子序数排列的 La、Ce、Pr、Nd、Sm 和 Eu，而重稀土元素(HREE)指 Gd～Lu 的稀土元素(有时加上 Y 元素)。(1)稀土元素可指示水介质的酸碱度：在酸性介质中(pH 为 4.7～5.6)，轻稀土元素先沉淀，重稀土元素后沉淀。(2)稀土元素可以提供水介质氧化还原性的信息：Ce 主要赋存于氧化相，Ce 为正异常越明显，氧化程度越强，Ce 亏损程度越大，还原程度越大。

4. 稳定同位素

自然界中多数元素具有 2 个或 2 个以上的稳定同位素，如 O、H、S、C、B 等，某一元素的稳定同位素的多少是用 δ 值来表示。

$$\delta(‰)=[(R_{样品}-R_{标准})/R_{标准}]\times1000$$

式中，R 值为某两种同位素的比值，如 $^{13}C/^{12}C$、$^{18}O/^{16}O$；δ 代表了样品的同位素比值相对于标准样品的丰度大小；碳同位素的国际通用标准为 PDB（美国卡罗来纳州白垩系 Pee Dee 组地层中的美洲拟箭石 Belemnite），也可作为沉积碳酸盐氧同位素的标准；氧同位素的国际通用标准为标准平均海洋水（SMOW，Standard Mean Ocean Water）。

（1）稳定同位素可指示古盐度：由于水分蒸发时 ^{16}O 容易逸出，因而海水中 $^{18}O/^{16}O$ 值高，淡水 $^{18}O/^{16}O$ 值低。淡水中的 CO_2 大部分来自土壤和腐殖质，CO_2 的 $^{13}C/^{12}C$ 值随盐度的增加而增加。Keith 和 Weber（1964）提出了经验公式：$Z=2.048(\delta^{13}C+50)+0.498(\delta^{18}O+50)$（$PDB$ 标准），$Z>120$ 时为海相灰岩，$Z<120$ 时为淡水灰岩。

（2）稳定同位素可指示古温度：当碳酸盐与水体达到氧同位素平衡时，如果盐度一定，碳酸盐的 $\delta^{18}O$ 值随温度的升高而降低，经验公式为：$t℃=16.9-4.38(\delta c-\delta w)+0.10(\delta c+\delta w)^2$，$\delta c$ 为25℃条件下真空中碳酸盐与纯磷酸反应时产生的 CO_2 的 $\delta^{18}O$ 值，δw 为25℃条件下所测试的 $CaCO_3$ 样品形成时与海水平衡的 CO_2 的 $\delta^{18}O$ 值。二者均采用 PDB 标准。一般利用含钙质壳的生物化石进行分析，如腕足、双壳、腹足、有孔虫等，但珊瑚、棘皮类等在沉淀碳酸盐时并未与海水达到同位素平衡。

（3）稳定同位素可指示氧化还原条件：在与大气 CO_2 平衡的开放有氧水体中形成的碳酸盐的 $\delta^{13}C$ 值比封闭缺氧水体中形成的碳酸盐的 $\delta^{13}C$ 值要高。这主要是封闭缺氧水体中，生物死亡堆积，生物成因的富含 ^{12}C 的物质参与碳酸盐形成的结果。$\delta^{13}C$ 值既可以指示水体的闭塞程度，也可以指示还原程度。热带和亚热带的湖泊，由于湖水的温度分层造成底层水与表层水化学性质不同。开放的表层水富含 ^{13}C，封闭的处于还原状态的底层水，由于有机质的沉降作用及降解作用造成 $\delta^{12}C$ 的高值。

除碳、氧同位素以外，硫同位素、硼同位素、锶同位素等的沉积相指示意义也值得探讨。

5. 有机地球化学相标志

一些有机质和有机化合物在热演化过程中，有一定的稳定性，能继承或保存原始有机质的结构特征，在不同程度上反映原始有机质的类型，进而直接或间接地反映有机质来源和沉积环境的物理化学条件。有机地球化学相标志主要有正烷烃、生物标记化合物、姥鲛烷与植烷及其比值等。

（1）正烷烃：烃源岩中正烷烃的分布受热成熟作用影响较为明显，但低－中成熟阶段的有机质具有一定的稳定性。正烷烃主要来源于动植物体内的类脂化合物。来源于浮游生物和藻类的脂肪酸形成低碳数正烷烃，碳数分布范围 $<C_{20}$；来源于高等植物的蜡质则形成高碳数正烷烃，碳数分布范围为 $C_{24}-C_{26}$。正烷烃分布曲线（以正烷烃碳数为横坐标，以其百分含量为纵坐标绘制的曲线），主峰碳数（百分含量最高的正烷碳数）、碳数分布范围、碳优势 CPI 值或奇偶优势 OEP 值等，可用来确定有机质的生源组合特征。如：后峰型奇碳优势正烷烃代表内陆湖泊三角洲平原沼泽相、湖沼相、前峰型奇偶优势正烷烃代表海相和较深水湖相沉积，偶碳优势正烷烃代表咸水湖泊或盐湖相。

(2)生物标记化合物：指在有机质演化中仍能在一定程度上保存了原始生物化学组分的基本格架的有机化合物。比如萜烷中的奥利烷和羽扇烷是原始有机质中高等植物输入的标志；伽马蜡烷高含量表征着原始有机质以动物型输入为主，同时也可以作为高盐度的标志；松香烷可作为陆生植物影响的标志。甾烷是生物体中的甾醇经过复杂的热演化而成，开阔海相动物和水生浮游生物富含 C_{27} 甾醇，C_{29} 甾醇次之，陆生植物富含 C_{29} 甾醇，一般常用烃源岩中甾烷 C_{27}/C_{29} 值来推断有机质来源，C_{27}/C_{29} 值高，表明有机质主要是水生生物来源，反之则指示陆源植物来源。

(3)姥鲛烷与植烷：姥鲛烷、植烷及其比值(Pr/Ph)常用来判断原始沉积环境氧化条件及介质酸碱度。植烷、姥鲛烷来源于植物中的叶绿素和藻菌中的藻菌素等在微生物作用下形成的植醇。植醇在弱氧化、酸性介质条件下易形成姥鲛烷，在还原、偏碱性介质条件下易形成植烷。因此高的 Pr/Ph 值指示有机质形成于氧化环境，低的 Pr/Ph 值则指示还原环境。低的 Ph/Pr 值也可以指示高盐度的环境(李任伟等，1986，1988)。

(4)干酪根类型：陆上、沼泽及近岸地区干酪根一般以Ⅲ型为主，远海及稳定水体沉积物中则以Ⅱ型和Ⅰ型干酪根为主。

四、地球物理相标志

地球物理相标志是埋藏于地下沉积体沉积相分析不可缺少的依据。主要地球物理相标志是测井相标志和地震相标志。

1. 测井相标志

钻井剖面的相分析中，尤其无岩心井段剖面相分析中，用测井资料就成为沉积相分析的主要依据。测井资料是通过地球物理测井获得的。地球物理测井是指通过井下专门仪器，沿钻井井筒剖面测量岩层的导电特性、声学特性、放射性、电化学特性等地球物理参数的方法(图 5－4)。测井方法众多，电、声、放射性是三类最基本、最常用的方法。每一种测井方法基本上都是间接地、有条件地反映岩层特性的某一侧面。要全面认识地下岩层，需要综合利用多种测井方法所获取的测井资料。综合利用多种测井资料可以获得判别岩层的岩性、接触关系和岩性序列等指示沉积相的信息。

(1)测井资料岩性判别：利用测井资料判别岩层的成分、结构、构造等特征。常用常规测井的自然电位(SP)、自然伽马(GR)、声波时差(DT)和电阻率(R)测井资料来判别岩性。例如，一般情况下：砂岩与泥岩相比，砂岩吸附能力比泥岩弱，吸附的带电离子比泥岩少，在淡水泥浆测井环境下，砂岩的 SP 响应为负电位，泥岩的 SP 为正电位；砂岩吸附的放射性元素比泥岩少，砂岩的 GR 值比泥岩小；砂岩吸附的自由电荷比泥岩少，导电性比泥岩差，砂岩的 R 值比泥岩大；砂岩密度和刚性均比泥岩大，声波在砂岩中的传播

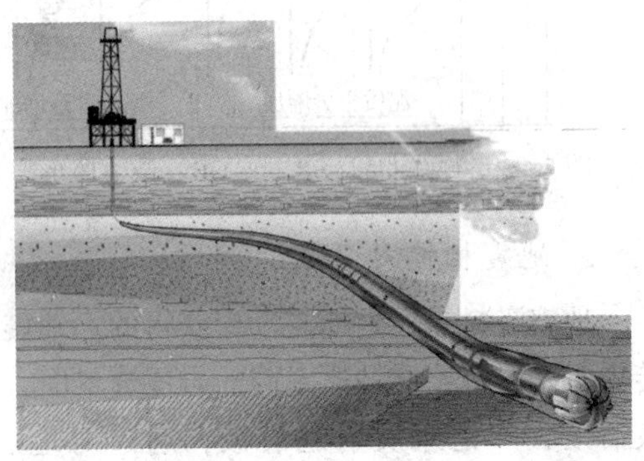

图 5－4　地球物理测井示意图(据百度百科)

速度快，砂岩的DT值大，泥岩的DT值小。因此可以根据SP、GR、DT、R测井数据判别砂岩、泥岩，结合岩心标定可以区分不同粒级的砾岩和砂岩，以及粉砂岩、泥岩。LDT（岩性密度）、DEN（补偿地层密度）、CNL（补偿中子）、BHC（井眼补偿声波）等测井资料也对判别岩性很有价值，自然伽马能谱可以用来确定黏土类型及相对含量。高分辨率地层倾角测井资料，可提供层理发育程度、古水流方向等沉积相信息。

（2）测井曲线形态对岩层接触关系和岩性序列的响应

测井曲线的形态包括测井曲线的幅度和外部形状。测井曲线的幅度可以反映出陆源碎屑岩的粒度、分选性及泥质含量等沉积特征的变化。一般情况下，粒度越粗，分选性越好，泥质含量越低，测井曲线偏离泥岩基线的幅度越大；粒度越细，泥质含量越高，测井曲线偏离泥岩基线的幅度越小。测井曲线的外部形状是岩层接触关系和岩性序列的响应。对于砂岩和泥岩组成的地层，测井曲线的外部形态一般为箱形曲线、钟形曲线、漏斗形曲线、弓形曲线（图5－5）。箱形曲线反映粗碎屑岩与下伏和上覆泥岩均呈突变接触；钟形曲线反映粗碎屑岩与下伏泥岩呈突变接触，与上覆泥岩呈渐变接触；漏斗形曲线反映粗碎屑岩与下伏泥岩呈渐变接触，与上覆泥岩呈突变接触；弓形曲线反映粗碎屑岩与下伏和上覆泥岩均呈渐变接触。光滑曲线反映岩层内部较为均一，齿化曲线反映岩层内部较为不均一。曲线幅度的变化反映泥质含量的变化。

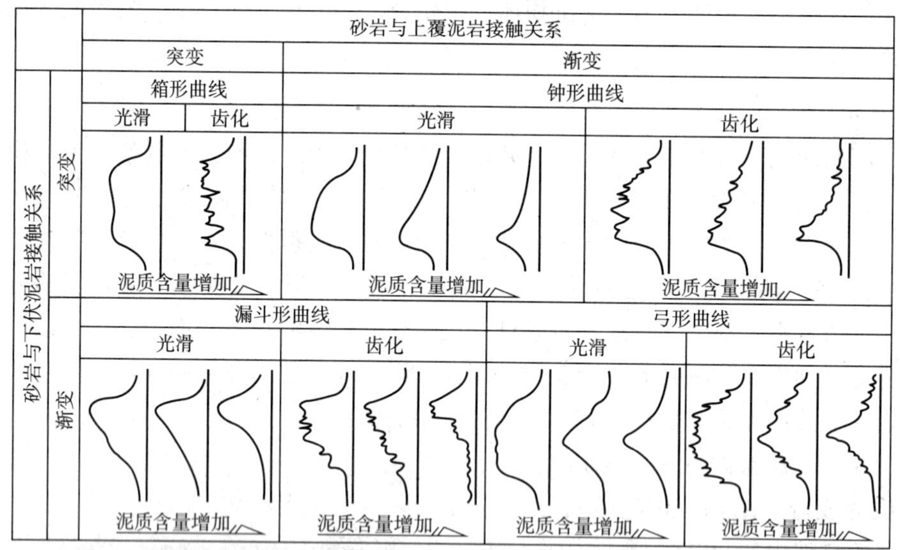

图5－5 测井曲线（SP，或GR，或DT）形态对岩性和接触关系的响应（据姜在兴，2010修改）

2. 地震相标志

地震资料是通过地震勘探获得的。地震勘探是在地表以人工激发的地震波，在向地下传播时，遇有介质性质不同的岩层分界面，地震波将发生反射与折射，在地表或井中用检波器接收并记录反射地震波，通过对地震波记录进行处理，可以获得常规地震剖面（图5－6）、层速度、地震参数等地震资料。通过对常规地震资料特殊处理可以获得多种特殊处理地震资料。

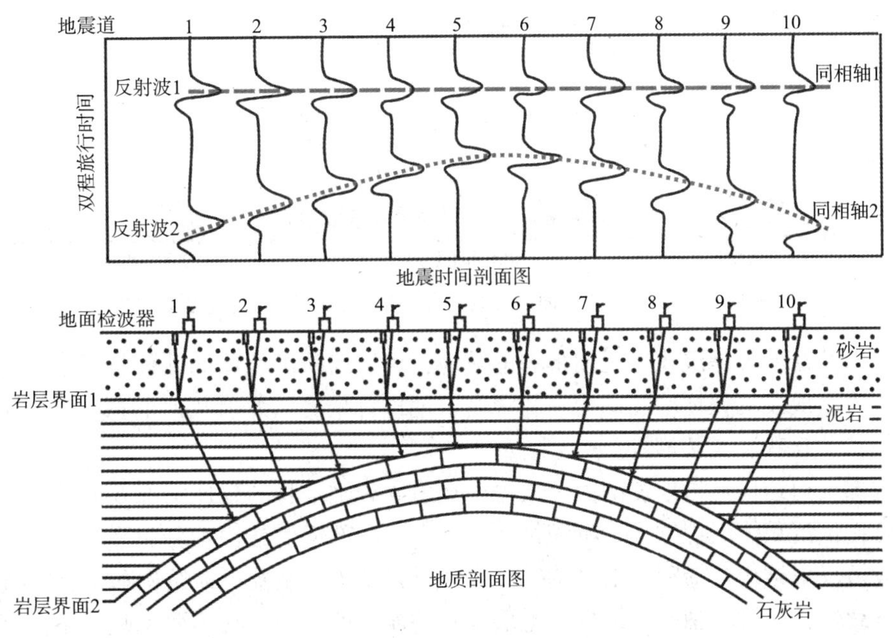

图5－6　地震勘探原理示意图

常规地震剖面资料是由许多相邻的单道地震记录并列在一起而构成。纵坐标是地震波由地表传至地下反射界面再反射至地表的双程旅行时间，而横坐标则为单道地震记录沿测线方向上与原点之间的距离。剖面中由一系列单道地震记录的相同相位所构成的波峰面或波谷面称为同相轴。同相轴作为地震反射界面，既是波阻抗界面，也是具有年代地层学意义的界面。同相轴的频率、振幅、连续性，以及同相轴反映的内部反射结构、外部几何形态是常规地震资料用于沉积相分析的主要标志，也称地震相标志。地震相标志分析必须在不整合面限定的、相对整一的、成因上有联系的地层单元内进行。同相轴终止方式是识别不整合面的良好标志。

(1)同相轴终止方式

指示不整合界面的地震反射同相轴终止方式有上超、顶超和削截三种类型(图5－7)。①上超指示层序底部不整合面(超覆面)，是一组同相轴向上逐层扩展超覆终止于这一底界面[图5－7(a)]；反映一套水平(或微倾斜)地层逆着原始倾斜沉积界面向上超覆尖灭；代表水域不断扩大时的逐步超覆的沉积现象。②顶超指示层序顶部界面(顶超面)，是一组倾斜前积的同相轴顶端逐层收敛终止于这一顶界面[图5－7(b)]；代表既无沉积作用，也无明显侵蚀作用的沉积间断面。③削截(或削蚀)指示层序顶部界面(削截面)，是一组倾斜的同相轴顶端以较大的交角终止于这一顶界面[图5－7(c)]；反映侵蚀作用造成的地层中断，代表构造运动(区域抬升或褶皱运动)或沉积基准面下降造成的剥蚀性间断形成的不整合面。

(2)地震相标志

常用的地震相标志主要有外部几何形态、反射结构、连续性、振幅、频率、层速度等，以及地震资料特殊处理获得的沉积相信息。

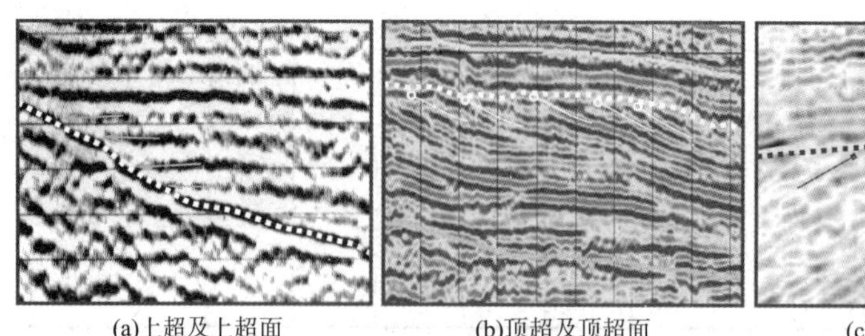

(a)上超及上超面 (b)顶超及顶超面 (c)削截及削截面

图5－7 指示不整合面的反射同相轴终止方式代表性地震剖面图

①外部几何形态是沉积体几何形态的响应，可以反映沉积体的几何特征，进而分析沉积体的物质组成及沉积环境水动力、物源及古地理背景等。外部几何形态可分为席状、楔状、透镜状、丘状、充填形等。

②内部反射结构是指地震剖面上层序内反射同相轴本身的延伸情况及同相轴之间的关系，能够提供沉积体沉积方式、沉积过程等信息。内部反射结构可分为平行与亚平行反射结构、发散反射结构、前积反射结构、乱岗状反射结构、杂乱反射结构和无反射结构等。

③连续性，即同相轴的连续性与地层本身的连续性有关，它主要反映了不同沉积条件下地层的连续程度及沉积条件变化。一般反射连续性好表明岩层连续性好，反映沉积条件稳定的较低能环境；反之，连续性差代表较高能的不稳定沉积环境。连续性一般分为：连续性好(同相轴连续长度大于600m)，连续中等(同相轴连续长度600～300m)，连续性差(同相轴长度小于300m)。

④振幅与反射界面的反射系数相关。振幅中包括反射界面的上、下层岩性，岩层厚度，孔隙度以及所含流体性质等方面信息，可用来预测横向岩性变化和直接检测烃类。但由于振幅还受地震激发与接收条件、大地衰减及处理方法等因素影响，使用振幅时应注意排除这些干扰。振幅一般分为：强振幅(地震剖面上相邻地震道波峰、波谷重叠，无法分辨)，中振幅(相邻地震道波峰、波谷部分重叠，但可用肉眼分辨)，弱振幅(相邻地震道波峰、波谷相互分离)。

⑤频率在一定程度上和地质因素有关，如反射层间距、层速度变化等。但它与激发条件、埋藏深度、处理条件也有密切关系。因此在地震相分析中仅可作为辅助参数。频率可按波形和排列疏密程度分为高、中、低三级。频率横向变化快，反映岩性横向变化大；频率稳定反映岩性横向变化小。

⑥层速度反映的是地震波在岩层中的传播速度，层速度的空间变化能够反映岩性的空间变化。

⑦地震资料特殊处理，目前主要采用波阻抗反演、地震属性提取、90°相位转换、分频解释与时频分析技术，所获得的特殊处理地震资料能够为沉积相分析提供重要信息。

第三节 沉积相研究方法简介

沉积相研究方法是以沉积学理论为指导，综合利用露头、岩心、录井、测井、地震、分析测试资料，采用地质与地球物理、地球化学相结合，宏观与微观分析相结合，定性与定量分析相结合的研究方法，通过点、线、面系统编图，建立等时地层格架，明确各种沉积相的类型、特征，建立各类各级相标志，揭示沉积相的垂向、横向分布及变化规律，阐明不同等时地层单元沉积相的平面分布规律，分析沉积相的主控因素，进而总结沉积模式，预测相关矿产。

一、建立等时地层格架方法简介

建立等时地层格架，目前普遍采用层序地层学方法。层序地层学的要点是基于相对基准面的升降变化来划分等时地层单元，多以基准面下降的最低点对应的地层界面作为层序的边界，以基准面上升的最高点对应的地层界面作为层序内部地层单元划分的关键界面(图5－8)。基准面变化具有多级次周期性(图5－9)，从多级次周期叠加的地质记录中，识别不同级次的基准面下降的最低点和基准面上升的最高点对应的地层界面，可以建立不同尺度的等时地层格架，为不同精度的沉积相研究奠定基础。

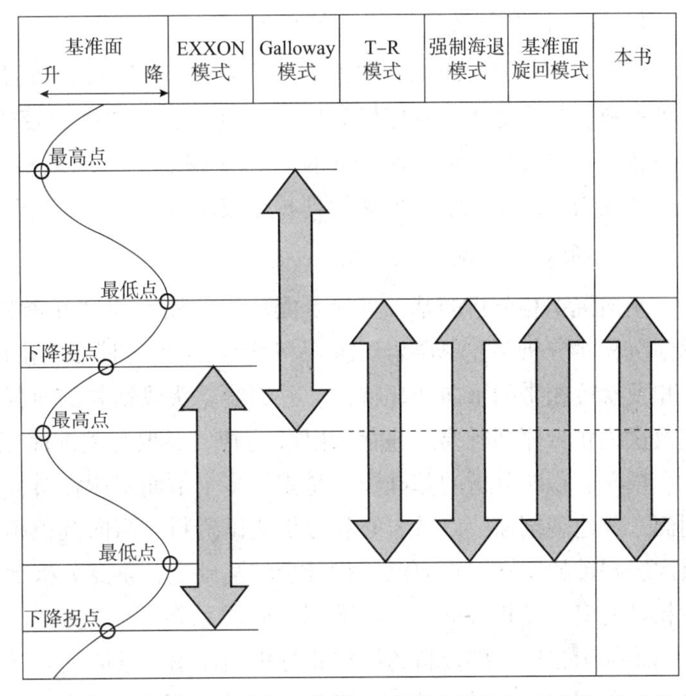

图5－8　在基准面变化旋回曲线上不同层序模式层序界面的位置

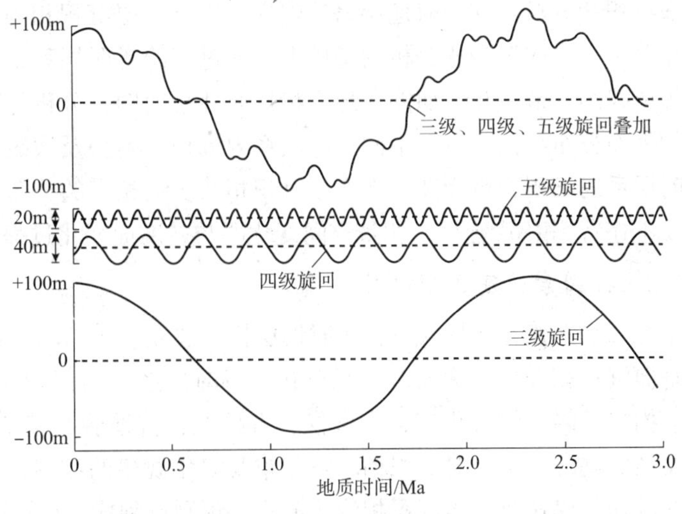

图5－9　基准面变化的多级周期及叠加示意图

二、等时地层格架下沉积相研究方法简介

等时地层格架下沉积相研究大体分为：沉积相类型及次级相带的识别、垂向及横向沉积相及次级相带类型及变化特征分析、等时层系平面沉积相及次级相带类型及变化特征分析、分析沉积相及次级相带主控因素并建立相模式四个方面。在沉积相研究过程中，既要注重“点”上的各种单一相标志的综合分析，又要注重“点”“线”“面”沉积相研究成果相互印证，还要考虑古构造、古地貌、相对基准面变化对沉积相的控制。

1. 沉积相类型及次级相带的识别

沉积相类型及次级相带的识别，要求仔细研究可获得岩性、古生物、地球化学、地球物理资料，综合分析，确定研究对象的沉积相及次级相带的类型，建立相应相带的岩性、古生物、地球化学、地球物理相标志，并编绘不同沉积相及其次级相带(亚相、微相)岩性、古生物、地球化学、地球物理相标志图表。

2. 垂向和横向沉积相分析

垂向沉积相分析的基础资料是露头实测资料或钻井资料，以及岩心和分析测试资料。垂向沉积相分析是在单层岩层沉积相类型及次级相带识别的基础上，重点分析自下而上沉积相及次级相带的垂向变化特征，并编绘露头或钻井剖面沉积相分析柱状图。垂向上沉积相及次级相带序列既要不违背“相序”定律，又要与基准面变化过程相吻合。

横向沉积相分析的基础资料是露头多个剖面实测资料，或多口钻井资料，或井震联合剖面，或地震剖面，以及岩心和分析测试资料。横向沉积相分析是在单层岩层沉积相类型及次级相带的识别、垂向沉积相分析的基础上，重点分析剖面上同一等时层系沉积相及次级相带的横向变化特征，以及不同等时层系自下而上沉积相及次级相带的垂向变化特征，并编绘基于相应基础资料的沉积相分析剖面图。垂向上和横向上沉积相及次级相带序列既要不违背“相序”定律，也要与基准面变化过程相吻合(图 5－10)。

3. 等时层系平面沉积相分析

等时层系平面沉积相分析是在等时地层格架建立、单层岩层沉积相类型及次级相带的识别、垂向沉积相分析、横向沉积相分析的基础上，通过编绘等时层系地层等厚图、砂岩等厚图、含砂率等值线图、地震相平面图、地震特殊属性平面图，分析等时层系内沉积相类型及次级相带的平面分布特征，以及不同等时层系内沉积相类型及次级相带的空间变化特征，编绘各等时层系的沉积相平面图。平面上沉积相及次级相带的分布及次序要考虑与古地貌的匹配，要不违背“相序”定律，相带空间变化要与基准面变化过程相吻合。

4. 分析沉积相主控因素并建立相模式

分析沉积相主控因素并建立相模式是在等时地层格架建立、单层岩层沉积相类型及次级相带的识别、垂向沉积相分析、横向沉积相分析、等时层系平面沉积相分析的基础上，分析基准面变化、构造升降、物源供应、古气候、古地貌、古地貌与基准面的耦合关系、沟谷与不同斜坡类型的耦合关系等对沉积相时空分布及演化规律的控制，总结、概括、建立不同等时层系的沉积相模式及总体沉积相演化模式，预测有利成矿(或成藏)相带，并编

绘相关图表。

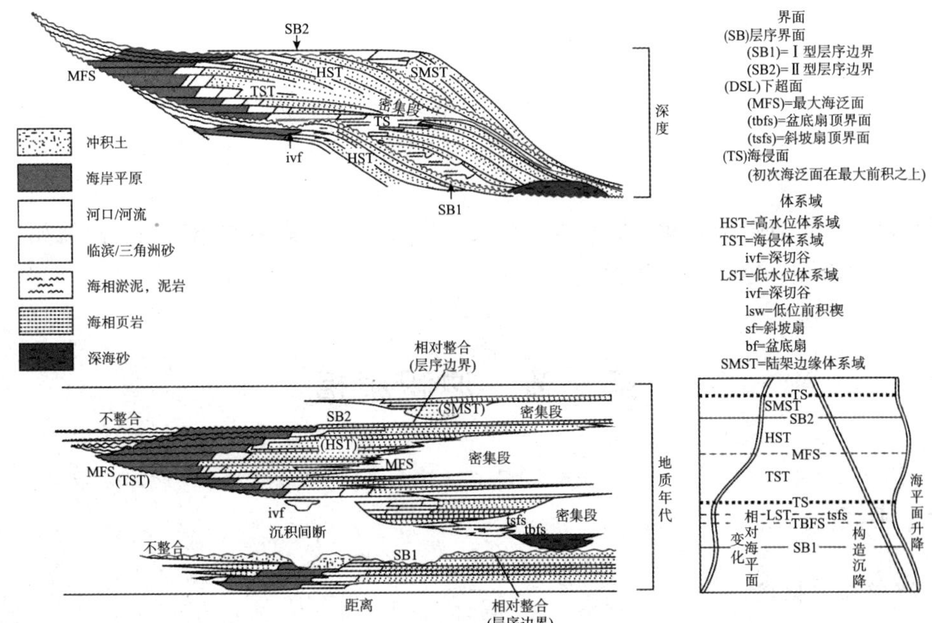

图 5－10 等时地层格架下沉积相分析剖面示意图

第六章　陆相组

陆相(terrestrial)组是大陆上所有沉积相类型的总称，主要是冲积扇相、河流相、湖泊相，其次为沙漠相、冰川相、残积相。

第一节　冲积扇相

一、概述

1. 冲积扇的概念

冲积扇(alluvial fan)相是在干热气候条件下，地壳升降运动较强烈、地形反差大的地区，隆起区风化、剥蚀作用剧烈，形成的风化产物被山区的暂时性水流(洪水)或山区河流带出山口，由于地形坡度急剧变缓，搬运介质能量骤减，致使碎屑物质大量沉积，形成顶端指向山口的锥状或扇状堆积体，也称为洪积锥，或洪积扇(图6－1)。山前同期发育的多个冲积扇合称冲积扇裙。

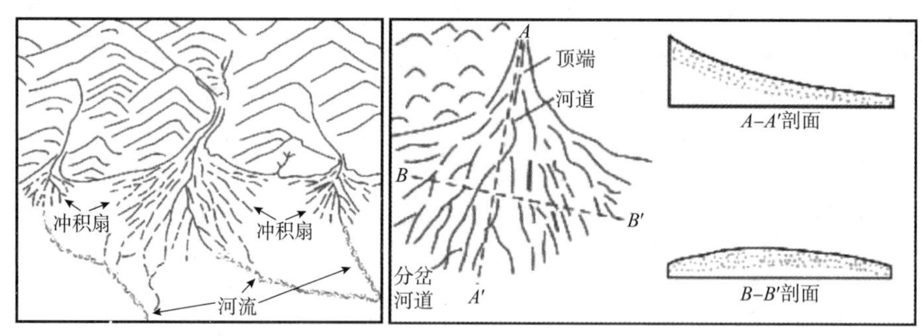

图6－1　冲积扇示意图

2. 冲积扇的规模和形态

冲积扇的面积变化较大，单个冲积扇半径可从小于10m到大于150km，多数小于10km。其沉积物的厚度变化范围可以从几米到8000m左右。

在纵向剖面上，冲积扇呈下凹的呈楔形；在横剖面上，呈上凸的透镜状(图6－1)。冲积扇的表面坡度靠近山口部位可达5°～10°，远离山口部位变缓，为2°～6°。通常是许多冲积扇彼此相连和重叠，形成沿山麓分布的带状或裙边状的冲积扇群或山麓堆积。

3. 冲积扇发育的主要控制因素

冲积扇发育的主要控制因素有：气候、地形反差及大地构造稳定性、母岩类型。

(1)干旱或半干旱气候条件有利于冲积扇发育。干旱或半干旱气候条件下：①物理风化作用强烈，可以提供大量的碎屑物质；②植被不发育，有利于风化产物搬运、流失；③降水具有季节性，雨量集中，容易爆发山洪。

(2)地形反差大，大地构造差异升降明显，有利于冲积扇发育。①山区与山口外地形存在明显反差，山区地势高陡，山口外地形开阔而平缓为冲积扇提供了必要条件；②隆起山区与山前开阔区之间往往有断层发育，断层持续活动，山区持续隆升，山前持续沉降，有利于维持或加大地形反差，从而有利于冲积扇持续发育。

(3)风化能产生大量碎屑的母岩有利于冲积扇发育。不同母岩风化难易程度不同，风化产物类型不同。如：①火山岩母岩既容易发生物理风化，又能产生大量的碎屑，火山岩母岩有利于冲积扇的发育；②石英岩母岩区，虽然物理风化可产生碎屑，但物理风化难度大，所产生的碎屑少，很难形成较大规模的冲积扇；③碳酸盐岩、蒸发岩母岩容易发生化学风化，风化产物中碎屑极少，这类母岩不利于冲积扇发育。

二、冲积扇的沉积物类型

根据成因，可将冲积扇的主要沉积物分为：泥石流沉积物、河道沉积物、漫流沉积物和筛积物四种类型(图6-2)。

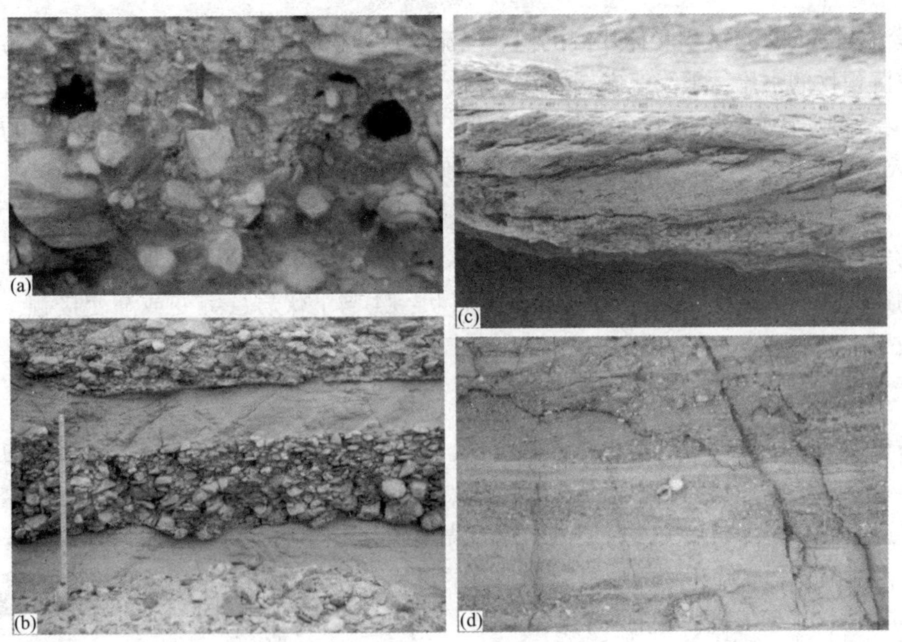

图6-2 冲积扇主要沉积物类型

(a)—泥石流沉积，砾、砂、泥混杂，砾石无定向；(b)—河道沉积，洪水期定向组构砾岩与交错层理砂岩互层；(c)—河道沉积，大型交错层理含砾粗砂岩；(d)—漫流沉积，交错层理含砾砂岩、低角度交错层理砂岩、粉砂岩

1. 泥石流沉积

泥石流(debris flow)沉积是泥石流形成的沉积物。冲积扇的泥石流是陆地上的一种高密度、高黏度的块体流，其碎屑颗粒由杂基支撑，并在重力作用下呈块体搬运，也称其为碎屑流。泥石流的形成条件是：①坡度陡，植被不发育；②源区能供应大量的泥质和碎屑物质；③季节性的洪水短期内使水量剧增。在干旱或半干旱地带泥石流沉积更为发育。

泥石流沉积[图6－2(a)]特征是：①分选极差，砾、砂、泥混杂，而且粒级大小相差悬殊，甚至可含有几吨重的巨砾，砾石多呈棱角状至次棱角状；②一般具块状层理、递变层理，板状、长条形砾石以垂直、不同角度倾斜不定向排列；③砾石成分复杂，与母岩类型关系密切；④与下伏岩层多突变，或冲刷接触。不含4 mm以上粒径的颗粒的泥石流沉积可称为泥流沉积，其中可见泥裂。泥石流沉积是冲积扇的最重要标志。

2. 河道沉积

河道(channel)沉积是指冲刷切入冲积扇内河道的充填沉积物，又称为河道充填沉积。一般冲积扇顶端河道直而深；至末端地区河道变浅，大多为辫状河道；平面形态一般为向末端分岔状。

河道沉积[图6－2(b)(c)]的特征是：①由砾石和砂组成，分选较差，碎屑多为次棱状；②可见块状层理、大型交错层理、叠瓦状构造、冲刷－充填构造等；③单层厚度一般为5～60cm，有时可达2 m以上；④与下伏岩层多冲刷接触，底界面一般凸凹不平。

3. 漫流沉积

漫流(sheet flow)沉积又称片流沉积。漫流是从冲积扇的河道末端坡度低缓地带漫出的携带着沉积物的水流，水流宽阔，水深较浅(一般不超过30cm)，由于水深和水流速度同时减小，导致所携带的碎屑沉积。首先充填分岔河道，然后向旁侧迁移，彼此相互叠加，形成席状的砂、砾沉积层，可被后期河道冲刷。

漫流沉积[图6－2(d)]的特征是：①由砂、砾石和含少量黏土的粉砂组成，分选中等；②发育块状层理、大型交错层理、小型交错层理、低角度交错层理，可见小型冲刷－充填构造；③单层厚度一般不足30cm，呈席状；④与下伏岩层突变或渐变接触，底界面一般较平。

4. 筛积物

筛积物（sieve deposition）也称筛状沉积，或筛余沉积，是当物源区母岩风化的碎屑主要是砾石，几乎没有砂、粉砂和黏土物质时，山口及山前沉积物几乎全部为砾石，由于砾石层渗透性极好，犹如筛子，后期洪水流经先期砾石层时完全向下渗漏，导致所携带砾石堆积，形成筛积物。筛积物的形成要求独特的母岩条件，母岩主要是节理发育的坚硬岩石(如石英岩)，以便提供大量的砾石块。

筛积物的主要特征是：①主要由棱角状至次棱角状的单成分砾石组成，分选中等到较好；②呈块状构造；③层与层之间的接触界限不清；④十分罕见，分布局限，几乎不与泥石流沉积物、河道沉积物、漫流沉积物同时发育。

三、冲积扇相的次级相带划分及其特征

根据冲积扇地貌及沉积物特征，冲积扇相可进一步划分为扇根、扇中和扇端三个亚相（图 6－3）。

1. 扇根亚相

扇根亚相，也称扇顶亚相，分布在邻近山口的冲积扇顶部地带。其沉积环境特点是沉积坡角大，以泥石流沉积为主，发育少量直而深的主河道。扇根亚相的总体沉积特征是以泥石流沉积为主，以河道沉积为辅，向扇中方向河道沉积增多（图 6－3）。

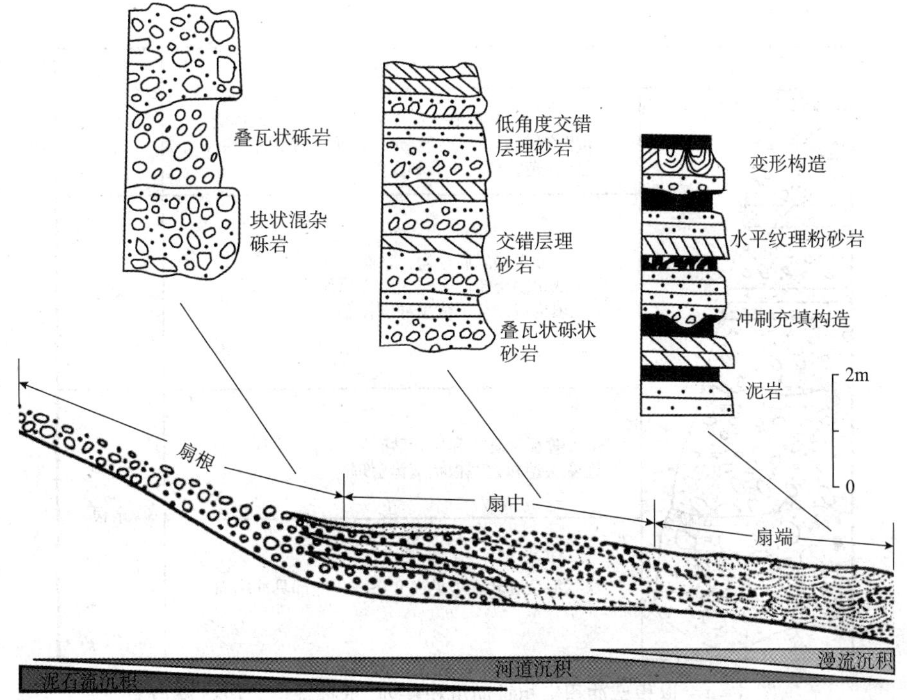

图 6－3　冲积扇相亚相划分及其沉积序列（据孙永传，1985 修改）

2. 扇中亚相

扇中亚相位于冲积扇的中部，是冲积扇的主体部分。其沉积环境特征是具有中等沉积坡角，以发育的辫状河道为特征。扇中亚相的总体沉积特征是以河道沉积为主，向扇根方向泥石流沉积增多，向扇端方向漫流沉积增多（图 6－3）。

3. 扇端亚相

扇端亚相，也称扇缘亚相，处于冲积扇的末端。其沉积环境特征是地形较平缓，沉积坡角低，水流宽阔，水深较浅，流速较缓。扇端亚相的总体沉积特征是以漫流沉积为主，以河道沉积为辅，向扇中方向河道沉积增多（图 6－3）。向前多与河流相过渡（图 6－1）。

四、垂向沉积序列及空间相带组合

1. 垂向沉积序列

冲积扇相的垂向序列与冲积扇的退积、进积作用密切相关。退积作用是冲积扇发育过程中，冲积扇沉积体不断向物源区迁移，早期的物源区被扇根亚相覆盖，早期的扇根亚相被扇中亚相覆盖，早期的扇中亚相被扇端亚相覆盖，形成下粗上细的退积型正旋回沉积序列(图6－4)。进积作用是冲积扇发育过程中，冲积扇沉积体不断向山前平原方向迁移，早期的扇端亚相被扇中亚相覆盖，早期的扇中亚相被扇根亚相覆盖，形成下细上粗的进积型反旋回沉积序列。

岩性剖面	岩性简要描述	相带
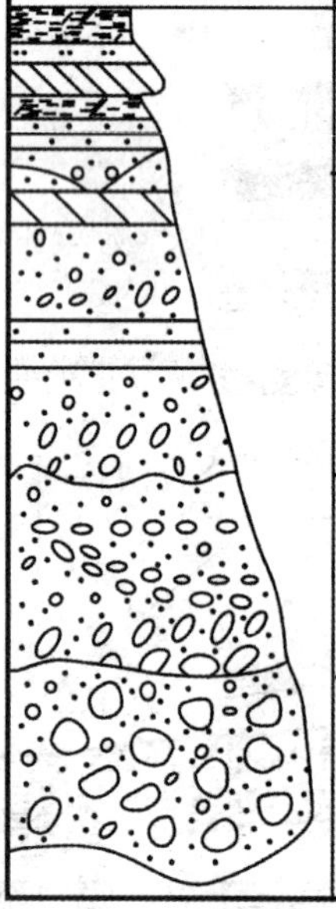	砂岩和含砾砂岩，夹粉砂岩和泥岩，具低角度交错层理、交错层理、水平纹理和冲刷－充填构造，偶见干裂和雨痕	扇端
	砂岩和砾质砂岩，具叠瓦状构造、不明显低角度交错层理、大型交错层理、冲刷－充填构造，与下伏呈冲刷接触	扇中
	叠瓦状砾岩和块状砂砾岩，可见块状层理递变层理和大型板状交错层理	扇根
	块状混杂砾岩，可见递变层理，底部具冲刷面	

图6－4　退积型冲积扇相垂向沉积序列(据孙永传，1985略改)

2. 空间相带组合

在平面上，冲积扇在山前从山口呈扇形发育，沿山前多个山口发育的多个冲积扇形成冲积群；山口侧翼紧靠扇根常发育坡积－坠积形成的砂砾质沉积物；冲积扇前方及侧翼过渡为河流相、盐碱滩及沙漠相。在横切扇中上部的走向剖面上，单个冲积扇相砂砾岩体呈透镜状，泥石流沉积包裹在河道沉积之中，砂砾岩透镜体之间主要为漫流沉积，可有少量盐碱滩、沙漠相沉积物。在纵切单个冲积扇中部山口侧方的倾向剖面上，由山前向平原方向，总体上依次发育坡积－坠积沉积、泥石流沉积、河道沉积、漫流沉积、河流洪泛－盐碱滩－沙漠相沉积物(图6－5)。

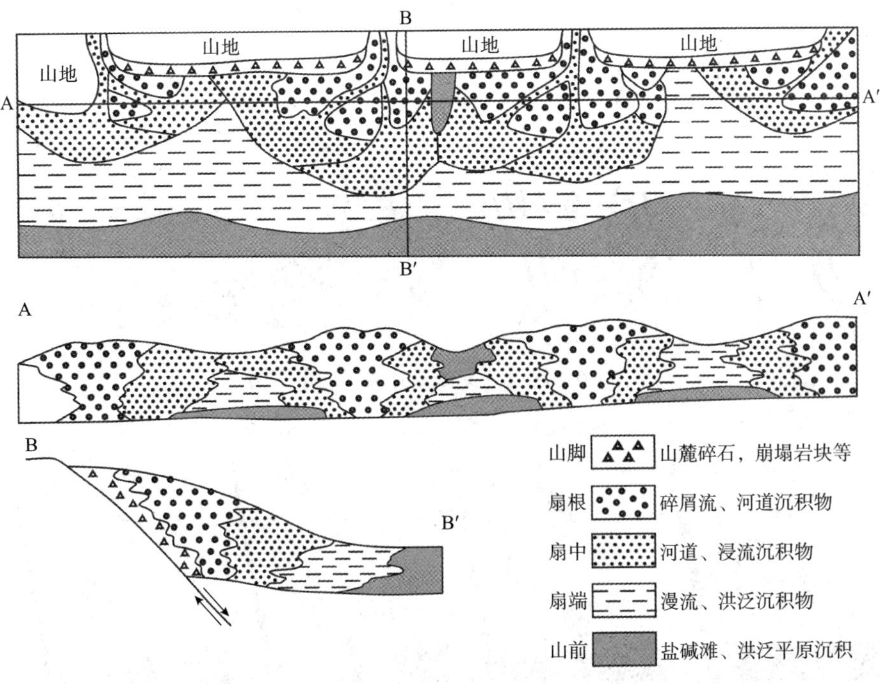

图 6－5　冲积扇相空间相带组合示意图(据 Fraser，1989 修改)

第二节　河流相

河流是陆地上单向流动的线状分布的水域。河流既有侵蚀作用，也有搬运和沉积作用。河流的侵蚀、搬运、沉积作用与河流类型密切相关，不同河流类型的沉积特征存在明显差异。河流相是不同类型河流沉积环境及其沉积特征的总称。河流相可根据河流类型的不同，分为不同类型的河流相。

一、河流的分类

1. 河流分类参数及相关概念

目前，沉积学界普遍采用拉斯特(Rust，1978)提出了根据河道分岔参数和弯曲度指数的河流分类方案。河道分岔参数是指平均每个蛇曲波长发育的河道砂坝的数目；河道砂坝是被河流水流围绕和限制的沉积体(图 6－6)。河道分岔参数 <1 的河流为单河道河流，河道分岔参数 >1 的河流为多河道河流(图 6－6，表 6－1)。河道弯曲度指数是指河道长度与河谷长度之比(图 6－7)，也称为弯度指数。河道弯曲度指数 <1.5 为低弯度河，河道弯曲度指数 >1.5 为高弯度河(图 6－7，表 6－1)。值得注意的是河道随着河谷弯曲的山区河流多为低弯度河(图 6－7)。

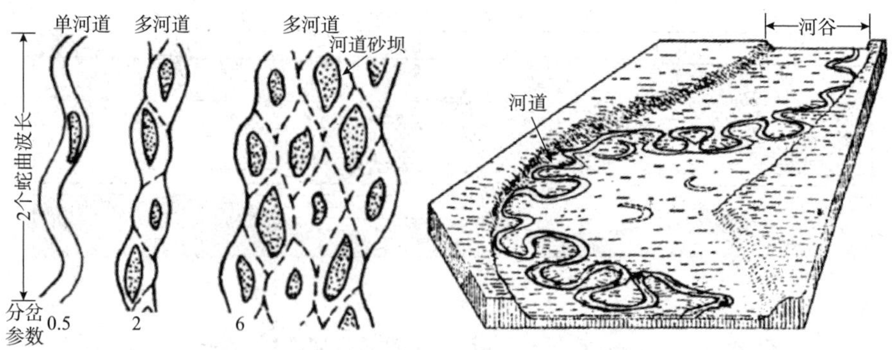

图6-6　河流分类参数有关概念示意图

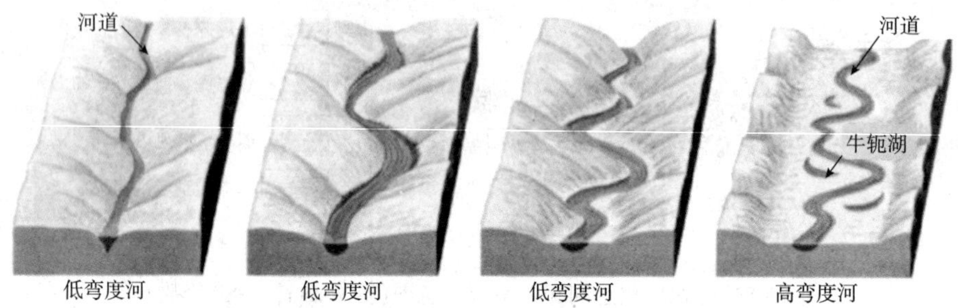

图6-7　河道随着河谷弯曲的低弯度河与高弯度河示意图

表6-1　拉斯特(1978)河流分类

分岔参数 / 弯度	单河道(河道分岔参数<1)	多河道(河道分岔参数>1)
低弯度(弯度指数<1.5)	顺直河	辫状河
高弯度(弯度指数>1.5)	曲流河	网状河

2. 河流分类及不同河流类型的主要特征

根据河道分岔参数和弯度指数，将河流分为顺直河、曲流河、辫状河、网状河四种河流类型(表6-1；图6-8)。

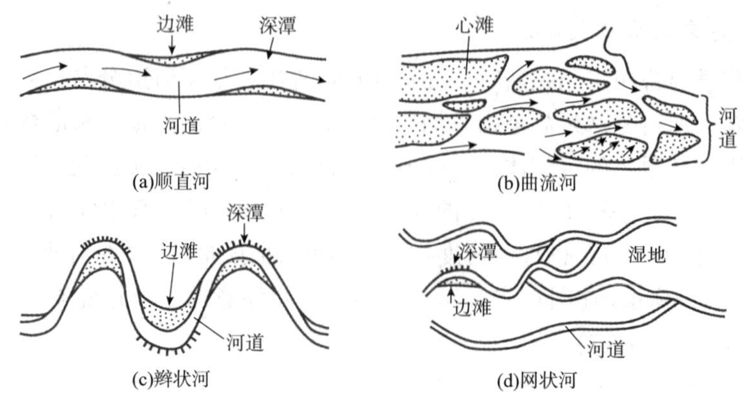

图6-8　四类河流平面形态示意图(据林畅松等，2016)

顺直河(straight river)是发育于山区的单河道低弯度河流，河水流速快，能量相对最强，以侵蚀，而且是向下侵蚀和搬运作用为主，沉积记录很难保留；辫状河(braided river)是发育于山间较开阔地带和山前的多河道低弯度河流，地形较开阔，坡度较陡，以搬运和沉积作用为主；曲流河(meandering river)为广阔平原发育的单河道高弯度河流，坡度平缓，以侧向侵蚀、搬运、沉积作用并存为特色；网状河(anastomosing river)是主要发育于河流下游平原的多河道高弯度河流，地势非常平坦，坡度极缓，侵蚀作用和搬运能力非常弱，以沉积作用为主。

上述四种类型河流中，顺直河以侵蚀作用为主，缺少沉积记录，本节主要讨论曲流河相、辫状河相和网状河相。曲流河相分布最广，研究程度最为深入。

二、曲流河相

根据次一级环境及其沉积物特征的不同，将曲流河相划分为河道、堤岸、河漫、牛轭湖四个亚相(图6-9)。堤岸、河漫、牛轭湖合称泛滥盆地。

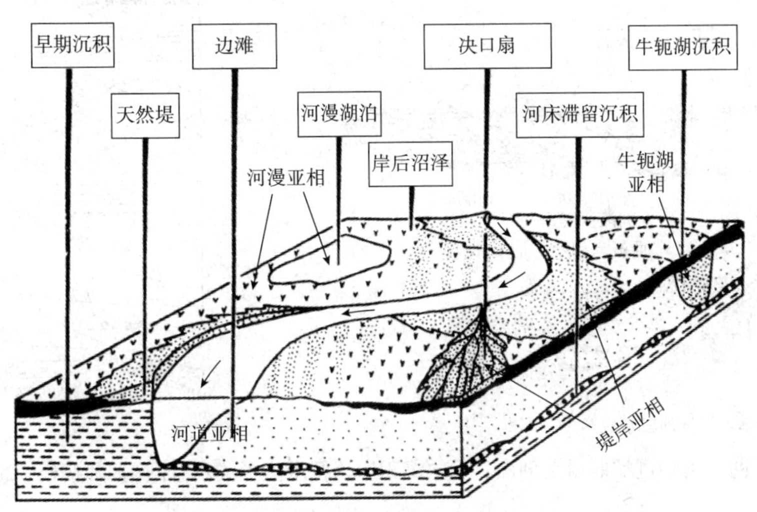

图6-9　曲流河相立体沉积模式(据冯增昭，1993略改)

1. 河道亚相

河道亚相是曲流河沉积相的骨架，河道(channel)是河谷中经常流水的部分，为持续高能沉积环境。根据沉积环境和沉积物特征，进一步划分为滞留沉积和边滩沉积两个微相。

(1)滞留沉积微相

滞留(lag)沉积微相形成于河床底部河水冲刷形成的深槽或深坑中。从上游搬运来的物质，以及就地侵蚀形成的物质、细粒碎屑及化学溶解物质被带走，粗粒碎屑被留下堆积成薄层状或透镜体状的沉积体，就是滞留沉积。其成分复杂，既有陆源砾石、粗砂、中砂，也有河床下伏或凹岸早期沉积准同生泥砾。陆源砾石呈叠瓦状排列，倾斜方向指向上游。泥砾形状变化大，常见撕裂状泥砾；泥砾可分散于粗砂、中砂中，也可集中堆积形成泥砾岩，泥砾岩中常含粗砂或中砂，泥砾岩酷似泥质岩，但仔细观察，可见粗砂或中砂围限的泥砾轮廓。主要由陆源砾岩、泥砾岩、含砾砂岩组成的滞留沉积微相多呈透镜状断续分布于冲刷面之上，向上渐变为边滩沉积微相(图6-9、图6-10)。

(2)边滩沉积微相

边滩沉积微相又称点砂坝(point bar)沉积微相，或曲流砂坝沉积微相，发育于曲流河道的凸岸，是河道内螺旋形水流作用下，较陡的河道凹岸侧向侵蚀、较缓的河道凸岸沉积物侧向加积的结果[图6-10(a)]。沉积物以砂为主，下部可含砾，上部粉砂和黏土，成熟度低-中等，可见不稳定组分，长石含量较高；其层理类型主要为水流成因的大、中型槽状或板状交错层理，上部出现小型交错层理、沙纹层理、爬升层理。垂向上，边滩沉积微相的典型沉积序列为自下向上层理规模变小，粒度由粗变细的正韵律[图6-10(b)]。边滩沉积微相底部可与滞留沉积微相突变或渐变接触，也可与老沉积层冲刷接触[图6-10(a)]。由于曲流河不同河段河道形态和水流形式的差异[图6-10(c)]，边滩不同部位的沉积特征会有一定变化。

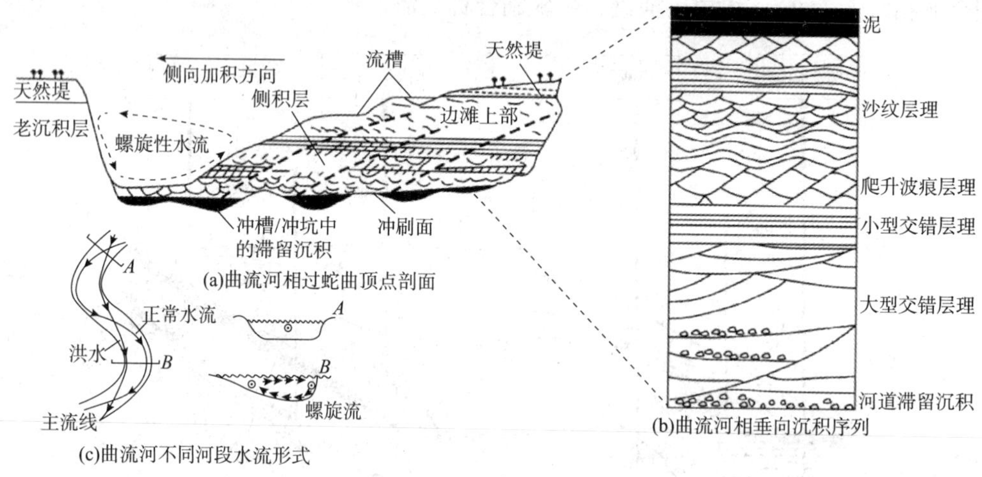

图6-10　曲流河相过蛇曲顶点剖面、垂向沉积序列及水流形式示意图(据林畅松，2016编绘)

边滩沉积微相的厚度近似于河道的深度，小型河流边滩沉积微相的厚度仅数米，大型河流的边滩沉积微相厚度可达30~40m，边滩的宽度取决于河流的大小及侧向迁移的规模。大型河流边滩发育宽阔，小型河流则相反。

引起凹岸侵蚀、凸岸沉积的曲流河螺旋形水流主要是河道弯曲造成的，科里奥利(Corioris)力影响很小。在河道的弯曲处，因水流惯性使主流线偏向凹岸[图6-10(c)]，在凹岸一侧产生雍水导致水位高于凸岸[图6-10(a)]。在河道横断面上，凹岸水体承受的压力大于凸岸，这种压力的不平衡产生了从凹岸流向凸岸的底流和从凸岸流向凹岸的表流，构成了连续螺旋形前进的单支横向环流[图6-10(a)(c)]。表流是强烈下降的辐聚水流，惯性力强，对凹岸起着强烈冲刷侵蚀作用；底流是辐散水流，携带沉积物流向凸岸并在凸岸沉积。持续的凹岸的侧向侵蚀、凸岸的侧向加积作用导致河道不断侧向迁移，形成多期侧积层叠加的边滩[图6-10(a)]，也可导致河道弯曲度逐渐加大，河道发生截弯取直，原先的河曲废弃形成牛轭湖(图6-7、图6-9)。

2. 堤岸亚相

堤岸(bank)亚相紧邻河道亚相发育，是间歇性受拍岸河水、漫岸河水、泛滥河水等流水影响形成的沉积体，进一步可分为天然堤和决口扇两个沉积微相(图6-9)。

(1)天然堤(levee)沉积微相沿河道两侧发育，主要是洪水期形成的。洪水期，河水漫出河道，所携带的细、粉砂级碎屑沿河床两岸堆积形成。如果河水漫出伴随较强的拍岸浪，形成的沉积物较粗，主要为细砂；如果河水漫出没有伴随拍岸浪，形成的沉积物较细，主要为粉砂、泥。天然堤两侧不对称，向河道一侧坡度较陡。每次随洪水上涨，天然堤不断加高，最大高度大体代表最高水位。曲流河的凹岸天然堤发育于老沉积层之上，由于易受侧蚀作用破坏，不易在地质记录中保留；凸岸天然堤发育于边滩沉积微相的上部(图6-9、图6-10)。

天然堤沉积微相的沉积物为细砂、粉砂、泥构成的不等厚互层；细砂岩中发育槽状交错层理，细砂岩和粉砂岩均发育爬升层理、波纹交错层理，泥质岩则发育块状层理、水平纹层。由于间歇性出露水面，钙质结核发育，泥岩中可见干裂、雨痕、虫迹，以及植物根等(图6-9、图6-10)。爬升层理也称洪水型层理，是天然堤沉积微相较好的指相沉积构造。

(2)决口扇沉积微相

决口扇(crevasse)沉积微相是洪水泛滥期河水冲破天然堤形成决口，河水由决口向河漫滩倾泻，所携带的砂、粉砂堆积形成的从决口处向河漫滩散开的扇形沉积体(图6-9)。

决口扇沉积主要由细砂岩、粉砂岩组成。粒度比天然堤沉积物稍粗。具小型交错层理、波纹层理、水平层理、块状层理。常见植物化石碎片。砂体形态呈舌状，向河漫滩方向变薄、尖灭，剖面上呈透镜状。决口扇靠近河道部位富砂，向河漫滩方向逐渐富泥(图6-9)。洪水突然冲决天然堤发生的突然决口过程形成的决口扇沉积多为正韵律，底部与下伏层冲刷或突变接触；洪水逐渐从天然堤渗漏引发的缓慢决口过程形成的决口扇沉积多为反韵律，底部与下伏层渐变接触。

3. 河漫亚相

河漫(overbank)亚相位于天然堤外侧，地势低洼而平坦。洪水泛滥期间，河漫滩被漫溢、冲出天然堤的携带大量悬浮沉积物的洪水淹没、覆盖，故又称泛滥盆地沉积。枯水期，除低洼地带可有长期积水外，大部分地带暴露于大气之下，湿润地带草木茂盛，有植被覆盖，干枯地带草木稀疏，地表干裂。根据沉积环境和沉积特征，河漫亚相可进一步划分为河漫滩、河漫湖和河漫沼泽三个沉积微相。

(1)河漫滩沉积微相

河漫滩沉积微相是天然堤外侧，洪水泛滥期被洪水淹没，枯水期暴露于大气之下、草木稀疏、地表干裂的干枯地带。沉积物以红色色调的泥岩、粉砂质泥岩为主，见泥质粉砂岩、粉砂岩。多见块状层理、干裂，少见水平层理、波纹层理。

(2)河漫湖沉积微相

河漫湖沉积微相是天然堤外侧长期积水的低洼地带(图6-9)。沉积物主要以灰绿、灰、灰黑、黑等暗色泥岩、粉砂质泥岩为主，见泥质粉砂岩、粉砂岩。发育块状层理、水平层理、波纹层理。可含动物化石、植物枝干及叶化石。在气候干旱地区，河漫湖可发展成盐湖，形成盐类沉积。

(3)河漫沼泽沉积微相

河漫沼泽沉积微相又称岸后沼泽沉积微相，它是天然堤外侧草木茂盛、有植被覆盖的湿润地带(图6-9)。其沉积物为黑色含丰富植物化石的泥岩、粉砂质泥岩、泥质粉砂岩、粉砂岩，以及根土岩、泥炭、煤。

4. 牛轭湖亚相

牛轭湖(oxbow lake)亚相是指曲流河河道截弯取直后的废弃河道及其中的沉积物。废弃前为河道高能水流沉积环境，废弃过程为水流能量减小的沉积环境，废弃后为静水低能沉积环境。蛇曲河道的截弯取直作用有两种方式(图6-11)：一是颈部截直，随着河流的弯度愈来愈大，形成很窄的“颈部”，一旦“颈部”被冲掉，河道取直，先前的曲流河段就形成牛轭湖；二是流槽截直，即沿着流槽冲刷出一个新河床，使河道取直，先前的曲流河段就形成牛轭湖。流槽截直也称“冲沟取直”“串沟截直”。

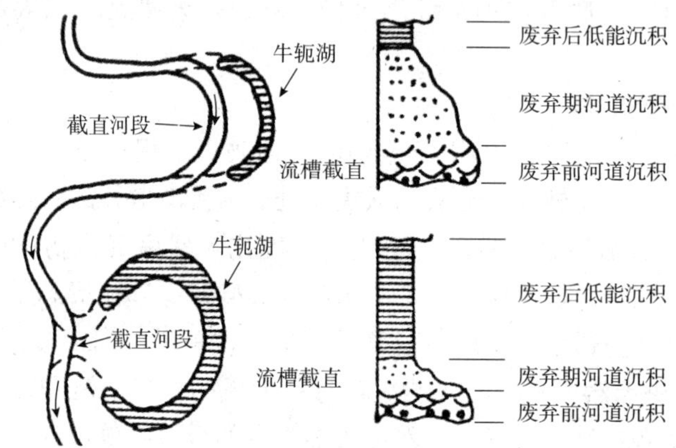

图6-11　曲流河相牛轭湖形成的两种方式及其垂向沉积序列示意图

牛轭湖亚相可以分为废弃前高能河道沉积微相、废弃期能量衰减河道沉积微相、废弃后低能沉积微相。废弃前高能河道沉积微相与正常曲流河河道亚相中下部或下部的沉积特征相同；废弃后低能沉积微相与河漫湖沉积微相相同。废弃期能量衰减河道沉积微相的沉积物为向上变细的正韵律，主要由中砂岩、细砂岩、粉砂岩构成，可见块状层理、不清晰的交错层理、不清晰的波纹层理。常含有淡水软体动物化石和植物残骸。废弃期能量衰减河道沉积微相的厚度与曲流河道截弯取直方式有关，厚度大反映是流槽截直的，厚度小反映是颈部截直的(图6-11)。

5. 曲流河相理想垂向沉积序列及空间相带组合

(1)理想垂向沉积序列

沃克(1976)等人提出的曲流河相理想垂向沉积序列由四个沉积单元组成。第一沉积单元为块状含砾砂岩或砾岩，属河道滞留沉积，与下伏层呈冲刷侵蚀接触，底部具明显的冲刷面，粗砂岩中含泥砾，可见不清晰的大型槽状交错层理；第二沉积单元为具大型槽状交错层理的中、细砂岩，层理规模向上逐渐变小，可夹具断续层理的粉细砂岩，属边滩沉积；第三沉积单元为粉、细砂岩组成，发育有小型槽状交错层理和爬升层理，主要为堤岸亚相沉积；第四沉积单元主要由断续波状层理的粉砂岩和水平纹理的粉砂质泥岩及块状泥岩组成，块状泥岩中常发育有泥裂、钙质结核或植物的立生根，主要属河漫亚相沉积(图6－10、图6－12)。

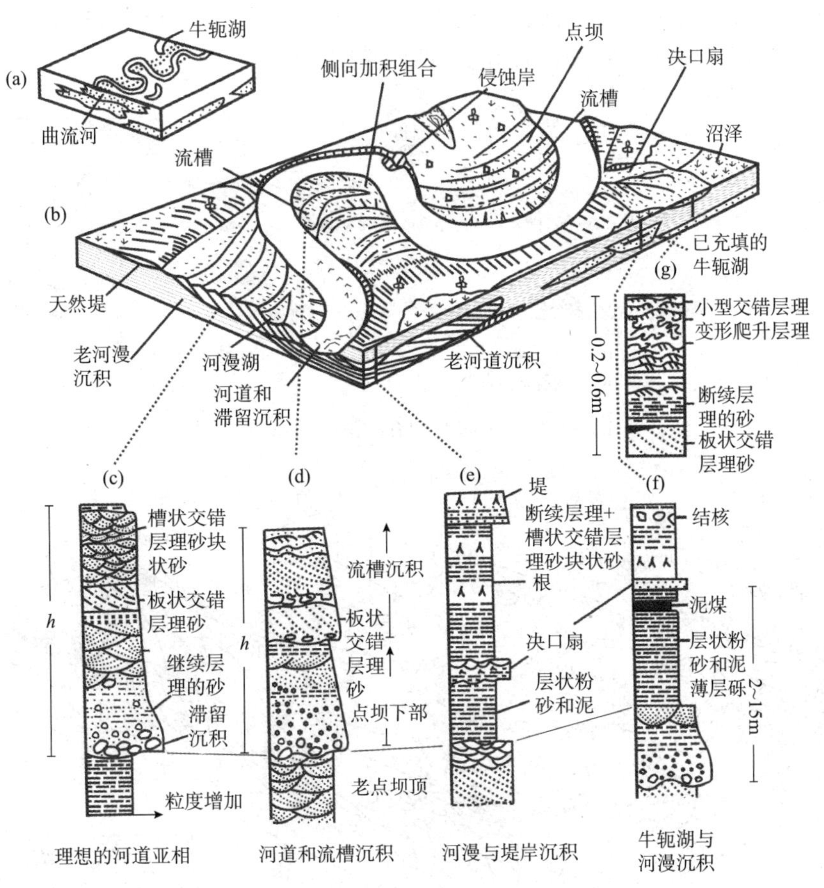

图6－12　曲流河相三维相带组合模式(据林畅松等，2016)

(2)空间相带组合

理想垂向沉积序列是最理想的一种垂向相带组合。由于曲流河演化过程中，不同亚相、微相发育过程、规模、叠覆次序不同，可形成极为复杂的空间相带组合(图6－12)。理想的河道亚相的垂向序列是由滞留沉积微相→边滩沉积微相构成的正韵律[图6－12(c)]，但也有边滩上有流槽存在，流槽水流的侵蚀和沉积作用，使边滩的沉积序列转变多个正韵律构成的复合正韵律[图6－12(d)]。由于河道亚相分布具有局限性，空间上，有些部位是没有河道亚相的，有的是河漫亚相与堤岸亚相组合[图6－12(e)(g)]，有的是河漫亚相与牛轭湖亚相组合[图6－12(f)]。因此，曲流河沉积相学习和研究中，既要掌握理想的垂向序列，又要考虑空间相带组合的变化。

三、辫状河相

辫状河多发育于山区或山前较开阔的谷地，具多河道、河床坡降大、流速快、河道弯曲度小等特征，最突出的特点是河道内发育的心滩(或称河道砂坝)。丰水期，心滩和河岸淹没，形成表面上单一河道，河道水域宽阔，但受心滩影响，河道内存在多个水下主流线；枯水期，心滩和河岸露出水面，呈现出完美的辫状河形态[图 6-13(a)]。根据沉积环境和沉积物特征，辫状河相分为河道亚相和淤积亚相。

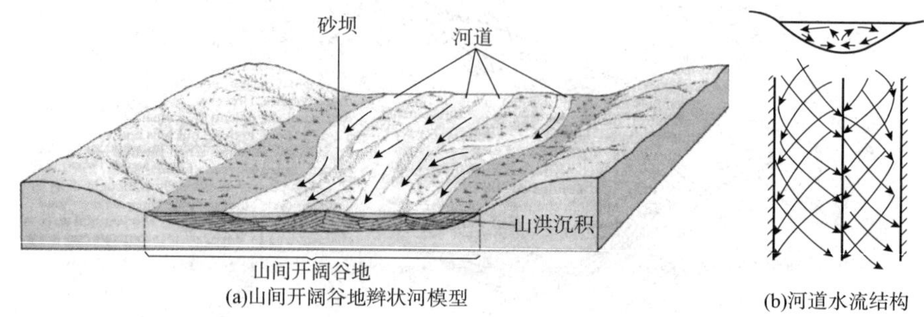

图 6-13　山间开阔谷地辫状河示意图

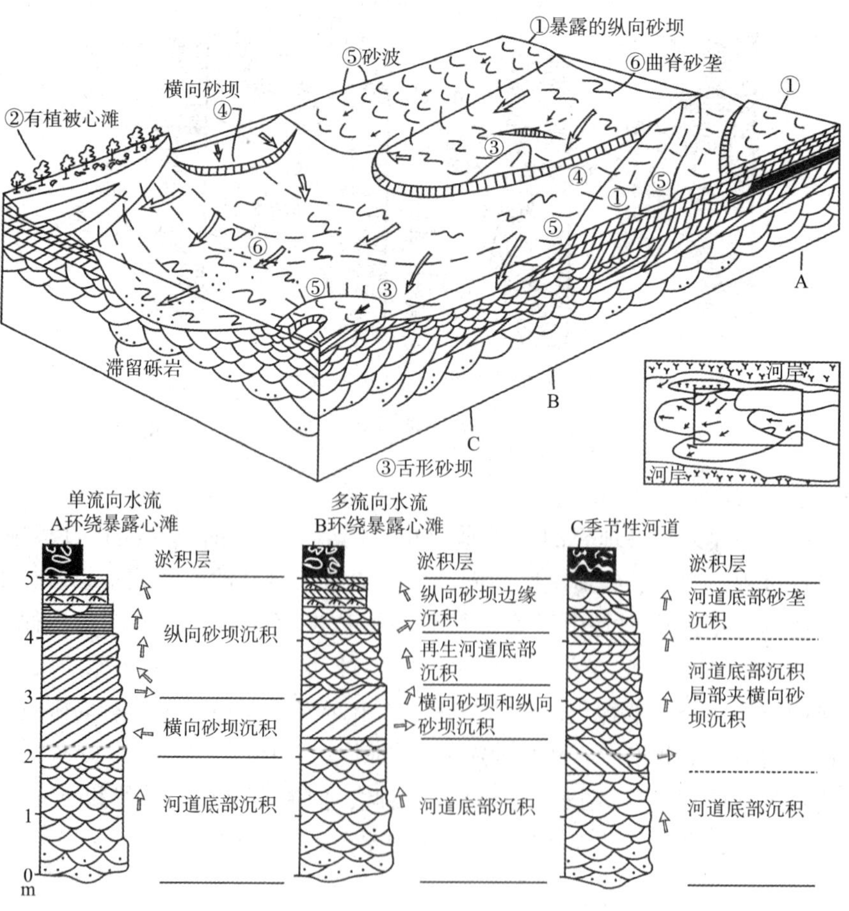

图 6-14　辫状河相三维相带组合模式(据林畅松等，2016 修改)

1. 河道亚相

河道亚相是在辫状河河道内，在流水的作用下形成的。根据水流形式和沉积特征，河道亚相可分为河道底部沉积微相和河道砂坝沉积微相。

(1)河道底部沉积微相

河道底部沉积微相是在河道高能底层流作用下形成的。沉积物主要为砾岩、砂砾岩、含砾粗砂岩，砾石多定向排列，多为次棱状。含砾粗砂岩发育砾石定向排列显示的大型槽状交错层理、块状层理。与下伏岩层冲刷接触(图6－14A、B、C)。

(2)河道砂坝沉积微相

河道砂坝沉积微相也称心滩沉积微相。根据河道砂坝的延长方向和在河道中的位置，可分为纵向砂坝(图6－14中①)、横向砂坝(图6－14中④)、舌形砂坝(图6－14中③)，以及河道边缘的侧向砂坝，这些砂坝的形成与河道中上层水流的不同环流形式密切相关。四种砂坝类型中，以纵向砂坝为主。纵向砂坝的形成与河道中沿主流线两侧形成两个螺旋式前进的对称环流[图6－13(b)]有关，这种环流是由表流和底流构成的连续的螺旋形前进的横向环形水流，表流为发散水流，由中部向两岸流动，并冲刷侵蚀两岸，底流由两岸向河流中心辐聚，并携带沉积物在河床中部堆积下来形成纵向砂坝。丰水季节，这种堆积作用尤为显著。河道砂坝的迎流方向较缓，沉积物较粗，并遭受侵蚀作用，顺流方向较陡，主要发生沉积作用。迎流一侧的不断侵蚀和顺流一侧的不断沉积，导致了砂坝不断顺流迁移。

河道砂坝沉积微相沉积物主要是含砾粗砂岩、粗砂岩，次为中砂岩，少量细砂岩、粉砂岩，发育多种类型交错层理，如巨型或大型槽状、楔状、板状交错层理，细砂岩、粉砂岩中可见小型交错层理、沙纹层理。不同类型砂坝的交错层理纹层倾向与底流流向方位关系不同，纵向砂坝、舌形砂坝、侧向砂坝的交错层理纹层倾向与底流流向方位一致，横向砂坝的交错层理纹层倾向与底流流向方位近于垂直。河道砂坝沉积微相与下伏河道底部沉积微相突变或渐变接触，其上可被淤积亚相覆盖(图6－14A、B、C)。

2. 淤积亚相

淤积亚相是随着辫状河水位下降，在河道砂坝、地势较高的次河道的残留积水及空气降尘作用下形成的。沉积物主要为从残留积水中沉积形成的粉砂质泥岩、泥质粉砂岩、少量泥质细砂岩，发育块状层理、波纹层理、水平层理、干裂、生物扰动构造；次为空气降尘形成泥岩、粉砂质泥岩、泥质粉砂岩，发育块状层理、水平层理(图6－14A、B、C)。

3. 辫状河相理想垂向沉积序列及空间相带组合

(1)辫状河相理想垂向沉积序列

辫状河相垂向沉积序列由三个沉积单元组成。第一沉积单元主要为砾岩、砂砾岩、含砾砂岩，属河道底部沉积，与下伏层呈冲刷接触，底部具明显的冲刷面，砾石多具定向组构，含砾砂岩可见不清晰的大型槽状交错层理；第二沉积单元为具有大型槽状交错层理的粗、中、细砂岩，层理规模向上逐渐变小，属河道砂坝沉积；第三沉积单元厚度较小，主要由断续波状层理的粉砂岩和水平纹理的粉砂质泥岩及块状泥岩组成，块状泥岩中常发育有泥裂、钙质结核或植物的立生根，属淤积亚相沉积(图 6-14A、B)。

(2)空间相带组合

辫状河相的理想垂向沉积序列是较为常见的垂向相带组合。由于辫状河演化过程中，不同亚相、微相发育过程、规模、叠覆次序不同，可形成其他样式的空间相带组合。在河道砂坝不发育地势较高的次河道，会出现河道底部沉积直接被淤积亚相覆盖的沉积序列(图 6-14C)。辫状河沉积相中，淤积亚相普遍较薄，极易被丰水期河水冲刷而缺失。因此，辫状河沉积相学习和研究中，既要掌握理想的垂向序列，又要考虑空间相带组合的变化。

四、网状河相

网状河主要发育于坡度极其平缓的河流下游地区，多条高弯度河道交织，河道间沼泽湿地发育，河水流速缓慢，能量较低，有一定侧向侵蚀能力，搬运碎屑主要是泥和粉砂，有少量细砂。沉积方式以垂向加积为主，以侧向加积为辅。根据沉积环境及沉积物特征，网状河相划分为河道、堤岸和河漫三个亚相(图 6-15)。

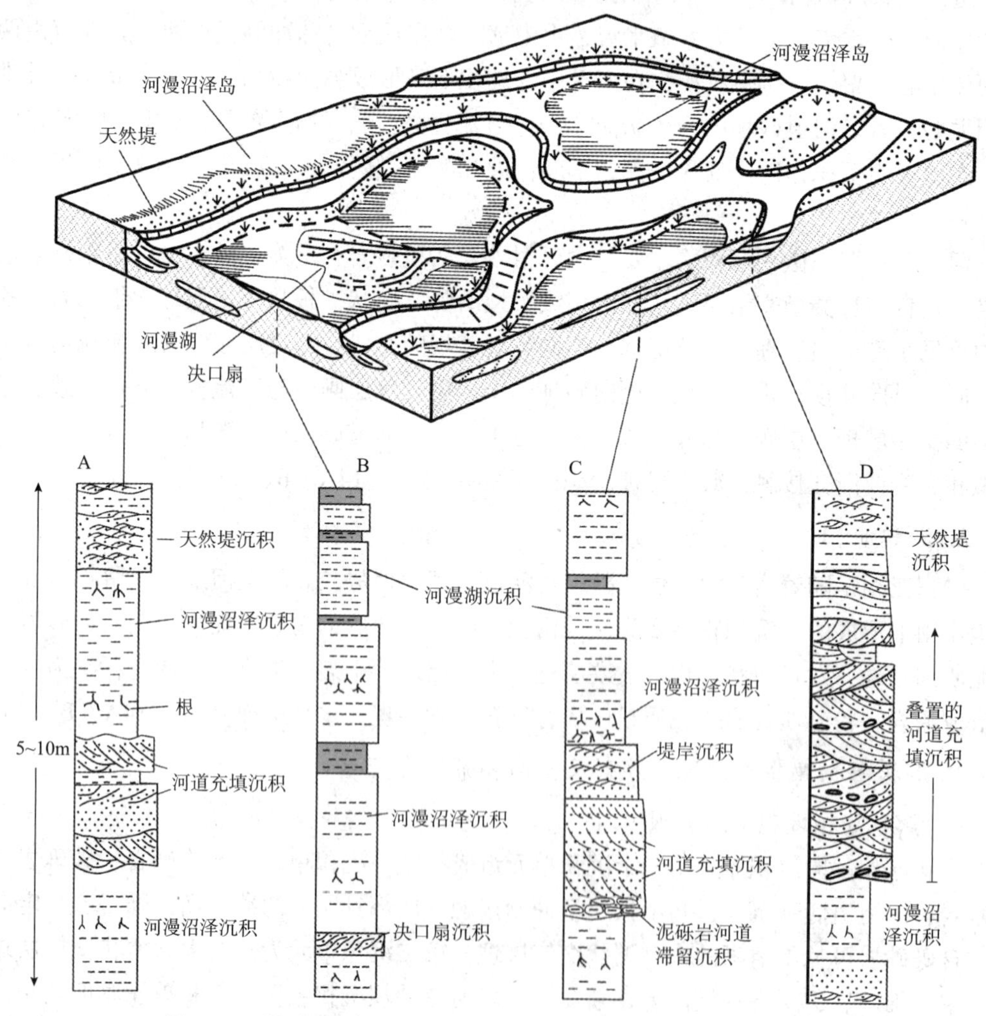

图 6-15　网状河相三维相带组合模式(据林畅松等，2016 修改)

1. 河道亚相

河道亚相是网流河沉积相的骨架，河道(channel)是长期河流流动，为持续较高能沉积环境。根据沉积环境和沉积物特征，进一步划分为滞留沉积和河道充填沉积两个微相。

(1)滞留沉积微相

滞留(lag)沉积微相形成于河床底部，主要由侵蚀凹岸形成的泥砾组成，其岩石类型为泥砾岩，或砂质泥砾岩，呈透镜状分布于冲刷面之上，分布极为局限，向上渐变为河道充填沉积微相(图6－15C)。

(2)河道充填沉积微相

河道充填沉积微相是由河道内缓慢流动的河水所携带的细砂、粉砂沉积形成的。主要沉积物为细砂、粉砂；其层理类型主要为水流成因的中、小型槽状，楔状或板状交错层理，上部沙纹层理、爬升层理。垂向上，河道充填沉积微相的典型沉积序列为自下向上层理规模变小，粒度由粗变细的正韵律(图6－15A、C、D)。河道充填沉积微相底部可与滞留沉积微相突变或渐变接触(图6－10C)，也可与老沉积层冲刷接触(图6－15A、D)。

2. 堤岸亚相

堤岸(bank)亚相紧邻河道亚相发育，是主要受泛滥河水影响形成的沉积体，进一步可分为天然堤和决口扇两个沉积微相(图6－15)。

(1)天然堤(levee)沉积微相沿河道两侧发育，主要是洪水期形成的。洪水期，河水漫出河道，所携带的细、粉砂级碎屑沿河床两岸堆积形成。天然堤沉积微相的沉积物为粉砂，有少量细砂、泥；发育爬升层理、波纹交错层理，以及植物根等(图6－15A、C、D)。

(2)决口扇沉积微相

决口扇(crevasse)沉积微相是洪水泛滥期河水冲破天然堤形成决口，河水由决口向湿地倾泻，所携带的细砂、粉砂堆积形成的从决口处向湿地散开扇形沉积体(图6－15)。决口扇沉积主要为粉砂岩，有少量细砂岩；具小型交错层理、波纹层理、块状层理。常见植物化石碎片(图6－15B)。

3. 河漫亚相

河漫(overbank)亚相也称湿地亚相、冲积岛亚相，位于网状河道天然堤外侧，地势低洼而平坦，地表湿润，草木茂盛，低洼地带可有长期积水，洪水泛滥期间，河漫滩被漫溢、冲出天然堤的携带大量悬浮沉积物的洪水淹没、覆盖。根据沉积环境和沉积特征，河漫亚相可进一步划分为河漫湖和河漫沼泽两个沉积微相(图6－15)。

(1)河漫湖沉积微相

河漫湖沉积微相是天然堤外侧长期积水的低洼地带(图6－15)。沉积物主要以灰绿、灰、灰黑、黑等暗色泥岩、粉砂质泥岩为主，见泥质粉砂岩、粉砂岩。发育块状层理、水平层理、波纹层理。可含动物化石、植物枝干及叶化石(图6－15B、C)。

(2)河漫沼泽沉积微相

河漫沼泽沉积微相又称岸后沼泽沉积微相，它是天然堤外侧草木茂盛，有植被覆盖的湿润地带(图6－15)。其沉积物为黑色含丰富植物化石的泥岩、粉砂质泥岩、泥质粉砂岩、粉砂岩，以及根土岩、泥炭、煤(图6－15A、B、C、D)。

4. 网状河相理想垂向沉积序列及空间相带组合

(1)网状河相理想垂向沉积序列

网状河相理想垂向沉积序列由四个沉积单元组成。第一沉积单元为主要为泥砾岩、砂质泥砾岩，属河道滞留沉积，与下伏层呈冲刷接触，底部具明显的冲刷面；第二沉积单元为具交错层理、沙纹层理细砂岩、粉砂岩，层理规模向上逐渐变小，属河道充填沉积；第三沉积单元由粉、细砂岩组成，发育有小型槽状交错层理和爬升层理，主要为堤岸亚相沉积；第四沉积单元主要由暗色泥岩、粉砂质泥岩组成，具水平纹理、块状层理，动植物化石丰富，有大量植物的立生根，主要属河漫亚相沉积(图6－15C)。

(2)空间相带组合

理想垂向沉积序列是网状河相少见的垂向相带组合，由于网状河能量弱，携带的砂质少，河道窄，侧向加积迁移能力弱，相对富砂的河道沉积分布十分局限，河道长期发育地带会出现由河道充填沉积与天然堤沉积构成的沉积序列(图6－15D)；大部分河漫亚相并非发育在河道亚相之上，其垂向相带组合是河漫亚相与堤岸亚相构成的沉积序列(图6－15B)。

五、辫状河相、曲流河相、网状河相特征对比

辫状河相、曲流河相、网状河相在河道充填物成分、河道几何形态、内部构成、沉积断面结构等方面均存在明显差异(图6－16)。

1. 河道充填物成分差异

辫状河相河道充填物成分以砾石、粗砂占绝对优势，粉砂泥质极少。曲流河相河道充填物成分以中砂、细砂占相对优势，粉砂、泥所占比例较小。网状河相河道充填物成分以粉砂、泥占绝对优势，细砂所占比例较小。

2. 河道几何形态差异

辫状河相河道宽/深大，河道宽而浅，弯曲度小，厚砂区呈宽带状。曲流河相河道宽/深中等，河道剖面上不对称，弯曲度大，厚砂区呈串珠状。网状河相河道宽/深小，河道深浅不一，弯曲度大，厚砂区呈鞋带状或扁豆状。

3. 内部构成差异

辫状河相以多种河道砂坝叠加为主，垂向加积单元不发育，为不明显的向上变细沉积序列。曲流河相以侧向加积层上覆垂向加积层为特征，为明显的向上变细沉积序列。网状河相侧向加积层不发育，主要为垂向加积层，为不明显的向上变细沉积序列。

4. 沉积断面结构差异

辫状河相砂砾质沉积体错叠，多于泥质沉积体，砂/泥比值大于6/4，沉积断面上为“砂包泥”结构。曲流河相砂质沉积体呈规模较大的透镜状，略少于泥质沉积体，砂/泥比值在6/4～3/7之间，沉积断面上为“泥包砂”结构。网状河相砂质沉积体呈规模极小的透

镜状，远少于泥质沉积体，砂/泥比值不足3/7，沉积断面上为“泥含砂”结构。

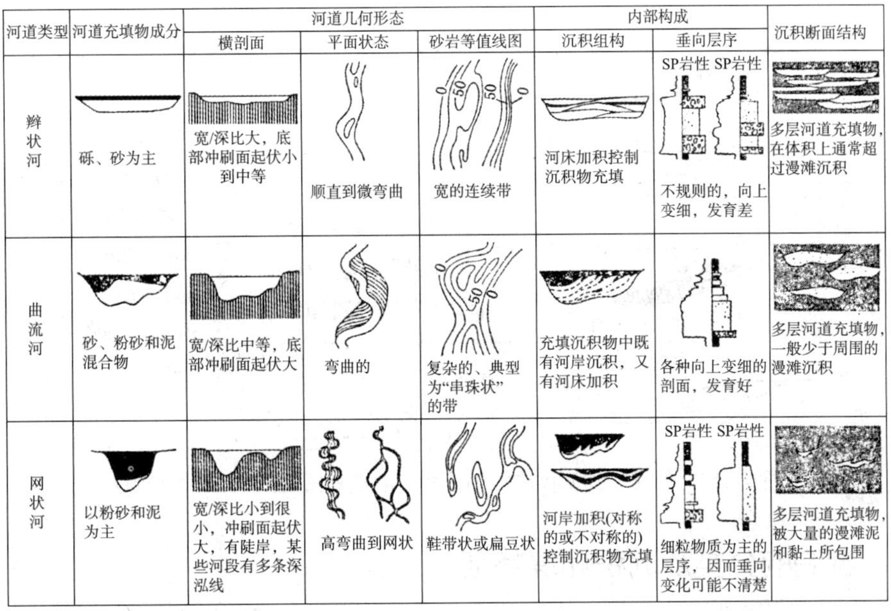

河道类型	河道充填物成分	河道几何形态			内部构成		沉积断面结构
		横剖面	平面状态	砂岩等值线图	沉积组构	垂向层序	
辫状河	砾、砂为主	宽/深比大，底部冲刷面起伏小到中等	顺直到微弯曲	宽的连续带	河床加积控制沉积物充填	SP岩性 SP岩性 不规则的，向上变细，发育差	多层河道充填物，在体积上通常超过漫滩沉积
曲流河	砂、粉砂和泥混合物	宽/深比中等，底部冲刷面起伏大	弯曲的	复杂的、典型为“串珠状”的带	充填沉积物中既有河岸沉积，又有河床加积	各种向上变细的剖面，发育好	多层河道充填物，一般少于周围的漫滩沉积
网状河	以粉砂和泥为主	宽/深比小到很小，冲刷面起伏大，有陡岸，某些河段有多条深泓线	高弯曲到网状	鞋带状或扁豆状	河岸加积(对称的或不对称的)控制沉积物充填	SP岩性 SP岩性 细粒物质为主的层序，因而垂向变化可能不清楚	多层河道充填物，被大量的漫滩泥和黏土所包围

图6-16 辫状河相、曲流河相、网状河相特征对比(据Galloway等，1996修改)

第三节 湖泊相

湖泊(lacus)是大陆上地形相对低洼和流水汇集的地区。现代湖泊并不多，全球现代湖泊总面积约$250\times10^4km^2$，仅占陆地面积的1.8%。我国现代湖泊的总面积约$8\times10^4km^2$，不到全国陆地面积的1%。然而在中-新生代时期，我国湖泊却相当多，而且面积大的湖泊也不少，如古近纪渤海湾盆地湖泊面积达$11\times10^4km^2$，白垩纪松辽盆地的湖泊面积高达$15\times10^4km^2$，晚三叠世鄂尔多斯盆地的湖泊面积达$9\times10^4km^2$。湖泊沉积是多种沉积矿藏赋存的场所，例如石油、天然气、煤、油页岩、蒸发盐类矿产和沉积铀矿等，已发现的石油和天然气储量占我国已发现的油气储量的90%以上。湖泊相保存了区域环境、气候和事件的高分辨率连续沉积记录，是全球气候变化对比研究的重要对象。当近海湖泊与海洋间存在连通的通道时，湖泊沉积记录中也有全球性海平面变化的信息。

区域构造、气候、地貌、物源供应是控制湖泊沉积环境及其沉积物特征的主要因素。区域构造控制湖泊的规模、形态、地貌、物源供应等特征；气候控制湖泊水位、水体地球化学、物源供应等，进而控制沉积特征(图6-17)；地貌控制了水体深度及其变化梯度、物源供应及分散路径、水体的物理化学特征；物源供应控制了水体的物理化学条件、沉积物特征等(图6-17)。近海湖泊与海洋间存在连通的通道时，还受海平面变化的控制，海平面上升，海水侵入湖泊，会形成与海相相关的沉积记录。

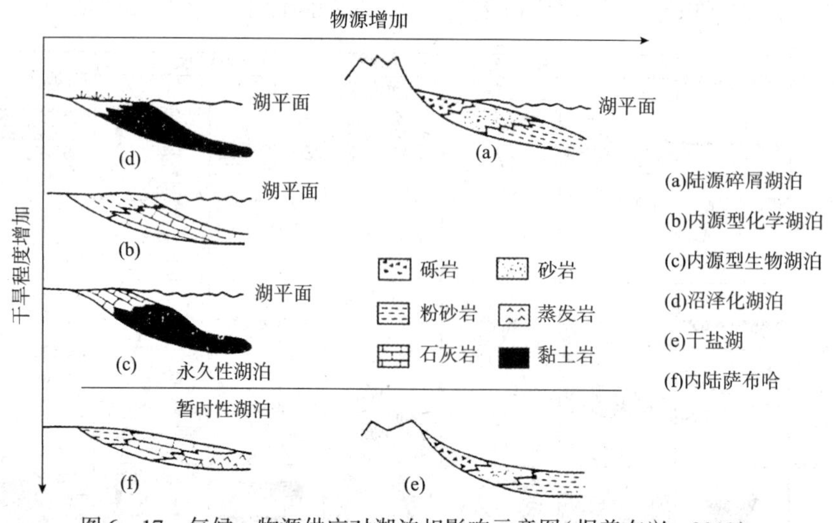

图 6－17　气候、物源供应对湖泊相影响示意图(据姜在兴，2010)

一、湖泊的分类及沉积环境特征

1. 湖泊的分类

湖泊的分类方案很多，侧重于不同的分类角度，湖泊可划分出不同的类型。现简要介绍常见的几种分类。

(1)按照水体的盐度对湖泊分类有两种划分方案：一种是以含盐度 3.5% 为界，将湖泊分为淡水湖泊(含盐度 <3.5%)和咸水湖泊(含盐度 >3.5%)；另一种划分方案是按照水体盐度将湖泊划分为淡水湖(盐度 <0.1%)、微(半)咸水湖(盐度为 0.1% ~3.5%)、咸水湖(盐度为 3.5% ~15%)和盐湖(盐度 >15%)四类。

(2)按照成因可将湖泊划分为构造湖、河成湖(如鄱阳湖)、火山湖(如吉林长白山的天池)、岩溶湖(石灰岩发育区岩溶作用形成的湖泊)、冰川湖(如瑞士的康斯坦茨湖)等。在地质记录中最为常见、矿产较多、最有研究价值的是构造湖。构造湖可进一步分为断陷湖和坳陷湖。断陷湖的边界主要受陡倾正断层控制，断层倾角高达 30° ~70°，落差可达几千米；横剖面两侧均受陡倾正断层控制的湖盆称地堑型断陷湖泊；一侧受陡倾正断层控制，一侧缓的湖盆称箕状断陷湖泊。坳陷型湖泊以挠曲式的构造运动为特点，表现为整体沉降，湖底的地形较为简单和平缓，边缘斜坡宽缓，中间无大的凸起分割，往往为大型湖泊。

(3)依据地理位置及是否存在海水影响将湖泊区分为内陆湖泊和近海湖泊。内陆湖泊位于大陆腹地，不受海水影响；近海湖泊处于靠近海岸的大陆，短期受海水影响，有海侵记录。

(4)依据多种因素分类。吴崇筠等(1993)从石油地质角度出发，根据我国中新生代湖泊相特征，提出了按构造性质、湖水盐度和地理位置的多因素分类方案。

2. 湖泊沉积环境特征

(1)水动力特征。湖泊的水动力作用类型主要有湖浪、湖流、湖震。

①湖浪是风作用于湖面所形成的一种水质点周期性起伏的运动。湖浪的发生、强度、范围、持续时间主要取决于风速、风向、吹程、持续时间，以及湖泊的水深等因素。风速

大，吹程远(湖泊面积大)，持续时间长，湖水深，则产生大浪。湖浪所造成水质点波动振幅随水体深度增加而减小，常把波浪造成水质点波动最大水深界面称为“浪基面”或“浪底”(wave base)。浪基面以下的湖水较平静。在风暴活动时期，形成的浪基面要比正常天气浪基面水深大，这一浪基面称为“风暴浪基面(storm wave base)”。湖浪能够对湖岸和湖底冲刷并搬运碎屑物质，形成各种侵蚀和沉积地形。

②湖流是湖水大规模地、有规律地、流速缓慢地流动。按成因可分为风生流和吞吐流(河水穿流)。风生流是风对湖面的摩擦力和风对波浪迎风面的压力作用使表层湖水顺风方向运动。由于水的黏滞力作用，表层水又带动下层湖水流动。风生流的流速随深度加大而减小。风生流是大型湖泊中最常见的一种湖流，它能引起全湖广泛的、大规模的湖水流动。吞吐流是由于河水注入、流出湖泊引起湖面倾斜，入流处水量堆积，出流处水量流失，从而形成水力梯度使湖水定向运动。吞吐流主要受河水水情控制，当汛期出入水量及湖面比降显著时，流速增大，反之则减小。由于入湖水流不断向湖中扩散，比降减小，越向湖泊中心，其流速减小。吞吐流流速还受湖底地形影响。湖流通常是吞吐流与风生流相互结合形成的，很少是单一的。湖流通常流速缓慢，一般很少超过2m/s，仅能搬运细粒(细砂及粉砂)的底负载。

③湖震是由于强风剪切应力和强气压梯度力引起湖水整体大规模地周期性摆动或振荡运动，也称假潮或湖波(seiche)。当湖水受到强劲的风力或不均衡的气压作用，迎风端或低气压端水涌，水位升高，另一端则由于水的流失，水位下降，整体湖面发生倾斜，两端的水位差通常为几十厘米至几米这种现象称为增减水现象。增减水现象是短期的，一旦风停后，增减水现象也随之停止。如果增减水现象间歇性发生，则导致湖水周期性摆动，从而形成湖面大规模波动就是湖震。湖震可搅乱湖泊水体的分层，或者降低温跃层的深度。

(2)水体分层(stratification of the water column)是湖泊水体表层水温与底层水温差异导致的水体密度差异造成的，一般分为湖上层、温跃层、湖下层。水体分层现象在水体较深的湖泊中比较显著，如云南抚仙湖[图6-18(a)]；而在浅水湖泊中不明显，如太湖、鄱阳湖。在水深较大的湖中，湖上层由于连续循环含充足的氧，而湖下层为缺氧的静水层。河流把磷酸盐和硝酸盐等营养盐带入湖泊，加速了上部水层中生物的繁衍。这些悬浮有机物质的沉淀导致下部水层缺氧，形成一个大部分生物不能生存的营养环境，这种情况在热带地区最明显。

热带地区由于高温，湖水的原始溶解氧含量较低，而且缺乏季节性湖水对流作用，湖底水是永久缺氧的，富含有机质的沉积物能在湖底聚集并保存起来。温带地区湖泊湖水分层有季节性变化：春秋两季湖水整体温度在4℃左右，湖水上下交换，整个水体富氧，不存在水体分层现象；夏季表层水温比底层高，属于正温层分布；冬季表层水温(小于4℃)比底层低，属于逆温层分布；夏季和冬季湖上层水体循环、富氧，湖下层水体停止、缺氧，是形成富含有机质沉积、发育纹层的良好环境[图6-18(b)]。四季湖水分层的变化形成湖泊季节性韵律层，春季和秋季形成的纹层粒度稍粗，且颜色较亮，夏季和冬季形成的纹层粒度细，且颜色较暗。

盐度分层作用可促进温度分层。由于蒸发作用和卤水的补给使盐度增高，从而产生密度差，随着高盐度水体下沉到湖底。一个盐跃层把低盐度的表层水和通常含硫化氢、高盐度的底层水分开，这一现象也称为湖泊水体的化学分层。咸水或挟带沉积物的较冷河水进入湖泊后，在湖水之下形成底流，能够把悬移和溶解物质搬运到湖盆的深处沉积。

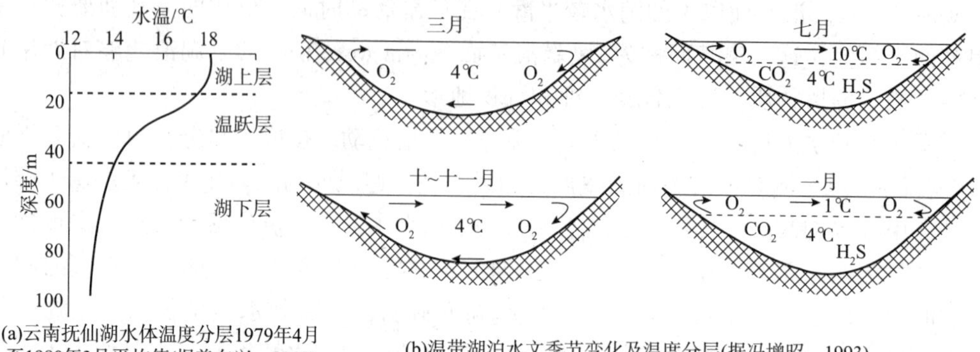

(a)云南抚仙湖水体温度分层1979年4月至1980年3月平均值(据姜在兴，2010)

(b)温带湖泊水文季节变化及温度分层(据冯增昭，1993)

图6－18　湖泊水体温度分层现象

二、湖泊相次级相带划分及其特征

单纯的湖泊相一般根据洪水位、枯水位、浪基面、温跃层界面，分为滨湖亚相、浅湖亚相、半深湖亚相、深湖亚相(图6－19)。滨湖亚相和浅湖亚相均为受湖浪、湖流影响的相带，常合称滨浅湖亚相；半深湖亚相、深湖亚相均为低能相带，常合称半深湖－深湖亚相。在滨浅湖地带如果有隆起地貌，可形成与主体湖泊半隔绝的湖湾亚相。单纯的湖泊相十分罕见，在湖泊相常有冲积扇入湖形成的扇三角洲相、辫状河入湖形成的辫状河三角洲相、曲流河入湖形成的曲流河三角洲相、洪水浊流及三角洲前缘滑塌成因的重力流在湖底形成的盆底扇(湖底扇)相。三角洲相和盆底扇也分别是滨－浅海相组和陆坡－深海相组的重要沉积相类型，将在相关章节讨论。本节只讨论滨浅湖亚相、湖湾亚相、半深湖－深湖亚相。

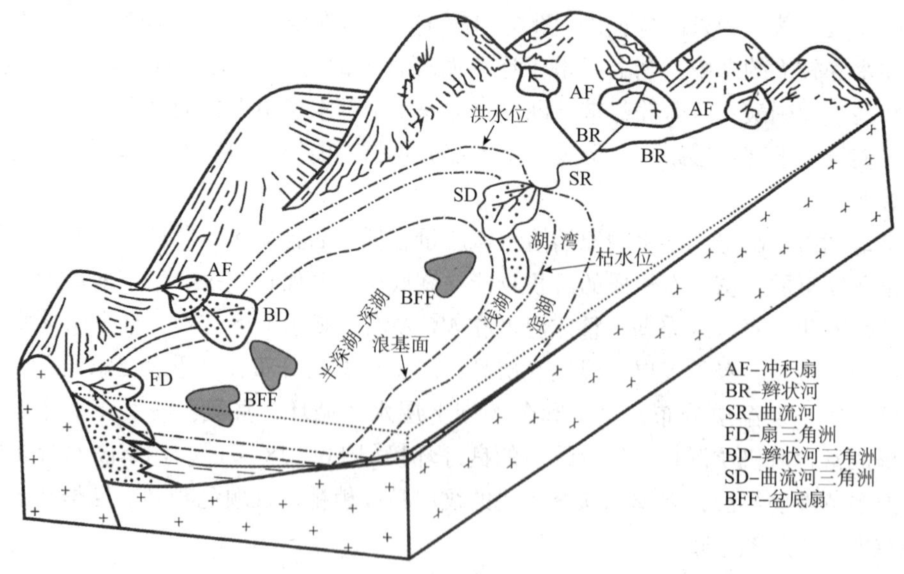

图6－19　湖泊相亚相划分及沉积相组合模型

1. 滨浅湖亚相

滨浅湖亚相是滨湖亚相和浅湖亚相的合称。

(1)滨湖亚相为洪水期岸线与枯水期岸线之间地带及其沉积物。这一地带洪水期淹没于水下，枯水期出露水面，属于间歇性的强水动力条件和氧化环境。受湖岸地形、水情、盛行风情(速度、风向等)以及湖流的影响，滨湖亚相沉积物类型和分布非常复杂。沉积物类型有砾、砂、粉砂、泥和泥炭。①砾质沉积一般发育在陡峭的基岩湖岸，在地层中多呈透镜状分布。砾石呈叠瓦状定向排列[图6-20(c)]，砾石最大扁平面向湖倾斜，最长轴多平行岸线分布。②砂质沉积是波浪和湖流作用形成的，具有较高的成熟度，分选磨圆都比较好。主要成分为石英、长石，也混有一些重矿物。沉积构造主要是各种类型的水流交错层理和波痕，常见低角度交错层理[图6-20(a)(b)(d)]。滨湖砂质沉积常形成一定规模的滩坝。滩坝砂体的宽度及粒度变化与盛行风强度和风向有关。迎风岸波浪较大，滩坝砂体宽度大，粒度较粗，分选性好；背风岸滩坝砂体相对不发育。滨湖砂质沉积物中可有植物碎屑、鱼的骨片、介壳碎屑等，有时形成介壳滩，在细砂及粉砂层中常见生物潜穴。③泥质沉积物主要分布在平缓的背风湖岸和低洼地带，具水平层理，波纹层理、块状层理。④泥炭是滨湖沼泽的沉积物，湖泊演化的晚期沼泽尤其发育，整个湖泊可完全被沼泽化。滨湖地带枯水期出露在水面之上，泥质岩常被氧化为不同程度的红色，发育泥裂、雨痕、脊椎动物的足迹等暴露构造。沼泽沉积物以泥炭、煤、根土岩为标志。

(a)具低角度交错层理含油中砂岩

(b)中砂岩，具低角度交错层理，含螺化石

(c)细砾岩，砾石定向排列，次圆状为主

(d)细砂岩，具波纹层理

图6-20 滨浅湖亚相砂砾质滩坝结构与构造(渤海海域古近系)

(2)浅湖亚相是指枯水期最低水位线至正常浪基面之间地带及其沉积物。该带湖水浅，但始终位于水下，有波浪和湖流扰动，水体循环良好，氧气充足，属弱氧化至弱还原环境，透光性好，水生生物繁盛。植物有各种藻类和水草，动物主要是淡水腹足、双壳、鱼

类、昆虫、节肢等。浅湖亚相的岩性由浅灰、灰绿色泥岩与砂岩组成，并常见鲕粒灰岩和生物碎屑灰岩。砂岩具较高的结构成熟度，多为钙质胶结，具交错层理、浪成沙纹层理，可见浪成波痕、垂直或倾斜的虫孔、水下收缩缝等沉积构造。

浅湖亚相带的分布与湖泊面积、水深和湖岸地形有关。地形平缓的坳陷型湖泊，浅湖亚相带较宽。断陷湖泊的缓坡一侧浅湖亚相较宽，陡坡一侧较窄。有些深度很小的湖泊可全部位于浪基面以上，除了滨湖相带以外，几乎全属于浅湖相区，由于这种湖泊没有深湖相区，又称之为“浅水充氧湖泊相”。

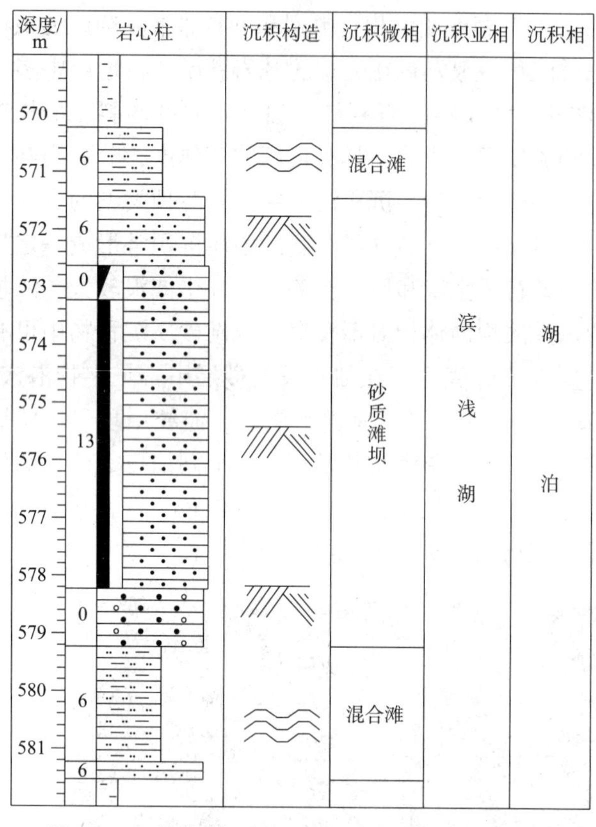

图6－21　滨浅湖亚相沉积序列(松辽盆地白垩系)

滨湖亚相和浅湖亚相的沉积物都由砾岩、砂岩、泥岩组成，最大区别是滨湖区枯水期暴露，形成的泥岩具红色色调。洪水期的滨湖地带与枯水期浅湖近岸带的沉积环境与沉积物特征极为相似，在缺少露头、岩心的情况下，泥岩颜色信息难以获得，滨湖亚相和浅湖亚相难以区分。因此，滨湖亚相和浅湖亚相合称为滨浅湖亚相，根据上述滨浅湖亚相的沉积物类型及其形成环境，常把滨浅湖亚相分为砂砾质滩坝、砂泥混合滩、泥滩、沼泽四种沉积微相(图6－21)。

2. 湖湾亚相

滨、浅湖地带，由于砂坝、三角洲或水下局部基岩隆起的阻挡，形成半封闭的水域区，称为湖湾。湖湾地区水体流通不畅，波浪和湖流作用弱，水体较平静，表层水富营养，藻类繁盛，湖底缺氧，有利于有机质保存。沉积物以暗色泥页岩为主，常见藻类相关沉积物(图6－22，图6－23)，也可夹少量劣质油页岩和碳酸盐岩。湖湾边缘容易生长喜水性植物芦苇和莎草等，故植物化石常见。在干旱炎热气候条件下，可形成钙质页岩、白云岩，甚至膏盐，泥岩呈红色。若湖湾为碳酸盐环境，可发育泥灰岩、生物灰岩、鲕粒灰岩和白云岩。在有间歇性流水注入的湖湾环境，沉积物可含有正韵律小砂体。泥质湖湾沉积中，水平层理和季节性韵律层理发育，可见块状层理、生物扰动构造、泥裂、雨痕，虫孔普遍。泥岩颜色多种，以黑色为主，但色调不纯、不均匀。可有少量特殊的浅水动物化石，如田螺、土星介等。

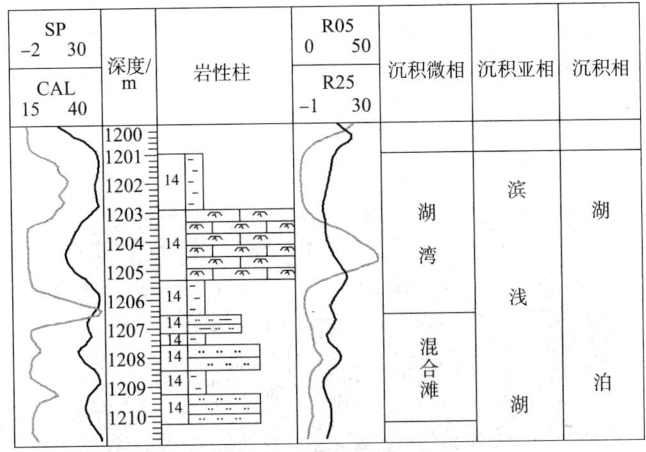

图 6-22　藻灰岩为特征的湖湾垂向序列(松辽盆地白垩系)

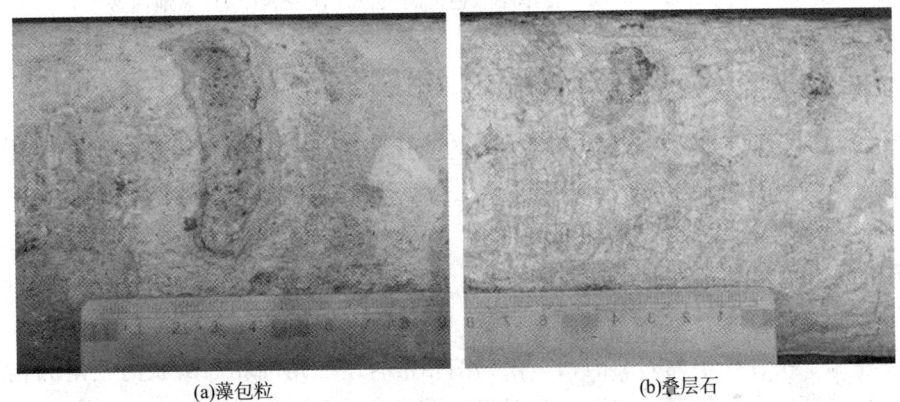

(a)藻包粒　　(b)叠层石

图 6-23　湖湾亚相与藻类相关的沉积物(松辽盆地白垩系)

3. 半深湖-深湖亚相

半深湖-深湖亚相是半深湖亚相和深湖亚相的合称。

(1)半深湖亚相处于浪基面以下、温跃层界面之上，主要受湖流和风暴浪影响，为弱还原-还原低能环境。岩石类型以泥岩为主，可见粉砂岩、碳酸盐岩、膏岩的薄夹层或透镜体。泥岩为有机质丰富的暗色泥、页岩或粉砂质泥、页岩。水平层理发育，可见波纹层理。化石较丰富，浮游生物为主，保存较好，底栖生物较少，常见菱铁矿和黄铁矿等自生矿物。可夹有风暴沉积和重力流沉积。

(2)深湖亚相处于湖盆中水体最深部位，水体安静，为极低能、缺氧的还原环境。岩性的总特征是粒度细、颜色深、有机质含量高。岩石类型以质纯的泥岩、页岩为主，可见灰岩、泥灰岩、油页岩，主要为水平层理。无底栖生物，常见介形虫等浮游生物化石，保存完好。黄铁矿是常见的自生矿物，多呈分散状分布于黏土岩中。可夹有重力流形成的湖底扇富砂沉积体。

由于半深湖亚相和深湖亚相沉积环境和沉积物特征非常相似，通常将半深湖亚相和深湖亚相合称为半深湖-深湖亚相，以水平层理非常发育的厚层黑色泥岩为典型标志(图6-24)。

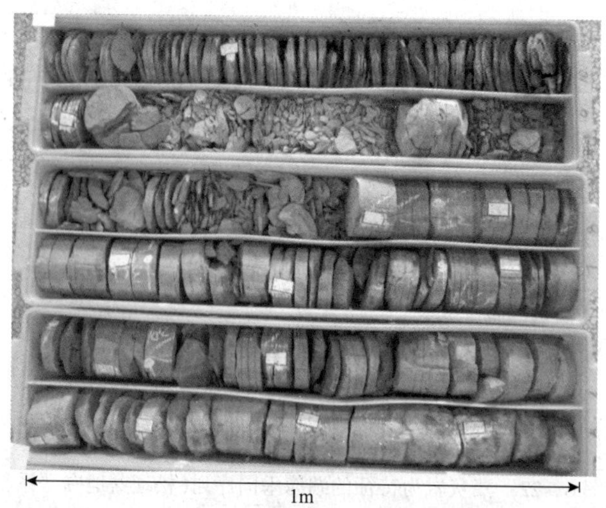

图 6－24　半深湖－深湖亚相厚层黑色泥岩夹薄层泥灰岩(松辽盆地白垩系)

三、湖泊相理想沉积序列及平面相带展布

理想的湖泊相垂向沉积序列是随着湖泊的演化，单纯湖泊相的相邻亚相依次叠置。在湖泊扩张过程中，自下而上形成滨浅湖亚相→半深湖－深湖亚相叠置的正旋回；在湖泊萎缩过程中，自下而上形成半深湖－深湖亚相→滨浅湖亚相叠置的反旋回[图 6－25(a)]。理想的湖泊相平面相带分布是由边缘向中心，滨湖→浅湖→半深湖→深湖亚相呈环带状依次分布[图 6－25(a)]。

自然界几乎不存在单纯的湖泊相。在湖泊相常有扇三角洲相、辫状河三角洲相、曲流河三角洲相、湖底扇相发育，在湖泊相理想相模式基础上，形成湖泊相不同亚相与其他沉积相极其复杂多变的空间相带组合(图 6－19)。

岩性序列及演化	岩性简要描述	亚相
湖泊萎缩	砾岩、砂岩、粉砂岩、杂色泥岩	滨浅湖
	砂岩、粉砂岩、灰色泥岩	
	黑色泥岩夹粉砂岩	半深湖－深湖
	黑色泥岩夹粉砂岩、碳酸盐岩	
	黑色泥岩夹粉砂岩	
	砂岩、粉砂岩、灰色泥岩	滨浅湖
湖泊扩张	砾岩、砂岩、粉砂岩、杂色泥岩	

(a)理想的湖泊相垂向序列

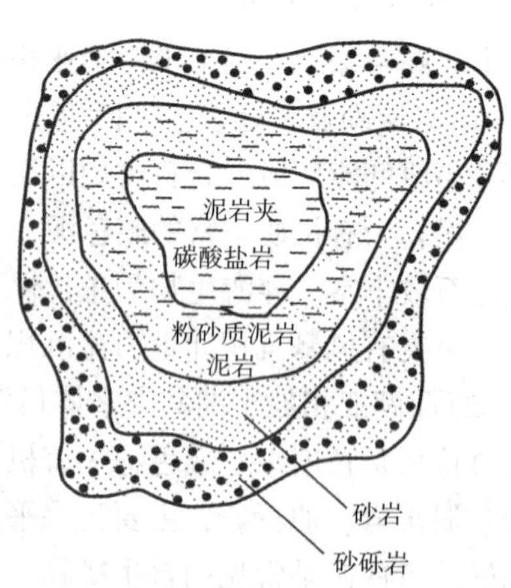

(b)理想的湖泊沉积物平面分布

图 6－25　理想的湖泊相沉积模式

第四节 沙漠相和冰川相简介

一、沙漠相

1. 沙漠的环境特点

沙漠(desert, eolian)发育在气候干旱，蒸发量超过降雨量，几乎无植物生长的大陆地区，风的作用是主要的地质营力。沙漠分布的面积可达数百至数万平方公里，沉积厚度一般几十米至数百米。分布在南北半球亚热带地区的沙漠称“热沙漠”，分布在极地者称“冷漠”。通常所说的沙漠指“热沙漠”。

在热沙漠地区，风及温度的日变化和季节变化很大，年平均降雨量极低，降雨频率每年几次或每隔10~20年一次，而且常常是剧烈降雨，蒸发量常是降雨量的数倍，故极少或几乎没有植物生长。由于缺少植被及土壤的覆盖，可形成暂时性地表湍急径流，并在沙漠中形成间歇性河流，称为“旱谷”，水流在沙漠低洼处汇集，可形成沙漠湖(图6-26)。这种湖泊在一年的绝大部分时间是干涸的。如果某些地区先有水积聚，后又干涸，形成盐结壳，则称为内陆盐碱滩。

图6-26 塔克拉玛干沙漠边缘

沙漠中由于风的吹扬作用使基岩裸露，并伴有崩裂的巨砾出现，形成“岩漠”。它常位于沙漠层序的最底部，分布于风蚀盆地和旱谷深处。风的吹扬和搬运，使沙质物质集中堆积，形成风成沙沉积，不能被搬运的砾石、卵石、粗砂残留下来形成“石漠”或称“戈壁”。尘土或粉砂被风携带至沙漠以外地区堆积形成黄土沉积，黄土沉积实际不属于沙漠相。

2. 沙漠相的沉积类型及特征

沙漠相按沉积特征差异，可分为岩漠、石漠(戈壁)、风成沙、旱谷、沙漠湖和内陆盐碱滩等沉积类型。

(1)岩漠沉积，位于沙漠沉积层序的最底部，覆盖在基岩之上，由物理风化作用形成的尖棱砾石或石块组成。风的吹扬作用带走了细粒物质，仅在大石块背后的风影区偶尔有少量残留。岩漠仅分布于风蚀洼地或旱谷洼地的底部，在地层剖面中很难见到。

(2)石漠沉积，石漠又称为“戈壁”，是在地势平缓地区，风力以悬浮和跳跃方式不能搬运走的残留粗粒沉积。主要组分为砾石和粗砂，分选差至中等，频率曲线为双峰式。砾石以稳定组分为主，其表面有撞击痕和破裂现象，风的磨蚀作用可形成风棱石。细砾石在强风作用下可形成砾石丘，常具有大型交错层理[图6-27(a)]。沉积厚度较薄，一般仅数厘米，但分布和延伸较远。石漠沉积也可以与沙丘沙成互层产出，或呈沙丘沙层间的薄砾石夹层。现代石漠在中亚和非洲均有分布，我国西北地区的戈壁亦属石漠沉积。

（3）风成沙沉积，实际上是狭义的沙漠沉积。主要沉积物为风成沙，成熟度高，稳定矿物组分多，黏土含量低，分选极好，频率曲线为单峰，若为双峰，就有两种分选好的砂粒存在。风成沙的粒度中值为0.15～0.25mm，颗粒磨圆度高。风的磨蚀作用使砂粒（主要是石英）表面呈毛玻璃状。颗粒表面还可见因搬运过程中彼此撞击遗留下来的不规则显微凹坑，以及因铁质浸染形成的氧化铁薄膜。风成沙可进一步分为沙流、沙盖和沙丘三种沉积类型。①沙流又称沙影，是指挟沙风在障碍物后所形成的堆积，沙体呈舌状，内部具倾斜纹层。②沙盖是一种分布广而又平缓的堆积。砂的分选良好，具水平层理，常夹薄砾石层［图6－27（a）］。③沙丘是风成沙的最主要堆积类型。其内部具有特征的风成交错层理，前积细层倾角为25°～34°，细层厚一般为2～5cm，层系厚可达1～2m，最厚达数米［图6－27（b）］。此外还可见厚为数毫米的极薄的水平纹层，纹理清晰，有时为重矿物与轻矿物分别富集的纹层显现而成。

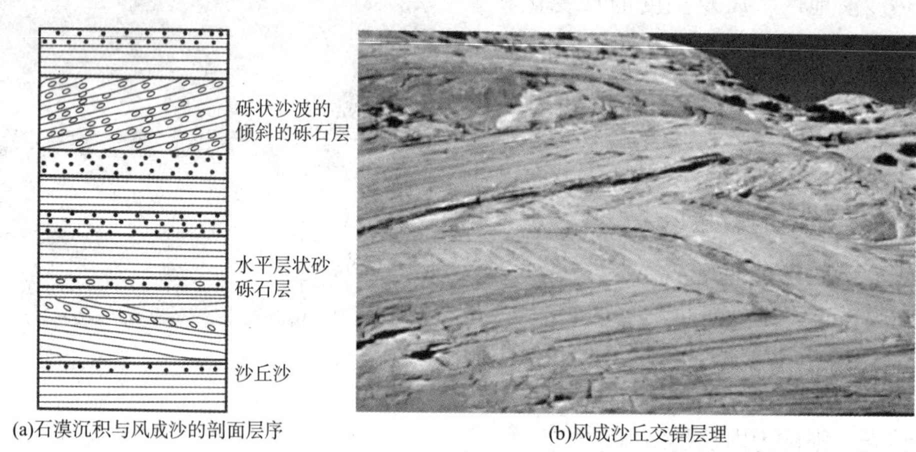

(a)石漠沉积与风成沙的剖面层序　(b)风成沙丘交错层理

图6－27　石漠与风成沙沉积（据林畅松等，2016）

沙丘沉积层序的底部为分选差至中等、水平或倾角很小的粗粒层状沉积物，其上为分选好，具大型交错层理的砂层，交错层理纹层倾角陡、倾斜度极为一致。在沙漠盆地边缘，风成层序底部具石漠或戈壁沉积物，其上为旱谷（干河床）与风成沙沉积的互层，再上部为沙丘沉积，常与局部的内陆盐碱滩沉积共生。

（4）旱谷沉积是间歇性河流沉积作用的产物。旱谷是沙漠中长期干旱的河流，只有降雨才会有水流过，具有暴洪特点，河道不固定，沉积速度快，顺坡堆积呈扇状，故称旱谷冲积扇。一场雨后，扇状沉积又被辫状水流切开，在旱谷中又形成类似辫状河的沉积，沉积物粒度粗，砾石可具叠瓦状排列。如果旱谷没有砾石沉积，则可由分选好、具各种层理的砂质沉积组成。在一个沉积旋回中有向上变细的趋势，其顶部为黏土或泥质沉积物，具泥裂、雨痕等构造。旱谷干涸无水时，可被风成沉积掩埋，下次洪水到来时，若风成沉积未被全部蚀去，则会被掩埋在新的水流沉积之下。故在剖面上，旱谷的水流沉积常与风成沉积交替呈互层出现。

（5）沙漠湖和内陆盐碱滩沉积。①沙漠湖是沙漠中的风蚀洼地或构造洼地因积水而成湖。湖水浅，一年中大部分时间是干涸的，但也有半永久性的，称为沙漠湖，沉积物由流水或风搬运而来，主要为粉砂或黏土沉积，常见递变层理。湖水干涸后，顶部黏土层发生干裂和卷曲碎片，因风沙覆盖而保存，常有石膏和石盐与其相伴生。②沙漠中的风蚀洼地不能积水成湖，可形成潮湿的内陆盐碱滩或称干盐湖、内陆萨布哈，沉积物为粉砂和黏土的互层，其间夹有薄层砂、盐及石膏层，常有发育良好的石膏晶体。并发育有砂质岩脉。

二、冰川相

1. 冰川环境的特点

冰川(glacier)发育在降水量大、蒸发量极弱、温度极低的高寒地区。在这些地区的雪线之上，降水的形式为降雪。疏松的雪在上覆新雪的压力下逐渐变为致密的永久性冰块。当冰雪堆积速度超过消融速度时，在重力作用下，冰块从雪场流出而形成冰川。现代冰川环境仅占地球表面的3%，绝大部分分布在高纬度的两极地区，少数分布在被积雪覆盖的高山区，如喜马拉雅山和阿尔卑斯山区。现代冰川可分为山谷冰川、山麓冰川和冰盖三种类型(图6－28)。山谷冰川是一种分布在山地槽谷中沿谷流动的冰体，长可达数十公里，厚数百米；山麓冰川是由几条山谷冰川从山上流下，在山麓汇合成的宽广冰体；冰盖又称冰帽，是发育在大陆或高原地区的巨大冰体，厚度超过数千米。

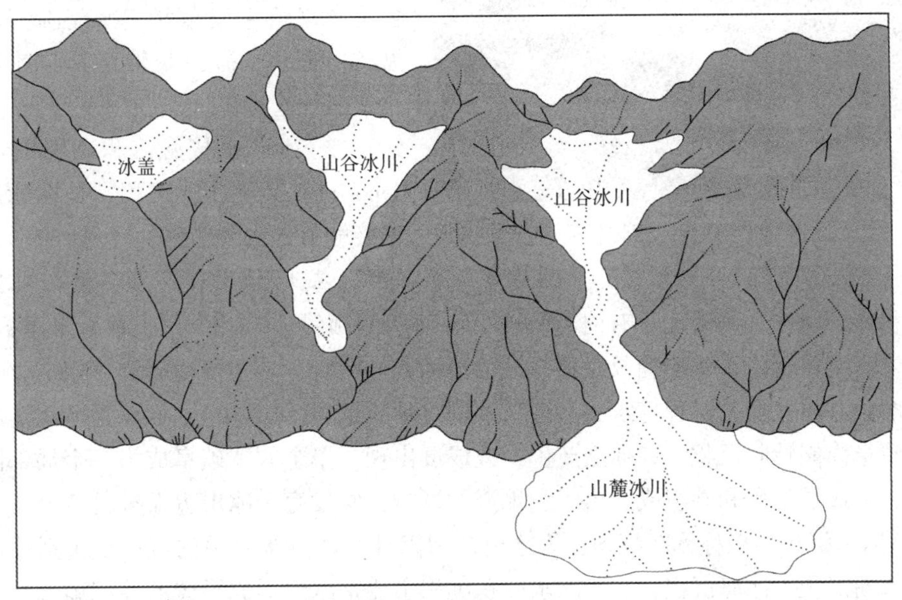

图6－28　三种冰川类型示意图(据北京大学，1965略改)

冰川借助重力作用沿底部滑动而发生流动。其流速相当缓慢，可从0.2～0.4m/d至20～30m/d，一般为1m/d，它主要受冰川的厚度、温度、坡度、山谷形态和冰内碎屑沉积物含量等因素的控制。冰川在流动时产生巨大的压力，对冰川底部和两侧起着“挖掘”和“拔蚀”作用，从而形成较大的冰川砾石、漂砾和岩块。同时，冰川携带着这些岩石碎屑对谷底和两侧起着削刮、挫磨、研磨等磨蚀作用，结果形成了粉砂、黏土级细粒物质，称为冰川粉，并在谷底和两侧谷壁以及冰川携带的岩石碎屑上也遗留下了磨蚀痕迹，即冰川擦痕和刻槽。冰川几乎无分选地携带和搬运走巨大的冰川砾石、漂砾和极细的冰川粉；冰川依靠新雪来补充冰的全部过程称“积聚”，冰川下游冰的融化、蒸发和冰山崩解称“消融”。冰川依靠积聚和消融二者之间的平衡来保持一定的规模。如果平衡遭到破坏，消融作用占优势时，引起冰川退缩；积聚占优势时，则冰川向前推进。由于主冰川对支流冰川的阻挡，或冰川消退时在低洼处积水，可形成冰川湖泊。

2. 冰川沉积类型及其特征

冰川沉积“glacial deposit”包括冰沉积(冰碛 till)、冰和冰融水接触沉积、冰融水沉积。

(1)冰碛进一步分为：①底碛，冰川底部的沉积；②内碛，冰川内部的沉积；③表碛，冰川表面的沉积；④侧碛，或边碛，冰川边缘沉积；⑤中碛，两条冰川汇合中间地带的沉积；⑥终碛，冰川末端沉积；⑦漂石，被冰搬运到高处，岩性和该地附近基岩完全不同的巨大块岩。若冰川出现退缩，在其下游形成终碛层；若冰川分阶段后退，则形成一连串的终积岭。

图6-29 现代冰碛物特征

冰碛物成层性一般较差，成分复杂，成熟度极低，不稳定矿物组分含量高。粒级分布范围广，从黏土到巨大的漂砾都有，大小混杂，分选极差。颗粒形态多呈次棱角-棱角状，冰碛砾石表面常见冰川擦痕，砾石长轴略具与冰川流向一致的优选方位(图6-29)。

(2)冰-水接触沉积(Glacio-tactual-deposit)，又称冰界沉积，是在冰川与冰水接触的地方的沉积，包括蛇形丘、冰碛阜。蛇形丘又称蛇丘，是一种狭长的堤形沉积体，呈曲线状隆起，有时有分支，脊部两侧倾斜10°~20°，长数百米至数公里，高数十米，宽数百米，其排列及延伸与冰的流动方向平行。它主要由砾和砂组成，砾石有一定的磨蚀，可见交错层理、水平层理、冲刷充填构造(图6-30)。蛇丘是冰川消融的产物。冰碛阜为岗岭状沉积，或孤立产生，或成群出现。单个的冰碛阜成为一个局部陡面的锥形体，由成层的砾和砂组成，由于受水流的影响，常发育于冰川边缘附近。

(3)冰水沉积，也称冰前沉积，为冰川范围以外与冰融水有关的沉积，包括冰水冲积沉积、冰湖沉积、冰海沉积等。①冰水冲积沉积主要是冰河形成平缓的冲积扇，几个扇体的连接，形成平缓的冰水沉积平原，具有成层性，主要由砂砾组成(图6-30)。相邻薄层之间粒径变化大，有一定分选性，冲刷和充填构造常见，水平层理与板状、槽状交错层理交互出现。冰水冲积平原沉积可延伸数公里以上，然后过渡为辫状河沉积。②冰湖是由于冰川消融过程中形成的终碛堤的阻挡使融化的冰水在冰川前端滞留汇集而成的。冰湖沉积以黏土为主(图6-30)，“纹泥”是冰水湖沉积的重要标志，水平层理发育，它是由颜色深浅和粒度粗细相间的纹层组成和显现的，每个纹层厚度约0.5~1mm，浅色粗粒纹层代表春夏季节沉积，暗色细粒纹层代表秋冬季节的沉积。人们可根据年季候纹泥来计算沉积速率及其沉积过程所用的时间。我国希夏邦马峰北坡中更新世的冰水湖纹泥厚达60m，在欧洲斯堪的纳维亚，已成功地利用更新世季候泥来建立地质年代。小三角洲是融冰水携带的碎屑在冰湖堆积而成，具明显的三层结构：底积层为细－粉砂，具水平及波状层理；前积层倾斜可达20°～30°，具波状层理；顶积层由粗粒砂砾组成，具大型交错层理(图6－30)。③冰海沉积也称冰川－海洋沉积，是冰川末端直接深入海洋形成的。当冰川前锋终止于一个水深足以浮起冰体的深海时，由于崩解作用使大量的冰块(冰山)从冰川裂走，冰山消融，大量的冰川沉积物如卵石或漂砾与海洋的泥沙沉积物混合堆积(图6－30)，冰海沉积常含有海相化石。

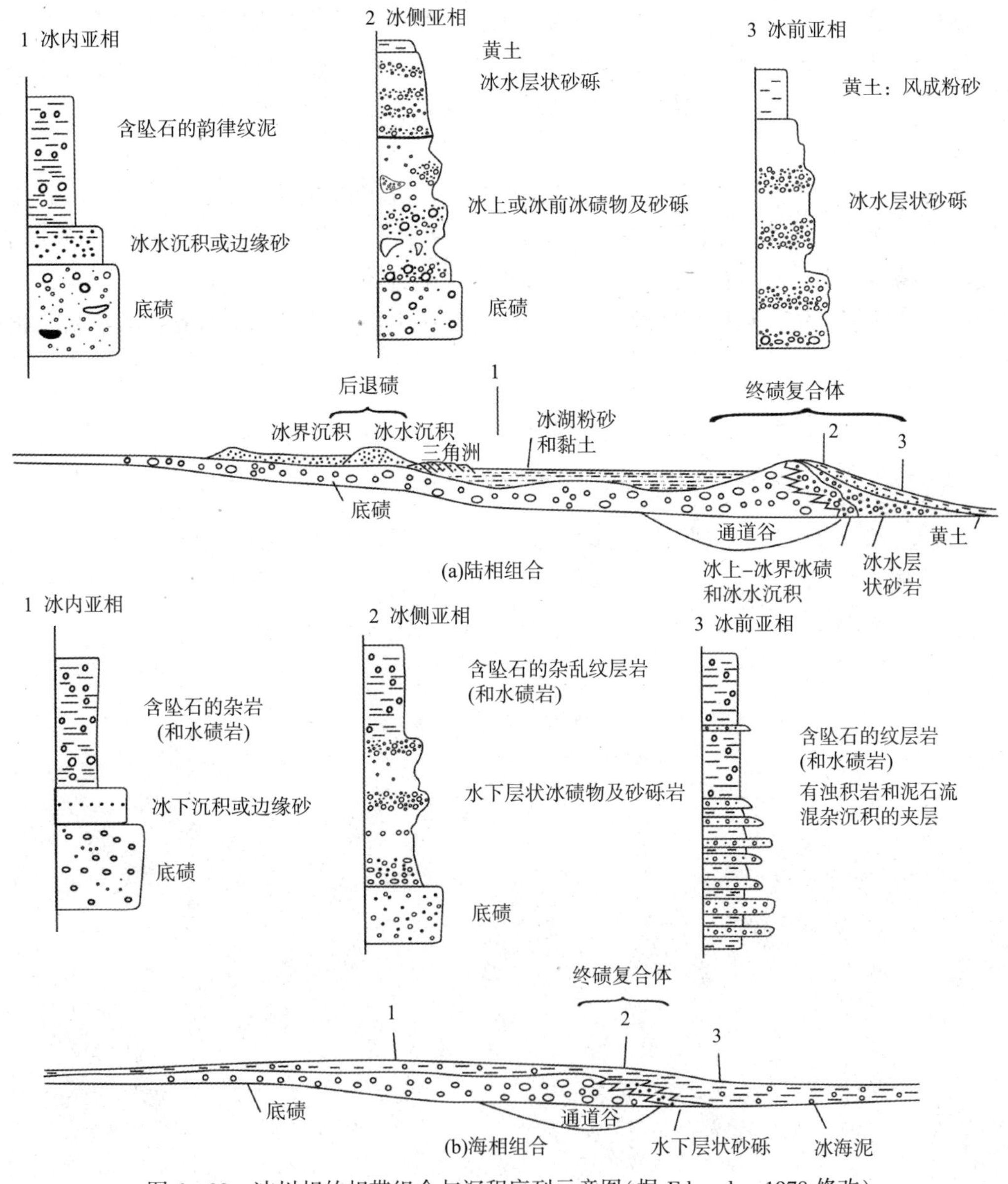

图6－30　冰川相的相带组合与沉积序列示意图(据 Edwards，1978 修改)

3. 冰川相次级相带划分及其特征

根据冰川相的沉积环境和沉积物特征，可将冰川相划分为冰内亚相、冰侧亚相和冰前亚相(图6－30)。

(1)冰内亚相

冰内亚相是冰川内部及其形成的沉积物。其沉积物类型主要是底碛形成砾岩和内碛、表碛形成的含坠石的纹层状粉砂岩、泥岩，以内碛、表碛形成的含坠石的纹层状粉砂岩、泥岩为主。可夹有侧碛形成的砾岩、砂岩。

(2)冰侧亚相

冰侧亚相是冰川两侧边缘及其形成的沉积物。其沉积物类型主要是底碛形成砾岩和侧碛形成的砾岩、砂岩，以侧碛形成的砾岩、砂岩为主。可夹有：内碛、表碛形成的含坠石的纹层状粉砂岩、泥岩，冰水沉积形成的砾岩、砂岩、粉砂岩泥岩。

(3)冰前亚相

冰前亚相是冰川前方地带及其形成的沉积物。其沉积物类型主要是成层性好、具流水成因沉积构造的、冰水沉积形成的砾岩、砂岩、粉砂岩泥岩。可见：①底碛形成砾岩；②侧碛形成的砾岩、砂岩；③内碛、表碛形成的含坠石的纹层状粉砂岩、泥岩。④在冰湖沉积中，可见小三角洲和季节性韵律；⑤在冰海沉积中可见浮冰融化形成的坠石和海相动物化石。

第七章　滨－浅海相组

滨－浅海相组是发育于滨海和浅海地带所有沉积相类型的总称，包括：三角洲相、陆源碎屑海滩相、陆源碎屑潮坪相、陆源碎屑障壁岛－潟湖相、陆源碎屑浅海相、内源滨－浅海相。

第一节　三角洲相

三角洲是地质学中古老的术语之一，可追溯到公元前约400年，当时，古希腊历史学家希罗多德看到尼罗河口的冲积平原同希腊字母Δ的形状相似，提出了三角洲这一术语。

三角洲相研究历史较长，吉尔伯特(Gilbert)早在1885年就对邦维尔湖三角洲进行了深入的研究，提出了自下而上底积层、前积层、顶积层的三角洲三层结构模式。从20世纪50年代以来，由于石油地质勘探工作的实践，发现许多油气田与三角洲沉积有关，而且其中往往是大型或特大型油气田。如科威特布尔干油田，其可采储量为9.4×10^9t，委内瑞拉马拉开波盆地玻利瓦尔沿岸特大油田，它们的主要产油层均属三角洲沉积。另外，墨西哥湾盆地是美国产油最多的一个盆地，它的石油产自白垩系、始新统、渐新统和中新统的砂岩中，其中大部分油气藏与三角洲沉积有关。我国也发现了一些与三角洲沉积有关的油田，如黄骅坳陷大港油田的东三段油藏，以及大庆油田的白垩系油藏等。目前世界各国都很重视现代和古代三角洲沉积的研究，并公开出版了大量有关三角洲沉积的论文和专著。

一、三角洲的基本知识

1. 三角洲的概念

随着研究的深入，三角洲的概念经历了两次更新。①最早，三角洲是在河流入海(湖)的河口处，由于海(湖)水体的顶托作用，河流带来的泥沙大量堆积，形成的顶端向陆的三角洲形或扇形沉积体。②随着研究实例的增多，研究成果的积累，发现有些河流三角洲的平面形态不是三角洲形或扇形，也有鸟嘴状或港湾状，就把三角洲定义更新为河流入海(湖)的河口处，由于河流带来的泥沙大量堆积形成的沉积体。③随着冲积扇入海(湖)扇三角洲的研究成果的积累，发现不仅河流入海(湖)能够形成三角洲，冲积扇入海(湖)也会形成三角洲，就把三角洲定义更新为冲积扇、河流入海(湖)的河口处，由于泥、砂、砾石大量堆积形成的沉积体。

2. 三角洲的分类简介

由于决定三角洲类型的因素十分复杂，不同三角洲的特征又差别很大，从不同角度出发，有数十种三角洲的分类方案。本节简要介绍沉积学中常用成因、形态、水深分类。

(1)三角洲的成因分类

三角洲是冲积扇、河流入海(湖)的河口处，由于泥、砂、砾石大量堆积形成的沉积体。三角洲的成因分类既要考虑冲积扇、河流的特征，又要考虑海(湖)盆地的特征。

盖洛韦(Galloway，1976)提出的三角洲分类，是最早的较为系统的三角洲的成因分类。他收集了近30个近代和古代海相三角洲资料，进行了系统研究，利用三角图解将三角洲分为以河流作用为主的河控(fluvial - dominated)三角洲，以波浪作用为主的浪控(wave - dominated)三角洲和以潮汐作用为主的潮控三角洲(tidal - dominated)三种端元类型及其间的过渡类型(图7-1)。由于他的这一分类着重考虑了蓄水盆地波浪、潮汐能量的强弱，主要针对的是曲流河入海形成的三角洲，而没有考虑注入蓄水盆地冲积体的多样性，1991年，Galloway与薛良清合作，在原来分类基础上，建立了一个包括扇三角洲、辫状河三角洲和曲流河三角洲在内的三角洲扩展分类，划分出扇三角洲、浪控扇三角洲、潮控扇三角洲、辫状河三角洲、浪控辫状河三角洲、潮控辫状河三角洲、曲流河三角洲、浪控曲流河三角洲、潮控曲流河三角洲九种端元类型及其间过渡类型(图7-2，表7-1)。九种端元类型三角洲中以曲流河三角洲分布最广，研究最为深入。曲流河三角洲通常简称三角洲。

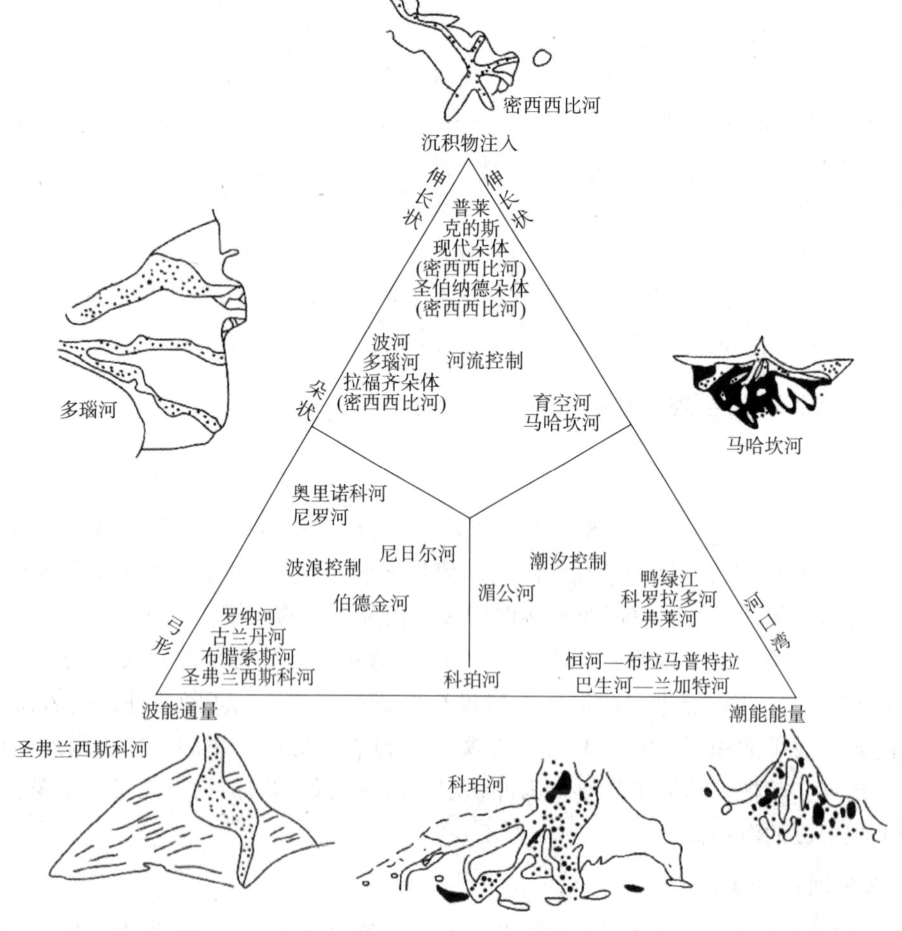

图7-1 三角洲类型的三端元分类(据盖洛韦，1976)

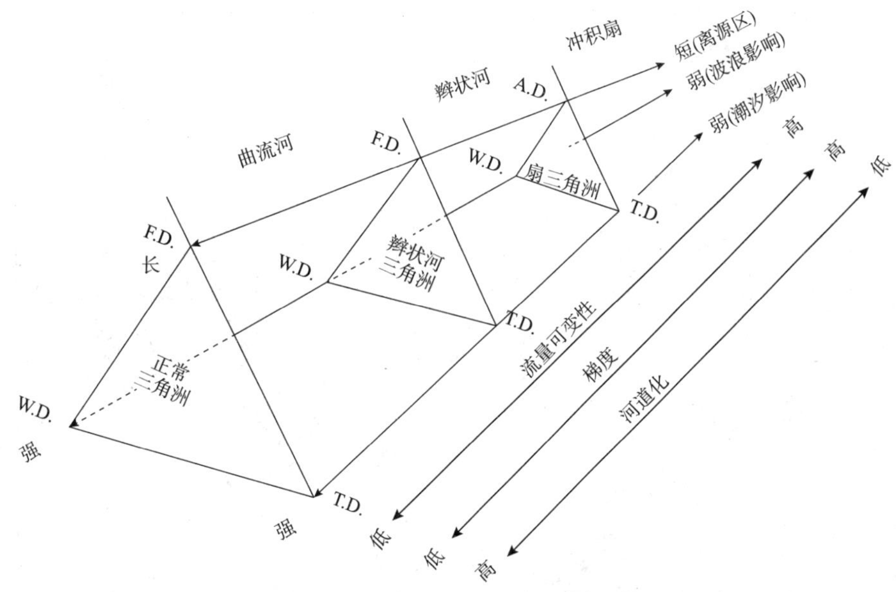

图 7－2　三角洲类型的四端元分类(据薛良清和盖洛韦，1991)

表 7－1　三角洲类型的四端元分类端元类型(据薛良清和盖洛韦，1991 修改)

蓄水盆地水动力条件	冲积扇	辫状河	曲流河
波浪、潮汐微弱	扇三角洲	辫状河三角洲	三角洲
波浪作用极强	浪控扇三角洲	浪控辫状河三角洲	浪控三角洲
潮汐作用极强	潮控扇三角洲	潮控辫状河三角洲	潮控三角洲

(2)三角洲的形态与过程分类

根据平面形态特征把三角洲分为鸟足状三角洲、朵叶状三角洲、鸟嘴状三角洲、港湾状三角洲四种类型；根据发育过程中三角洲被波浪和潮汐作用的改造破坏程度，分出建设性三角洲和破坏性三角洲(图 7－3)。①鸟足状三角洲是极端类型的河控三角洲。由于海水动力作用弱，河流的泥沙输入量大，特别是砂与泥比值低，悬浮负载多，因而，有利于建造起天然堤，使分流河道稳定向前延伸，形成的三角洲形似“鸟足状”而得名。②朵状三角洲的形态为向海方向突出的、边缘略呈锯齿状的半圆形，是三角洲前缘被波浪改造的结果，成因上属于河流－波浪联合控制的三角洲。鸟足状三角洲和朵状三角洲属于建设性三角洲。③鸟嘴状三角洲的特点是只有一条或两条主河流入海，河流输入海的泥沙量少，砂与泥比值高，波浪和沿岸流作用大于河流作用。因此，由河流输入的砂泥很快就被波浪作用再分配，河口两侧形成一系列平行于海岸分布的海滩砂脊，河口处砂质堆积较多，形成向海方向突出的河口，形似弓形或鸟嘴状而得名。④港湾状三角洲是河流入海口潮汐作用强，河口被强潮流冲刷成港湾状河口湾，双向的潮汐流和河流洪水的冲刷作用，常将河流带来的沉积物改造成平行于潮流方向的线状潮汐砂脊，在河口的前方呈裂指状放射分布。鸟嘴状三角洲和港湾状三角洲由于分别受到波浪和潮流的改造破坏，属于破坏性三角洲。

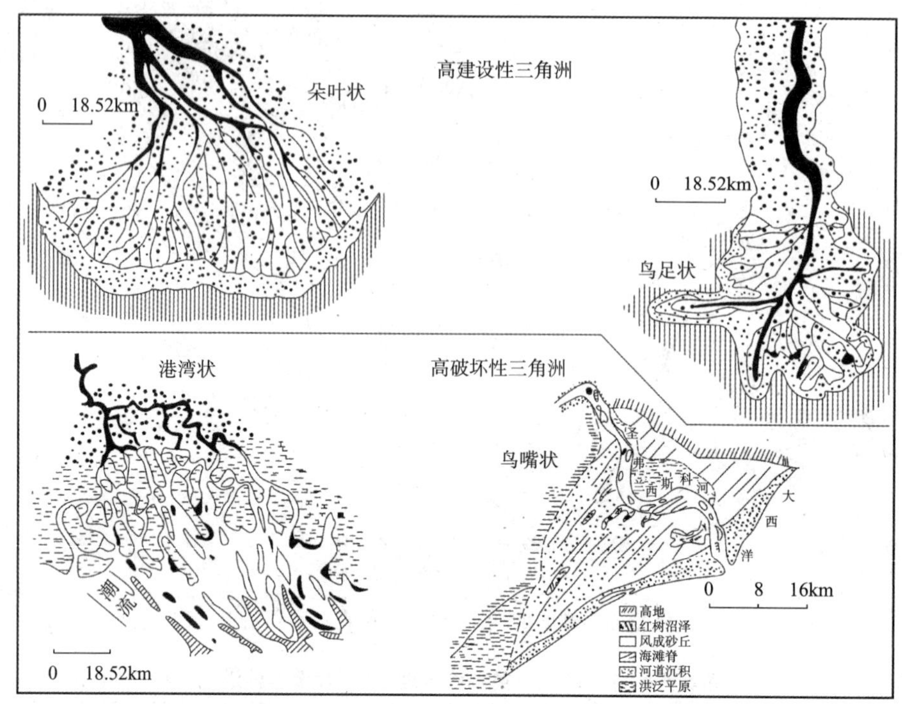

图 7-3 三角洲的形态与过程类型(据 Fisher, 1969; 赖特等, 1973)

(3)三角洲的水深分类

三角洲的水深分类是根据河口处盆地水深变化梯度进行分类的。河口处盆地水深变化梯度大，离开河口向盆地方向短距离水体快速变深的三角洲称为深水三角洲，深水三角洲不发育水下分流河道；河口处盆地水深变化梯度很小，水体很浅，河流进入蓄水盆地后能够在水下继续流动，形成水下分流河道十分发育的三角洲称为浅水三角洲。

3. 三角洲形成的流体动力学

贝茨(Bates, 1953)对三角洲形成的水动力学进行了研究。他将三角洲河口比拟为水力学上的一个喷嘴。河水通过河口流入蓄水体时，形成自由喷射，自由喷流可分为轴状喷流和平面喷流两种流动类型。轴状喷流是河水与蓄水体水在三度空间混合，其混合作用较快，致使水流速度迅速降低。平面喷流是河水与蓄水体水在二度空间(平面的)混合，其混合作用较慢，向盆地方向较远的地方仍可保持一定流速。当河流注入相对静止的水体中时，由于河水与蓄水体水之间的密度差异，平面喷流有底层喷流和表层喷流两种类型。三角洲的形成主要与轴状喷流和表层喷流有关。

(1)轴状喷流

当河水注入淡水湖泊时，河水与湖水密度相等，两种水发生三度空间的混合作用，形成轴状喷流，水流速度迅速降低，在河口附近底负载迅速堆积，悬浮负载可沉积在较远处，形成湖泊型三角洲(或称为吉尔伯特型三角洲)，这种三角洲的分布范围一般较小(图 7-4)。

(2)底层喷流

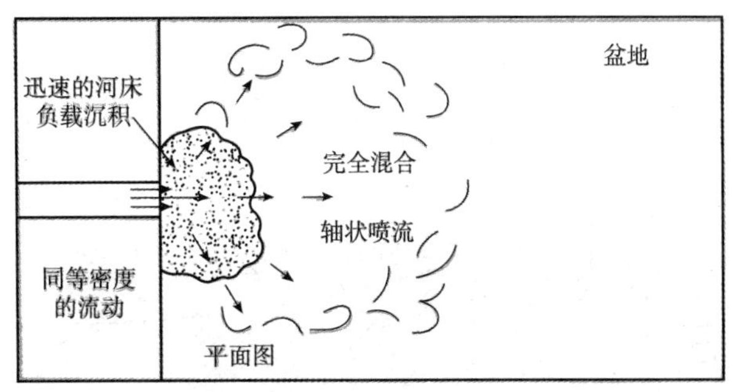

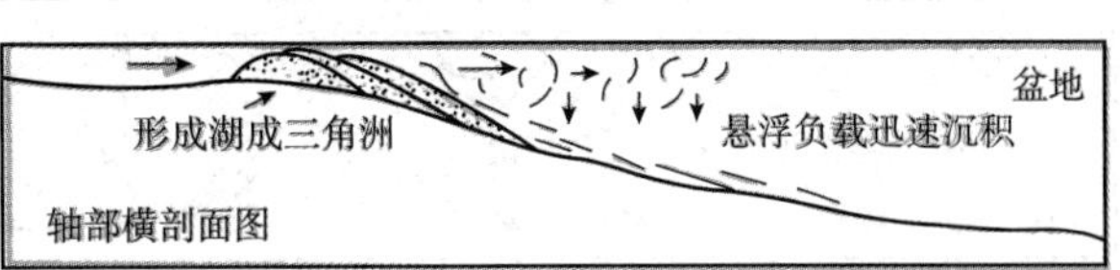

图7-4　河水密度=蓄水体密度，属轴状喷流，形成湖泊三角洲(据姜在兴，2010)

当注入水的密度大于蓄水体的水密度时，高密度注入水沿蓄水体底层流动形成底层平面喷流(图7-5)。冰冷的水流注入较温暖的湖泊中，或者含有大量悬浮负载的洪水水流进入湖泊中时，均可产生类似的流动类型，并形成湖底扇。在大陆坡上，未固结的海底沉积物，因受重力或其他外力作用而发生滑塌或滑动，最终形成的海底浊流也属底层平面喷流。这种浊流能侵蚀海底峡谷，并沿海底峡谷流动，在峡谷口附近形成海底扇。因此，底层喷流形成的沉积体不属于三角洲范畴。

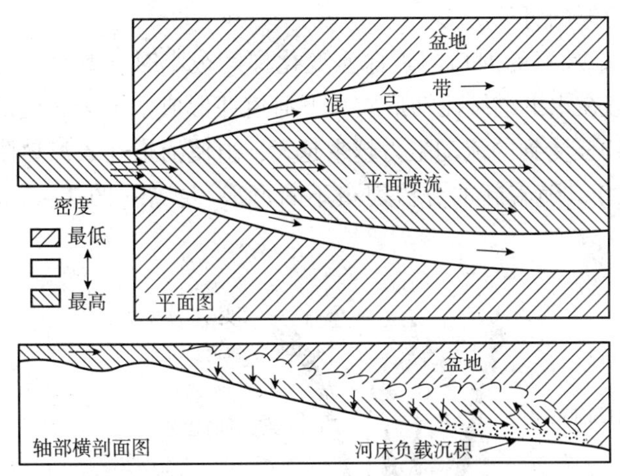

图7-5　河水密度>蓄水体密度，属底层平面喷流，出现浊流，形成盆底扇(据姜在兴，2010)

(3)表层喷流

这种情况发生在河流入海处。河水中虽含有悬浮物质使其密度增加，但与海水的密度相比仍是小的。这种低密度水流，在海水表层向外流动属于表层平面喷流类型(图7-6)。水流量大的河流河水沿水平方向能向外散布很远，可以形成以河流作用为主的海岸三角洲。

4. 三角洲发育的主控因素及发育过程

(1)三角洲发育的主控因素

三角洲的发育受多种因素的控制。主要控制因素为：①河流的流速、流量、搬运来的泥沙的数量和比例。河流流速越快，能量越强，携带的碎屑多且粒度较粗，有利于三角洲的发育；流量越大，搬运的泥沙越多，越有利于三角洲发育；砂/泥比值越大，越有利于三角洲形成。②河水和蓄水体的性质，尤其是其相对密度的大小，控制喷流形式，进而控制三角洲的发育。③蓄水体作用营力的类型(波浪、潮汐、海流)和强度，特别是与沉积物输入量的相对关系，直接控制三角洲的成因类型。④河口地带盆地地形。地形平缓、坡度极小形成浅水三角洲；地形坡度较大形成深水三角洲。⑤河口地带构造性质。构造持续沉降有利于三角洲发育。⑥海平面升降。海平面相对上升可形成退积型三角洲；海平面相对下降则发育进积型三角洲。其中河流供给的沉积物数量、蓄水体作用营力的类型和作用强度、河口地带构造性质、海平面

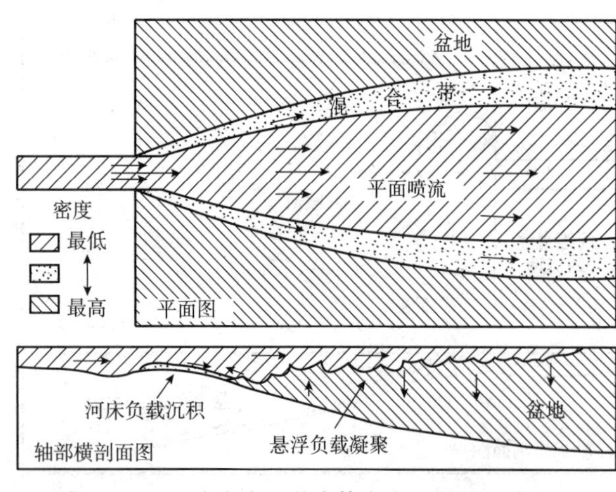

图 7－6　河水密度 < 蓄水体密度，属平面喷流，形成海相三角洲（据姜在兴，2010）

升降是最重要的控制因素。

(2)三角洲的发育过程

三角洲的发育过程可分为骨架形成、决口扇充填、三角洲废弃三种过程。

①三角洲的骨架形成，实质上是分流河道不断分叉和向海方向不断推进的过程（图 7－7、图 7－8）。

a. 深水三角洲的骨架形成。在河流入海的河口附近深水变化梯度较大时，由于海水顶托作用，水流分散，流速突然降低，大量底负载物质便堆积下来，形成河口砂坝、分流河道和分流河口［图 7－7(a)中Ⅰ、Ⅱ］；分流河口又会形成新的河口砂坝、分流河道和分流河口［图 7－7(b)中 1、2、3、4］。随着这种过程的持续，河口砂坝和分流河道不断向海推进、扩展，就形成了深水三角洲的骨架。

b. 浅水三角洲的骨架形成。在河流入海的河口附近深水变化梯度很小时，海水顶托作用不足以使河水水流分散，河流能够在水下继续流动形成水下河道并形成水下天然堤沉积（图 7－8A）；随着水下河道流程增长，受到的流动阻力越来越大，迫使河道在入海口附近改道，形成新的水下河道（图 7－8B）；随着新的分流河道不断形成、扩展（图 7－8C、D），就形成了浅水三角洲的骨架。

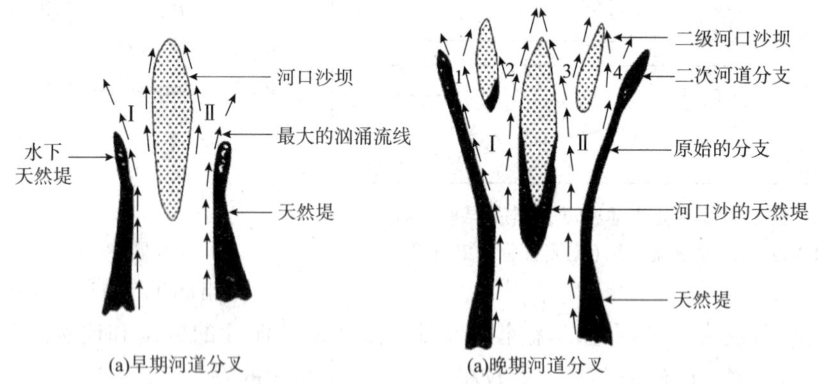

图 7－7　深水三角洲河口砂坝与分流河道发育过程示意图（据林畅松等，2016）

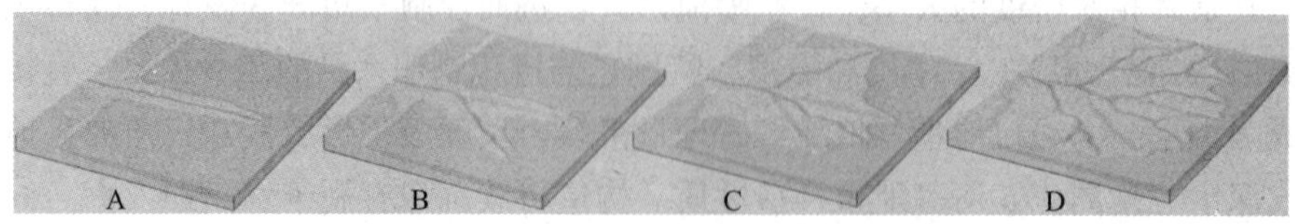

图 7－8　浅水三角洲分流河道发育过程示意图

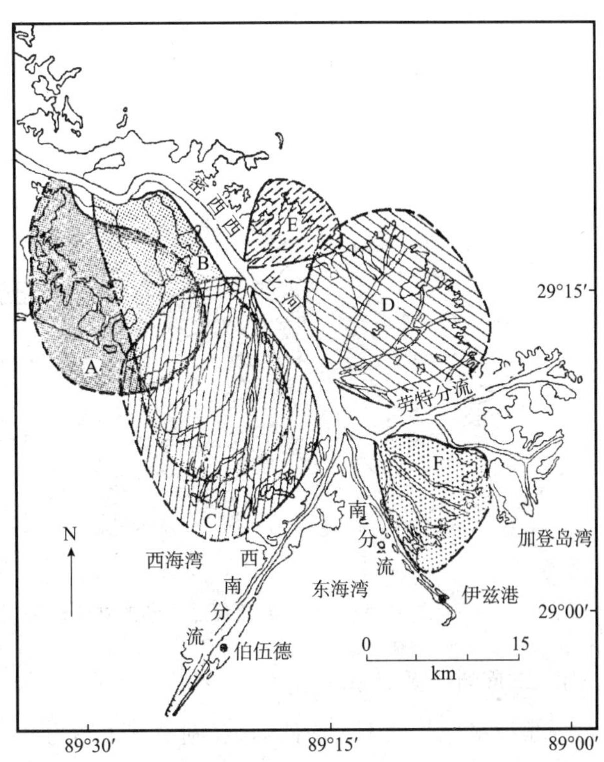

图 7-9 现代密西西比三角洲充填的七个决口扇复合体
(据 Coleman 和 Gagliano，1964)

②决口扇充填。三角洲骨架形成后，分流河道之间绝大部分是低洼地带，这些地带主要是决口扇充填的。现代密西西比三角洲平原(图 7-9)充填了 6 个决口扇复合体(由老到新 A→F)。决口扇充填一方面能够加强分流河道的稳定性，使得分流河道不断向海推进，另一方面使三角洲分流河道间洼地得以充填，使三角洲整体地势增高。

③三角洲废弃。三角洲分流河道向海方向扩展推进，不会无限制地发展下去。随着三角洲沉积物的堆积，河口地带的地势越来越高，河流坡降越来越小，最终会造成河流改道，选择坡度较陡的低洼地带形成新河道入海，开始一个新的三角洲发育过程，并使原来的三角洲废弃，转变为由波浪和潮汐控制的滨浅海沉积环境。较老的三角洲逐个废弃，新的三角洲逐个形成，使得不同时期的三角洲在空间上错叠，能够形成规模巨大的三角洲复合体。如美国密西西比三角洲复合体(图 7-10)就是由七个时期(由老到新①→⑦)的三角洲沉积体错叠而成的。

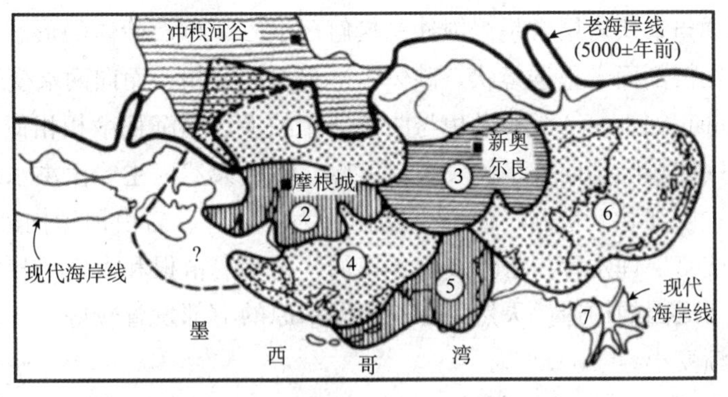

图 7-10 密西西比河三角洲复合体，由七个三角洲叶状体组成
(据冯增昭，1993)

二、河控曲流河三角洲相

河控曲流河三角洲相通常简称为三角洲相，是曲流河注入蓄水盆地的河口地带波浪、

潮汐作用微弱，在河流的控制下形成的三角洲。这类三角洲厚度大、面积广，既能发育于海洋中，也能发育于湖泊中，古代和现代均较为多见，研究程度最为深入。

根据沉积环境和沉积物特征，将河控曲流河三角洲相划分为三角洲平原(deltaic plain)、三角洲前缘(deltaic front)和前三角洲(prodelta)三个亚相(图7-11)。

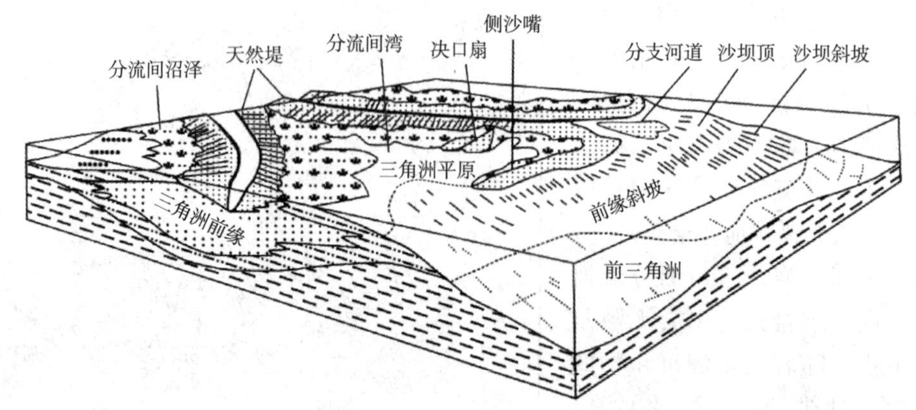

图7-11　河控曲流河三角洲的立体模型(据林畅松等，2016略改)

1. 三角洲平原亚相

三角洲平原是处于平均低潮线(湖泊三角洲为枯水位)之上的三角洲陆上部分，它与河流体系的分界是从河流大量分叉处开始。三角洲平原亚相进一步分为分流河道、天然堤、决口扇、分流间滩、分流间沼泽、分流间湖和分流间湾等七个沉积微相(图7-11)。

(1)分流河道(distributary channel)沉积微相是指三角洲平原长期有水流流动的分流河道及其形成的沉积物(图7-11)，为高能沉积环境。沉积物与曲流河河道亚相相似，以砂质为主，主要为中砂、细砂，上部为粉砂，多为向上逐渐变细的正韵律。分选中等，常含泥砾、植物干茎等。中砂、细砂具有槽状、楔状、板状交错层理，粉砂多具波纹层理，层理规模向上变小。与下伏岩层常呈侵蚀冲刷接触(图7-12)。砂体的形态在平面上为长条形，有时分叉；在横剖面上呈透镜状。砂体中部最厚和最粗，而向两端变薄和变细。

(2)天然堤(natural levee)沉积微相与曲流河相的天然堤沉积微相相似，位于分流河道的两侧，向河道一侧较陡，向外一侧较缓(图7-11)。天然堤主要由洪水期携带泥沙的洪水漫出淤积而成，以细砂、粉砂、泥不等厚互层为特征，砂岩由河道向外侧变细和变薄，爬升层理和波纹交错层理发育。水流波痕、植屑、植茎、植根和潜穴等较常见。有时见有雨痕和干裂等暴露成因的构造。天然堤在三角洲平原的上部发育较好，向盆地方向，天然堤高度、宽度逐渐变小。

(3)决口扇(crevasse splay)沉积微相与曲流河相的决口扇沉积微相亦很相似，是分流河道河水冲破天然堤形成决口，河水由决口向分流河道间洼地倾泻，所携带的砂、粉砂堆积形成的扇形沉积体(图7-11)，主要由细砂岩、粉砂岩组成。粒度比天然堤沉积物稍粗。具小型交错层理、波纹层理、水平层理、块状层理。常见植物化石碎片。砂体形态呈舌状，向远离分流河道方向变薄、尖灭，剖面上呈透镜状。决口扇靠近河道部位富砂，向远离分流河道方向逐渐富泥。但由于三角洲平原天然堤稳定性较差，三角洲平原决口扇沉积微相更为发育。

(4)分流间滩沉积微相是天然堤外侧，分流河道之间，除河水泛滥期外，长期暴露于大气之下、草木稀疏、地表干裂的干枯地带。沉积物以红色色调的泥岩、粉砂质泥岩为主，见泥质粉砂岩、粉砂岩。多见块状层理、干裂，少见水平层理、波纹层理。

(5)分流间湖沉积微相是天然堤外侧长期积水的低洼地带。沉积物主要为灰绿、灰、灰黑、黑等暗色泥岩、粉砂质泥岩，见泥质粉砂岩、粉砂岩。发育块状层理、水平层理、波纹层理。可含淡水及广盐性动物化石、植物枝干及叶化石。

(6)分流间沼泽沉积微相是指分流间沼泽及其中形成的沉积物。沼泽的地表接近于平均高潮面，是一个周期性潮水浸润的地区，水体性质主要为淡水或半咸水。沼泽中植物繁茂(图 7 – 11)。沉积物主要为暗色有机质泥岩、泥炭或褐煤，夹薄层粉砂岩(图 7 – 12)。见块状层理和水平层理，生物扰动作用强烈，含植屑、炭屑、植根、介形虫和腹足类以及菱铁矿等。

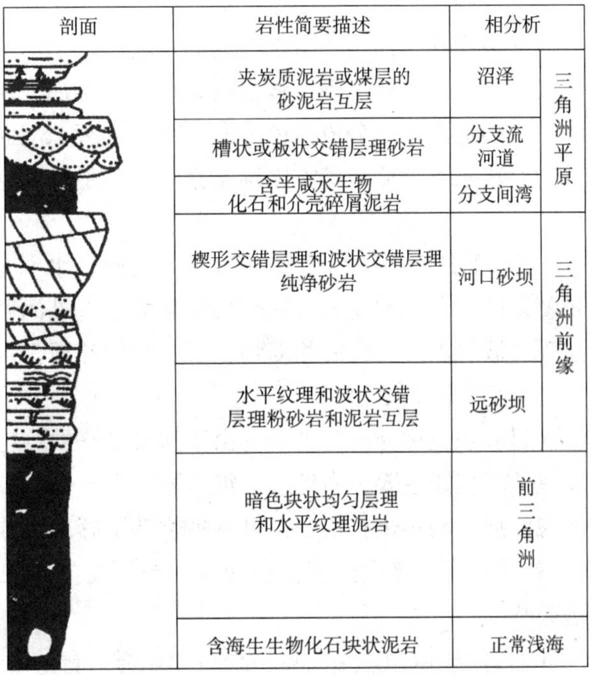

剖面	岩性简要描述	相分析	
	夹炭质泥岩或煤层的砂泥岩互层	沼泽	三角洲平原
	槽状或板状交错层理砂岩	分支流河道	
	含半咸水生物化石和介壳碎屑泥岩	分支间湾	
	楔形交错层理和波状交错层理纯净砂岩	河口砂坝	三角洲前缘
	水平纹理和波状交错层理粉砂岩和泥岩互层	远砂坝	
	暗色块状均匀层理和水平纹理泥岩	前三角洲	
	含海生生物化石块状泥岩	正常浅海	

图 7 – 12　河控曲流河三角洲垂向沉积序列
(据孙永传，1985 略改)

(7)分流间湾(interdistributary bay)沉积微相为分流河道中间与海连通的洼地(图 7 – 11)，低潮时地表裸露，高潮时被潮水淹没，为受潮水影响的间歇性覆水环境。岩性主要为泥岩，夹粉砂岩和细砂岩透镜体(图 7 – 12)。泥岩发育水平层理、缓波纹层理，粉砂岩和细砂岩发育波纹层理，生物扰动作用强烈，可见海相化石。

2. 三角洲前缘亚相

三角洲前缘亚相是平均低潮线(湖泊三角洲为枯水位)之下的以底载荷沉积物为特色的三角洲部分。三角洲前缘亚相最为常见的是河口砂坝、远砂坝沉积微相(图 7 – 11、图 7 – 12)；如果河口砂坝、远砂坝被波浪和沿岸流改造会形成席状砂沉积微相(图 7 – 11 中的侧砂嘴)；如果平均低潮线(湖泊三角洲为枯水位)之下的地形平缓，分流河道在水下继续发育，会形成水下分流河道、水下天然堤、水下决口扇、水下分流间四种共生的沉积微相。可见，三角洲前缘亚相可能发育的沉积微相类型有上述七种，但很少发现七种沉积微相都发育的三角洲前缘亚相，遭受强波浪改造的三角洲前缘亚相甚至只发育席状砂沉积微相。

(1)水下分流河道微相为三角洲平原分流河道的水下延伸部分，向海延伸过程中，河道加宽，深度减小，分叉增多，流速减缓，堆积速度增大。沉积物以砂、粉砂为主，常发育交错层理、波纹层理。垂直流向剖面上呈透镜状。

(2)水下天然堤微相是三角洲平原天然堤的水下延伸部分，为水下分支河道两侧的脊状隆起。沉积物为细砂、粉砂、暗色泥不等厚互层。细砂、粉砂具流水和波浪成因的波纹层理，可见虫孔、植物碎片。

(3)水下决口扇沉积微相是水下分流河道河水冲破天然堤形成决口，河水由决口向水下分流河道间洼地倾泻，所携带的砂、粉砂堆积形成的扇形沉积体，主要由细砂岩、粉砂岩组成。具小型交错层理、波纹层理、水平层理、块状层理。常见植物化石碎片。砂形态呈舌状，向远离水下分流河道方向变薄、尖灭，剖面上呈透镜状。决口扇靠近河道部位富砂，向远离水下分流河道方向逐渐富泥。其最典型特征是决口扇砂质透镜体包裹在暗色泥岩中。

(4)水下分流间微相是水下天然堤外侧、水下分流河道之间，长期受海水影响地带。沉积物以暗色色调的泥岩、粉砂质泥岩为主，见泥质粉砂岩、粉砂岩。多见块状层理、水平层理、波纹层理。含海相动物化石、植物碎屑，具生物扰动构造。

(5)河口砂坝微相

河口砂坝也称为河口坝，是由于河流带来的较粗的砂质物质在近河口处因流速降低堆积而成。沉积物主要为中砂岩、细砂岩，一般分选较好，发育多种交错层理。见水流波痕和波浪波痕，动物化石稀少，可见植物茎干碎屑。砂层呈中层至厚层状(图 7－11、图 7－12)。砂体形态在平面上多呈长轴方向与河流方向平行的椭圆形，横剖面上呈近于对称的双透镜状。

(6)远砂坝微相是与河口砂坝微相相对而言的，与河口砂坝微相之间没有确切的界线。远砂坝微相位于河口砂坝前方(图 7－11)，沉积物比河口砂坝细，主要为细砂岩、粉砂岩、泥岩不等厚互层(图 7－12)，向河口砂坝方向细砂岩增多，向前三角洲方向泥岩增多。具小型交错层理、波纹交错层理、脉状－波状－透镜状复合层理。沿纹层面分布较多的植屑和炭屑。常见生物扰动构造。

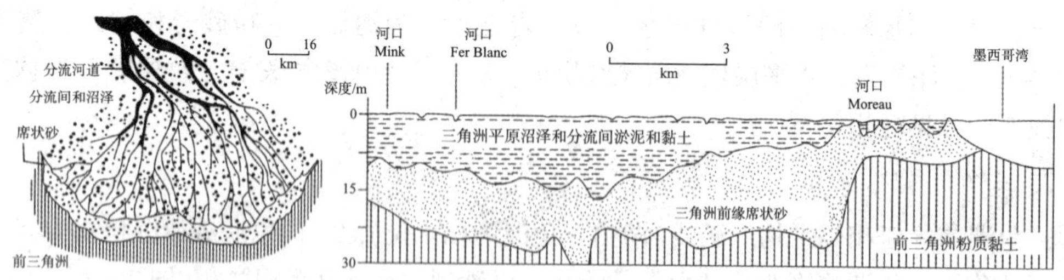

图 7－13　新近系密西西比 Lafourche 朵叶状三角洲及席状砂剖面(据 Reading，1985 编绘)

(7)席状砂微相

席状砂微相是由于三角洲前缘的河口砂坝、远砂坝经波浪、沿岸流的冲刷、淘洗、改造在河口前方和侧翼形成的大面积砂层。主要是中砂岩或细砂岩，分选好，质较纯净，厚度稳定，可成为极好的储集层。其沉积构造常见有浪成交错层理和冲洗交错层理。

新近系密西西比 Lafourche 三角洲，是平原受河流控制、三角洲前缘受波浪和沿岸流控制的朵叶状三角洲，前缘亚相几乎只发育席状砂微相，河口砂坝和远砂坝微相因波浪和沿岸流改造殆尽，在三角洲平原亚相的前方形成宽约10km，绵延近100km的宽带状席状砂，在剖面上形成界面起伏的厚砂层，砂岩平均厚度在10m以上(图7－13)。

3. 前三角洲

前三角洲位于三角洲前缘的前方(图7－11、图7－12)，是三角洲相分布最广、沉积最厚的沉积单元。前三角洲的地貌为平缓的斜坡，绝大部分处于浪基面之下，水体平静，为低能沉积环境。主要是河流的悬浮载荷沉积。沉积物主要由暗色泥岩和粉砂质泥岩组成，可有少量粉砂岩。主要为水平层理和块状层理，偶见透镜状层理。常见生物扰动构造，含有广盐性化石，如介形虫、瓣鳃类和有孔虫等，向海方向，海生生物化石逐渐增多。前三角洲的暗色泥质沉积物，富含有机质，而且其沉积速度和埋藏速度较快，故有利于有机质保存、转化为油气，可作为良好的生油层。

4. 河控曲流河三角洲垂向序列及空间相带组合

(1) 河控曲流河三角洲垂向序列

河控三角洲在形成发育过程中，不断地从陆地向海盆方向推进，形成一套水深逐渐变浅的垂向序列。底部为前三角洲泥，向上依次出现三角洲前缘粉砂和砂，最上面覆盖三角洲平原的较粗粒分流河道沉积和细粒分流间沉积，大体上为下细上粗的反旋回沉积序列，即进积型沉积序列(图7－12)。

理想的河控曲流河三角洲进积型垂向序列大致可分为六层(图7－12)。第一层：主要由暗色水平层理和块状层理泥岩和粉砂质泥岩组成。具潜穴和生物扰动构造，但含化石少，可夹有洪水形成的递变层理粉砂岩薄层，属前三角洲沉积。其下伏层为正常浅海的陆棚泥岩沉积，含较多海生生物化石和强烈的生物扰动构造。第二层：泥岩和粉砂岩或极细砂岩的互层。发育有水平纹理、波纹交错层理和复合层理、具有潜穴和生物扰动构造。沿纹层面分布较细的植屑和炭屑，为远砂坝沉积。第三层：主要由较纯净的砂岩组成。发育大型和小型交错层理、波纹交错层理。可见波浪波痕或水流波痕、生物碎屑，属河口砂坝沉积。第四层：生物扰动构造发育的泥岩和泥质粉砂岩、具透镜状层理，含半咸水生物化石和介壳碎屑，属分流间湾沉积。第五层：槽状或板状交错层理砂岩，含碳化植茎和泥砾，为分流河道沉积。第六层：泥岩、粉砂岩和细砂岩的互层，夹碳质泥岩或煤层，发育块状均匀层理、水平层理和透镜状层理，含大量植根和植屑化石，属三角洲平原分流间沉积。上述沉积序列是较完整的进积型河控曲流河三角洲沉积序列，其厚度一般为20～30m。

(2) 河控曲流河三角洲空间相带组合

河控曲流河三角洲相的相带平面分布规律是由陆地向海方向，依次为：三角洲平原亚相→三角洲前缘亚相河口砂坝微相→远砂坝微相→前三角洲亚相(图7－11)。完整的进积型垂向相带组合自下而上必然是：前三角洲亚相→远砂坝微相→三角洲前缘亚相河口砂坝微相→三角洲平原亚相依次发育；完整退积型垂向相带组合自下而上必然是：三角洲平原亚相→三角洲前缘亚相河口砂坝微相→远砂坝微相→前三角洲亚相依次发育。这是河控曲流河三角洲相分析和基准面相对升降分析中必须遵循的规律和原则。至于三角洲平原亚相内部不同微相的垂向叠置、组合关系是复杂多变的，要根据具体情况来确定，关键是准确识别三角洲平原亚相的不同微相。

三、浪控和潮控曲流河三角洲相

1. 浪控曲流河三角洲相主要特征

(1)浪控曲流河三角洲相的成因

浪控曲流河三角洲形态分类为鸟嘴状三角洲，是只有一条或两条主河流入海，分流河道不发育，波浪和沿岸流作用大于河流作用，河流输入的砂泥被波浪和沿岸流强烈改造、再分配，河口两侧形成一系列平行于海岸分布的海滩砂脊，河口处砂质堆积较多，形成河口向海方向突出的弓形或鸟嘴形沉积体(图 7－3)。沉积物主要为砂岩，以发育浪成交错层理、海滩冲洗交错层理为特色。浪控曲流河三角洲相的沉积特征与陆源碎屑海滩相的沉积特征基本相同，主要区别在于浪控曲流河三角洲相发育区的向陆方向发育曲流河河道沉积(图 7－14)。

(2)浪控曲流河三角洲相垂向序列

浪控曲流河三角洲相垂向序列分为海平面相对下降，海岸线向海方向迁移形成的进积型垂向序列；海平面相对上升，海岸线向陆方向迁移形成的退积型垂向序列。

①浪控曲流河三角洲相进积型垂向序列为下细上粗的反旋回，自下而上依次为：前三角洲亚相→海滩砂脊亚相→浪控三角洲平原亚相，以具有海滩砂脊沉积物为特征(图 7－14)。它与陆源碎屑海滩相进积型垂向序列的区别是，在浪控曲流河三角洲相进积型垂向序列的顶部出现河流沼泽和河道沉积。

②浪控曲流河三角洲相退积型垂向序列是在海平面上升的海侵时期形成的，为下粗上细的正旋回，自下而上依次为：浪控三角洲平原亚相→海滩砂脊亚相→前三角洲亚相，顶部发育正常陆棚浅海相泥质沉积物。在罗纳河三角洲的下部地层中就发育这种类型垂向序列。

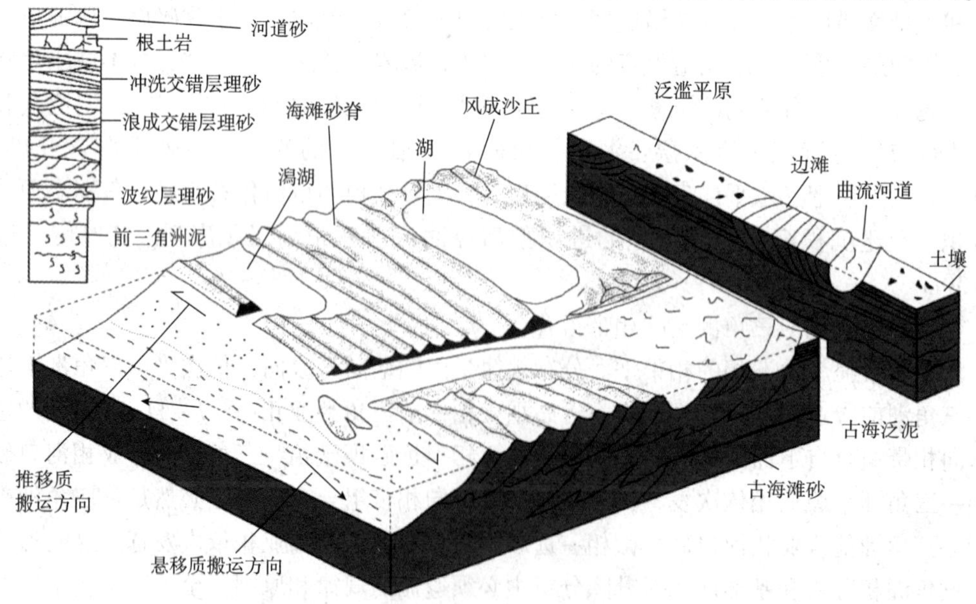

图 7－14　浪控曲流河三角洲沉积模式(据林畅松等，2016 略改)

2. 潮控曲流河三角洲相主要特征

(1)潮控曲流河三角洲相的成因

潮控曲流河三角洲形态分类为港湾状三角洲，也称河口湾，是河流入海口潮汐作用强，河口被强潮流冲刷成港湾状河口湾，双向的潮汐流和河水的冲刷作用，将河流带来的砂质沉积物改造、堆积成平行于潮流方向的线状潮汐砂脊，在河口的前方呈放射状放射分布(图7-3)。沉积物主要为砂岩，以发育双向潮流作用形成的羽状交错层理为特色。潮控曲流河三角洲相的沉积特征与陆源碎屑潮道-潮坪相的沉积特征基本相同，主要区别在于潮控曲流河三角洲相发育区的向陆方向发育曲流河河道沉积(图7-15)。

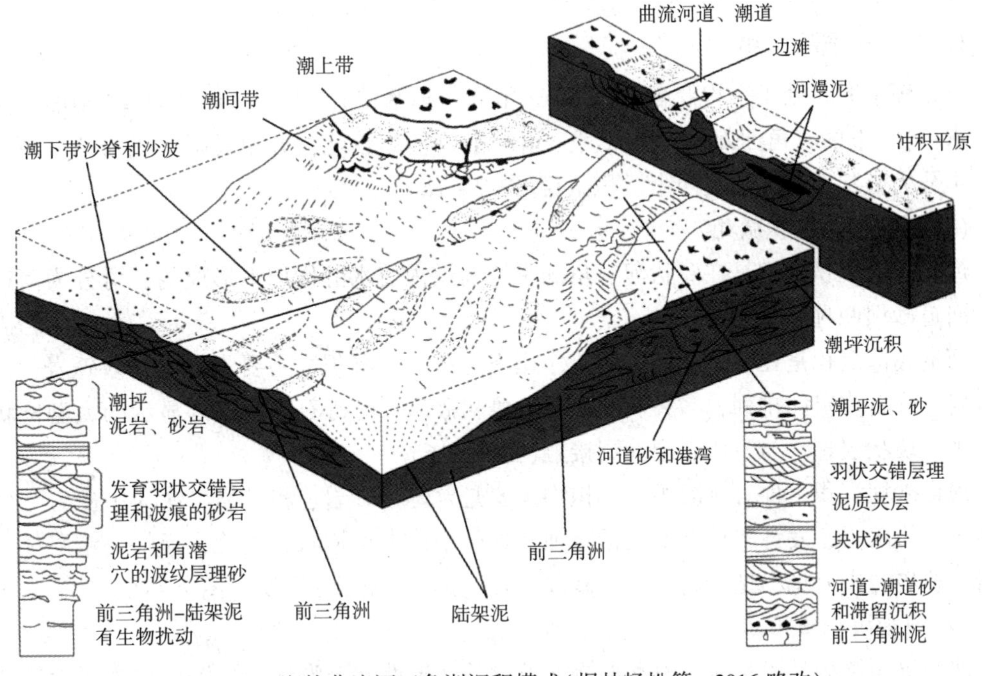

图7-15 潮控曲流河三角洲沉积模式(据林畅松等，2016略改)

(2)潮控曲流河三角洲相垂向序列

潮控曲流河三角洲相垂向序列分为海平面相对下降，海岸线向海方向迁移形成的进积型垂向序列；海平面相对上升降，海岸线向陆方向迁移形成的退积型垂向序列。

①潮控曲流河三角洲相进积型垂向序列总体上为下细上粗的反旋回，自下而上依次为：前三角洲亚相→潮汐砂脊亚相→潮控三角洲平原亚相，以具有潮汐砂脊沉积物为特征(图7-15)。它与陆源碎屑潮道-潮坪相进积型垂向序列的区别是：在潮控曲流河三角洲相进积型垂向序列的顶部出现河流沼泽和河道沉积。

②潮控曲流河三角洲相退积型垂向序列是在海平面上升的海侵时期形成，总体上为下粗上细的正旋回，自下而上依次为：潮控三角洲平原亚相→潮汐砂脊亚相→前三角洲亚相，顶部发育正常陆棚浅海相泥质沉积物。

四、辫状河三角洲相

辫状河三角洲是由辫状河注入蓄水盆地(海洋或湖泊)，在辫状河流和盆地水体共同作用下，在河口地带形成的沉积体。

辫状河发育于山区或山前较开阔的谷地，地势坡降大，河水流速快，河道弯曲度小，能量大，输砂量大。河流入口处蓄水盆地的波浪、潮汐能量与辫状河相比相对较弱。导致携带大量碎屑辫状河水流注入蓄水盆地后在水下继续流动，并逐渐卸载，形成砾、砂、泥有规律分布的沉积体。根据沉积环境和沉积物特征，辫状河三角洲相分为三角洲平原、三角洲前缘和前三角洲三个亚相(图7-16)。

1. 三角洲平原亚相

三角洲平原是处于平均低潮线(湖泊三角洲为枯水位)之上、平均高潮线(湖泊三角洲为洪水位)之下的三角洲部分，辫状河三角洲平原地形较陡，分布局限。三角洲平原亚相进一步分为辫状河道、河漫两个沉积微相(图7-16)。

(1)辫状河道沉积微相

辫状河道沉积微相是在辫状河三角洲平原河道内流水的作用下形成的，可分为河道底部、河道砂坝两种沉积类型。

河道底部沉积是在河道高能底层流作用下形成的。沉积物主要为砾岩、砂砾岩、含砾粗砂岩，砾石多定向排列，多为次棱状。含砾粗砂岩发育砾石定向排列显示的大型槽状交错层理、块状层理。与下伏岩层冲刷接触(图7-16)。

河道砂坝沉积也称心滩沉积，沉积物主要是含砾粗砂岩、粗砂岩，次为中砂岩、少量细砂岩、粉砂岩，发育多种类型交错层理，如巨型或大型槽状、楔状、板状交错层理，细砂岩、粉砂岩中可见小型交错层理、砂纹层理。其上可被河漫覆盖(图7-16)。

(2)河漫沉积微相

河漫沉积微相是辫状河三角洲平原河道以外间歇性被淹没地带。沉积物主要为粉砂质泥岩、泥质粉砂岩，粉砂岩、少量泥质细砂岩，发育块状层理、波纹层理、水平层理、干裂、生物扰动构造(图7-16)。

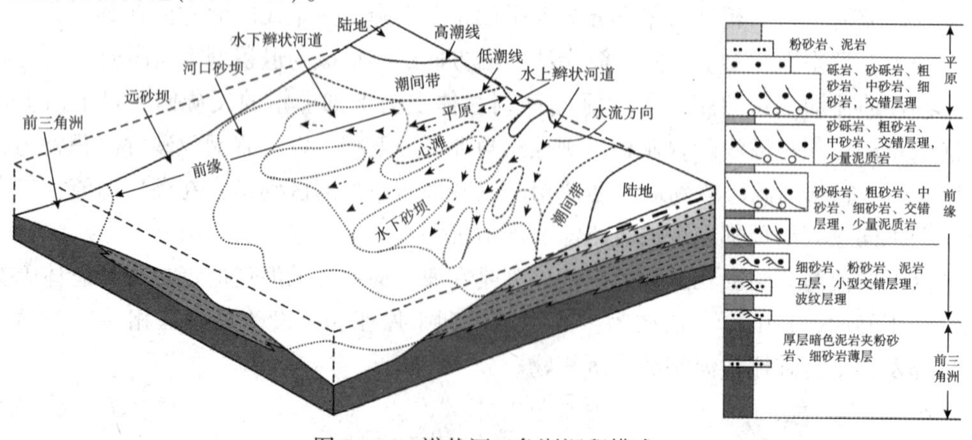

图7-16 辫状河三角洲沉积模式

2. 三角洲前缘亚相

三角洲前缘亚相是平均低潮线(湖泊三角洲为枯水位)之下的以底载荷沉积物为特色的三角洲部分。三角洲前缘亚相可分为水下辫状河道、水下河道间、河口砂坝、远砂坝等四个沉积微相(图7-16)。

(1)水下辫状河道沉积微相

辫状河道沉积微相是在辫状河三角洲前缘河道内流水的作用下形成的，可分为河道底部、河道砂坝两种沉积类型。

河道底部沉积是在河道高能底层流作用下形成的。沉积物主要为砂砾岩、含砾粗砂岩，砾石多定向排列，多为次棱状。含砾粗砂岩发育砾石定向排列显示的大型槽状交错层理、块状层理。与下伏岩层冲刷接触(图7-16)。

河道砂坝沉积主要是含砾粗砂岩、粗砂岩，次为中砂岩、少量细砂岩、粉砂岩，发育多种类型交错层理，如巨型或大型槽状、楔状、板状交错层理，细砂岩、粉砂岩中可见小型交错层理、砂纹层理。其上可被水下河道间沉积微相覆盖(图7-16)。

(2)水下河道间沉积微相

水下河道间沉积微相是辫状河三角洲前缘水下河道以外，主要是水下河道砂坝顶部较低能条件下形成的。沉积物主要为粉砂质泥岩、泥质粉砂岩、粉砂岩、少量泥质细砂岩，发育块状层理、波纹层理、水平层理、生物扰动构造(图7-16)。

(3)河口砂坝微相

河口砂坝也称为河口坝，是由于河流带来的较粗的砂、砾质物质在近河口处因流速降低堆积而成。沉积物主要为含砾粗砂岩、粗砂岩、中砂岩、细砂岩，发育大型槽状、楔状、板状交错层理，见水流波痕和波浪波痕，动物化石稀少，可见植物茎干碎屑。砂层呈中层至厚层状(图7-16)。

(4)远砂坝微相

远砂坝微相是与河口砂坝微相相对而言的，与河口砂坝微相之间没有确切的界线。远砂坝微相位于河口砂坝前方(图7-16)，沉积物比河口砂坝细，主要为细砂岩、粉砂岩、泥岩不等厚互层(图7-16)，向河口砂坝方向细砂岩增多，向前三角洲方向泥岩增多。具小型交错层理、波纹交错层理、脉状-波状-透镜状复合层理。沿纹层面分布较多的植屑和炭屑。常见生物扰动构造。

3. 前三角洲

前三角洲位于三角洲前缘的前方(图7-16)，绝大部分地带处于浪基面之下，水体平静，为低能沉积环境。主要是辫状河携带的悬浮载荷沉积。沉积物主要由暗色泥岩和粉砂质泥岩组成，可有少量粉砂岩。主要为水平层理和块状层理，偶见透镜状层理。常见生物扰动构造，含有广盐性化石，如介形虫、瓣鳃类和有孔虫等，向海方向，海生生物化石逐渐增多。前三角洲的暗色泥质沉积物，富含有机质，而且其沉积速度和埋藏速度较快，故有利于有机质转化为油气，可作为良好的生油层。

4. 辫状河三角洲垂向序列及空间相带组合

（1）辫状河三角洲垂向序列

辫状河三角洲在形成发育过程中，不断地从陆地向海盆方向推进，形成一套水深逐渐变浅的垂向序列。底部为前三角洲泥岩，向上依次出现三角洲前缘粉砂岩、砂岩、砾岩，最上面为三角洲平原的较粗粒辫状河河道沉积和细粒河幔沉积，总体上为下细上粗的反旋回沉积序列，即进积型沉积序列(图7－16)。

理想的辫状河三角洲进积型垂向序列大致可分为五层(图7－16)。第一层：主要由暗色水平层理和块状层理泥岩和粉砂质泥岩组成。具潜穴和生物扰动构造，但含化石少，可夹有洪水形成的递变层理粉砂岩薄层，属前三角洲沉积。其下伏层为正常浅海的陆棚泥质沉积，含较多海生生物化石和强烈的生物扰动构造。第二层：泥岩和粉砂岩或细砂岩互层。发育有水平层理、波纹交错层理和复合层理、具有潜穴和生物扰动构造。沿纹层面分布较细的植屑和炭屑，为远砂坝沉积。第三层：主要为中厚层含砾粗砂岩、粗砂岩、中砂岩、细砂岩，发育大型槽状、楔状、板状交错层理，见水流波痕和波浪波痕，动物化石稀少，可见植物茎干碎屑，属河口砂坝沉积。第四层：主要是含砾粗砂岩、粗砂岩，次为中砂岩、少量细砂岩、粉砂岩，发育多种类型交错层理，如巨型或大型槽状、楔状、板状交错层理，细砂岩、粉砂岩中可见小型交错层理、砂纹层理。其上可被水下河道间沉积微相细粒沉积物覆盖，属水下河道及河道间沉积。第五层：为砾岩、含砾粗砂岩、粗砂岩、中砂岩、少量细砂岩，发育巨型或大型槽状、楔状、板状交错层理，细砂岩、粉砂岩中可见小型交错层理、砂纹层理。其上可被有暴露标志的河幔细粒沉积物覆盖，属于三角洲平原沉积。

（2）辫状河三角洲空间相带组合

辫状河三角洲相的相带平面分布规律是由陆地向海方向，依次为：三角洲平原亚相→三角洲前缘亚相水下河道(河道间)→河口砂坝→远砂坝→前三角洲亚相(图7－16)。完整的进积型垂向相带组合自下而上必然是：前三角洲亚相→三角洲前缘亚相远砂坝→河口砂坝→水下河道(河道间)→三角洲平原亚相依次发育；完整退积型垂向相带组合自下而上必然是：三角洲平原亚相→三角洲前缘亚相水下河道(河道间)→河口砂坝→远砂坝→前三角洲亚相依次发育。这是辫状河三角洲相分析和基准面相对升降分析中必须遵循的规律和原则。

五、扇三角洲相

Holmes(1965)将扇三角洲定义为“由邻近高地推进到海、湖等稳定水体中的冲积扇”。我国学者(孙永传，1985等)曾将全部被湖水淹没的冲积扇称为“水下冲积扇”，简称“水下扇”；将部分被湖水淹没的冲积扇称为“近岸水下冲积扇”；将未被湖水淹没、又紧邻湖泊边缘的冲积扇称为“湖缘冲积扇”，简称“湖缘扇”(图7－17)。“水下扇”“近岸水下冲积扇”“湖缘扇”是瞬时概念，由于海平面频繁地升降，湖岸线迁移，进入湖盆的冲积扇很难永远是水下的、部分进入的，或处于湖泊边缘的，总是随湖平面上升，冲积扇入水部分增大，湖平面下降，冲积扇入水部分减小。实际上，“水下扇”“近岸水下冲积扇”“湖缘扇”都属于扇三角洲范畴(图7－17)。

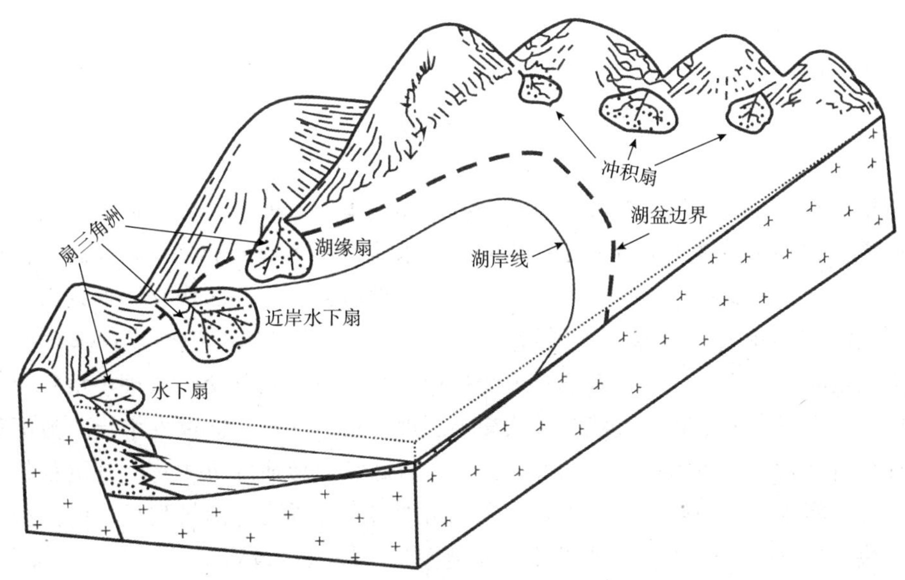

图 7 – 17　扇三角洲相关概念立体示意图

扇三角洲相是从山地倾泻而下泥石流、山洪等携带大量碎屑的高能流体注入蓄水盆地形成的沉积体。山洪进入蓄水盆地入口处的波浪、潮汐能量相对弱。导致携带大量碎屑的泥石流、山洪注入蓄水盆地后在水下继续流动，并逐渐卸载，形成砾、砂、泥有规律分布的沉积体。根据沉积环境和沉积物特征，扇三角洲相分为根部、三角洲前缘和前三角洲三个亚相(图 7 – 18)。

1. 扇三角洲根部亚相

扇三角洲根部亚相处于扇三角洲靠近山口部位，山口附近地形狭陡，分布局限，主要处于潮间带(或滨湖区)。扇三角洲根部亚相主要由泥石流沉积、河道沉积构成，可见极少溺谷低能条件形成的粉砂岩、泥岩(图 7 – 18)。

(1)泥石流沉积

泥石流沉积特征是：①分选极差，砾、砂、泥混杂，而且粒级大小相差悬殊，甚至可含有几吨重的巨砾，砾石多呈棱角状至次棱角状；②一般呈块状层理、递变层理，板状、长条形砾石以垂直、不同角度倾斜，呈不定向排列；③砾石成分复杂，与母岩类型关系密切；④与下伏岩层多突变或冲刷接触。泥石流沉积是扇三角洲根部亚相，乃至扇三角洲相的最重要标志(图 7 – 18)。

(2)河道沉积

河道沉积的特征是：①由砾石和砂组成，分选较差，碎屑多为次棱状；②可见呈块状层理、大型交错层理、叠瓦状构造等；③与下伏岩层多冲刷接触。

(3)溺谷细粒沉积

溺谷(submerged valley)为被海水或湖水淹没的海滨或湖滨处的山谷，山洪、泥石流河道间歇期为低能环境。沉积物主要为粉砂质泥岩、泥质粉砂岩、粉砂岩、少量泥质细砂岩，发育块状层理、波纹层理、水平层理、干裂、生物扰动构造(图 7 – 18)。

2. 扇三角洲前缘亚相

扇三角洲前缘亚相以牵引流底载荷沉积物为特色，泥石流不发育。扇三角洲前缘亚相可分为近端坝、远端坝等两个沉积微相(图 7 – 18)。

(1)近端坝沉积微相

近端坝沉积微相是在扇三角洲前缘惯性流水作用下形成的，可分为惯性水流沉积和惯性水流散流沉积。①惯性水流沉积是在高能惯性水流作用下形成的沉积物，高能惯性水流是从山谷倾泻而下、高速流动的水流，注入蓄水盆地后，在惯性的作用下继续沿陡坡流动的水流。其沉积物主要为砾岩、砂砾岩、含砾粗砂岩、粗砂岩、中砂岩；砾石多定向排列，多为次棱状。含砾粗砂岩发育砾石定向排列显示的大型槽状交错层理、块状层理。粗砂岩、中砂岩发育大型槽状、楔状、板状交错层理(图 7 – 18)。②惯性水流散流沉积是在高能惯性水流受盆地水体阻挡，流动性消失，大量卸载而形成的沉积物。其沉积物主要为砂砾岩、含砾粗砂岩、粗砂岩、中砂岩；含砾粗砂岩发育砾石定向排列显示的大型槽状交错层理、块状层理。粗砂岩、中砂岩发育大型槽状、楔状、板状交错层理、块状层理(图 7 – 18)。近端坝微相向扇三角洲根部方向砾岩增多，向远端坝方向中砂岩增多，分选变好。

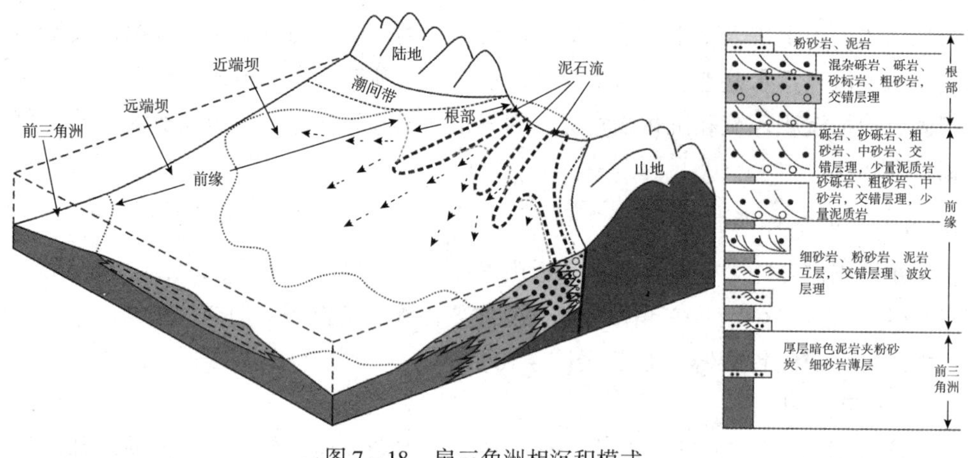

图 7 – 18　扇三角洲相沉积模式

(2)远端坝沉积微相

远端坝沉积微相是与近端坝沉积微相相对而言的，与近端坝沉积微相之间没有确切的界线。远端坝沉积微相位于近端坝沉积微相前方(图 7 – 18)，沉积物比近端坝细，为中砂岩、细砂岩、粉砂岩、泥岩不等厚互层(图 7 – 18)，向近端坝方向中砂岩、细砂岩增多，向前三角洲方向泥岩增多。具大型交错层理、小型交错层理、波纹交错层理、脉状 – 波状 – 透镜状复合层理、同生变形构造。沿纹层面分布较多的植屑和炭屑。常见生物扰动构造。

3. 前三角洲

前三角洲位于扇三角洲前缘的前方(图 7 – 18)，大部分地带处于浪基面之下，水体平静，为低能沉积环境。主要是山洪携带的悬浮载荷沉积。沉积物主要由暗色泥岩和粉砂质泥岩组成，可有少量粉砂岩。主要为水平层理和块状层理，偶见透镜状层理。常见生物扰动构造、同生变形构造，含有广盐性化石，如介形虫、瓣鳃类和有孔虫等，向海方向，海生生物化石逐渐增多。常夹重力流沉积。

4. 扇三角洲垂向序列及空间相带组合

(1) 扇三角洲垂向序列

扇三角洲在形成发育过程中，不断地从陆地向海盆方向推进，形成一套水深逐渐变浅的垂向序列。底部为前三角洲泥岩，向上依次出现扇三角洲前缘粉砂岩、砂岩、砾岩，最上面为扇三角洲根部的较粗粒的泥石流、河道沉积和细粒溺谷沉积，总体上为下细上粗的反旋回沉积序列，即进积型沉积序列(图7-18)。

理想的扇三角洲进积型垂向序列大致可分为五层(图7-18)。第一层：主要由暗色水平层理和块状层理泥岩和粉砂质泥岩组成。具潜穴和生物扰动构造，可夹有洪水形成的递变层理粉砂岩薄层，粗粒重力流沉积，属前三角洲沉积。其下伏层为正常浅海的陆棚泥岩沉积，含较多海生生物化石和强烈的生物扰动构造。第二层：泥岩和粉砂岩、细砂岩、中砂岩不等厚互层。发育有水平层理、波纹交错层理和复合层理、交错层理、同生变形构造，具有潜穴和生物扰动构造。沿纹层面分布较细的植屑和炭屑，为远端坝沉积。第三层：主要为砂砾岩、含砾粗砂岩、粗砂岩、中砂岩，具大型槽状、楔状、板状交错层理、块状层理，属近端坝惯性水流散流沉积。第四层：主要是砾岩、砂砾岩、含砾粗砂岩、粗砂岩、中砂岩，砾石多定向排列，具大型槽状、楔状、板状交错层理，属近端坝惯性水流沉积。第五层：主要为混杂砾岩、砾岩、含砾粗砂岩、粗砂岩，混杂砾岩具递变层理、块状层理，砾岩见叠瓦状构造，含砾粗砂岩、粗砂岩具有巨型或大型槽状、楔状、板状交错层理，其上可被溺谷细粒沉积物覆盖，属于扇三角洲根部沉积。

(2) 扇三角洲空间相带组合

扇三角洲相的相带平面分布规律是由陆地向海方向，依次为：扇三角洲根部亚相→扇三角洲前缘亚相近端坝微相→远端坝微相→前三角洲亚相(图7-18)。完整的进积型扇三角洲垂向相带组合自下而上必然是：前三角洲亚相→扇三角洲前缘亚相远端坝微相→近端坝微相→扇三角洲根部亚相依次发育；完整退积型扇三角洲垂向相带组合自下而上必然是：扇三角洲根部亚相→扇三角洲前缘亚相近端坝微相→远端坝微相→前三角洲亚相依次发育。这是扇三角洲相分析和基准面相对升降分析中必须遵循的规律和原则。

第二节　陆源碎屑海滩相

陆源碎屑海滩相也称无障壁海岸相，与大洋的连通性好，海岸带坡度较陡，主要受波浪及沿岸流、海风的作用，潮汐作用相对较弱。海浪是最主要的沉积物搬运和沉积营力。

海浪是海风对海面作用形成的。海风的吹程大，造成波浪的波长较大，一般为40~80m左右。波浪作用强度、影响水体的深度与波长关系密切，波浪作用影响的最大深度大致为波浪波长的 1/2，因此海洋浪基面大致在 20～40m 左右。浪基面是海滩相的下部边界。在水深 >1/2 波长海区，波浪不触及海底，水质点做圆周运动，称为涨浪带或起浪带；在 1/4 波长 < 水深 <1/2 波长海区，波浪触及海底，水体质点运动轨迹变为对称椭圆形，称为升浪带；再向岸方向，在波高 < 水深 <1/4 波长海区，水体质点运动的轨迹变为不对称椭圆形，称为破浪带；在水深 < 波高海区，为碎浪带和冲流带；由起浪带→升浪带→破浪带→碎浪带→冲流带，波浪对海底沉积物的作用能量逐渐增强(图 7－19)。

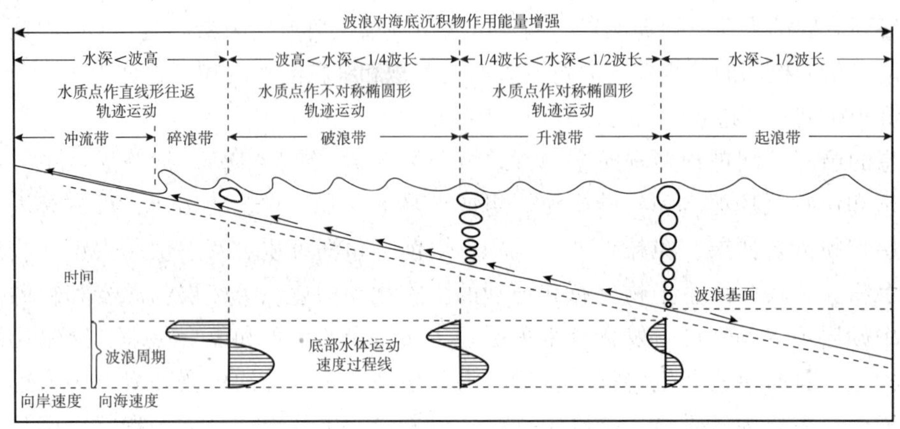

图 7－19　海岸带波浪分带及对海底沉积物作用能量变化规律(据朱筱敏，2008 修改)

根据陆源碎屑海滩相的沉积环境和沉积物特征，可将陆源碎屑海滩相划分为风成沙丘、后滨、前滨和临滨等四个亚相(图 7－20)。

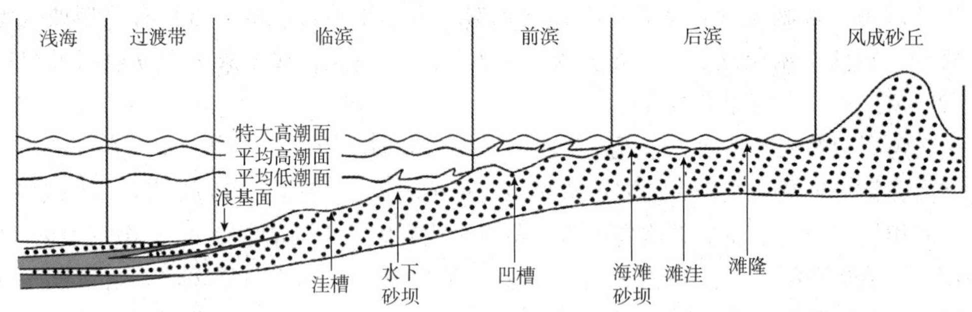

图 7－20　陆源碎屑海滩相次级相带划分示意图(据林畅松等，2016 修改)

一、风成沙丘亚相

风成沙丘亚相，也称海岸沙丘亚相，位于特大高潮面(风暴潮)之上(图 7－20)，沉积物主要是波浪作用形成前滨亚相和后滨亚相沉积物，经过风的吹扬改造、搬运、沉积而成。常呈长脊状或新月形，宽可达数千米，其沉积物的圆度和分选好，细－中粒，成熟度高，重矿物富集。具大型槽状交错层理，纹层倾角陡，可达 30°～40°，层系厚数十厘米(图 7－21)。

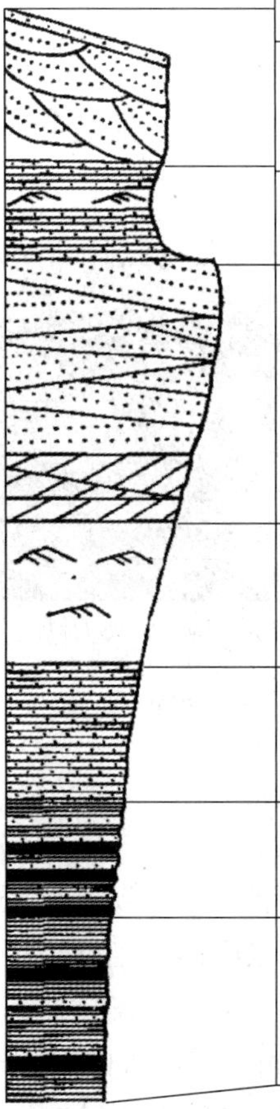

段	代表性的原生沉积构造	共生的沉积构造	一般岩性	环境解释
7	风成沙丘交错层理	植物根痕变形构造	中、细砂岩	海岸沙丘
6	水平纹理	波纹层理、低角度交错层理，细流痕	砂岩	后滨
5	冲洗交错层理	水流波痕、浪成波痕、逆行沙丘，浪成波痕层理、平行层理冲蚀构造冲流痕，潜穴	中、细砂岩	前滨
4	波纹层理	削顶浪成波痕，生物扰动构造	细砂岩	上临滨
3	水平层理	对称浪成波痕，中-强生物扰动构造	细砂岩	下临滨
2	砂泥岩互层层理和生物扰动构造	强一完全生物扰动构造，均匀层理	互层状泥岩、粉砂岩和砂岩	过渡带
1	水平层理	中—强生物扰动构造，遗迹化石，均匀层理，递变层理	粉砂质泥岩、泥质粉砂岩夹细砂岩	远滨

图 7－21　海滩相垂向沉积序列示意图(据林畅松等，2016 修改)

二、后滨亚相

后滨(backshore)亚相位于平均高潮线与特大高潮线之间，通常处于暴露状态，遭受风力作用，只有在特大高潮(风暴潮)时才被海水淹没(图 7－20)。沉积物类型主要有海滩砂脊(隆)、滩洼低能沉积、风暴潮混杂沉积。

(1)海滩砂脊(隆)是后滨地带在特大潮、风的作用下，形成的线状砂质沉积体，高可达数米，宽数十米，长达数百米至数十千米。它可呈平行海岸的单脊或成组出现。常由粗砂、中砂、细砂、砾石和介壳碎片组成(图 7－21)。砾石成分复杂，分布于冲刷面之上，有陆源砾石、同生角砾，为风暴潮强烈活动期沉积；粗砂岩多具低角度交错层理，为风暴潮末期波浪和冲流沉积；中砂岩、细砂岩圆度及分选较好，具大型交错层理，纹层倾角 7°～28°，多双向倾斜，较陡一侧倾向大陆，较缓一侧倾向海洋，主要是风改造、沉积作用的结果。

(2)滩洼低能沉积是后滨低洼地带形成的沉积物。特大潮退潮后，后滨低洼地带形成低能积水洼地。浑浊的残留潮水形成粉砂、泥质沉积，发育块状层理、水平层理，亦可见小型交错层理、波纹层理(图 7－21)；随着粉砂、泥质沉积，加上暴露蒸发作用，积水洼地水体盐度提高，形成碳酸盐岩、石膏等盐类沉积。滩洼低能沉积可见藻席，并发育虫孔和生物扰动构造。

(3)风暴潮混杂沉积是风暴潮强烈活动期，由高能风暴潮携带的泥、砂、砾石，与侵蚀前期后滨滩洼低能沉积的黏性沉积物形成的同生角砾(撕裂泥砾、碳酸盐角砾、膏岩角砾)混杂沉积而成，砾石杂乱排列，长轴不具定向性(图7－22)。

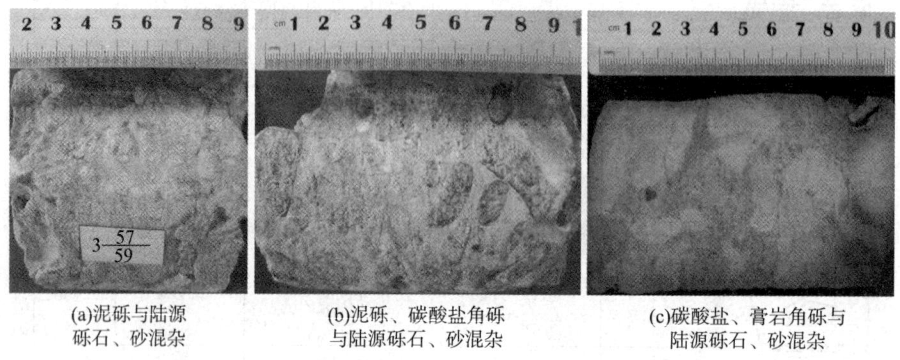

(a)泥砾与陆源砾石、砂混杂　(b)泥砾、碳酸盐角砾与陆源砾石、砂混杂　(c)碳酸盐、膏岩角砾与陆源砾石、砂混杂

图7－22　后滨亚相风暴潮混杂沉积(塔里木盆地，石炭系)

三、前滨亚相

前滨(foreshore)亚相位于平均高潮线与平均低潮线之间的潮间带，多为逐渐向海倾斜的简单斜坡，以冲流作用为主(图7－20)。前滨亚相的沉积物以中砂、细砂为主，分选较好，具多种交错层理(图7－21)。典型的沉积构造是冲洗交错层理，纹层延伸远，平行海岸延伸可达30m，垂直岸线可达10m，均向海方向倾斜，因倾角大小不同而交错，层系界面平直，层系厚度一般为10～15cm[图7－23(a)]。前滨亚相沉积物的层面构造极为发育，如不对称波痕、变形的平脊波痕、流水波痕、冲刷痕、流痕以及生物扰动构造等。前滨亚相沉积物可含有大量贝壳和贝壳碎片，贝壳排列凸面朝上，甚至不同生态环境的贝壳大量聚集，可形成贝壳堤[图7－23(b)]。

(a)具冲洗交错层理中砂岩

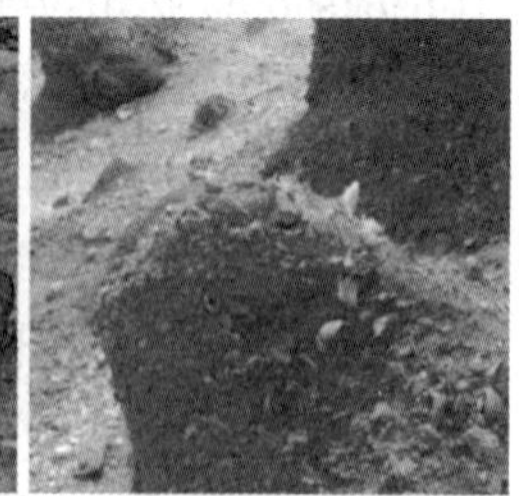

(b)大量贝壳与中砂混杂

图7－23　前滨亚相典型沉积物

四、临滨亚相

临滨(shoreface)亚相位于平均低潮线至浪基面之间，也称为潮下带、临滨或滨面(shoreface)亚相，全部处于水下环境，是浅水波浪作用带，沉积物始终遭受着波浪的作用

(图7－20)。根据波浪活动的特点及沉积物特征，可将临滨亚相分为上临滨、中临滨和下临滨三个微相。

(1)上临滨微相与前滨亚相紧密相邻，主要受高能碎浪带波浪作用(图7－19)，由于受潮汐水位波动影响，其位置常发生一定程度的摆动迁移，因此有人将其与前滨带合并(Davies等，1971)，也有人将其称为临滨—前滨过渡带(Howard，1982)。上临滨的沉积物从细砂至砾石(高能海滩)都可出现，但以纯净的石英砂最常见。沉积构造多为大型的槽状交错层理，可夹具冲洗层理的薄层砂岩(图7－21)。可见生物成因构造，贝壳。与前滨相多呈过渡关系，有时二者不易区分。

(2)中临滨微相处在海滩坡度变陡的向陆侧，主要受较高能破浪带波浪作用(图7－19)，地形一般有较大的起伏，发育平行岸线的一个或多个水下砂坝和洼槽(图7－20)。砂坝的数目与坡度大小有关。坡度越平缓，砂坝越多，最多可达十列之多，相互间隔大约25m(Kindle，1963)，更常见的是2～3列，砂坝长度可达几千米至几十千米。砂坝的深度随离岸距离的增加而增大，外砂坝水深一般比内砂坝(近岸)的深度大。破浪带是决定砂坝离岸距离、规模和深度分布的主要因素。每一个砂坝都与一定规模的破浪带相适应。很陡的海滩一般没有水下砂坝。中临滨的沉积物主要是中、细粒纯净的砂，并夹有少量粉砂层和介壳层(图7－21)。总的粒度变化是随着离岸距离变小粒度变粗，但由于有水下砂坝与洼槽相间发育，粒度也相应有所变化，一般在砂坝处粒度较粗洼槽处粒度变细。沉积构造主要为波纹交错层理。层理类型也随砂坝－洼槽的起伏而变化。

(3)下临滨微相处于临滨带最深的部分，下界为晴天浪基面附近，与浅海相过渡，主要受升浪带海底能量较小的波浪作用，沉积物的运动方向是向陆缓慢移动(图7－19)。但在强风暴的影响下，由于风暴浪基面的降低，沉积物常遭受风暴浪的侵蚀。该带的沉积物主要是细粒的粉砂和砂，并含有粉砂质泥的夹层(图7－21)。沉积构造主要是水平纹层和波纹层理。含有正常海的底栖生物化石。底栖生物的大量活动，形成丰富的遗迹化石，生物扰动构造非常发育，强烈的生物扰动常严重地破坏了原生沉积构造，可形成均匀的块状层理。

五、垂向序列及空间相带组合

陆源碎屑海滩相平面上次级相带分布非常具有规律性，由陆到海依次发育：风成沙丘→后滨→前滨→临滨亚相，再向海依次发育浅海相过渡带、远滨(图7－20)。由于海进、海退过程不同，分别形成退积型和进积型的海滩相垂向序列。一个由浅海到海滩相完整的进积型垂向序列，自下而上依次为：远滨亚相→过渡带亚相→临滨亚相→前滨亚相→后滨亚相→风成沙丘亚相(图7－21)。一个由海滩相到浅海完整的退积型垂向序列，自下而上依次为：风成沙丘亚相→后滨亚相→前滨亚相→临滨亚相→过渡带亚相→远滨亚相。但由海滩相到浅海完整的退积型垂向序列鲜见报道，普遍认为海侵过程中，强烈的改造、破坏，使得退积型沉积序列难以保存。

第三节　陆源碎屑潮坪相

潮坪(tidal flat)相是潮坪环境及其沉积物的总称。潮坪又称潮滩，以明显潮汐作用为主，波浪作用微弱。潮坪发育于面临广海极平缓的海岸地区、障壁岛内侧、河口湾及海湾等地带。本节主要介绍发育于面临广海极平缓的海岸地区的广海潮坪相。

广海潮坪由于地形极其平缓，水深极浅，海底摩擦阻力消耗波浪能量，波浪作用极其微弱，周期性潮汐作用是沉积物搬运、沉积的主要营力。周期性潮汐水位升降的幅度(即潮差)一般为2~3m，最大可达10~15m。根据平均高潮位和平均低潮位，一般将潮坪分为潮上带、潮间带和潮下带[图7-24(a)]。由于潮坪区地形坡度极为平缓，潮汐水位升降在平面上可形成相当宽阔的潮间带，如德国北海潮坪的潮差为2.4~4m，其潮间带宽达7km。潮上带至潮间带的高潮线附近为低能环境，泥质沉积为主，称为“泥坪”；低潮线附近的潮间带和潮下带能量高，以砂质沉积为主，称为“砂坪”；二者之间的过渡地带，由于潮涨潮落，高能与低能频繁转换，为砂、泥质沉积，称“混合坪”[图7-24(a)]。潮流的运动和冲刷在潮坪形成向陆地出现分叉树枝状的潮道→潮渠→潮沟[图7-24(b)]。潮坪潮流的流速一般为30~50cm/s，潮道内流速可达1.5m/s，潮道是潮坪环境中能量最高的地带。

根据沉积环境及沉积物特征，广海碎屑潮坪相划分为泥坪、混合坪、砂坪、潮道4个亚相。

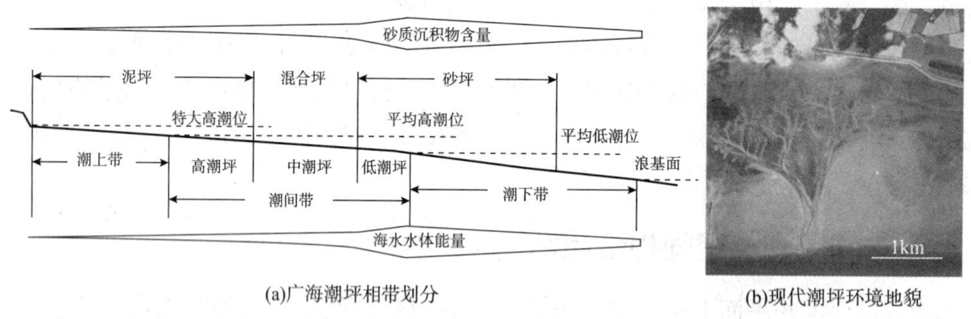

(a)广海潮坪相带划分　(b)现代潮坪环境地貌

图7-24　广海碎屑潮坪相相带划分示意图及现代潮坪典型地貌

一、泥坪亚相

泥坪亚相处于平均高潮线与特大高潮线之间的潮上(supratidal)带和平均高潮线附近的潮间带低能环境，其中发育能量较高的细小潮沟，潮上带的上部还易发育咸水沼泽(盐沼)。沉积物以低能环境形成的泥岩为主，泥岩中包裹小潮沟形成的粉砂岩、细砂岩透镜体，形成标志性的透镜状层理。常见生物扰动、植物根系扰动、干裂、碳酸盐和膏岩结核、富藻沉积物、鸟粪堆积等(图7-25)。

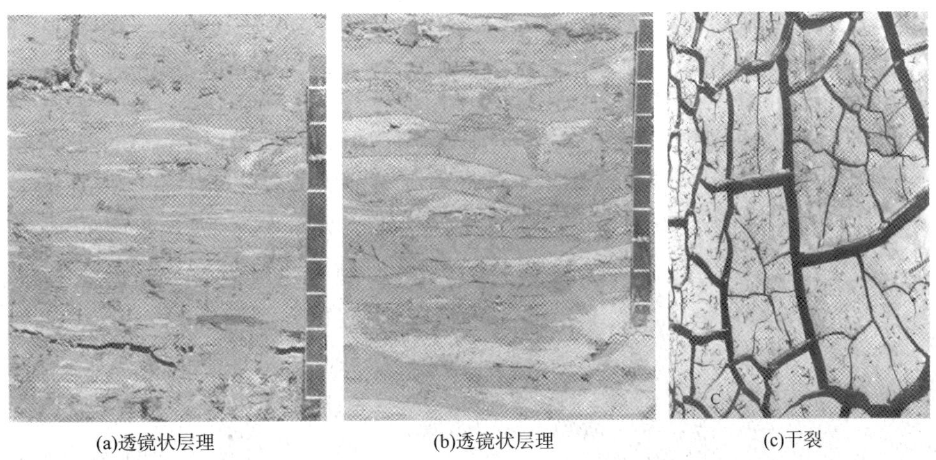
(a)透镜状层理 (b)透镜状层理 (c)干裂

图 7－25 泥坪亚相典型沉积物特征

二、混合坪亚相

混合坪亚相位于平均高潮线与平均低潮线之间的潮间(intertidal)带中部，为高能和低能交替的沉积环境。沉积物以砂岩、泥岩互层为特色，发育波状层理标志性沉积构造，常见生物扰动构造[图 7－26(a)]。

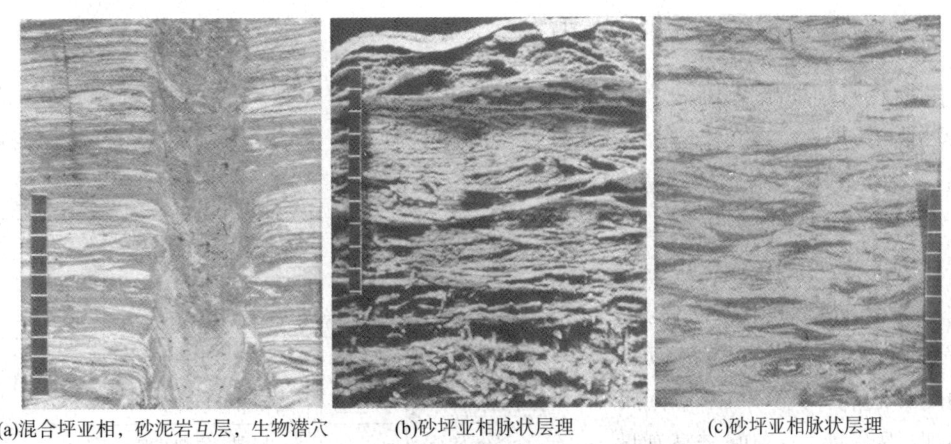
(a)混合坪亚相，砂泥岩互层，生物潜穴 (b)砂坪亚相脉状层理 (c)砂坪亚相脉状层理

图 7－26 混合坪、砂坪亚相典型沉积物特征

三、砂坪亚相

砂坪亚相位于潮间带下部及平均低潮线以下的潮下(subtidal)带高能沉积环境，主要为浅滩和潮道，潮流能量大，再加上波浪的作用。潮间带下部砂坪沉积物主要为砂岩，夹残留停潮期和平潮期形成的少量泥岩，形成脉状层理[图 7－26(b)(c)]。当砂岩中所夹停潮期和平潮期形成的泥岩呈薄层状连续分布时，称为双黏土层。潮下带砂坪的沉积特征与陆源碎屑海滩相的上临滨、中临滨亚相基本相同，不予赘述。

四、潮道亚相

潮道(tidal channel)通常发育于潮间带和潮下带，为潮坪能量最强的环境。沉积物底部为含有大量泥砾、介壳碎屑的粗砂岩，向上砂泥质增多。在潮坪体系的不同地带，潮道的特征也不同。由海向陆，根据岩性特征可分为砂质潮道、砂泥质混合潮道和泥质潮道。在同一方向上，潮道的形态也有变化：潮下部分，潮道较直，潮汐脊和纵向砂坝、斜向砂坝等比较发育，侧向迁移能力强；在砂质潮间带，潮道也较直，分支较少，剖面上的形态比较对称；在泥质潮间带，潮道呈树枝状，剖面形态不对称，弯曲度增高，发育“曲流沙坝”，并以向潮道缓倾斜的侧向加积层为特征。

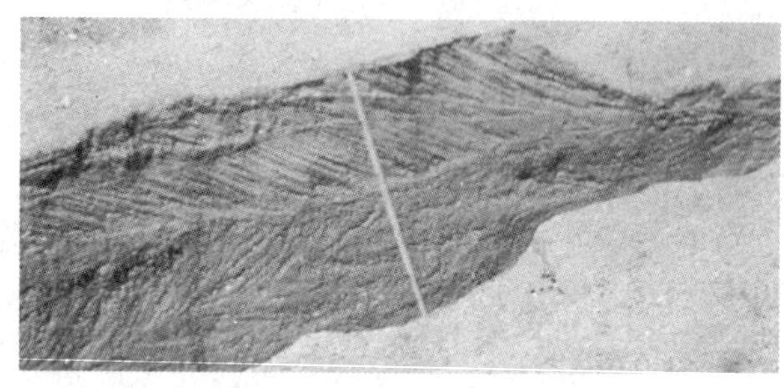

图 7－27　羽状交错层理砂岩

在潮道砂质沉积物中，作为涨、退潮流的反映，一般具有羽状交错层理(图 7－27)，当只有一个方向的主潮流时，会形成由单向交错层理组成的具多个再作用面的砂层。

五、垂向序列及空间相带组合

陆源碎屑潮坪相平面上次级相带分布具有规律性，由陆到海依次发育：泥坪→混合坪→砂坪亚相(图 7－24)，再向海依次发育浅海相过渡带、远滨，从砂坪到泥坪发育树枝状潮道。由于海进、海退过程不同，分别形成退积型和进积型的潮坪相垂向序列。一个理想的进积型广海碎屑潮坪相垂向序列，自下而上依次为：潮下带(砂坪)→潮间带低潮坪(砂坪)→潮间带中潮坪(混合坪)→潮间带高潮坪(泥坪)→潮上带(泥坪)，其中可有潮道沉积(图 7－28)。一个理想的退积型广海碎屑潮坪相垂向序列，自下而上依次为：潮上带(泥坪)→潮间带高潮坪(泥坪)→潮间带中潮坪(混合坪)→潮间带低潮坪(砂坪)→潮下带(砂坪)，其中可有潮道沉积。但完整的退积型广海碎屑潮坪相垂向序列鲜见报道，普遍认为海侵过程中，强烈地改造、破坏，使得退积型潮坪沉积序列难以保存。

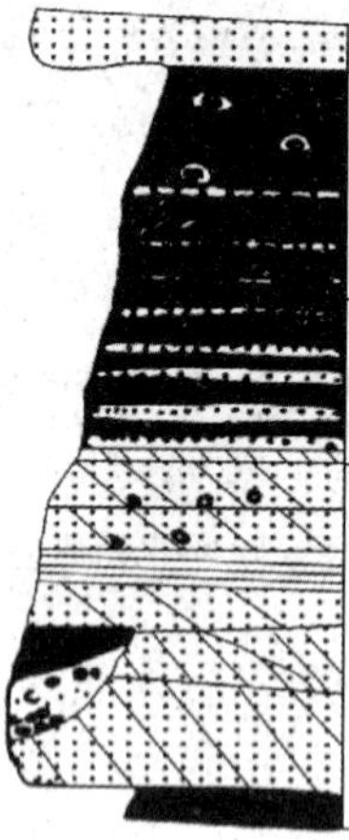

岩性	沉积构造	解释
红褐色泥岩	结核	潮上坪
红褐色、褐色泥岩	水平及波状粉砂岩纹层	高潮泥坪
泥岩和石英砂岩互层	干裂纹、交错纹层脉状、透镜状、波状层理	中潮坪
石英砂岩	平行层理、流动卷痕、波痕及交错层理、人字形构造、再作用面	低潮坪
	大型交错层理、块状砂岩、潮渠、人字形构造、再作用面	浅的潮下带

图 7－28　陆源碎屑潮坪相进积型理想垂向序列
(据林畅松等，2016 略改)

第四节 陆源碎屑障壁岛－潟湖相

陆源碎屑障壁岛－潟湖相发育于受障壁岛遮挡的海岸带。障壁岛－潟湖可在两种情况下形成：①在坡度平缓(坡降1/1000～5/1000)的砂质海岸带，波浪垂直海岸运动，近岸浅水区波浪触及海底，砂质平行海岸堆积成岗垅状砂体，后因海面下降，或在波浪作用下向海岸迁移而出露水面，对向陆侧的水体与广海水体的循环起着遮拦和阻隔作用，故称为障壁岛，也称“堡岛”或“堤岛”，其向陆侧受遮拦而循环不畅的水体就称海岸潟湖；②波浪斜交或平行海岸运动，形成沿岸流，并从三角洲或河口携带大量流砂沿海岸向一定方向运动，若遇到海岸发生转折或海水变深的港湾，则流速骤减，砂质沉积，形成一端与陆地相连、另一端伸入海中的箭形砂嘴（spit）。砂嘴受冲刷与海岸脱离形成障壁岛，其向陆侧形成潟湖。障壁岛一般呈长条状或带状平行岸线延伸，长达几千米至几百千米，宽数百米至数千米。障壁岛平面延伸范围及其形态取决于潮差、潮流作用与海浪作用的相对强弱。有利于障壁岛发育的3个条件是：①滨岸有稳定的砂供给，砂可由河流供给，或由滨岸供给；②波浪作用与潮汐作用并存，以小、中潮差为宜，小潮差(小于2m) 障壁岛呈线条状，中潮差(2～4m) 障壁岛呈断续线状，其间发育潟湖与广海连通的潮道；③较稳定的、低坡度的海岸平原。根据沉积环境和沉积物特征，陆源碎屑障壁岛－潟湖相可划分为障壁岛、潟湖、潮道－潮汐三角洲三个亚相(图7－29，图7－30)。

一、障壁岛亚相

障壁岛(barrier island)亚相位于平均高潮线之上，是在风、特大潮作用下形成的狭长形富砂沉积体，而构成潟湖与广海之间的屏障。障壁岛亚相向广海一侧过渡为海滩相前滨亚相，向潟湖一侧过渡为潟湖潮坪微相。障壁岛可划分为后滨、风成沙丘、冲溢扇三种微相(图7－29)。后滨微相、风成沙丘微相分别与陆源碎屑海滩相的后滨亚相、风成沙丘亚相相当，在此不予赘述。

冲溢(washover)扇微相也称冲越扇微相，是携带大量碎屑的风暴潮流越过障壁岛风成沙丘在障壁岛潟湖一侧形成的扇状沉积体(图7－29)。携带碎屑的风暴潮水多呈席状流翻越障壁岛顶部，在局部可冲蚀出冲溢沟。每次冲溢水流沉积的都是薄层状的砂，底部为侵蚀面。冲溢扇微相的主要沉积构造为低角度交错层理，纹层多向潟湖方向倾斜，可见生物扰动构造。冲越扇微相与沼泽、潮坪微相呈指状交互的远端部分最易保存。单期冲溢扇体自下而上的垂向序列为：冲刷面→含生物介壳中粗砂岩→具低角度交错层理、砂纹层理中、细砂岩、粉砂岩。

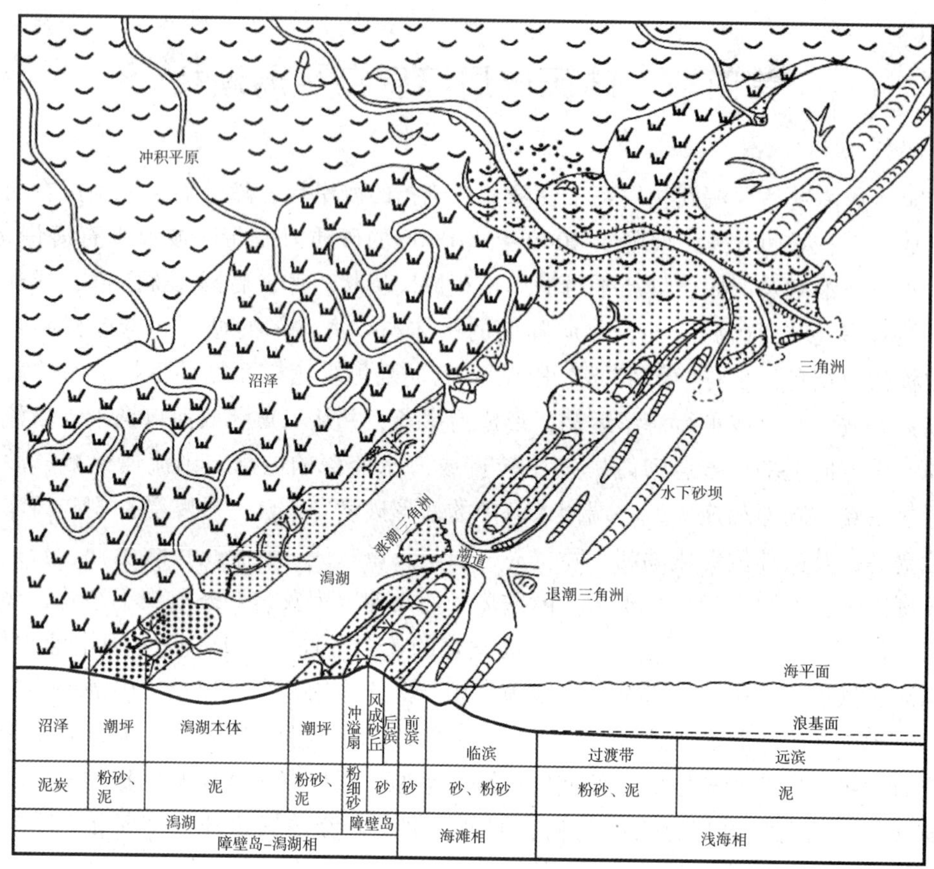

图 7－29　障壁岛－潟湖相立体模型(据林畅松等，2016 修改)

二、潟湖亚相

潟湖(lagoon)亚相是海岸带被障壁岛遮挡形成的与广海半隔绝的浅水洼地，以潮汐水道与广海相通，主要受潮汐作用影响，也受特大潮冲越潮流的影响，波浪作用较弱，总体为低能环境。根据沉积环境和沉积物特征，潟湖亚相可划分为潟湖本体、潮坪、沼泽三种微相。

(1)潟湖沼泽微相处于平均高潮线之上，植被茂盛，沉积物主要为泥炭、煤层。

(2)潟湖潮坪微相相当于广海碎屑潮坪相的泥坪亚相和混合坪亚相(特征见上节)，缺少砂坪。因其潮下带为极低能的潟湖本体环境，缺少砂质沉积物。

(3)潟湖本体微相

潟湖本体由于障壁岛的遮拦而与广海半隔绝。丰沛的淡水的注入，会导致潟湖本体水体盐度低于正常海水，形成淡化潟湖；强蒸发作用会导致潟湖本体水体盐度高于正常海水，形成咸化潟湖。与正常盐度的海洋相比，潟湖中生物群的种属和数量都急剧减少，且个体小、壳变薄，以广盐性生物最发育。

①淡化潟湖

淡化潟湖形成于气候潮湿、雨量丰富、有大量淡水供给的条件下，注入潟湖的淡水

(河流注入或大气降水)大大超过蒸发量，潟湖水面就变得比海水平面高，引起潟湖上部水体经潮道进入海洋。如此长期外流，潟湖水体又不断有淡水补给，逐渐发生淡化作用。淡化作用从表层开始，逐渐向深处发展。当潟湖水体较浅时，可以发生完全淡化。当潟湖深度和潮道深度较大时，淡化作用发展到一定深度，海洋与潟湖中的水体因密度的差异产生从海洋向潟湖的反向底流，从而使底部保持密度较大的咸水。潟湖水体淡化到一定程度，出现上部水体轻而淡，下部水体重而咸的双层结构，致使水体的垂向循环减弱以至停止，下部逐渐缺氧，厌氧细菌大量繁殖并使硫酸盐还原而产生 H_2S，使下部形成还原环境。

淡化潟湖沉积物主要为碳酸盐、粉砂、粉砂质黏土和黏土。当潟湖底部出现还原环境时，可形成黄铁矿、菱铁矿等自生矿物。一般为水平层理，也可有浪成波痕和浪成波纹层理。生物种类单调，以适应淡化水体的广盐度生物为主，如腹足类、瓣鳃类、苔藓类、藻类等数量大为增多，并有变异现象，如出现个体变小、壳体变薄、具特殊纹饰等。淡化潟湖由于河流的注入、沉积物的淤积而逐渐沼泽化，形成沼泽化潟湖，也称"滨海沼泽"。沼泽中植物丛生，可形成泥炭，埋藏后便形成煤。

②咸化潟湖

在干旱气候区，由于蒸发量很大，潟湖水体浓缩，盐度升高，当蒸发量大大超过海水注入量时，潟湖水面低于海洋水面，海水不断向潟湖流动，并不断蒸发和浓缩，含盐度逐渐提高而变成咸化潟湖。潟湖水的咸化从表层开始。表层水因蒸发量大而浓缩咸化，密度逐渐增大。盐度高的表层水因密度大而下沉至底部。因海水的不断补给，表层水密度和盐度比底层水小，就形成了水体双层结构。潟湖水体的垂向循环也因此而减弱以至终止，造成底部的缺氧条件，厌氧细菌分解硫酸盐而产生 H_2S，形成还原环境。

咸化潟湖沉积物以碳酸盐、膏岩、盐岩、粉砂岩、泥岩为主。潟湖若为缺少陆源碎屑粉砂、泥的清水沉积，则主要是石灰岩、白云岩，并夹石膏及盐岩层，可出现天青石、硬石膏、黄铁矿等自生矿物，沉积构造以水平层理及变形层理为主。生物种属单调，以广盐性生物最发育，特别是腹足类、瓣鳃类、介形虫等，数量大为增加。当盐度增高至一定限度(5%)时，生物几乎消失。

三、潮道-潮汐三角洲亚相

潮道-潮汐三角洲(tidal delta)亚相是连接潟湖与广海的通道及其在广海和潟湖两侧形成的沉积体。潮道的发育程度主要与潮差有关。潮差越大，潮道越发育。潮道的宽度可从几百米到几千米，深度4.5m到40m不等。根据沉积环境和沉积物特征，潮道-潮汐三角洲亚相划分为潮道、涨潮三角洲、退潮三角洲三种微相(图7-29)。

1. 潮道沉积微相

潮道沉积微相主要是潮道侧向迁移作用形成的(图7-30)。潮道迁移的方向和速度受潮流和沿岸沉积物补给量的控制。由于潮道弯曲，类似曲流河道，凸出一侧发生堆积作用，另一侧发生相应的侵蚀，从而使潮道迁移(图7-30)。若不受侵蚀破坏，潮道沉积厚度与潮道的深度相当。

潮道沉积物具有下列沉积特征：①底部为冲刷面之上为以介壳、砾石、粗砂，块状层理、显示正韵律；②含砾粗砂岩、中砂岩，具大型羽状交错层理，这种交错层向大海方向倾斜的略多，并且与中小型的槽状交错层间互；③由波纹层理和中小型羽状交错层组成浅潮道沉积物；④粒度向上变细，交错层系厚度向上变薄。

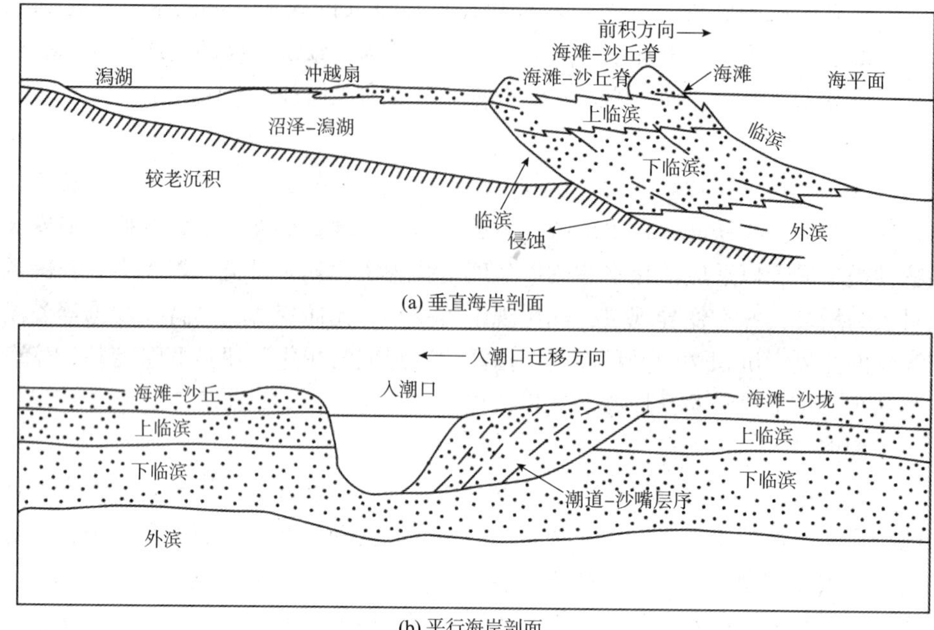

(a) 垂直海岸剖面

(b) 平行海岸剖面

图 7－30　表示潮道侧向迁移的剖面图(据麦克卡宾，1965)

2. 涨潮三角洲微相

涨潮三角洲微相是在潮道，涨潮流携带的碎屑在潟湖形成的沉积体，由于受进潮流和退潮流影响，沉积体形态多变，沉积物以砂为主，以发育羽状交错层理为特色。涨潮三角洲微相的下伏沉积物主要为潟湖本体微相的泥质沉积。由于潮道的侧向迁移，涨潮三角洲微相的沉积序列往往是粒度向上变细、交错层系厚度向上变小的正旋回。其上多被潟湖潮坪微相覆盖。

3. 退潮三角洲微相

退潮三角洲微相是在潮道，退潮流携带的碎屑在广海一侧形成的沉积体。退潮三角洲受波浪、潮流、沿岸流等高能流体的强烈改造，加上潮道的迁移，很难保存。目前，未见退潮三角洲沉积特征研究成果的公开报道。

四、垂向序列及空间相带组合

陆源碎屑障壁岛－潟湖相平面上次级相带分布具有规律性，由陆到海依次发育：潟湖亚相→障壁岛亚相→海滩相→浅海相(图 7－29)，在障壁岛亚相发育潮道。由于海侵、海退过程不同，分别形成退积型和进积型的潮坪相垂向序列。一个理想的进积型陆源碎屑障壁岛－潟湖相垂向序列，自下而上依次为：浅海相→海滩相→障壁岛亚相→潟湖亚相(图 7－31)，障壁岛亚相中可有潮道沉积，潟湖亚相中可有涨潮三角洲微相。一个理想的退积型陆源碎屑障壁岛－潟湖相垂向序列，自下而上依次为：潟湖亚相→障壁岛亚相→海滩相→浅海相(图7－31)，障壁岛亚相中可有潮道沉积，潟湖亚相中可有涨潮三角洲微相。

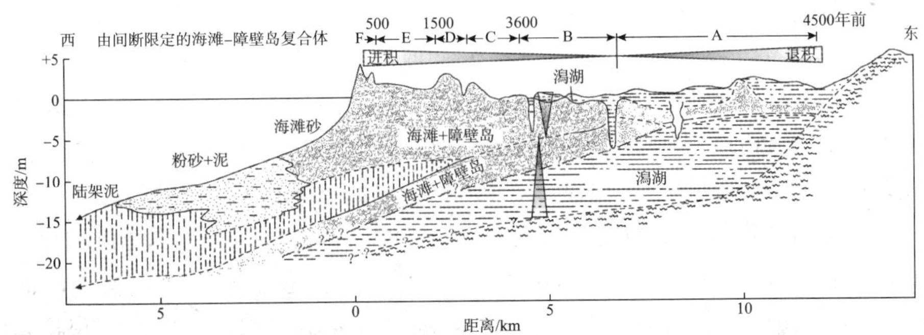

图7－31　通过墨西哥纳里亚特海滩的横剖面(据 Galloway & Hobday，1996 修改)

第五节　陆源碎屑浅海相

浅海是浪基面之下陆壳基底上的浅水海区，水深多为10～200m，可分为陆表海和陆缘海。陆表海(epicontinental sea)是陆壳基底上被陆地包围的浅水海域，一般水深在30～50m左右，海底坡度十分平缓(<1/5000)，与外海之间的海水交流不流畅。陆缘海是沉没的大陆边缘(陆壳基底)，从滨岸带外缘缓缓地向海倾斜，一直延伸到坡度突然增大的大陆坡折，如果陆架的坡折不明显，则为以200m水深为下限的浅水海域[图7－32(a)]。陆缘海也称陆棚、陆架(shelf)，宽度多为数公里至数百公里不等，北冰洋巴伦支海陆架的宽度达1300km，而日本群岛的大陆棚只有4～8km宽。

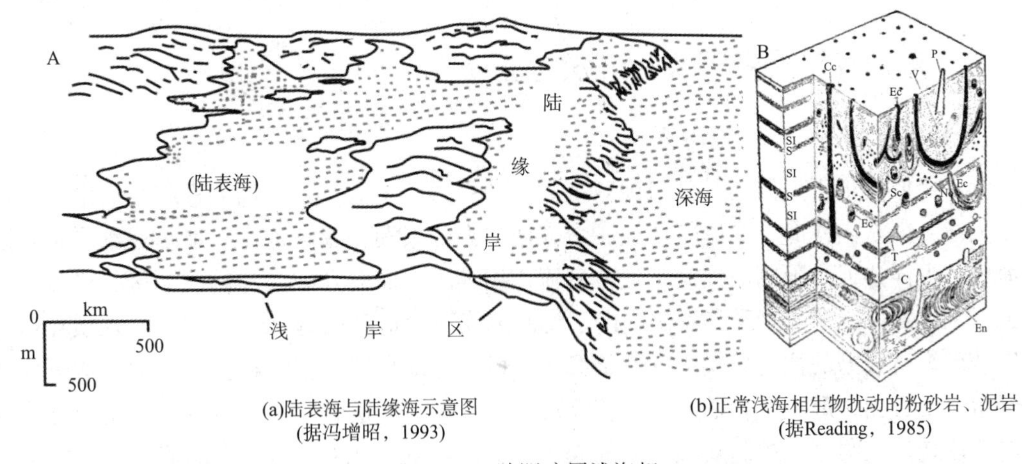

(a)陆表海与陆缘海示意图(据冯增昭，1993)

(b)正常浅海相生物扰动的粉砂岩、泥岩(据Reading，1985)

图7－32　陆源碎屑浅海相

浅海处于浪基面之下，多为低能水动力条件。正常浅海沉积物以粉砂、泥为主，含海绿石或磷酸盐等自生矿物。浅海浅水区阳光较充足，水扰动可使底层水中氧气充分，底栖生物大量繁盛，发育密集或分散的浅海底栖动物群化石、浅海遗迹化石组合或生物扰动构造[图7-32(b)]。浅海深水区阳光和氧气不足，底栖生物大为减少，藻类生物几乎绝迹。

在总体低能的背景环境下，浅海(尤其是陆缘海)的某些地段、某些时段会遭受复杂水动力的影响，主要有风暴、潮流、海流等，它们或单独或共同作用在浅海某些地段、某些时段形成富砂沉积体。一般靠近滨岸的内陆架以风暴和潮流作用为主，靠近陆坡的外陆架以洋流为主(图7-33)。现代大部分浅海沉积物的分布如同一个“复杂的镶嵌图案”，主要是浅海复杂的水动力作用的结果(Emery，1968)。浅海砂质沉积物来源归纳为六种类型：现代输入陆源碎屑沉积物、生物成因的沉积物、浅海区基岩岛礁侵蚀来源沉积物、自生沉积物(海绿石等)、火山沉积物、残留沉积物(较早期的沉积物，因海侵被浅海海水所覆盖)。现代输入陆源碎屑沉积物、浅海区基岩岛礁侵蚀来源沉积物、残留沉积物是陆源碎屑浅海相沉积物的三种次要来源，主要是残留沉积物来源，所占比例达70%以上(埃默里，1968)。

按优势水动力条件，Swift(1971)将浅海富砂沉积相带划分为三类：风暴控制浅海、潮流控制浅海、海流控制浅海。

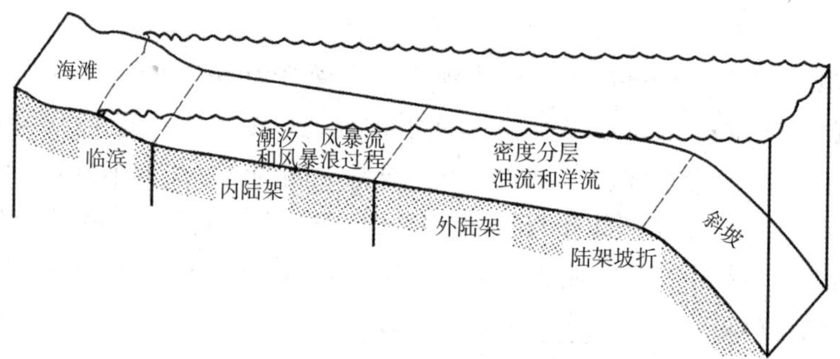

图7-33　内陆架和外陆架的划分及其沉积动力特征(据Galloway等，1996)

一、潮流控制浅海环境和沉积特征

1. 潮流控制浅海的环境特点

潮汐主要是由于太阳、月球对地球表面水的引力产生的，具有周期性特征。潮流多起源于大洋，能量向浅海、滨岸带传递，由大洋向大陆架潮差逐渐加大，能量逐渐增强。陆表海或与大洋连通受限制的浅海区通常潮流作用较弱；面向开阔大洋的浅海区，潮流作用较强(图7-34)。在浅海局限海区，由于海底的浅滩效应和盆地地形的约束，水质点运动可以表现为直线型的往返模式；在开阔海区，由于地球自转产生的科里奥利力效应可使潮流经常改变方向，形成回转潮流。回转潮流在北半球多为逆时针方向旋转；在南半球多为顺时针旋转。在强潮流控制陆架，大潮表层流速可达60～100cm/s。当潮流穿过狭窄的水域，如马六甲海峡、英吉利海峡、琼州海峡时，其速度还会增大。潮流能够搬运、沉积大量泥沙。

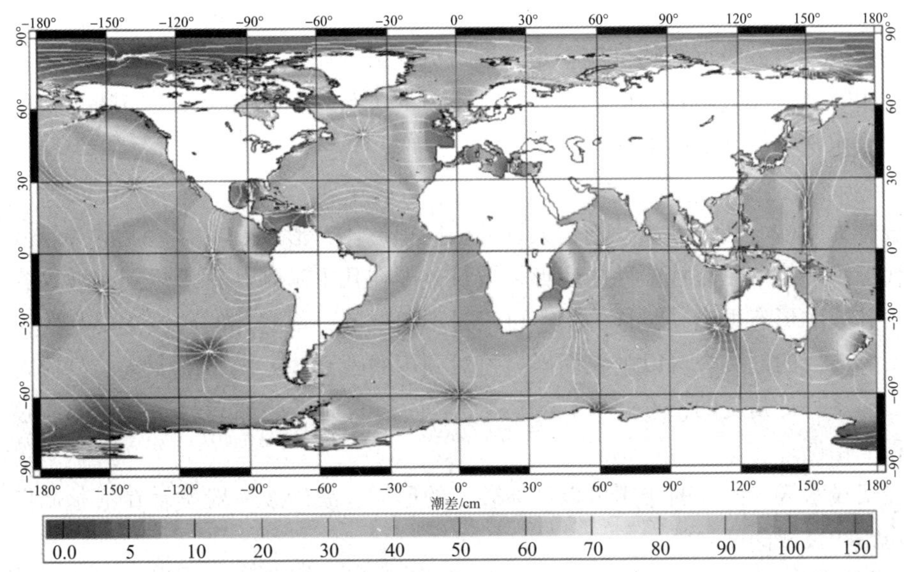

图 7-34　现代全球潮流能量传递轨迹及潮差(据 Longhitano 等，2012)

2. 潮控浅海的沉积特征

潮控浅海沉积物有砾、砂、泥。顺优势潮流方向，上游为砾石区，中游为砂区，泥区常位于潮流搬运路线的末端，大部分泥区水深超过 30m，按砂砾沉积体形状、规模、内部构造，可以分为大型纵向沉积底形(砂垄、潮汐砂脊)、中小型横向沉积底形(砂波、砂纹及砂斑等)，其中以砂垄、砂波、潮汐砂脊最为重要(图 7-35)。

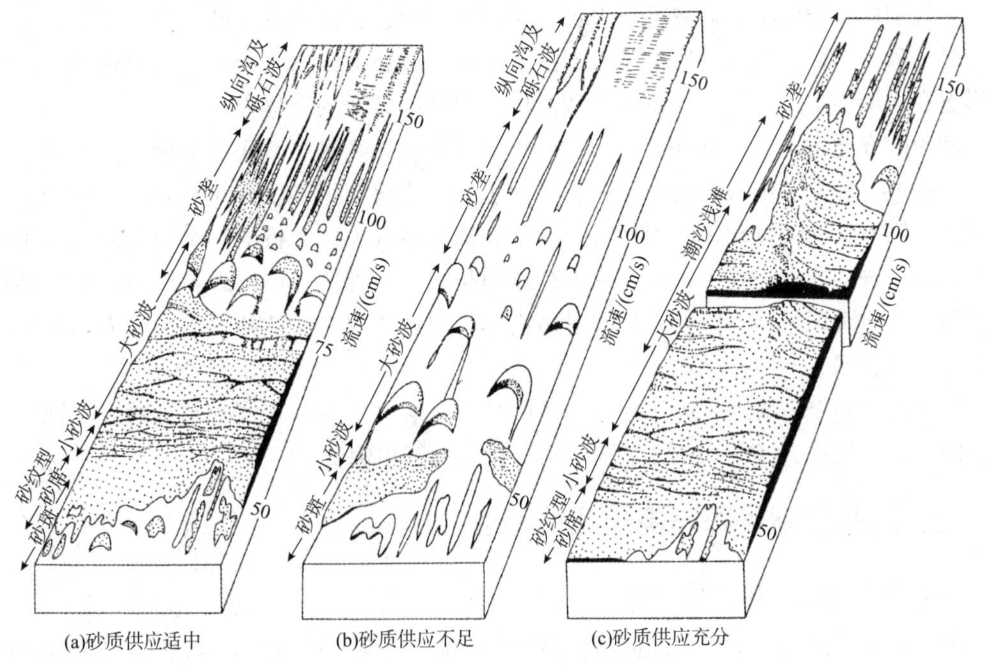

图 7-35　潮控陆架沿潮流路径的底形序列(Belderson et al，1982)

(1)砂垄

砂垄主要发育砂级沉积物供应不足、潮流流速大的海区，表现为平行潮流方向的纵向砂体。常由长达15km、宽200m、厚度不超过1m的砂垄和砂带组成，其间为砾石条带。砂垄的发育水深一般在20~100m之间。

(2)砂波

砂波分为大砂波和小砂波，均为大型的横向坝形体，形成于富含砂质的潮控浅海，是许多现代潮汐陆架中具有特征性的底形。波长范围在几十米到几百米之间，波高在几米至十几米。砂波的形态可以是对称的，也可以是不对称的，不对称的砂波主要是由于双向潮流强度不等造成的。波脊可以由长而平直过渡到弯曲断开，方向不断变化的潮流可以在砂波上形成一系列低角度的(5°~15°)再作用面。砂波表面带叠加有频繁迁移的波痕，可以形成多种交错层理。

在陆架浅水区，波浪的作用可以破坏砂波的形成，故砂波一般发育在浪基面以下至潮汐水流作用的极限深度之间。

(3)潮汐砂脊

潮汐砂脊是平行于或近平行于最大潮流方向的水下砂坝。砂脊高一般为10~15m，最高可达40~50m，宽约几百米，长达几千米，至几十千米，长宽比通常大于40：1，脊线平直或弯曲。潮汐砂脊常成群出现，脊间距离一般几千米，水深数十米，而脊峰处水深一般几米至十几米。

潮汐砂脊一般形成于砂源充足的地带，表层潮流速度要超过50cm/s。按分布特征，潮汐砂脊可以分为四类：①平行海岸的潮汐砂脊，如西欧北海南部；②岸外放射状潮汐砂脊，如我国南黄海的辐射砂脊群；③河口湾潮汐砂脊；④海峡潮汐砂脊。

潮汐砂脊两侧的潮流一般为反方向的双向流，砂脊沿较弱水流的方向侧向迁移。砂脊的形态在横剖面上不对称，一侧具有较陡的坡面朝向砂脊的迁移方向。

潮汐砂脊通常由分选良好的细-中砂组成，含有贝壳碎片。底部冲刷面之上可出现砾石、粗的贝壳碎片等组成的滞留沉积，平面上这些滞留沉积主要分布在脊间的沟槽中。在潮流的作用下，砂级沉积物的搬运是由沟槽底部向砂脊顶部进行的，类似于曲流沙坝的形成。潮汐砂脊的侧向迁移可以形成一系列倾向相同或不同的交错层理，同时形成了整体向上变细的垂向沉积序列，但如果砂脊是由近岸带向外陆架纵向迁移，则在该方向上形成下细上粗的反旋回。

双向或多向交错层理、再作用面、薄的黏土夹层也是潮汐砂脊中常见的沉积现象。潮流成因巨型沉积构造(图3-28)是潮汐砂脊标志性沉积构造。

二、风暴控制浅海环境和沉积特征

1. 风暴控制浅海的环境特征

现代风暴浪控浅海主要是面向盛行风的陆缘海[图7-36(a)]。如华盛顿-俄勒冈陆棚和我国东海、南海陆棚。而半封闭和背风陆棚，风暴作用不强。

正常天气的波浪除了对滨岸带有影响以外，对浅海的沉积作用影响很小。而季节性的台风或飓风所引起的风暴流、风暴浪波及的深度远远大于正常天气，一般超过 40m，最大可以达到 200m。影响范围呈扇形，既影响浅海，也影响滨海[图 7－36(b)]。

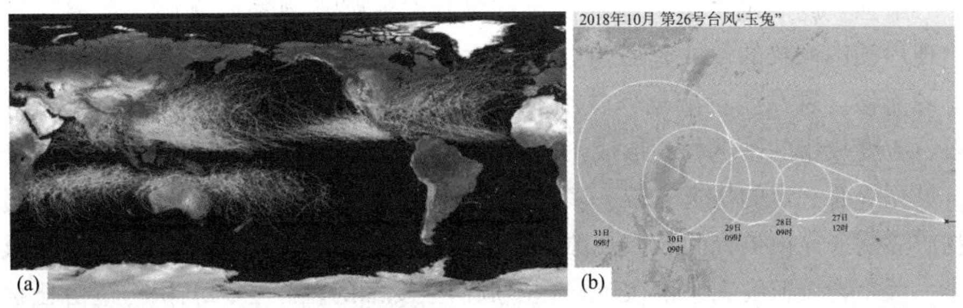

图 7－36 现代全球热带风暴分布(a)(https：//m. sohu. com/a/278907234_772926)和 2018 年 10 月第 26 号台风“玉兔”移动路径及影响范围(b)(https：//www. sohu. com/a/271571347_364802)

猛烈的风暴在向岸方向传播时，巨大的能量可以在沿岸地带形成雍水，使海平面大幅度抬升形成风暴潮，强烈冲刷海岸地带。风力减退时，风暴回流(退潮流)携带大量从临滨带冲刷侵蚀下来的碎屑物质呈悬浮状态向海洋方向搬运，形成向海流动的密度流及风暴密度流沉积(图 7－37)。风暴在穿越陆架过程中，沿穿越路径侵蚀海底，靠近风暴中心侵蚀作用最强，向两侧减弱；随着风暴中心前移，后方风暴作用逐渐减弱，沿扇形风暴作用带[图 7－36(b)]，形成浅海风暴流沉积。

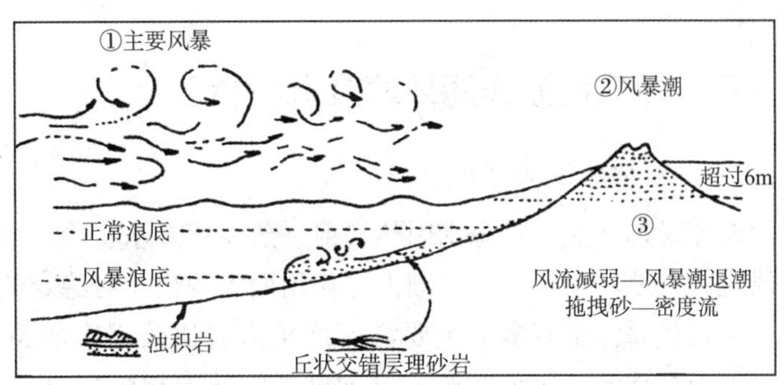

图 7－37 风暴流沉积形成示意图(据姜在兴，2010)

2. 浅海风暴流沉积特征

一次风暴形成的风暴沉积层厚度约几厘米至几十厘米厚，向上粒度变细。一个完整的风暴沉积序列由下向上包括四部分：①介壳、砾石、砂构成的正递变风暴混杂沉积，底为侵蚀面；②丘状交错层理、洼状交错层理砂岩段；③缓波纹层理细砂岩、粉砂岩段；④块状层理泥岩段(图 7－38)。丘状交错层理、洼状交错层理砂岩

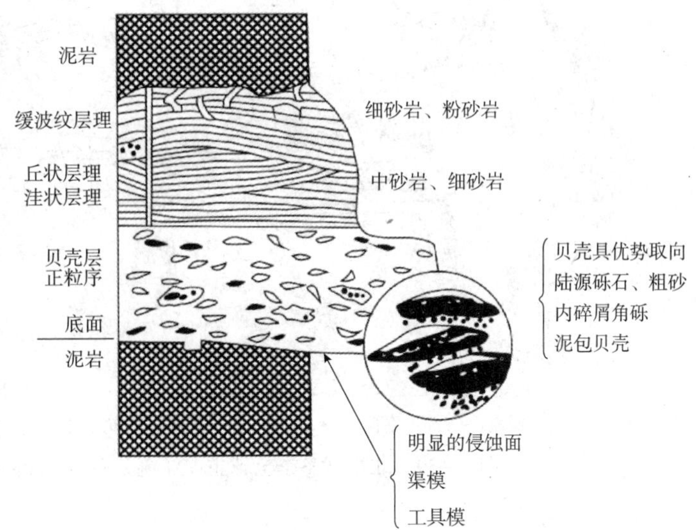

图 7－38 风暴沉积垂向垂向序列(据林畅松等，2016 略改)

段是风暴沉积的最直接标志。

上述垂向序列与风暴作用过程密切相关。风暴强烈作用期以侵蚀作用为主。侵蚀作用在风暴中心最强，此期风暴浪引起的涡流和风暴回流强烈地冲刷海底，形成明显的冲刷面，并出现扁长沟槽状的侵蚀充填构造(称为“渠模”，gutter cast)以及各种工具痕。随着风暴中心的前移，风暴能量减弱，较细的物质保持悬浮状态，一些大的介壳和粗的内碎屑，砾石、粒度较粗的砂沉积，形成正递变风暴混杂沉积。一般都是经过原地簸选，改造和扰动，贝壳等有一定的优选方位，多数呈凸面向上。贝壳间可形成较大孔隙，随后沉积的较细物质渗漏、充填贝壳间较大孔隙，可以形成渗滤组构。风暴能量的逐步衰减，海浪由大变小，沉积物按粒度大小依次沉积，形成向上变细的粒序层，沉积构造由丘状交错层理、洼状交错层理向上变为宽缓的波纹层理。风暴过后，海面趋于平静，风暴扰动形成的大量悬浮物质快速沉积，形成粉砂和泥或以泥为主的泥岩段。上覆正常天气条件下形成的页岩段。

三、海流控制浅海环境及沉积特征

1. 海流控制浅海环境特点

海流又称洋流，是海水因热辐射、蒸发、降水、冷缩等而形成密度不同的水团，再加上风应力、地转偏向力、引潮力等作用而大规模相对稳定的流动，是海水的普遍运动形式之一。现代海洋里有多个主要洋流终年沿着比较固定的路线流动，有的对陆架有明显影响，如南极环流、秘鲁寒流、厄加勒斯海流等(图 7－39)。主要洋流的速度可以从几厘米/秒至数百厘米/秒。虽然巨大的洋流位于陆架坡折的向洋一侧，但大洋水体和陆架水体之间的水体交换，会在外陆架形成规模较大的旋转涡流，并形成洋流控制的沉积物。

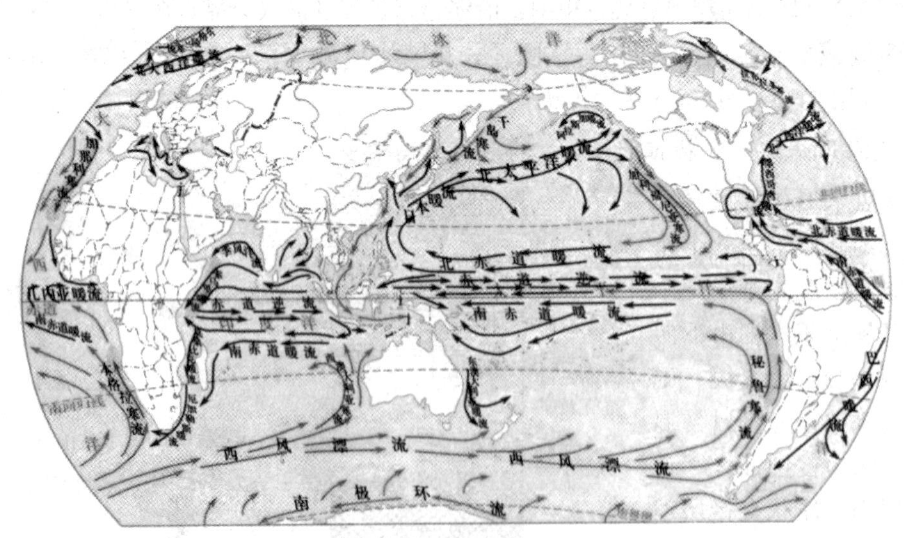

图 7－39　北半球冬季全球主要洋流分布(www. gongkong. com)

2. 海流控制陆架沉积特征

目前，有关海流控制陆架的沉积特征的研究成果相对较少，东南非洲大陆架是一研究较为深入的实例(图7－40)。东南非洲大陆架外缘水深约100m，直接面向广阔的印度洋。陆架坡折之下的大陆坡较陡(12°)，向南流动厄加勒斯暖流影响外陆架，大陆架外缘海流表层流速可达150～250cm/s。在海流的影响下，东南非洲大陆架沉积物具有明显的分带性：A带(水深<40m)为近岸浪控沉积带；B带(水深40～60m)为一系列纵向展布的砂斑和大砂波，大砂波波长200～700m，波高约3～17m，背流面倾角25°；C带(水深60～100m)内侧为一系列平行海流方向的沙垄、砂脊，外侧为残留沉积的砾石层(gravel pavement)(图7－40)。

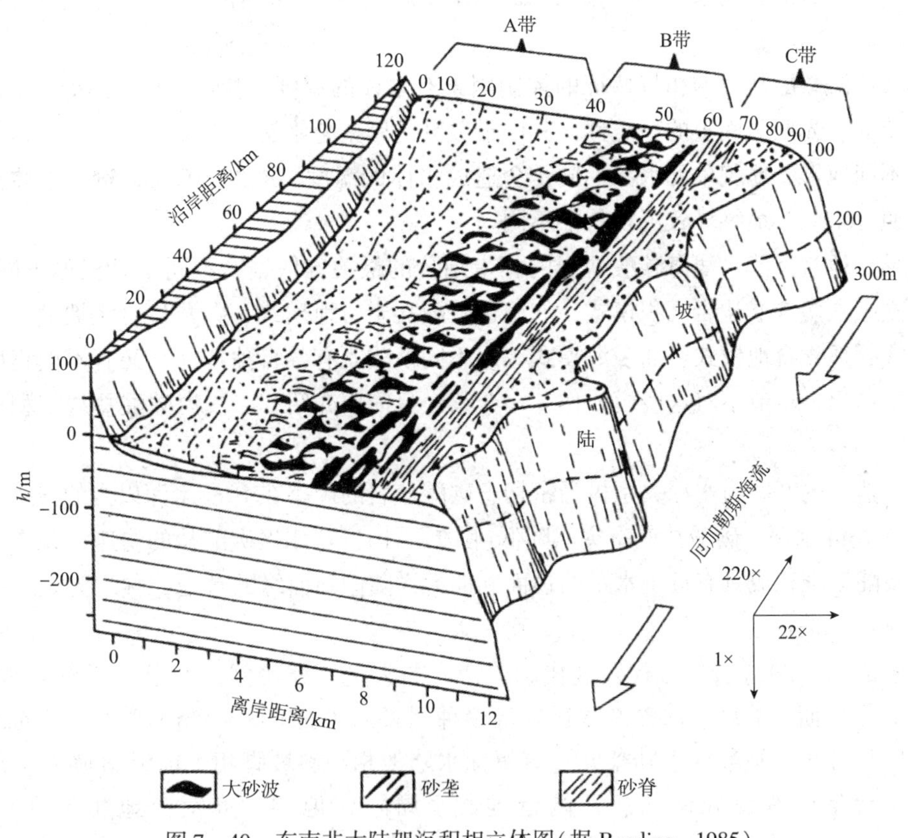

图7－40 东南非大陆架沉积相立体图(据 Reading，1985)

四、垂向序列及空间相带组合

陆源碎屑浅海相总体处于正常浪基面之下的低能背景环境，潮流、风暴、洋流只影响局部区域，而且具有季节性、阵发性、影响区域不确定性。因此，陆源碎屑浅海相垂向序列具有多样性，主要有：①以粉砂岩、泥岩为主，发育密集或分散的浅海底栖动物群化石、浅海遗迹化石组合或生物扰动构造的正常浅海沉积序列；②正常浅海沉积与潮流沉积叠加垂向序列；③正常浅海沉积与风暴沉积叠加垂向序列；④正常浅海沉积与海流沉积叠加垂向序列；⑤多种成因沉积物混合叠加垂向序列。陆源碎屑浅海相的空间相带组合具有很大的不确定性。在陆源碎屑浅海相分析中关键是确定不同特征沉积物的成因。

第六节 内源滨－浅海相

内源滨－浅海相的沉积物主要是海水中的溶解物质经化学作用、生物作用、生物化学作用、物理作用沉淀、搬运、沉积形成的，最主要是碳酸盐岩，其次是蒸发岩。滨－浅海相碳酸盐岩形成的有利条件是在大地构造稳定、温暖的“清水”环境，没有大量陆源碎屑沉积物的注入。

滨－浅海碳酸盐岩的相带特征的控制因素有水体的温度、盐度、CO_2含量、水深、水体流动特征、光照、底土的稳定性，其中最关键的因素是水深。水深又与地形、地貌密切相关。不同地形、地貌单元水深不同，会造成水体的温度、盐度、CO_2含量、水体流动特征、光照等不同，最终导致沉积特征不同。

地形、地貌是滨－浅海碳酸盐岩的相带划分的最关键依据。不同学者根据不同地形、地貌建立了众多碳酸盐岩沉积模式，如镶边碳酸盐岩台地模式、碳酸盐岩缓坡模式、开阔台地模式、孤立台地模式、陆表海模式等。不同模式既有各自独特性，又有不同程度相同性，限于篇幅，本节不对这些模式作一一介绍，只简要介绍滨－浅海碳酸盐岩沉积相综合模式。

碳酸盐岩的产率与水深关系极为密切，碳酸盐岩的产率在10m水深以内的浅水地区最高，超过10m水深，碳酸盐产率突然降低(图7－41)。浅水区碳酸盐的快速沉积作用可以在缓倾斜陆架堆积成具有近于水平的顶面和向大洋陡倾斜前缘的台地，称之为碳酸盐台地(carbonate platform)。

威尔逊(1975)综合了古代及现代碳酸盐岩的大量研究实例，考虑沉积环境的潮汐、波浪、氧化界面、盐度、水深及水循环等多种因素，建立了滨－浅海碳酸盐岩沉积相综合模式。划分出：缺氧深水陆架相、有氧深水陆架相、斜坡脚相、前缘斜坡相、台地边缘礁相、台地边缘颗粒滩相、开阔台地相、局限台地相、蒸发台地相等九个相带(图7－42)。

一、缺氧深水陆架相

缺氧深水陆架相处于氧化界面之下，缺少喜氧生物，水体安静(图7－42)。碳酸盐沉积物主要是灰泥、微体－超微体浮游生物、游泳生物骨骼物质。碳酸盐沉积物常与暗色黏土岩构成不等厚互层，夹硅质岩，具水平层理。石灰岩为灰泥灰岩和粉屑灰岩。生物主要为自游动物(如菊石)和浮游生物(放射状虫、深海有孔虫、薄壳双壳类)。

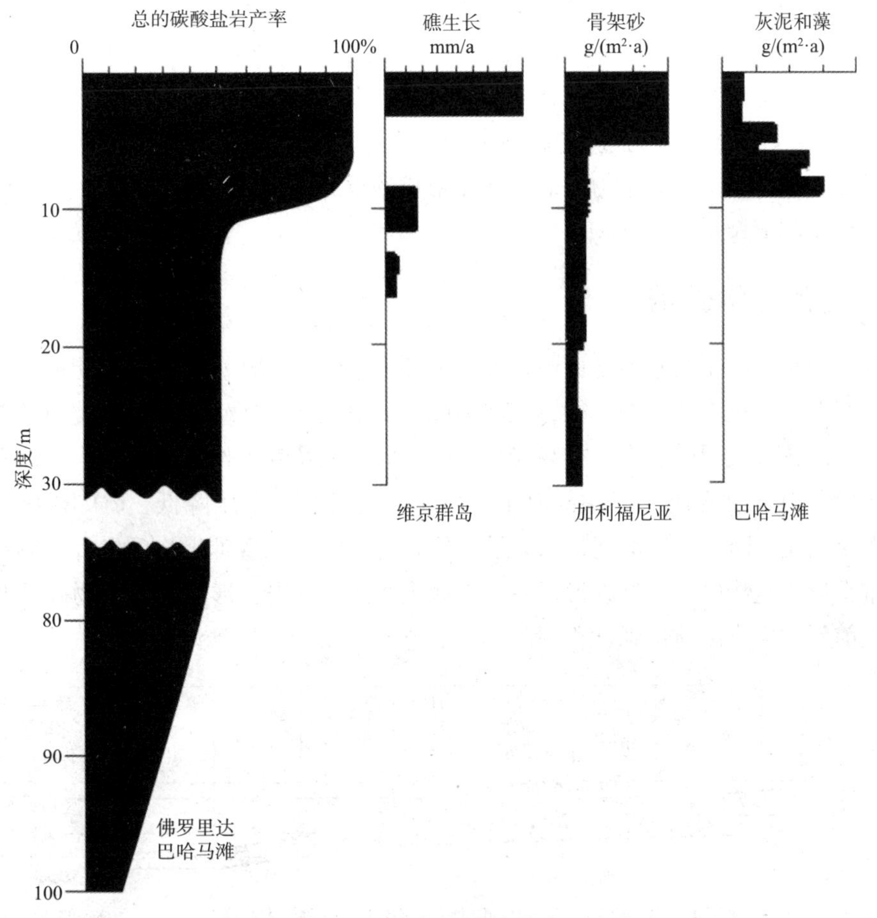

图 7－41　碳酸盐沉积速率与水深关系（据 Reading，1985）

二、有氧深水陆架相

有氧深水陆架相处于氧化界面之上、风暴浪基面之下的低能环境（图 7－42）。沉积物多为灰泥灰岩、生物碎屑灰岩，夹暗色黏土岩，少量硅质岩，具水平层理。浮游生物、游泳生物、底栖生物并存，多见指示正常海洋条件的不同的贝壳类动物群。

三、斜坡脚相

斜坡脚相位于浪基面以下、风暴浪基面附近，为台地前缘斜坡与深水陆架的过渡带（图 7－42）。沉积物以来自前缘斜坡的重力流沉积物与泥晶灰岩、黏土岩构成不等厚互层为特征。重力流沉积物为浊流、碎屑流成因的内碎屑灰岩，可见粒序层理。泥晶灰岩、黏土岩具水平层理，含浮游生物、游泳生物、底栖生物。

四、前缘斜坡相

前缘斜坡相是浅水碳酸盐岩台地与深水陆架之间的过渡带，坡度较大，一般大于 15°，处于风暴浪基面之上，正常浪基面之下，为间歇性高能斜坡环境（图 7－42）。主要由三类沉积物组成：(1)正常天气条件下低能沉积物，泥晶灰岩、黏土岩，具水平层理，缓波纹层理，含浮游生物、游泳生物、底栖生物；(2)风暴天气条件下的高能沉积物，颗粒灰岩，具交错层理；(3)块体搬运的重力流沉积物，角砾灰岩、颗粒灰岩，块状层理，粒序层理。重力流是在斜坡背景下，因重力引起的崩塌形成的重力流，如滑塌、碎屑流、浊流。碎屑流、浊流可将碎屑搬运至斜坡脚沉积。

五、台地边缘礁相

台地边缘礁相处于正常浪基面附近的高能环境（图 7－42）。有些生物能适应较高能水流环境，甚至具有抗浪的生态本能，能在高能环境下就地快速生长，成为抗浪的礁体，形成高出周围沉积层表面的建隆。在高能带，由于向岸风及潮汐作用，使波浪搅动及海水压力变化，沿着斜坡上升而来的深部海水，由于温度升高，水压降低，CO_2 释放，促进了 $CaCO_3$ 大量沉淀，同时从深水还带来大量其他养料，有利于造礁生物的发育，故在台地边缘高能带常形成生物礁。生物礁形成后，礁体遭受波浪冲击，形成大量生物碎屑及礁屑岩块，在礁前斜坡形成礁前角砾堆积（塌积岩），在礁后形成生物沙滩。

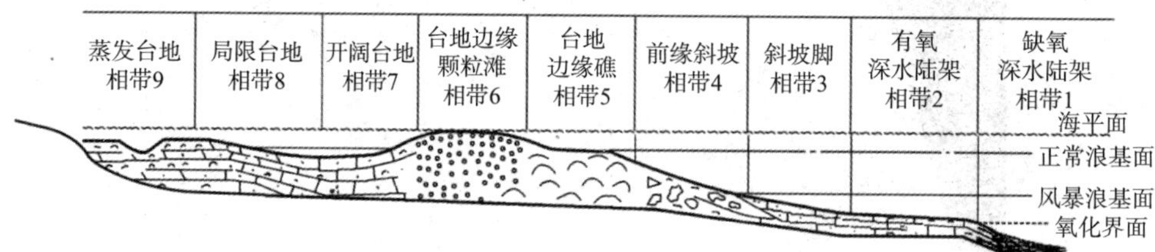

图 7－42　修正的威尔逊滨－浅海碳酸盐岩沉积相综合模式（据姜在兴，2010 修改）

台地边缘礁相常见生物格架灰岩、障积灰岩、黏结灰岩、颗粒灰泥灰岩和漂浮岩、颗粒灰岩以及砾屑碳酸盐岩，以生物格架灰岩、障积灰岩、黏结灰岩为标志。

六、台地边缘颗粒滩相带

台地边缘颗粒滩处于正常浪基面之上的高能环境（图 7－42）。沉积物为颗粒灰岩，颗粒有鲕粒、内碎屑、骨粒，以鲕粒为特色，内碎屑磨圆、分选良好，发育交错层理，有时见生物扰动构造。常见的动物为大的双壳类和腹足动物，以及有孔虫及和粗枝藻属的特殊类型。

七、开阔台地相

开阔台地相是与广海连通良好的碳酸盐岩台地洼地，边缘为处于正常浪基面附近的高能环境，主体处于浪基面之下的低能环境（图 7－42）。其盐度和温度与面临海洋的盐度、温度接近，水深从几米到几十米之间变化。低能带沉积物多为灰泥灰岩、颗粒灰泥灰岩，发育块状层理、水平层理、波纹层理；高能带沉积物多为灰泥颗粒灰岩和颗粒灰岩，大中型层理，局部有补丁礁。生物主要为藻类、有孔虫以及双壳类等浅水底栖生物，尤其常见腹足动物。

需要说明的是开阔台地相直接面临广海，并非图 7-42 所示的与广海之间存在生物礁、颗粒滩等遮挡性地貌单元。如果碳酸盐岩台地洼地与广海之间存在遮挡性地貌单元，则为局限台地相。

八、局限台地相

局限台地是受隆起地貌限制与广海连通较差的碳酸盐岩台地洼地，处于障壁礁之后、环礁之间或者海岸沙嘴之后，水深从不足 1m 到几十米之间。由于隆起地貌的遮挡，波浪作用弱，以潮汐作用为主，总体为较低能环境(图 7-42)。盐度有较大的分异，越靠近与广海连通通道，盐度越与正常海水盐度接近。藻类繁盛。沉积物类型多样：灰泥灰岩和白云质灰泥灰岩、颗粒灰泥灰岩、藻粒灰岩、黏结岩。生物以分异性低的浅水生物群为主，典型的是有孔虫、介形虫、腹足动物、藻类和蓝藻细菌、海生植物。

需要说明的是局限台地相并非总是图 7-42 所示的与开阔台地相直接相接，有的是以隆起遮挡性地貌单元与广海相接的。

九、蒸发台地相

蒸发台地相处于潮间带和潮上带(图 7-42)，是主要受潮水和蒸发作用影响的沉积环境，藻类发育。潮间带沉积物以石膏、硬石膏或石盐与碳酸盐共生为特征。潮上带具有萨布哈、盐沼泽、盐水坑的性质。蒸发台地相的岩石类型有层状的石灰岩、白云质灰泥灰岩、白云岩，以及与石膏层及硬石膏层互层的藻灰岩、黏结岩。具瘤状结核、波状层理、叠层构造、鸟眼构造，或含有硬石膏粗晶体(图 7-43)。岩石颜色差别很大，有浅色、黄色、棕色和红色。生物方面，常见蓝藻、细菌、介形虫、软体动物、适应高盐度环境的盐水虾。

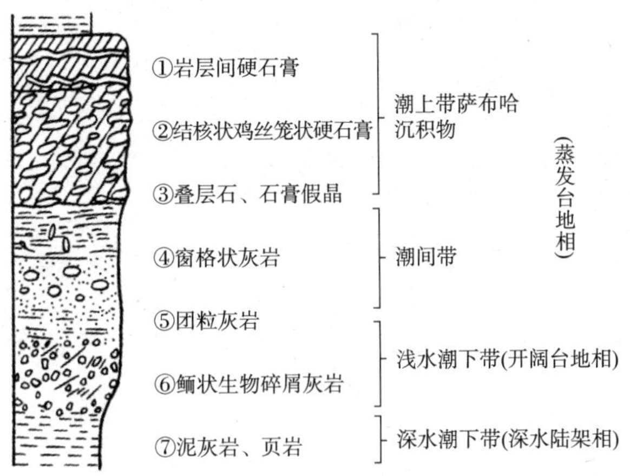

图 7-43　深水陆架相-蒸发台地相垂向序列
(据姜在兴，2010 修改)

十、垂向序列及空间相带组合

内源滨－浅海相垂向序列及空间相带组合是复杂多变的。威尔逊滨－浅海碳酸盐岩沉积相综合模式强调的是不同相带的沉积环境特征和沉积物特征，而不是相带的空间关系。到目前为止，不论是古代沉积记录，还是现代沉积环境，均未发现威尔逊碳酸盐岩沉积相综合模式概括的九个相带依次分布的实例。大量实例只发育其中几个相带。如图 7－43 所示的垂向序列，从深水陆架到蒸发台地只发育三个相带，即深水陆架→开阔台地→蒸发台地。因此，在利用威尔逊滨－浅海碳酸盐岩沉积相综合模式进行具体碳酸盐岩沉积相分析时，关键是根据相标志分析确定不同岩性单元的相带类型，然后再根据所确定相带类型确定相带空间关系，而不是套用威尔逊碳酸盐岩沉积相综合模式的相带空间关系。

第八章　陆坡－深海相组

陆坡－深海相组也可称为半深海－深海相组，水深一般大于200m，总体为低能缺氧环境，主要沉积物为半远洋、远洋沉积物。陆坡也称大陆斜坡(continental shelf slope)，或称之为半深海，是位于浅海与深海之间的过渡区，一般把陆架坡折作为陆架与陆坡的分界。陆坡的平均坡度为4°，最大倾角可达20°以上，陆坡坡脚水深多在1400～3000m之间。深海处于大洋盆地，水深在2000m以下，平均水深度4000m。在陆坡－深海相组除半远洋、远洋沉积物外，目前，还发现了重力流形成的海底扇相和洋流作用形成的等深流相。

第一节　海底扇相

海底扇(submarine fan)相是重力流在半深海－深海形成的沉积体。在半深湖－深湖由重力流形成沉积体称为湖底扇相。湖底扇相与海底扇相的形成机理、一般沉积特征基本相同，二者只是背景相带存在巨大差别，二者可统称为盆底扇。因此，本节重点讨论海底扇的形成机理及主要沉积特征。自20世纪60年代以来，随着重力流沉积研究工作的日益深入，相继建立了一系列海底扇沉积层序和相模式。

一、重力流沉积

重力流的概念、主要类型及其特征在第二章第二节已简要讨论，不再赘述，现重点讨论重力流的形成条件、沉积特征及存在的误区。

1. 形成条件

一般认为形成盆底扇的沉积物重力流需具备足够的水深、足够的坡度、充沛的物源、一定的触发机制等条件。

(1)足够的水深

足够的水深是重力流沉积物形成后不再被冲刷破坏的必要条件。一般认为重力流沉积的水深是1500～1800m。最小水深100m；最深的是美国加利福尼亚岸外蒙特里深海扇，深达8000m。英国学者克林(Klein，1978)则认为，形成重力流的最小水深是80m。Galloway(1996)认为以重力流沉积为重要特征的大陆斜坡及坡底沉积体系主要形成于陆棚坡折以下的相对深水区，在现代大陆边缘，陆棚坡折通常深约90～180m，在大陆和大洋拉分盆地中，这个深度可能会更小些。因此，足够的水深是相对而言，海洋与湖泊也有较大差异。

(2)足够的坡度

足够的坡度是造成沉积物不稳定和易受触发而作块体运动的必要条件，实际上，水下重力流发育对斜坡坡度的要求十分宽松。从20世纪70年代以来，对现代海底扇进行了大量细致的研究，有20多个现代海底扇形成条件和海底扇的规模的详细资料(表8－1)。从表8－1可以看出，除Indus扇的坡度基本保持在5 m/km外，多数现代海底扇的斜坡梯度是变化的，变化较小的是Bengal(孟加拉)海底扇，坡降梯度为2.4～0.74m/km，变化最大的是Bear Bay海底扇，坡降梯度500～25 m/km。斜坡梯度最小的扇是Laurentian扇，其斜坡梯度的最小值为0.26 m/km。另外，Gee，Masson，Watts和Allen(1999)还论述了在Canary岛砂质碎屑流可以在0.05°的斜坡条件下沿斜坡向下发生距离大于400km的滑动。密西西比河三角洲的海底滑塌坡度角仅有0.5°。

表8－1 现代海底扇的规模、斜坡坡度及沉积物特征

名称	长度/km	宽度/km	面积/km²	体积/km³	斜坡梯度/(m/km)	沉积物特征
点物源海底扇						
Amazon	>700	250～700	330000	700000	8.5～2.1	富泥
Astoria	>250	130	32000	27000	18.0～3.0	富泥
Bengal	2800	1100	3000000	4000000	2.4～0.74	富泥
Indus	1500	960	1100000	1000000	5.0	富泥
Laurentian	500～1500	200～400	18000～42000	100000	10.7～0.26	富泥
Magdalena	230	—	53000	40000	17.0～4.0	富泥
Mississippi	540	570	300000	290000	18.0～1.0	富泥
Monterey	400	250	75000	50000	14.0～2.5	富泥
Nile (Rosetta)	280	500	70000	140000	25.0～5.0	富泥
Rhone	440	210	70000	40000	36.0～8.0	富砂
Delgada	>350	280	44000	40000	15.0～1.3	富砂
La Jolla	40	50	1200	1175	17.0～8.0	富砂
Navy	40	12	560	75	18.0～6.0	富砂
Bear Bay	2.5	3.5	9	—	500～25	富砾
Gulf of Corinth	2.0～4.0	1.0～3.0	10.0	—	470～90	富砾
Noeick	2.5	1.0	2.0	—	115～25	富砾
多物源海底扇						
Cap Ferret	75	—	1600	1300	25.0～8.0	富泥
Crati	16	4.0～5.0	70	0.9	52.0～10.0	富砂
Nitinat	260	80	2300	9000	10.0～2.5	富泥
Ebro	50	100	5000	2000	35.0～7.0	富砂
San Lucas	60	70	6000	3000	22.0～6.0	富砂

资料来源：Amazon—Damuth & Flood，1985；Damuth等，1988；Astoria—Nelson，1985；Bengal—Emmel & Curry，1985；Indus—Kolla & Coumes，1987；Laurentian—Stow，1981；Magdalena—Kolla等1984；Mississippi—Bouma等，1985；Weimer，1990；Monterey—Normark等，1985；Nile (Rosetta)—Maldonado & Stanley，1978；Rhone—Droz & Bellaiche，1985；Delgada—Normark & Gutmacher，1985；La Jolla—Normark，1974；Navy—Piper & Normark，1983；Bear Bay—Prior & Bornhold，1990；Gulf of Corinth—Ferentinos等，1988；Piper等，1990；Noeick—Bornhold & Prior，1990；Cap Ferret—Cremer等，1985；Crati—Ricci Lucchi等，1985；Collela，1988；Nitinat—Stokke等，1977；Ebro—Nelson & Maldonado，1988；Alonso & Maldonado，1990；Field & Gardner，1990；San Lucas—Normark，1970。

(3)充沛的物源

充沛的物源也是形成沉积物重力流的必要条件。洪水注入的碎屑物质和火山喷发–喷溢物质、坡折附近的碎屑物质和碳酸盐物质发生滑坡、垮落以及由于风暴浪作用等，都可为沉积物重力流提供物质来源。另外，当海平面下降至陆架坡折及以下时重力流的物源最为充沛，既有河流注入的碎屑，又有陆坡上部、陆架边缘的滑塌沉积物(图8–1)。物源的成分决定重力流沉积物类型。随着物源成分的变化，重力流沉积物类型也呈现规律变化。

(4)一定的触发机制

重力流沉积物的形成多属于事件性沉积作用，其起因于一定的触发机制，如在洪水、地震、海啸巨浪、风暴潮和火山喷发等阵发性因素直接和间接诱导下，会导致块体流和高密度流的形成。除洪水密度流直接入海或入湖外，大多数斜坡带沉积物必须达到一定的厚度和重量，再经滑动–滑塌等触发机制，才能形成大规模沉积物重力流(图8–1)。其过程是，当重力剪切力超过沉积物抗剪强度时，引起斜坡沉积物重新启动；当重力剪切力超过摩擦能量损失时，已经运动起来的沉积物发生重力加速运动。只要重力仍作为流动的主动力，搬运作用就会继续，并可能会将沉积物搬运到盆地底部。

一些研究者认为，在大陆边缘斜坡处的沉积物通常不稳定，地震、海啸、风暴浪，滑坡倒塌等种种原因会造成大规模水下滑坡，使沉积物在滑动和流动过程中不断与水体混合，并在重力作用推动下不断加速，同时掀起和裹胁周围的水底沉积物增大自身体积，逐渐形成一泻千里的、携带砂和卵石的高密度重力流。

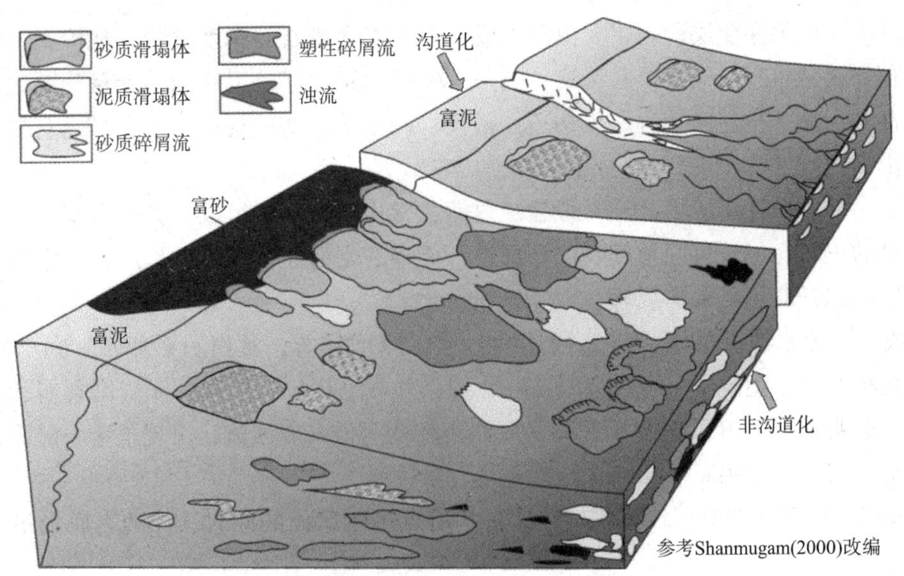

图8–1 海平面下降至坡折附近重力流物源供应示意图

2. 基本类型重力流沉积特征

米德尔顿和汉普顿(Middleton & Hampton，1976)按支撑机理把水底沉积物重力流沉积系统划分为四个类型，即泥石流(或碎屑流)、颗粒流、液化沉积物流和浊流。其中：

(1)碎屑流沉积物多为厚层块状、富黏土基质、无分选、多为正递变层理的黏土质砂砾沉积或沙砾质黏土沉积；(2)颗粒流沉积物粒度范围可以由黏土到砾石，但主要是砂质沉积。底面上可有底模(sole cast)，在其底部还可有下细上粗的反递变层理(reverse grading)；(3)液化流沉积物常为颗粒支撑的细砂和粗粉砂，呈块状或具泄水构造，其他特征包括各种底面铸模、火焰状构造(flame structure)、包卷层理(convolute lamination)和砂火山(sand volcanoes)等；(4)浊流沉积物也称浊积岩，由泥、砂组成，以砂为主，具正递变层理，而且具有所谓的“鲍玛序列”(图8-2)。

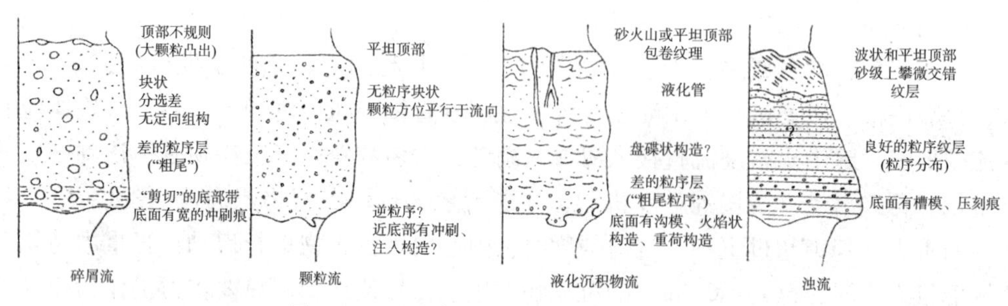

图8-2 基本类型重力流沉积特征示意图

3. 鲍玛序列

鲍玛序列是鲍玛(Bouma，1962)提出的浊积岩独具特色的沉积序列，将一个完整的浊流沉积序列分为A、B、C、D、E五段。米德尔顿和哈普顿(1976)用牵引流水动力学状态对鲍玛序列沉积时的水动力学状态进行了解释(图8-3)。

A段——底部递变层段：主要由砂组成，近底部含砾石，厚度常较其他段大，是递变悬浮沉积物快速沉积的结果。粒度递变清楚，一般为正粒序，反映浊流能量衰减过程。底面上有冲刷-充填构造和多种印模构造如槽模、沟模等。实验证明，A段是经直接悬浮沉积作用由高密度浊流中堆积的(Middleton，1967)。

B段——下平行纹层段：与A段粒级过渡，常由中、细砂组成，具平行层理，同时也具不明显的正粒序。纹层除粒度变化显现外，更多的是由片状炭屑和长形碎屑定向分布所致，沿层面揭开时可见剥离线理。

C段——流水波纹层段：与B段连续过渡，厚度较薄，常由粉砂组成，可含细砂和泥。发育小型流水型波纹层理和上攀波纹层理，并常出现包卷层理、泥岩撕裂屑和滑塌变形层理，表明在A和B段沉积后，高密度浊流转变为低密度浊流，出现了牵引流水流机制和重力滑动的复合作用。C段与B段为连续过渡关系。

根据B、C单元的牵引流沉积构造，可知质点沉落床面的同时，伴随有底形沿流向上的迁移。

D段——上水平纹层段：由泥质粉砂和粉砂质泥组成，具断续水平纹层。此段反映更为直接的悬浮沉积作用，即主要是垂向沉落。但质点在堆积时或堆积前，也因牵引流作用而产生微细纹层和结构分选。D段若叠于C段之上，二者连续过渡；若D段单独出现，则与下伏单元间有一清楚界面。它是由薄的边界层流(一种低密度浊流)造成的，厚度不大。

E段——泥岩段：下部为块状泥岩，具显微粒序递变层理，和D段均属细粒浊流沉积，为最细粒物质在深水中直接沉降的结果。上部泥页岩段，为正常的远洋深水沉积的泥页岩或泥灰岩、生物灰岩层，含浮游生物及深海、半深海生物化石。显微细水平层理，与上覆层为突变或渐变接触。

完整的鲍玛层序的厚度与浊流的规模有关，可从 1 ~ 2cm 到数米不等。由于沉积阶段的不同以及浊流流动过程中存在极强的侵蚀作用，浊流沉积的地质体中很少有完整的鲍玛层序。

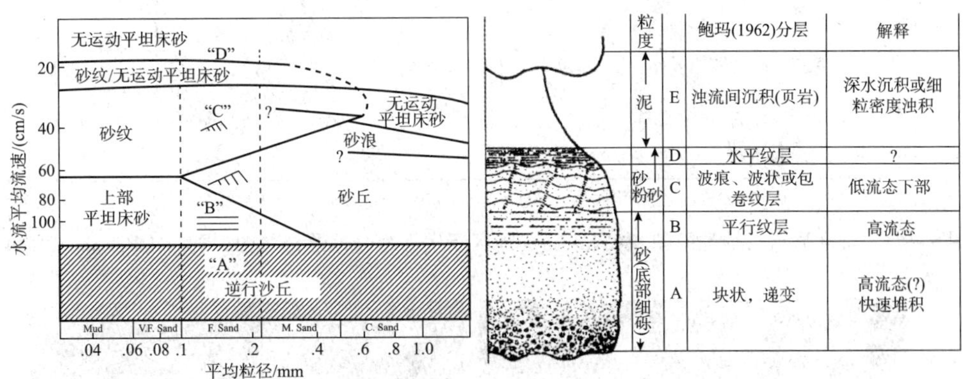

图 8-3　鲍玛层序及解释(据冯增昭，1993 修改)

4. 对鲍玛序列的质疑

鲍玛序列被称为浊流沉积的标准序列被许多教科书采用，具有广泛的影响。但鲍玛序列作为浊流沉积的标准序列，除 A 段，B、C、D、E 段全部为牵引流沉积，而不是重力流沉积，这无疑会引起学术界高度质疑。

(1) Annot 砂岩不是简单的浊流沉积体

Bouma(1962)建立典型浊流沉积序列是基于法国东南的 Peira Cava 地区的 Annot 砂岩的研究。法国东南的 Peira Cava 地区的 Annot 砂岩本身就不是简单的浊流沉积体，鲍玛序列不是 Annot 砂岩客观存在的沉积序列，只是鲍玛构建的"浊流"沉积序列。

Annot 砂岩是三角洲补给的、多期多种重力流与牵引流共同作用下形成的海底扇[图 8-4(a)]。上始新统 - 渐新统 Annot 砂岩下伏地层为钙质泥岩、泥灰岩(Marls)，为以陆壳为基地的深水盆地沉积，并非大洋盆地。上覆地层为逆冲推覆体[图 8-4(b)]。表明 Annot 砂岩是在短命小型深水盆地形成海底扇。盆地东南部边缘发育规模较大的河流三角洲，为海底扇提供物源[图 8-4(a)]。

结构、构造等宏观特征表明，Annot 砂岩的成因类型多样。如：①砂质碎屑流沉积物，以厚层块状粗砂岩，含撕裂泥砾为特征[图 8-5(a)]；②滑塌沉积物，以泥岩角砾、大小不等的砂砾岩岩块成层堆积[图 8-5(b)]，砂岩岩块、泥质岩岩块混杂堆积[图 8-5(c)]等为特征；③沉积物液化流沉积，以具碟状构造的砂岩[图 8-5(d)]和包卷层理的细砂岩、粉砂岩[图 8-5(e)]为特征；④颗粒流沉积，以底为突变面，具反递变层理的砂砾岩[图 8-5(f)]为特征；⑤浊流沉积，以底为冲刷面，具正递变层理的砂岩[图 8-5(g)]为特征；以及⑥牵引流沉积，以底为冲刷面或突变面，发育多种牵引流成因层理的砂岩、粉砂岩[图 8-5(h)]为特征。

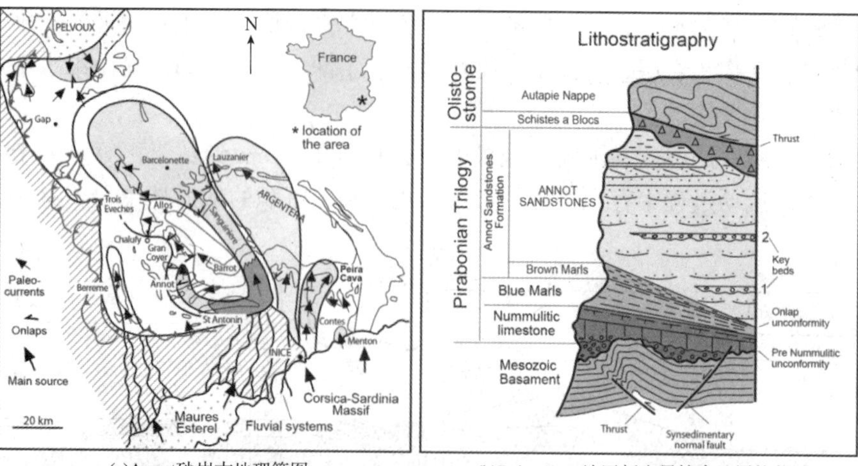

(a)Annot砂岩古地理简图　　(b)Peira Cava地区新生界综合地层柱状图

图 8-4　Annot 砂岩古地理简图和 Peira Cava 地区新生界综合地层柱状图(据 Cunha et al，2017)

(a)厚层块状粗砂岩，含撕裂泥砾，下伏泥岩角砾、砂砾岩块 　　(b)泥岩角砾、大小不等的砂砾岩岩块

(c)砂岩岩块、泥质岩岩块混杂堆积 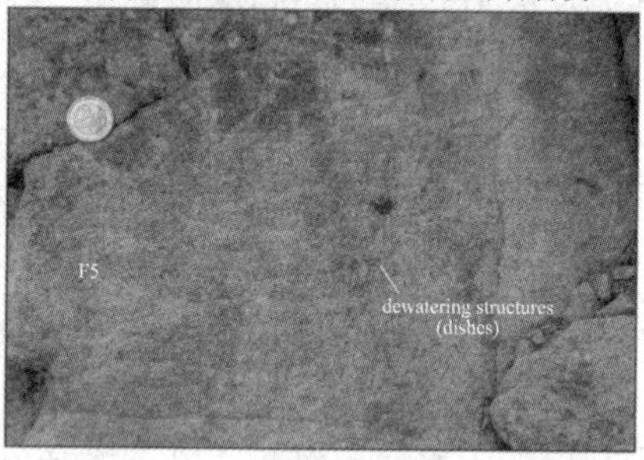　　(d)碟状构造砂岩

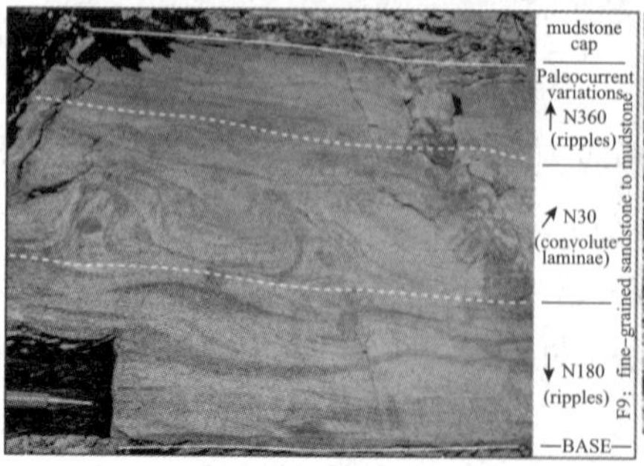

(e)具包卷层理的细砂岩、粉砂岩 　　(f)底为突变面，具反递变层理的砂砾岩

图 8-5　Annot 砂岩宏观特征(据 Cunha et al，2017；Shanmugam，2002)

(g)底为冲刷面，具正递变层理的砂岩

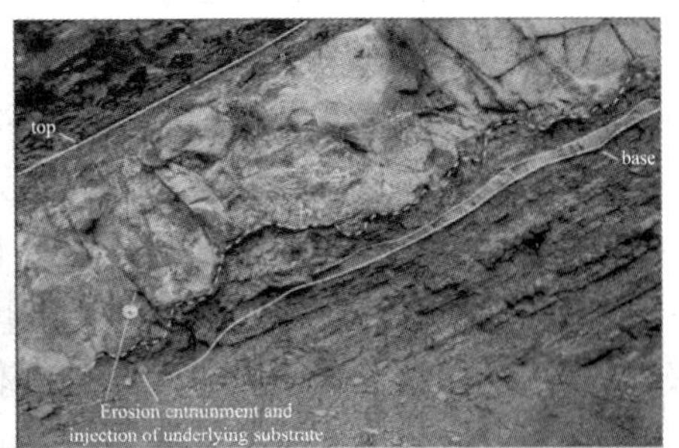

(h)底为冲刷面或突变面，发育多种牵引流成因层理的砂岩、粉砂岩

图 8－5　Annot 砂岩宏观特征(据 Cunha et al，2017；Shanmugam，2002)(续)

(2)物理模拟实验表明浊流的沉积序列是简单的正递变层理富砂沉积

有关浊流沉积的物理模拟实验研究成果很多，限于篇幅，简要介绍 Sakai 等(2002)发表的浊流沉积物理模拟实验研究成果。

实验水槽长 10m，宽 0.2m，实验水深 0.5m。实验采用 10% 的沉积物与水混合制造浊流。沉积物由石英砂和泥质物质组成，泥质占 4.5%。沉积物分选系数 0.62(分选较好)，平均粒径 2.93ϕ，最大粒径不足 1ϕ，最小粒径不足 5ϕ(图 8－6)。

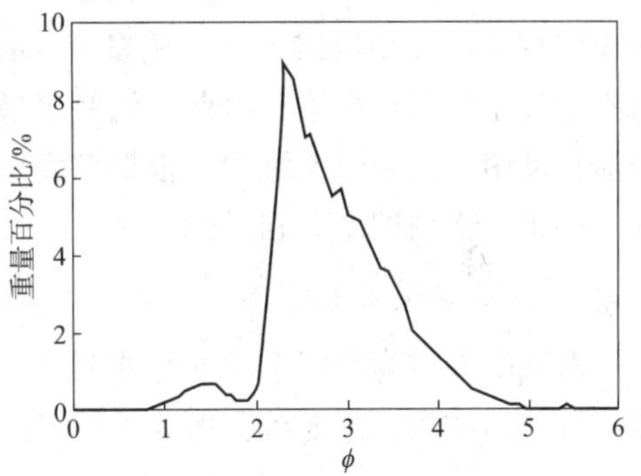

图 8－6　浊流物理模拟实验沉积物粒度分布(Sakai 等，2002)

先在以闸门与水槽连接的水箱内将沉积物与水彻底混合，确保所有沉积物保持悬浮状态。然后，打开闸门，将悬浮液注入实验水槽，形成浊流[图 8－7(a)]。这样实验重复 3 次，得到 3 层厚度约 5.4mm 的浊流沉积物，每一层宏观上均为向上稍微变细的正递变层理，层内没有纹层[图 8－7(b)]。显微镜下，每层浊流沉积物为向上粗碎屑颗粒减少、细碎屑颗粒增多的正粒序，片状矿物倾向多变，倾角变化大，中下部片状矿物多数近直立上部近直立的片状矿物较少[图 8－7(c)]。

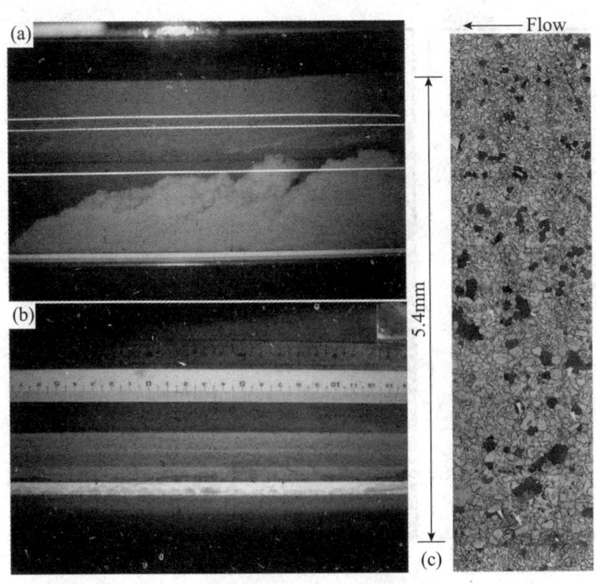

图 8－7　浊流物理模拟实验结果(Sakai 等，2002)

综上所述，鲍玛序列是基于

Annot 砂岩研究总结的垂向沉积模式。Annot 砂岩是由多种重力流和牵引流共同作用形成的海底扇，不是简单的浊流沉积。简单的浊流沉积物主要是正递变层理砂(或砂岩)。因此，把鲍玛序列作为浊流沉积(浊积岩)的标准序列并不恰当。坚信鲍玛序列的学者认为，鲍玛序列是“广义浊流”及浊流转化为牵引流形成的沉积序列。“广义浊流”几乎包括了所有的重力流基本类型，成为“重力流”的替代术语，这无疑会造成概念混乱。多种重力流形成的海(湖)底扇的沉积序列空间变化远比鲍玛序列复杂，也就是说把鲍玛序列作为“广义浊流”及浊流转化为牵引流形成的海(湖)底扇沉积序列，由于过分简单，也是不适用、不恰当的。

二、海底扇相模式

自20世纪60年代以来，随着重力流沉积研究工作的日益深入，相继建立了一系列海相扇沉积层序和相模式，海底扇(submarine fan)一般发育陆架斜坡脚及邻近的深海盆地，海平面处于陆架坡折附近时期，海底扇最为发育。海底扇相主要为重力流沉积，次为因重力流扰动引发的牵引流沉积。根据海底扇的地貌及其沉积特征，可将其分为补给水道、上扇、中扇和下扇四个亚相(图8－8)。

1. 补给水道亚相

海底峡谷成为海底扇的补给水道，也称物源水道，其主要作用是为形成海底扇输送砂、砾碎屑物质，主要沉积物为碎屑流沉积(图8－8)。

2. 上扇亚相

上扇亚相也称内扇亚相、近端扇亚相，位于斜坡坡脚和狭谷出口处，包括斜坡坡脚、主水道、水道堤，及堤外的低平地区(图8－8)。

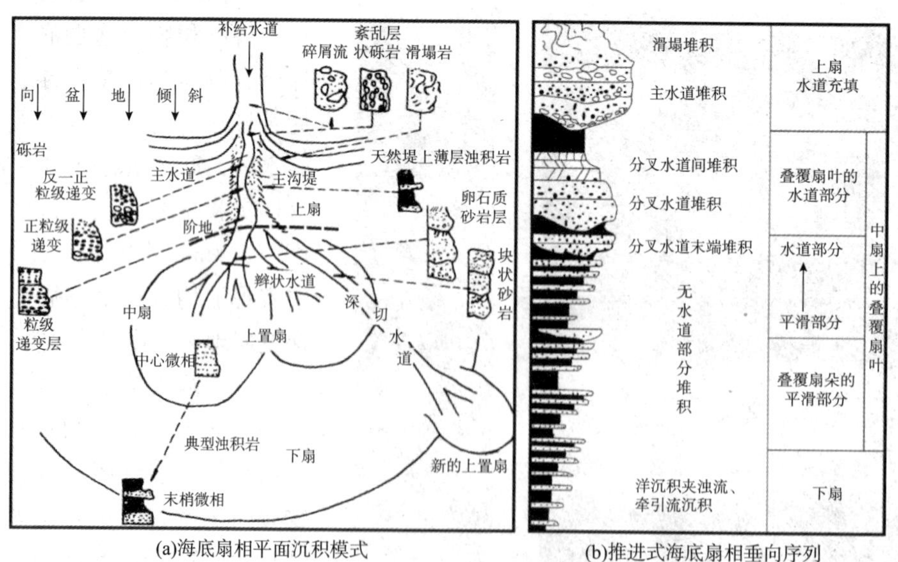

(a)海底扇相平面沉积模式　　(b)推进式海底扇相垂向序列

图8－8　海底扇相分布模式

(据 Walker，1978，引自林畅松等，2016，略改)

(1)斜坡脚地带沉积物主要为滑塌堆积。(2)主水道也称主沟道，沉积物主要有：①碎屑流成因的正递变层理砾岩、砂砾岩、砂岩；②颗粒流成因的反递变层理砾岩、砂砾岩、砂岩；③滑塌成因的砾岩、砂砾岩、砂岩、泥质岩混杂堆积；④浊流成因的正递变层理砂岩。(3)水道堤也称沟道堤，沉积物为砂、泥岩不等厚互层，泥岩为半远洋沉积，砂岩有浊流成因的正递变层理砂岩、牵引流成因的交错层理、波纹层理砂岩、粉砂岩。(4)堤外低平地区主要为半远洋、远洋沉积，夹浊流成因的正递变层理砂岩、牵引流成因的交错层理、波纹层理砂岩、粉砂岩薄层(图 8 –8)。主水道是上扇亚相的主体，其深度和宽度因地而异，其深度可达 100 ~150m，宽度有 2 ~3km。由于水道的迁移，水道成因的砂砾岩分布的宽度变得更大。

3. 中扇亚相

中扇亚相位于上扇和下扇之间，以重力流水道分叉变浅，直至消失，沉积物大量堆积，常形成叠覆扇叶状体(叠覆扇舌)为特征。每个扇舌分为上部的分叉水道部分和下部的无水道部分(图 8 –8)。

分叉水道沉积物以碎屑流成因的卵石质砂岩(或含砾砂岩)和块状砂岩为主，有时见颗粒流和液化流沉积，不含或很少含有泥岩夹层。分叉水道间及无水道部分的沉积物主要为浊流成因的正递变层理砂岩，次为牵引流成因的交错层理、波纹层理砂岩、粉砂岩(图 8 –8)。分叉水道一般宽 300 ~400m，深一般在 10m 以内。由于分叉水道没有水道堤，常发生淤塞和侧向迁移，加上垂向上多期叠覆，可形成大规模的分叉水道成因的砂砾岩、砂岩复合体。

4. 下扇亚相

下扇亚相也称外扇亚相、远端扇亚相，与中扇无水道部分相接，地形平坦，主要受末端浊流和重力流引发的牵引流尾流影响，沉积物分布宽阔而层薄。典型沉积特征是半远洋、远洋沉积物中夹薄层浊流成因的正递变层理细砂岩、粉砂岩，或薄层牵引流成因的波纹层理砂岩、粉砂岩(图 8 –8)。薄层细砂岩、粉砂岩度稳定，可以延伸几十至数百公里。

5. 海底扇相垂向序列及相带空间组合

海底扇相的相带平面分布规律是由大陆斜坡向深海方向依次为：补给水道亚相→上扇亚相→中扇亚相→下扇亚相。海底扇在发育过程中，不断地从陆坡向深海方向推进，形成一套推进式(进积型)垂向序列：半远洋 – 远洋沉积→下扇亚相的半远洋 – 远洋沉积物夹薄层砂岩、粉砂岩→中扇亚相的含砾砂岩、砂岩、粉砂岩→上扇亚相的砾岩、砂岩、滑塌堆积→补给水道亚相的砾岩、砂岩[图 8 –8(b)]。

由于大陆斜坡相对稳定，海底扇相更容易沿陆坡走向侧向迁移，而不是不断向深海方向推进。海底扇相的相带空间组合多表现为不同期次的海底扇朵叶侧向叠覆，即：上扇亚相侧向叠加在前期的上扇亚相之上，中扇亚相侧向叠加在前期的中扇亚相之上(图 8 –9)，下扇亚相侧向叠加在前期的下扇亚相之上。每一期扇体不同亚相在剖面上呈不同形态的透镜状，沿水道一线厚度最大，沉积物粒度最粗。这些富砂透镜包裹在半远洋 – 远洋沉积物中。

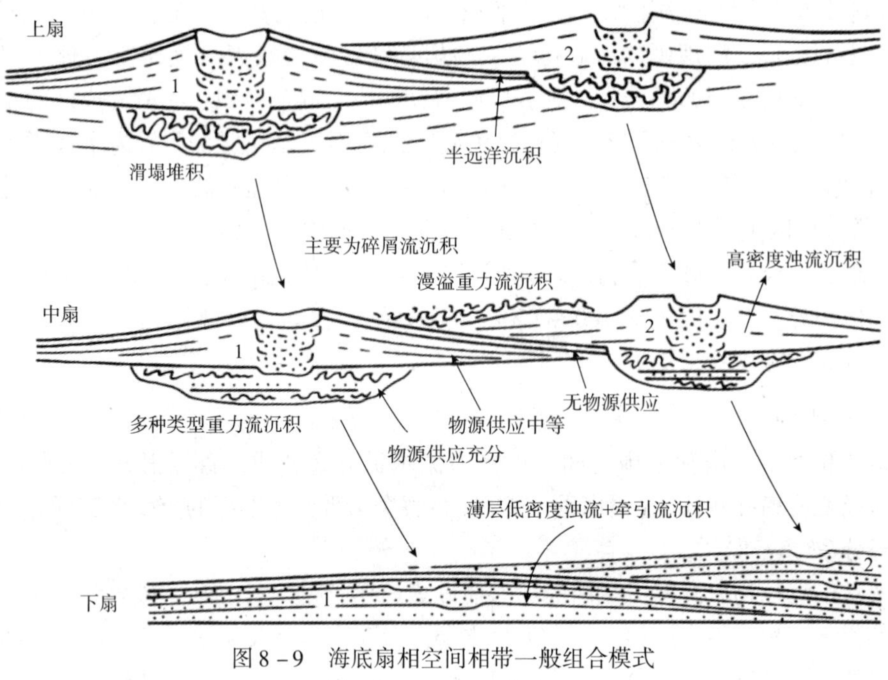

图 8－9　海底扇相空间相带一般组合模式
(据 Walker，1990 修改)

湖底扇相与海底扇相的成因和沉积特征基本相似，都是在深水环境主要由重力流形成的富砂沉积体。因此，识别湖底扇相与海底扇相的关键，一是识别深水环境，二是识别重力流沉积体。水深环境的主要识别标志是厚层具水平层理的暗色泥岩。重力流沉积体的主要识别标志是富砂、砾，有序性差，缺少纹层显示的沉积构造。深水环境形成的厚层暗色泥质沉积夹粗碎屑沉积是海底扇或湖底扇的重要标志。

第二节　等深流相

一、概述

1. 等深流相相关概念

等深流相是等深流作用下形成的沉积体。等深流沉积物形成的岩石也称等积岩、等深岩(Contourite)。等深流(contour current)是发生在半深海－深海地区沿大陆坡等深线流动的大洋底流，这个概念是 Heezen(1966)在对北大西洋陆隆沉积物研究之后首先提出的。现代深海调查表明，从水深超过 5000m 的深海平原到水深 500～700m 的较深水台地都存在等深流。如现代北大西洋在水深 1500～3500m 存在北大西洋深水上层流(图 8－10 中 UNADW)和北大西洋深水下层流(图 8－10 中 LNADW)。

2. 等深流主要起因及流动特征

图 8-10 大西洋洋流立体示意图(据 Zenk, 2008)
UNADW—北大西洋深水上层流;
LNADW—北大西洋深水下层流

等深流的形成主要起因于南北两极与赤道地区海水温度的差异和水平方向上盐度差异所形成的密度梯度力，并通过地球旋转产生的科里奥利力影响着流体的运动方向。另外，风力和海底地形对等深流的流速、流向也会造成一定的影响。

现代海洋中，等深流的流动方向、影响范围相对稳定，持续时间至少达数十年；等深流的流速一般为 5 ~ 20cm/s，有的可达 50cm/s，靠近直布罗陀海峡地区的地中海洋流最大流速可达 180 ~ 250cm/s。一般来讲，在深海水道，深海海沟、海槽、洋脊和斜坡等地区流速较高；而在深海盆地及平原内流速则较缓慢。等深流底流既可侵蚀海底，也可在海底形成特征多样的沉积体。流速较快的等深流具有较强的侵蚀作用，可以形成一系列平行洋流流向的几千米长，几米至十米宽，深度小于 20m 的深水海渠(沈锡昌，1993)。

二、等深流相的沉积物类型及其特征

1. 沉积物来源及主要影响因素

等深流相的沉积物来源主要有陆源碎屑、生物碎屑、侵蚀下来的海底早期沉积物，火山碎屑物质等。等深流相沉积物特征与等深流的流速、流速变化、沉积物搬运方式、生物活动强度、海底地貌的密切相关。生物活动强度又与水深、水体富营养、富氧程度密切相关。

2. 沉积物类型及主要特征

西班牙学者 Martin-Chivelet 等(2008)根据大量研究实例，将等深流相沉积物归纳为 12 种类型(图 8-11)。①滞留砂砾岩，主要由粗砂、细砾组成，砾石具定向性，是高能底流(流速大于 2m/s)形成的，这种类型比较少见。②正递变、反递变粒序，可由粗砂→泥组成，主要为细砂、粉砂、泥，是底流流速逐渐变化形成的，这种类型极为常见。③具生物扰动构造的砂、粉砂、泥，是在低流速底流、生物活动较强、低-中等沉积速率条件下形成的，这种类型极为常见。④具侵蚀冲槽及槽模的砂、粉砂、泥，是低流速底流突变为高流速底流条件下形成的，这种类型比较少见。⑤砂泥互层，砂岩含撕裂泥砾、底为冲刷面，是在低流速底流间歇性突变为中等流速底流条件下形成的，是一种比较常见类型。⑥具低角度交错层理的细砂、中砂，是在流速在 0.6 ~ 2m/s 波动的高能底流作用下形成的，这种类型比较少见。⑦具大型交错层理的中砂，可见大型波痕，是底流流速在 0.4 ~ 2m/s 波动、主要在 0.4 ~ 0.8m/s 波动、底载荷沉积为主的条件下形成的，这种类型常见。⑧具爬升层理的细砂、中砂，是底流流速在 0.1 ~ 0.4m/s 波动、悬浮载荷沉积为主的条件下形成的，这种类型常见。⑨具脉状层理的细砂、粉砂，是底流流速在0.1～0.4m/s波动、底载荷沉积为主的条件下形成的，这种类型极为常见。⑩具波状层理的细砂、粉砂、泥互层，是低流速底流与中等流速底流交替变化的条件下形成的，这种类型极为常见。⑪含细砂、粉砂透镜体的泥岩，泥岩具缓波纹层理，是底流以低流速占优势，低流速与中等流速交替的条件下形成的，这种类型极为常见。⑫具缓波纹层理的砂泥岩薄互层，是在低流速底流作用下，主要为悬浮载荷沉积条件下形成的，这种类型极为常见。

基本样式	沉积构造	主要粒级	成因	丰度
1cm 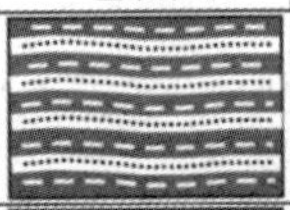	缓波纹层理，砂泥岩薄互层	细砂、粉砂、泥	低流速，主要为悬浮载荷沉积	极为常见
1cm 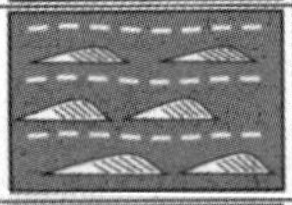	透镜状层理，泥岩具缓波纹层理	细砂、粉砂、泥	以低流速占优势，低流速与中等流速交替	极为常见
1cm 	波状层理	细砂、粉砂、泥	低流速与中等流速交替	极为常见
1-5cm 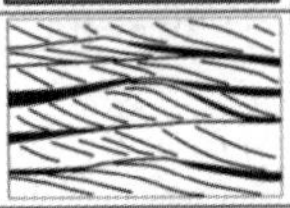	脉状层理	细砂、粉砂	流速在0.1~0.4m/s波动，底载荷沉积为主	极为常见
1-5cm 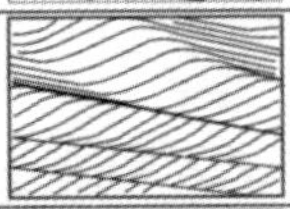	爬升层理	细砂、中砂	流速在0.1~0.4m/s波动，悬浮载荷沉积为主	常见
10-50cm 	大型交错层理，砂浪、砂丘底形	中砂	流速在0.4~2m/s波动，主要在0.4~0.8m/s波动底载荷沉积为主	常见
1cm 	低角度交错层理，	细砂、中砂	流速在0. 6~2m/s波动，底载荷沉积为主	少见
1cm 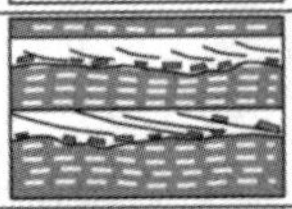	砂泥互层，砂岩底为冲刷面，撕裂泥砾	砂、粉砂、泥	低流速间歇性突变为中等流速	常见
1-5cm 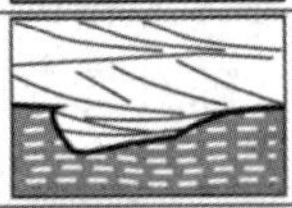	侵蚀冲槽及槽模	砂、粉砂、泥	低流速突变为高流速	少见
1-10cm 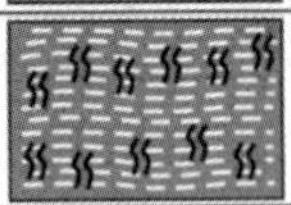	生物扰动构造	砂、粉砂、泥	低流速，生物活动强，低—中等沉积速率	极为常见
3-20cm 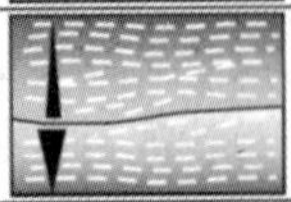	正递变、反递变粒序	粗砂→泥，主要为细砂、粉砂、泥	流速逐渐变化	极为常见
0.1-2cm 	滞留定向砾石	粗砂、细砾	流速大于2m/s	少见

图8－11 等深流相主要沉积类型（据 Martin-Chivelet 等，2008）

三、等深流相的垂向序列及空间形态

尽管近40年来等深流相的研究取得了很大进展，2008年爱思唯尔公司（Elsevier B. V.）出版了有关等深流沉积专辑《Developments in Sedimentology，Volume 60》。但对等深流相的垂向序列仍局限于具体实例（图8-12）的总结，对等深流相的相带空间配置认识十分有限，但通过声学探测资料对等深流相的空间形态有了更多了解。

1. 等深流相的垂向序列

有关等深流相垂向序列代表性的研究实例主要有：①新生界北大西洋深水等深流沉积，②晚中新世以来西班牙加的斯（Cadiz）地中海出流（Mediterranean Outflow Water）形成的法鲁（Faro）等深流沉积，③上新统—更新统墨西哥湾等深流沉积，④西班牙南部贝蒂克（Betic）山区上白垩统马斯特里赫特阶（Maastrichtian）Caravaca钙质等积岩（图8-13）。

图8-12　等深流相代表性沉积构造（据Martin-Chivelet等，2008）

（a）—缓波纹层理细砂岩，内部具底流侵蚀面，阿根廷中安第斯Neuquen盆地，侏罗系；
（b）—具大型交错层理的钙质等积岩，中国湖南九溪，奥陶系；
（c）—脉状层理细砂岩、波状层理砂泥岩互层，透镜状层理砂质泥岩，墨西哥湾，上新统—更新统（岩心）

（1）北大西洋深水等深流沉积垂向序列

Stow和Holbrook（1984）把北大西洋深水等深流沉积垂向序列归纳为泥质等积岩和砂质等积岩两种序列（图8-13）。

泥质等积岩序列自下而上分为：①底部为半远洋－远洋成因水平层理泥岩；②下部为不规则的砂、泥岩互层，常见生物扰动构造；③中下部为粉砂质泥岩，具缓波纹层理、似水平层理，常见生物扰动；④中上部为泥岩，含粉砂，生物扰动强烈；⑤上部为砂质泥岩，断续缓波纹层理(图8－13)。整个序列含砂率不足15%，分选差，陆源砂与生物砂混合，碳酸盐岩含量较高，有机质丰度0.3%～1%。

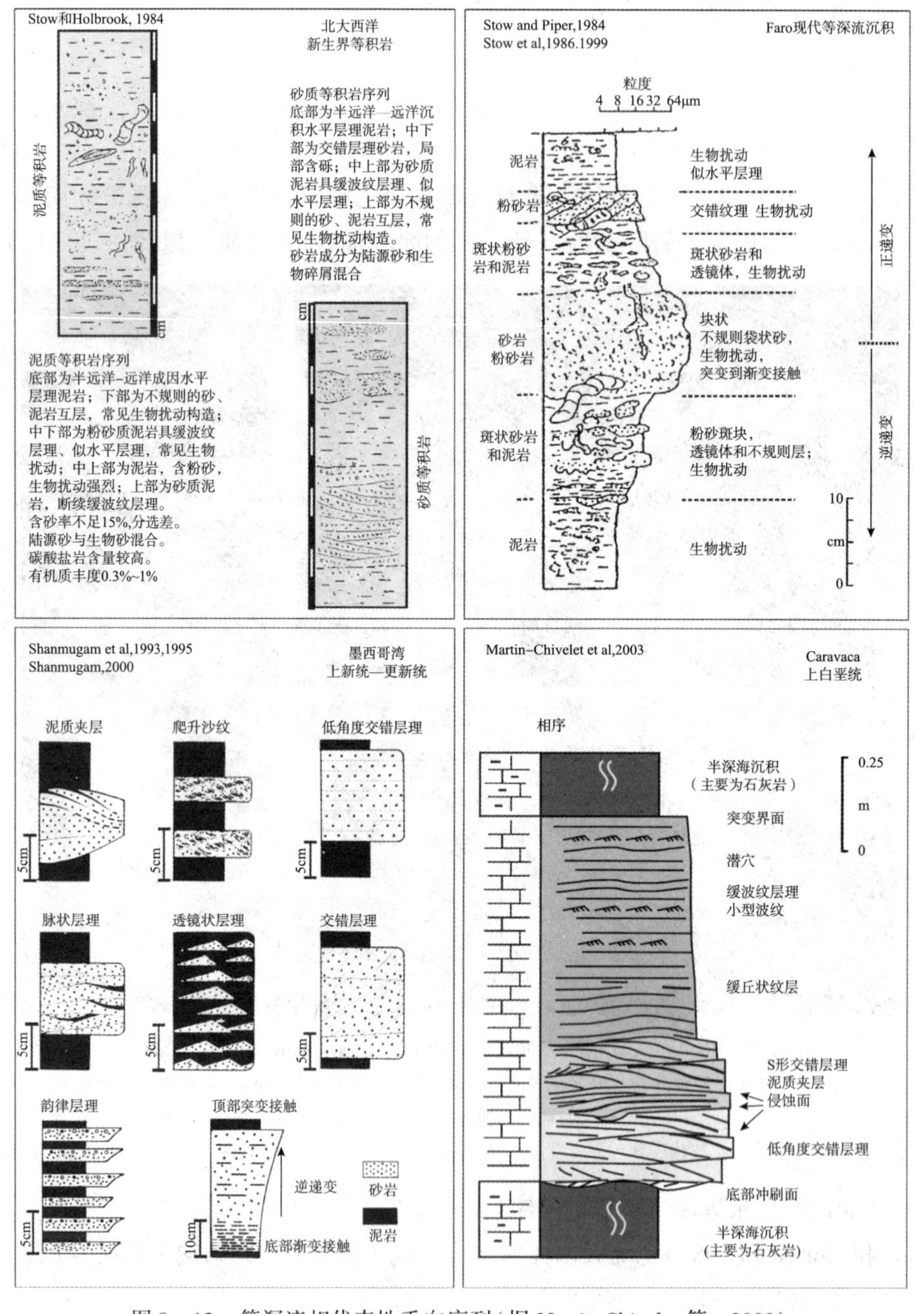

图8－13 等深流相代表性垂向序列(据 Martin-Chivelet 等，2008)

砂质等积岩序列自下而上分为：①底部为半远洋－远洋沉积水平层理泥岩；②中下部为交错层理砂岩，局部含砾；③中上部为砂质泥岩，具缓波纹层理、似水平层理；④上部为不规则的砂、泥岩互层，常见生物扰动构造(图8－13)。砂岩成分为陆源砂和生物碎屑混合。

(2)法鲁等深流沉积垂向序列

形成法鲁等深流沉积的地中海出流洋流深度相对较浅(约600m)，流速为0.1～0.3m/s，相对温暖、富营养、中等富氧。

法鲁等深流沉积的垂向序列自下而上分为：①生物扰动的泥岩；②泥岩夹粉砂岩斑块、粉砂岩透镜体、不规则粉砂岩薄层，生物扰动构造丰富；③生物扰动的砂岩，粉砂岩；④泥岩夹粉砂岩斑块、粉砂岩透镜体，生物扰动构造丰富；⑤具交错层理、生物扰动构造的粉砂岩；⑥具水平层理、生物扰动构造的泥岩。总体上为下部的向上变粗的逆递变段和上部的向上变细的正递变段组成的对称递变序列(图8－13)，厚10～100cm，是底流强度由弱变强、再由强变弱过程形成的。强烈的生物扰动与底流深度浅、富营养、富氧有关。不同岩性层之间的接触关系有过渡的、突变的和侵蚀的。法鲁等深流沉积体不同部位的垂向序列在厚度、完整性方面的变化很大，粉砂质和砂质等深岩常有缺失。序列也可以是不对称的(单向递变)或不完全对称的。

(3)墨西哥湾等深流沉积垂向序列

墨西哥湾流等深流沉积体不同部位垂向序列变化较大，归纳为八种类型：①交错层理砂岩、粉砂岩；②纹层近于平行的低角度交错层理砂岩、粉砂岩；③具泥质夹层的砂岩；④爬升层理细砂岩、粉砂岩；⑤脉状层理细砂岩、粉砂岩；⑥底部渐变、顶部突变的粉砂质泥岩、粉砂岩、细砂岩；⑦薄层泥岩与粉砂岩、细砂岩构成的韵律层；⑧泥岩含粉砂岩、细砂岩透镜体(透镜状层理)。这八种类型的等积岩下伏和上覆岩层均为半远洋－远洋成因泥岩(图8－13)。

(4)Caravaca 等深流沉积垂向序列

Caravaca 等深流沉积垂向序列由石灰岩构成，自下而上分为：①半深海成因的泥晶灰岩；②低角度交错层理灰岩，与下伏冲刷接触；③大型交错层理灰岩，内部具侵蚀面；④“S”型交错层理灰岩，具泥质夹层；⑤缓丘状层理灰岩；⑥缓波纹层理、小型交错层理灰岩，见生物扰动构造；⑦半深海成因的泥晶灰岩，与下伏突变接触(图8－13)。这一沉积序列是底流作用突然增强，缓慢减弱过程形成的。

2. 等深流相的空间形态

等深流相在现代外陆架、陆坡－深海环境非常发育。在北大西洋已发现的等深流沉积体多达15个，分别命名为：(1)Hebrides、(2)Feni、(3)Hatton、(4)Gardar、(5)Bjorn、(6)Gloria、(7)Snorri、(8)Eirik、(9)Sackville Spur、(10)New Foundland、(11)= Hatteras、(12)Blake、(13)Bahama、(14)Northern Bermuda、(15)Faro(图8－14)。等深流相在空间上按形态可以分为等积席、伸长状的等积丘两大类。

(1)等积席，厚度基本稳定，从中央向边缘厚度缓慢减小，可发育于深海平原，也可以发育于陆坡。①深海平原等深岩席覆盖面积大，呈不规则片状(如图8－14中⑥)，厚度达数百米(图 8－15A)。②陆坡等深岩席多呈带状(如图 8－14 中①)，厚度达数百米，内部具有大型波状反射结构(图 8－15B)。

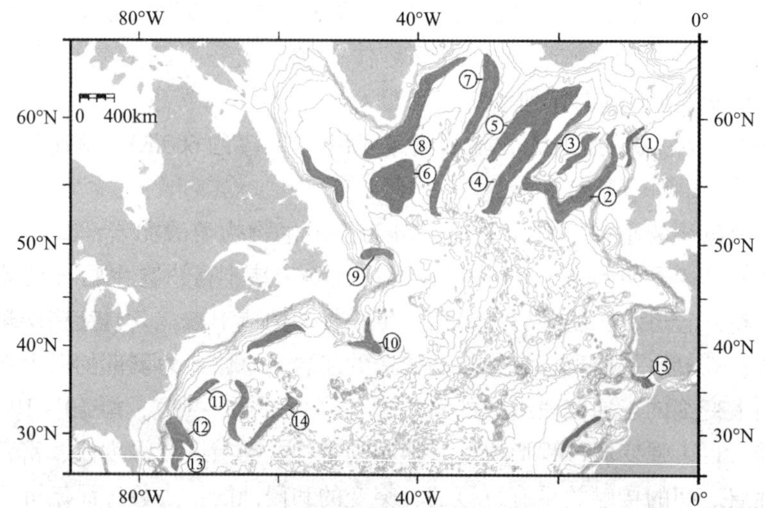

图 8－14 北大西洋等深流沉积体的平面形态及分布(Faugeres & Stow，2008)

等深流沉积体名称：①—Hebrides；②—Feni；③—Hatton；④—Gardar；⑤—Bjorn；⑥—Gloria；⑦—Snorri；⑧—Eirik；⑨—Sackville Spur；⑩—New Foundland；⑪—Hatteras；⑫—Blake；⑬—Bahama；⑭—Northern Bermuda；⑮—Faro

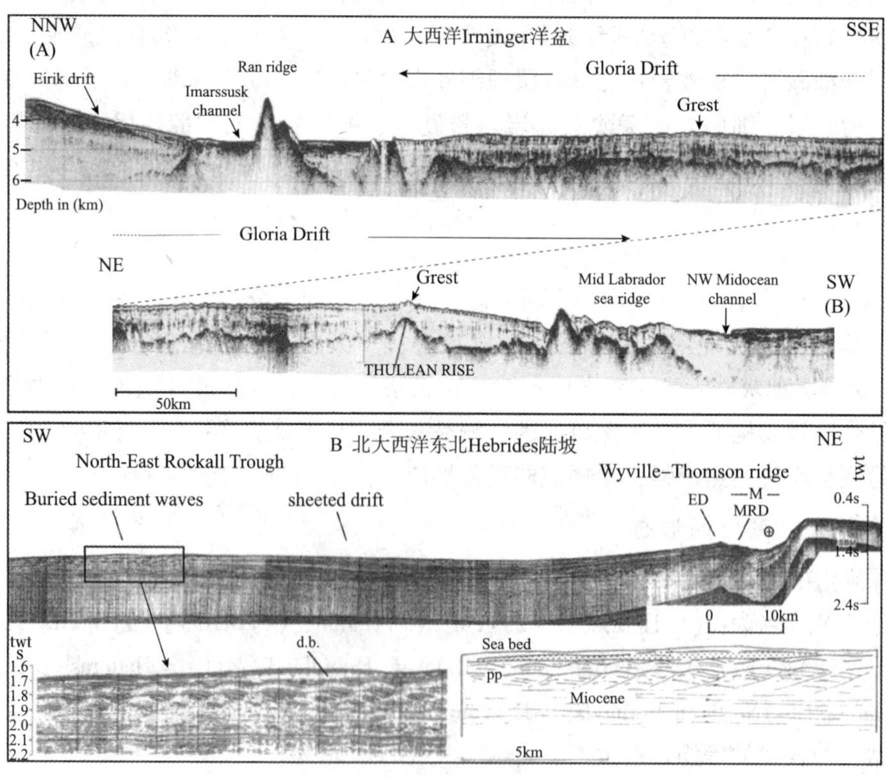

图 8－15 等积席地震剖面形态(Faugeres & Stow，2008)

(2)等积丘，以伸长状丘形隆起几何形态为特征，可进一步分为巨型等积丘、水道型等积丘、峡谷型等积丘三类(图8－16)。

①巨型等积丘规模变化大，长度从几十公里到千余公里，长/宽从2∶1到10∶1，厚度达数百米；其延伸方向和进积方向，都随大陆边缘或盆地的等深线而变化，并与地貌(坡度、海底起伏)、洋流系统及强度、科里奥利力之间的相互作用有关；巨型等积丘又可进一步分为等积盖、等积隆、等积锥三种基本类型(图8－16)。

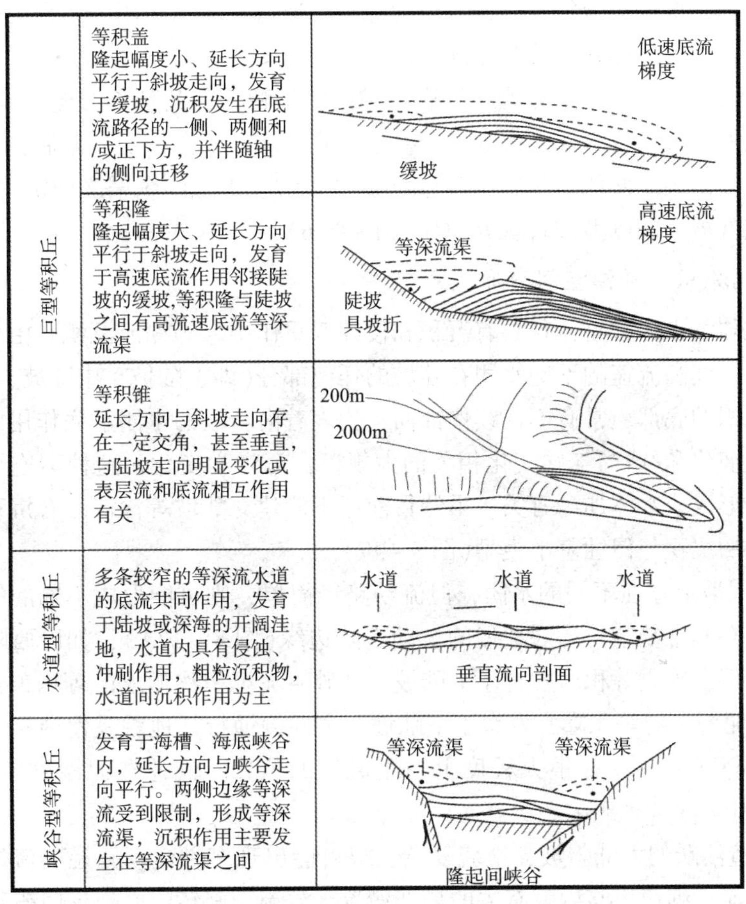

图8－16　巨型等积丘主要类型及特征(Faugeres & Stow，2008)

a. 等积盖是隆起幅度较小、延长方向基本平行于斜坡走向的等积丘(图8－16)，发育于低速底流作用的缓坡，沉积发生在底流路径的一侧、两侧和/或正下方，并伴随着等积丘轴的侧向移动。例如：北大西洋的Gardar和Bjorn等积体(图8－14中④⑤)。

b. 等积隆是隆起幅度较大、延长方向基本平行于斜坡走向的等积丘，可在任何深度出现，发育于高速底流作用邻接陡坡的缓坡(图8－16)，因科里奥利力，等深底流被陡坡限制，伸长状等积隆与陡坡之间形成明显的等深流渠，高速洋流主要沿等深流渠流动。在渠流轴附近，侵蚀和非沉积占主导地位，而沉积发生在侧向低流速区(北半球在渠流左侧，南半球在渠流右侧)。然而，等积隆相对于洋流轴的位置可能受到其他因素的影响，包括洋流和地形障碍物的相互作用。沿陡坡下方的沉积隆可能有不同的成因，如滑坡、滑塌，但滑坡、滑塌形成的沉积体规模小。

c. 等积锥是延长方向与斜坡走向存在一定交角，甚至垂直的等积丘(图 8－16)。等积锥的形成可能与陆坡走向明显变化有关(如 Eirik 等积体，图 8－14 中⑧)，也可能是表层流和底流相互作用造成的(如 Blake－Bahama 等积体，图 8－14 中⑫⑬)。

②水道型等积丘是以多条较窄的等深流水道的底流共同作用形成的等积丘，多发育于陆坡或深海的开阔洼地，以多条底流水道并存为特征，水道内为高能底流，具有显著侵蚀、冲刷作用，主要为粗粒沉积物，水道间底流流速低，沉积作用为主(图 8－16)。等积体以顺流迁移占优势，侧向迁移具有随机性。

③峡谷型等积丘是发育于海槽、海底峡谷内的等积丘，其延长方向与峡谷走向平行。峡谷等深流流速一般较为缓慢，但等积丘靠近两侧边缘，等深流受到限制，形成环流，流速增大，形成洋流渠。两侧洋流渠发育带沉积物相对较少，洋流渠之间沉积物相对较厚，从而形成沿峡谷展布的巨型伸长状等积丘(图 8－16)。

3. 等深流沉积与侵蚀空间分布模式

等深流在陆坡十分常见，且具有沉积和侵蚀双重作用。等深流沉积是由相同方向、不同方向的不同深度和流速的不同水团在陆坡的任何部分(即上陆坡、中陆坡、下陆坡)形成的。等深流沉积的底部通常有不连续侵蚀面，代表着沿斜坡的水团触底作用的开始。由于长期板块构造演化和/或与气候变化相关的大规模古海洋学变化，这种不连续性通常与新的海底水道的形成或水体加深有关。虽然目前还不能建立陆坡等深流综合沉积模型，但可以归纳等深流的沉积与侵蚀基本模型(图 8－17)。

(1)如果斜坡上存在不同的水团，但流动路径简单，则可能形成不同的等积体。这种情况出现于没有非常复杂的海底地形的被动大陆边缘(图 8－17A)，如巴西陆坡和北欧陆坡。这种背景下，砂质等积席发育于上陆坡，细砂－泥沉积物形成的等积盖、等积浪发育于中陆坡，以泥为主的等积隆常发育于下陆坡。主要侵蚀特征地貌是侵蚀崖、等深流渠和侵蚀沟。这些特征的形成在很大程度上与主流轴的位置、流速和泥沙供应有关(图 8－17A)。

(2)在构造活跃的大陆斜坡，地貌复杂，很可能出现多种流动路径的流体，包括分叉底流、次生底流、细流、与内波有关的局部涡流、溢流、旋转流。地形障碍物也会造成局部水流加速和减速。这种情况下，等深流沉积类型非常复杂，侵蚀地貌特征多样(图 8－17B)。

(3)归根结底，简单或多个水流路径的出现取决于大陆边缘的特殊地形，也取决于构造活动和沉积物供应。构造活动是造成海底地貌形态(陆坡盆地、底辟、隆起断块、隆起、海岭等)变化的关键因素，从而控制了陆坡各演化阶段触底洋流核心和新分叉路径的形成。进而，长期影响等深流沉积的地层学、内部构成的变化和大规模侵蚀特征的位置。此外，陆坡的构造活动可能会触发更为活跃的顺坡向下的重力流流动过程，这可能部分或完全掩盖等深流过程(图 8－17C)。

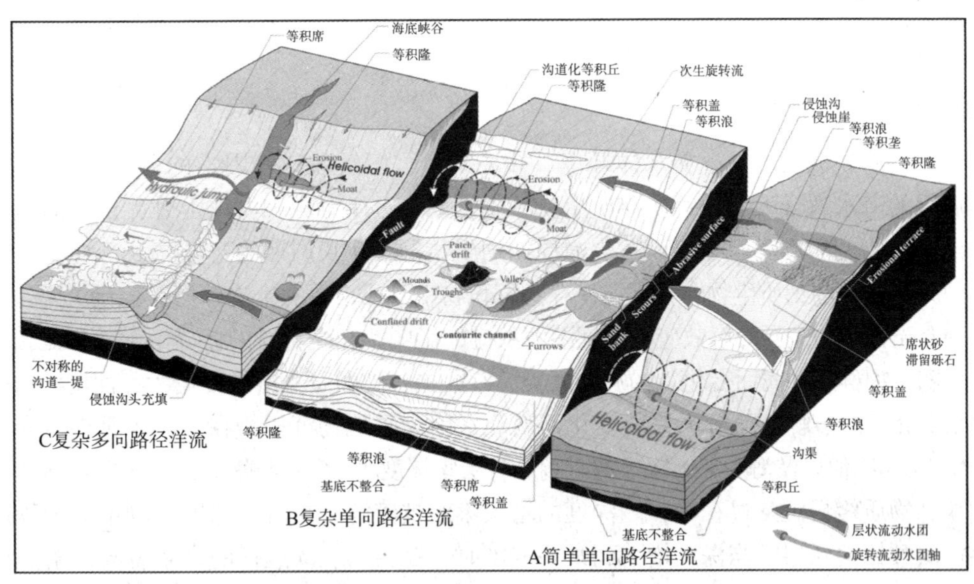

图 8－17　等深流侵蚀和沉积立体概念模型(据 Hernandez-Molina et al，2008)

第三节　深海相

一、环境特征

深海相发育于大洋盆地，水深在 2000m 以下，平均深度 4000m。

深海海底阳光已不能到达，氧气不足，底栖生物稀少，种类单调。现代深海沉积物主要为各种软泥，其中大部分为远洋沉积物，即主要由繁殖于大洋表层水体中的微小浮游生物的钙质骨骼和硅质骨骼下沉堆积而成的软泥。另一部分是由底流活动，冰川搬运、浊流、滑坡作用等形成的陆源沉积物，以及局部地区各种矿物的化学和生物化学沉淀作用形成的锰、铁、磷等沉积物。此外，尚有少量风吹尘，宇宙物质等。

影响深海沉积的主要因素是表层水的密度、碳酸钙的补偿深度、大洋底流、沿大陆坡峡谷向下流动的重力流，以及距大陆的距离。

深海底层温度一般稳定在 1℃左右。现代深海中的许多地区存在着流速达 4～400m/s 的强烈底流，可以引起沉积物的搬运，并在沉积物表面形成波痕、冲刷痕、水流线理、交错层理等。所形成的波痕可以是对称的、舌形的、新月形的，波长一般从十厘米至数米，波高可达 200m 或更高。

二、沉积特征

1. 深海生物源沉积

主要包括钙质软泥、硅质软泥，合称为生物软泥，(生物介壳含量 $>$50% 或 30%)，分布面积占世界大洋总面积的61.9%(Berger，1976)，大洋表层的浮游生物是这种沉积物的主要来源。

2. 深海钙质软泥

深海钙质软泥的形成，受水体环境、介壳产量、溶解效应等因素的控制。盐度正常、水体温暖的海水适合大多数钙质浮游生物的发育。在近岸海域和海洋上升流区，海水肥力高，浮游生物的生产率也高。而短生命周期的生物群要比长周期的产量高。

但并非全部的钙质生物介壳都能保存到沉积物中，死亡后的生物碎屑在缓慢沉降过程中要受到介壳自身的差异溶解效应和深度溶解效应的影响。介壳自身的差异溶解效应是指介壳耐溶性随生物群及种属而变化，如从翼足类、有孔虫、到颗石藻溶解度增大；深度溶解效应指海水对介壳的溶解力随海水深度变化而变化。因为碳酸钙沉积物在海洋中垂向分布受温度、压力、pH值以及海水CO_2含量的影响。表层水深度小，pH值略大于7，CO_2分压小。在碳酸盐钙物质缓慢沉降过程中，随深度的增大不断被溶解。在溶解速度急剧增大的深度范围称作碳酸钙溶跃层，当深度增大到某一深度时，就会出现碳酸钙的产生量与溶解量达到平衡，这个深度即碳酸钙补偿深度(CCD)。也就是说在此深度之下很难再有碳酸钙沉积。方解石的补偿深度要比文石补偿深度更深一些，在现代大洋中，大约在水下4000~5000m左右。碳酸钙补偿深度在空间和时间上有所变化。太平洋大部分地区CCD<4.5km，大西洋大部分地区CCD>5km，印度洋居中，在赤道地区CCD深达5~5.5km，高纬度区只有3~4km(图8-18)。

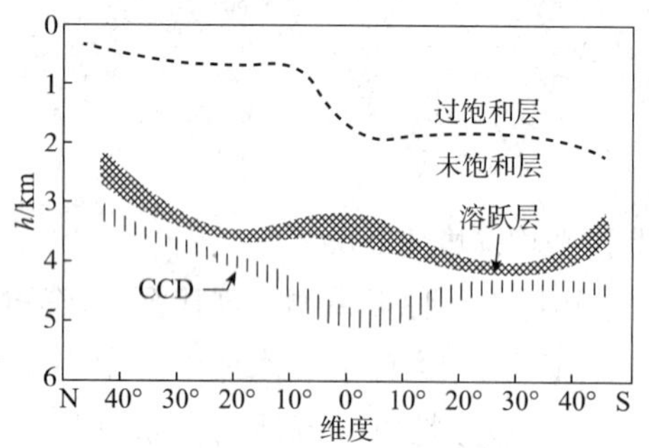

图8-18 中太平洋碳酸盐饱和层，溶解跃层和补偿深度面的位置(据Bergor，1976)

钙质软泥在各大洋中分布面积最广，大西洋的67.5%为钙质软泥，太平洋仅占36.3%，印度洋为54.3%。按介壳生物种类，钙质软泥可以划分为有孔虫软泥、颗石软泥、翼足类软泥。其中，前两者为钙质软泥的主要类型。

3. 硅质软泥

硅质介壳浮游生物是深海硅质软泥的主要物源，主要是硅藻和放射虫，与钙质软泥类似，硅质软泥的形成也受水体环境、介壳产量、溶解效应等的控制，不同的是，硅藻喜低温，寒冷海域硅藻的产量比其他水域高。

差异溶解效应方面，硅质介壳从易溶到难溶的顺序是：硅鞭藻、硅藻、多囊类放射虫和海绵骨针(Arrhenius，1952；Schrader，1972)。深度溶解方面，海水中氧化硅含量处于不饱和状态，故对蛋白石具有溶解力。水柱上层水温高，SiO_2含量低，溶解能力最强。

硅质软泥的类型主要有硅藻软泥和放射虫软泥。其中硅藻软泥主要分布于高纬度海区；放射虫软泥则主要分布于靠近赤道地带，但范围要小得多。

4. 深海黏土沉积

深海黏土(红黏土、褐黏土)在三大洋均有分布，其中太平洋最多(面积的49.0%)，分布范围仅仅次于钙质软泥。深海黏土主要形成在沉积速率低，生物生产率低，远离大陆和深度很大的洋底。

这类沉积物中生物成因物质的含量小于25%，黏土矿物的含量达50%～70%，其中伊利石分布最广，其次为高岭石和绿泥石，再次为蒙脱石。除蒙脱石部分为海底火山熔岩海解的产物外，都为陆源产物，而陆源石英和长石则极少。主要由风搬运而来。

另外，深海黏土沉积物中常见由锰氧化物和铁氧化物组成的锰结核，以及宇宙源组分。锰结核常具有明显的同心层；宇宙源组分包括各种陨石和宇宙尘埃。

5. 深海冰川沉积

海洋冰川沉积是源自大陆冰川的冰山在大洋中漂流时，因融化使冰川所包裹的陆源碎屑坠落到海底而形成的，亦称冰海沉积。冰海沉积主要发生在靠近南北极的海域。冰海沉积物有三类：近源块状底碛、冰海混杂的层状冰碛和含有冰碛坠石的海相纹层泥（Edwards，1978）。

近源块状底碛位于大陆冰川进入海洋的地带，分布范围狭窄，沉积物无分选，块状构造，无本地生物。

冰海混杂的层状冰碛是冰海沉积的主要类型，可有原地埋藏的生物化石，黏土含量高，粗碎屑较少且方位杂乱，无定向性，具有层理。

含有冰碛坠石的海相纹层泥分布在混杂的层状冰碛沉积区以外，分布范围广。冰碛石坠落海底，沉积在正常的海相沉积物之中，可穿过纹层或将其压弯。

值得指出的是，冰海沉积的范围可以从浅海一直到深海。

6. 深海火山碎屑沉积

深海火山碎屑沉积的形成主要与板块碰撞引起的板块边界部位中酸性岩浆强烈喷发有关，其分布范围不仅与火山位置有关，还与火山喷发高度和对流层下部的风向有关，在风力的作用下，火山灰可以漂落到4000km以外的地区。

不同的火山灰层，颜色、层理、火山灰层厚度、火山颗粒大小、形状、矿物成分、地球化学特征等方面表现出不同的特征。

参考文献

[1]沉积构造与环境解释编著组．沉积构造与环境解释[M]．北京：科学出版社，1984.

[2]陈丽华，姜在兴．储层实验测试技术[M]．东营：石油大学出版社，1994.

[3]成国栋．黄河三角洲现代沉积作用及模式[M]．北京：地质出版社，1991.

[4]邓宏文，钱凯．沉积地球化学与环境分析[M]．兰州：甘肃科学技术出版社，1993.

[5]冯增昭，王英华，王德发，等．中国沉积学[M]．北京：石油工业出版社，1994.

[6]冯增昭．沉积岩石学[M]．北京：石油工业出版社，1993.

[7]高振中．深水牵引流沉积[M]．北京：科学出版社，1996.

[8]何镜宇，孟祥化．沉积岩和沉积相模式及建造[M]．北京：地质出版社，1987.

[9]胡斌，王冠忠，齐永安，等．痕迹学理论与应用[M]．徐州：中国矿业大学出版社，1997.

[10]姜在兴．沉积学[M]．北京：石油工业出版社，2010.

[11]里丁 H G 主编，周明鉴等译．沉积环境和相[M]．北京：科学出版社，1985.

[12]李彦芳，曲淑琴，辛仁臣．松辽盆地三角洲与油气[M]．北京：石油工业出版社，1993.

[13]林畅松．沉积盆地分析原理与应用[M]．北京：石油工业出版社，2016.

[14]刘宝珺，曾允孚．岩相古地理基础和工作方法[M]．北京：地质出版社，1985.

[15]刘宝珺，张锦泉．沉积成岩作用[M]．北京：科学出版社，1992.

[16]刘豪，辛仁臣．油气储层地震综合预测技术与应用[M]．武汉：中国地质大学出版社，2013.

[17]施密特，戴维，著．陈荷立，汤锡元，译．砂岩成岩过程中的次生储集孔隙[M]．北京：石油工业出版社，1982.

[18]孙永传，李惠生．碎屑岩沉积相和沉积环境[M]．北京：地质出版社，1986.

[19]吴崇筠，薛叔浩．中国含油气盆地沉积学[M]．北京：石油工业出版社，1993.

[20]夏庆龙，周心怀，李建平，等．渤海海域古近系层序沉积演化及储层分布规律[M]．北京：石油工业出版社，2012.

[21]辛仁臣，李桂范，向淑敏．松辽盆地盆西斜坡白垩系姚家组下切谷充填结构[J]．地球科学，2008，33(6)：834－842.

[22]辛仁臣，刘 豪，关翔宇．海洋资源[M]．北京：化学工业出版社，2013.

[23]辛仁臣，王树恒，梁江平，等．松辽盆地北部西斜坡青山口组三段四级层序格架内沉积微相分布[J]．现代地质，2014，28(4)：782－790＋798.

[24]余素玉，何镜宇．沉积岩石学[M]．武汉：中国地质大学出版社，1989.

[25]曾允孚，夏文杰．沉积岩石学[M]．北京：地质出版社，1986.

[26]赵澄林．沉积学原理[M]．北京：石油工业出版社，2001.

[27]郑俊茂，庞明．碎屑储集岩的成岩作用研究[M]．武汉：中国地质大学出版社，1989.

[28]朱筱敏．沉积岩石学(第四版)[M]．北京：石油工业出版社，2008.

[29]朱志澄，曾佐勋，樊光明．构造地质学[M]．武汉：中国地质大学出版社，2009.

[30]Allen J R L. Mixing at turbidity current heads and its geological implications[J]. J. Sediment. Petrol., 1971, 41: 97 - 113.

[31]Bouma A H & Coleman J M. Peira Cava turbidite system France[M]. In Bouma A H, Normark W R, Barnes N E(ed.), Submarine fans and related turbidite systems, New York Springer-Verlag, 1985: 217 - 222.

[32]Bouma A. H. Sedimentology of some flysch deposits[M]. Amsterdam: Elsevier, 1962: 168.

[33]CunhaR S, Tinterri R, Magalhaes P M. Annot Sandstone in the Peïra Cava basin: An example of an asymmetric facies distribution in a confined turbidite system (SE France) [J]. Marine and Petroleum Geology, 2017, 87: 60 - 79.

[34]Faugeres J C, Stow D A V. Chapter14 Contourite drifts: nature, evolution and controls[M]. Developments in Sedimentology, 2008, 60: 259 - 288.

[35]Flemming, B. W.. Factors controlling shelf sediment dispersal along the southeast African continental margin [J]. Mar. Geol., 1981. 42: 259 - 277.

[36]Galloway W E, Hobday D K. Terrigenous Clastic Depositional Sytems(2nd ed)[M]. New York: Springer Verlag, 1996.

[37]Hernandez-Molina F J, Llave E, Stow D A V. Chapter19 Continental slope contourites[M]. Developments in Sedimentology, 2008, 60: 379 - 408.

[38]Lonsdale P. Drifts and ponds of reworked pelagic sediment in part of the southwest Pacific[J]. Mar. Geol. 1981, 43, 153 - 193.

[39]Martin-Chivelet J, Fregenal-Martinez M A, Chacon B. Chapter10 Traction structures in contourites[M]. Developments in Sedimentology, 2008, 60: 159 - 182.

[40]Middleton G V, Hampton M A. Subaqueous sediment transport and deposition by sediment gravity flows[M]. In Stanley D J, Swift D J P (eds.), Marine sediment transport and environmental management, New York: Wiley, 1976: 197 - 218.

[41]Mitchum Jr R M. Seismic stratigraphic expression of submarine fans [M]. American Association of Petroleum Geologists Memoir 39. 1985: 117 - 136.

[42]Selley R C. Applied Sedimentology 2nd ed [M]. DOI: 10.1007/978 - 3 - 642 - 41714 - 6_12320, 2015.

[43]Shanmugam G. 50 years of turbidite paradigm(1950s—1990s): deep-water processes and facies models—a critical perspective [J]. Marine and Petroleum Geology, 2000, 17: 285 - 342.

[44]Shanmugam G. Ten turbidite myths[J]. Earth-Science Reviews, 2002, 58: 311 - 341.

[45]Sakai T, Yokokawa M, Kubo Y, et al. Grain fabric of experimental gravity flow deposits[J]. Sedimentary Geology, 2002, 154 : 1 - 10.

[46]Tucker M E. Sedimentary petrology [M]. London: Blackwell Scientific Publications, 2001.

[47]Walker R G. Deep-water sandstone facies and ancient submarine fans: models for exploration for stratigraphic traps[J]. AAPG Bulletin, 1978, 62: 932 - 966.

[48]Walker R G. Turbidites and submarine fans[M]. In Walker R G & James N P, Facies models: response to sea level change, Geological Association of Canada, 1992, 239 - 263.

[49] Willson J L. Carbonate facies in Geologic History[M]. New York: Springer Verlag, 1975.

[50] Xin Renchen, Li Guifan, Feng Zhiqiang, et al. Depositional Characteristics of Lake-Floor Fan of Cretaceous Lower Yaojia Formation in Western Part of Central Depression[J]. Journal of Earth Science, 2009, 20(4): 731 – 745.

[51] Xin Renchen, Liu Hao and Li Guifan. Incised valley fi lling deposits: an important pathway system for long-distance hydrocarbon migration—a case study of the Fulaerji Oilfi eld in the Songliao Basin Region, Songliao Basin[J]. Petroleum Science, 2009, 6(3): 230 – 238.

[52] Zenk W. Chapter4 Abyssal and contour currents[M]. Developments in Sedimentology, 2008, 60: 37 – 57.